カラーチャート①

36. 赤色230号 Al レーキ	37. だいだい色205号 Al レーキ	38. だいだい色207号 Al レーキ	39. 黄色202号 Al レーキ	40. 黄色203号 Al レーキ
41. 緑色201号 Al レーキ	42. 緑色204号 Al レーキ	43. 緑色205号 Al レーキ	44. 褐色201号 Al レーキ	45. 赤色401号 Al レーキ
46. 赤色502号 Al レーキ	47. 赤色503号 Al レーキ	48. 赤色504号 Al レーキ	49. だいだい色402号 Al レーキ	50. 黄色402号 Al レーキ
51. 黄色403号 Al レーキ	52. 黄色406号 Al レーキ	53. 黄色407号 Al レーキ	54. 緑色402号 Al レーキ	55. 紫色401号 Al レーキ
56. 黒色401号 Al レーキ	57. 赤色 3 号 Al レーキ (20%)	58. 赤色104号 Al レーキ (20%)	59. 赤色230号 Al レーキ (20%)	60. 赤色201号 Ba レーキ (10%)
61. 赤色202号 (10%)	62. 赤色226号 (10%)	63. 青色 1 号 Al レーキ (20%)	64. 青色 2 号 Al レーキ (20%)	65. 青色204号 (10%)

66. 青色404号 (5%)

5）色素No.66は，本品 5 に酸化チタン95をよく混合し，2）と同様に作成した．

法定色素
ハンドブック

改訂版

日本化粧品工業連合会　編

薬事日報社

法定色素ハンドブック 改訂版
発行にあたって

2001年４月の化粧品規制緩和にともない、製造者の責任は益々重くなってきております。また、2005年４月には、改正薬事法の施行も予定されており、化粧品の製造・販売に関わる規制は大きく変化しようとしております。

このような流れのなかにありましても、化粧品や医薬部外品に使用できる「法定色素」は、いわゆるポジティブリストに収載され、安全性の観点からその使用は厳しく規制されているのが現状です。このことは、リスト収載色素の種類や取扱いが異なるとはいえ欧米においても同様です。

さて、日本化粧品工業連合会技術委員会では、化粧品の製造・販売に関わる規制等について、技術的な側面から長年検討を継続してきております。その一環として、安全性がより重視されている色素につきまして、技術委員会色素専門委員会が中心となり、1988年(昭和63年) に「法定色素ハンドブック」を発行し、長年関係者にご利用いただいてきております。

このたび、2003年７月の「医薬品等に使用することができるタール色素を定める省令」の改正にともない、さらには科学技術の進歩にあわせたものとすべく、旧版を改訂することになりました。

改訂の編集に長年携わっていただいた色素専門委員会の方々のご努力に感謝申し上げます。また、この改訂版が業界及び関係者のお役に立ち、新たな規制の時代を迎えつつある化粧品・医薬部外品の安全性を確保するための一助となれば幸いです。

2004年９月

日本化粧品工業連合会
技術委員会
委員長　浜　口　正　巳

法定色素ハンドブック 改訂版

編集にあたって

法定タール色素の定義並びに規格と試験法については、昭和41年８月31日公布の厚生省令第30号「医薬品等に使用することができるタール色素を定める省令」に設定され、長年施行されてきました。しかし、日本化粧品工業連合会（以下、粧工連）の技術委員会色素専門委員会（旧色素部会）では、時代の趨勢に合わせた法定色素のあり方を考え、試験法や安全性を検討し、その内容を毎年行われる粧工連主催の化粧品技術情報交流会議にて発表する一方、この省令に実施困難な試験法や規格の誤りもあることから、厚生省に省令改正を申し入れしていました。

これに対し、昭和55、56年、当時の厚生省から、粧工連に「今直ぐ、他に研究依頼する適当な機関がないので、医薬品等に使用することができるタール色素を定める省令第30号について規格と試験法を食品添加物公定書並みに整備してみて欲しい。」との要請がありました。

そして、昭和57年厚生省は「医薬品等に使用することができるタール色素の規格試験法に関する研究」と題して１年間の厚生行政科学研究事業を行い、省令の問題点が確認されました。

一方、昭和58年以降、色素部会は、色素の新規な試験法とその規格を本格的に検討し始め、その内容を毎年、技術情報交流会議で研究発表し続けました。

昭和63年、色素部会はそれまでの研究発表をまとめ、その他、許可色素の変遷、各国許可状況、安全性等の情報を記載した日本化粧品工業連合会編集による“法定色素ハンドブック”の初版を出版しました。当時はこうした情勢からまさに時宜を得たものとされました。

この出版を機に、厚生省は、昭和63年度の「化粧品等に使用する色素の規格整備に関する研究」など、厚生行政科学研究事業を都合３回、５年間執り行い、省令色素規格の見直しや新規試験法の研究検討が総合的に行われ、色素専門委員会はこれを資料としてまとめました。

平成６年、このようにしてできた「医薬品等に使用することができるタール色素を定める省令」の規格と試験法の改正原案を厚生省から省内関係部署や医薬品業界をはじめ、省令に関係する各団体に配布され、意見の取り込みがなされました。

その後、この改正案について、化粧品及び医薬部外品に関する調査会を始め中央薬事審議会等で都合６回の審議が行われました。各種調査会からは質疑と課題が出され、その都度、色素専門委員会は検討の上修正方回答しました。また、厚生省はパブリックコメントの公募をし、更に足掛け２年余に亘り法令文言にするための法令審査が行われ、その間、食品添加物公定書や日本薬局方が改正されたため、その都度修正しながら漸く、改正資料がまとまった次第であります。

かくして平成15年7月29日付けで、厚生労働省令第126号「医薬品等に使用することができるタール色素を定める省令第30号の一部改正」が公布されました。

一部改正とはいえ、実に37年ぶりの全面的な改正であります。したがって、従来の法定色素ハンドブックの内容にも齟齬が出てきました。そこで今回、16年ぶりに“法定色素ハンドブック　改訂版”を出版する運びになりました。これまでの経過は本書の参考4に収載した「法定色素関連の省令、規格、試験法等検討経過のまとめ」の通りです。

改訂版の編集にあたり基本的方針は初版を踏襲していますが、省令改正も併せて主な改訂点は次の通りです。

1．従来の省令の品目品名について、化学式は誤植や過ちが訂正され、国際的な整合性をはかり、IUPAC名になりました。
2．規格はCFR（Code of Federal Regulations）や食品添加物公定書、日本薬局方を参考に、更に化学構造別に規格値を現実に合わせ統一化、合理的に修正されました。
3．新たに、通則や計量器・用器及び標準品が設けられました。
4．試験法は毒物、劇物、危険物又は公害になるといわれるような試薬を避け、複雑困難な試験法は分析向上に伴う迅速かつ簡易で確実適切な試験法に変更になりました。

近年、科学の進歩と関連産業の発展により化粧品産業の成長はめざましく、化粧品に用いられる法定色素も、製法の改良や皮膚科学の解明が進んだことや、更には国際的情報の影響を受け推移しています。法定色素は化粧品に配合されて、多数の消費者に日常使用されるものであり、美的効果もさることながら人体に対し安全なものでなくてはならないことはいうまでもありません。このことを勘案しながら、色素を取り扱う人にとって、分かり易く、しかも、使いやすいハンドブックにしようと留意しました。

自主規制も含めて初版の法定色素ハンドブックの考え方を一部踏襲していますが、本書の特徴は次の通りです。

1．省令改正の試験法と規格値は、必要に応じて他の公定書を参考に注及び解説を記すとともに比較し易いよう対比表を作成したこと
2．試験法はより簡便で確実な試験法も併せて掲載したこと
3．ほとんどの色素について赤外吸収スペクトルを掲載したこと
4．ほとんどの色素について可視部吸光度測定法を採用し、吸光係数を掲載したこと
5．自主規制を考慮した試験法を掲載したこと
6．色素原体および展色の場合の色見本例を掲載したこと
7．解説で来歴、製法、性状、用途、使用頻度を盛り込んだこと
8．資料として内外諸国の規制状況を盛り込んだこと

そして本書は、次のような目的をもった方々のために編集されました。

1．商品化研究開発にあたって安全性を確認しながら色素をうまく使いこなせるように
2．色素分析業務がスムーズにできるように
3．許認可業務にあたってやり易いように
4．色素納入にあたって検査管理がスムーズにできるように
5．色素を用いた商品の製造にあたって問題点を事前に把握できるように
6．色素および色素に関係する原料の製造とその取扱いにあたって商取引きをし易いように
7．国際関係の業務に色素情報を把握できるように
8．他業界の方々にも化粧品の色素についてその実態を把握できるように

本書は、日本化粧品工業連合会技術委員会の色素専門委員会が前身の東京化粧品工業会技術委員会の色素委員会から引継ぎ、省令改正に伴い研究検討してきた息の長い成果です。この間、法定色素ハンドブックの初版及び改訂版の編集を通じて、色素部会や色素専門委員会で検討に携わった方々や各社で実際に分析をした方々、データを取り揃えていただいた次の方々に厚く御礼申し上げます。

赤穂英輔　石井雅治　石垣　薫　磯　敏明　岩倉良平　岩崎友亮　上園裕紀　大郷保治
大津耕一　岡本正男　落合道夫　加瀬大明　木内　茂　北村義一　小池茂行　斉藤　俊
坂野憲司　杉浦達也　高橋理佳　高松　翼　谷川孝博　富村奈央　鳥山健三　中尾憲男
永澤久直　西川岳男　野澤亮一　兵頭祥二　藤本　進　堀　宣喜　本田計一　牧野雅志
真下　豊　松上道雄　松本美代　村上　剛　村瀬美奈子　矢尾欣治　矢崎　尚　山中　亨
吉澤大輔　米谷　融　その他ご協力いただいた方々。

更にこれらの作業にご理解を賜りました各社上司の方々に衷心より感謝申し上げます。

また、ご指導を賜りました厚生労働省、国立医薬品食品衛生研究所、東京都立衛生研究所、東京薬科大学の諸先生、及び本書の発行に際してご理解賜りました粧工連幹部の方々に深甚なる謝意を表する次第であります。

2004年9月

日本化粧品工業連合会
技術委員会色素専門委員会
委員長　佐　野　　功

「法定色素ハンドブック　改訂版」
編集委員並びに執筆者

石井一男　伊藤恵司　猪森祐子　大越健自　加賀光明　菊池　源　見城　勝　斉藤栄一
佐野　功　須藤忠弘　高野勝弘　滝口照夫　西谷郁雄　松尾満次　山口耕司

目　次

一般試験法－注および解説－

＜第四部＞

資料・参考

索　引

凡　　例

1．本書は、「医薬品等に使用することができるタール色素を定める省令（以下、省令）」（昭和41年厚生省令第30号、一部改正　昭和47年省令第55号）が平成15年７月29日厚生労働省令第126号及び平成16年３月30日厚生労働省令第59号で一部改正されたことに伴い、「法定色素ハンドブック」（日本化粧品工業連合会編、昭和63年出版）を見直して、改訂版としたものである。

本書は、省令の通則、色素各条及び一般試験法に対する注及び解説とともに、諸外国の色素規制の変遷等を資料として収載している。

2．通則及び一般試験法は、試験する際に参考となる情報を加えて解説した。各試験法には採用色素名と規格値を一覧表としてまとめた。

3．色素各条の解説では、名称、構造式、含量規格、性状、確認試験、純度試験、乾燥減量、定量法等について、注と解説を記している。

注では日本薬局方等を参考に試験時の注意点、省令改正での変更点、他の公定書との相違点等を解説した。

解説については下記の通りである。

(1)　名称：省令名別名、英名、化学名、既存化学物質番号、CI No. 及び CAS No. を示した。この他、日局名、FDA 名及び食添名称も示した。

(2)　来歴：色素の発見者とその許可に至る歴史を簡単に記述し、一部については、米国の許可状況を補足した。

(3)　製法：中間体を出発原料とする製造方法を述べ、化学構造式による反応式を加え、理解しやすいよう配慮した。

(4)　性状：法定色素の各種溶剤への溶解性、また、光に対する安定性について示した。なお､溶状の色の表現についてはJIS参考色名区分図を参考として規格を設定した。

(5)　用途：法定色素は化粧品に使用することが多いため、繁用される化粧品について説明した。使用範囲があるものはその範囲を示した。

4．資料として、日米欧における色素規制の変遷、規格の一覧等の全７点を収載した。

その他参考までに、改訂前に収載されていた試験法を掲載するとともに、改訂版発行までの検討経過も一覧としてまとめた。

5．索引は、省令名、省令名別名、食品添加物公定書名、英名、FDA 名、CI No.、CAS No. 毎に一括して収載した。

6．本書の用字・略字等については下記のとおりである。

日局：第十四改正日本薬局方（2001）

食添：第七版食品添加物公定書（1999）

FDA：Food and Drug Administration（米国食品医薬品局）

CTFA：The Cosmetic, Toiletry, and Fragrance Association（米国化粧品工業会）

CAS：Chemical Abstracts Service

CI：Color Index

CFR：Code of Federal Regulations（2004）

粧原基：化粧品原料基準（平成13年３月31日廃止）

JIS：日本工業規格

7．各条及び一般試験法中の注において「旧省令」と記載したものは、昭和41年厚生省令第30号及び昭和47年厚生省令第59号一部改正の「医薬品等に使用することができるタール色素を定める省令」を指す。

8．本書には参考として、各色素について色調見本を作成して掲載した。ただし、掲載した色調は、色素によって正確な再現が困難なものもあり、経時の変色もあるので、色調イメージとして捉え、次のように加工して表現した。水溶性、油溶性等の染料類は、それぞれの溶液の色調を表した。色素で粉体の色が特徴的なものはそのまま色素原体の色調を表した。赤色同士又は青色同士の顔料で、濃厚なままで色調の差異を認め難いものは、色素原体を白色顔料にて希釈した色調を表した。

通　　則

1　「日本薬局方」とは、薬事法に規定する日本薬局方をいう（解説１）。

2　「日本工業規格」とは、工業標準化法（昭和24年法律第185号）に規定する日本工業規格をいう（解説２）。

3　「アルミニウムレーキ」とは、アルミニウムが結合し、又は吸着した色素をいう（解説３）。

4　「バリウムレーキ」とは、バリウムが結合し、又は吸着した色素をいう（解説３）。

5　「ジルコニウムレーキ」とは、ジルコニウムが結合し、又は吸着した色素をいう（解説３）。

6　化学名に続く括弧内に分子式及び分子量を付す（解説４）。

7　分子量は、1999年国際原子量表に規定する原子量を用いて小数点以下第３位を四捨五入して得た数値とする（解説５）。

8　百分率及び百万分率については、次の記号を用いる（解説６）。

イ　%　質量百分率

ロ　w/v%　質量対容量百分率

ハ　vol%　体積百分率

ニ　v/w%　容量対質量百分率

ホ　ppm　質量百万分率

9　温度の表示はセルシウス氏法を用い、℃の記号を用いて示す（解説７）。

10　温度の区分は、次のとおりとする（解説８）。

イ　標準温度　20℃

ロ　常温　15℃ 以上 25℃ 以下

ハ　室温　1℃ 以上 30℃ 以下

ニ　微温　30℃ 以上 40℃ 以下

11　「冷所」とは、15℃ 以下の場所をいう（解説９）。

12　試験に用いる「水」とは、別に定める場合を除き、日本薬局方に規定する精製水をいう（解説10）。

13　水の区分は、次のとおりとする。

イ　冷水　10℃ 以下の水

ロ　微温湯　30℃ 以上 40℃ 以下の水

ハ　温湯　60℃ 以上 70℃ 以下の水

ニ　熱湯　約 100℃ の水

14 「加熱」とは、別に定める場合を除き、沸点付近の温度に熱することをいう。

15 「熱溶媒」とは、別に定める場合を除き、加熱した溶媒をいう。

16 「加温」とは、別に定める場合を除き、60℃ 以上 70℃ 以下に熱することをいう。

17 「温溶媒」とは、別に定める場合を除き、加温した溶媒をいう。

18 「水浴上又は水浴中で加熱する」とは、別に定める場合を除き、沸騰した水又は約 100℃ の蒸気の中で熱することをいう。

19 「砂浴上で加熱する」とは、別に定める場合を除き、熱した砂の上で極めて高温に熱することをいう（解説11）。

20 滴数の測定は、20℃ において20滴を滴下した水の質量が 0.90 g 以上 1.10 g 以下となるような器具を用いて行う（解説12）。

21 液性が酸性、アルカリ性又は中性のいずれであるかの測定は、リトマス紙を用いて行い、液性を詳しく示すには pH 値を用いる（解説13）。

22 溶液のうち、その溶媒名を示さないものは、水溶液を示す（解説14）。

23 溶液の濃度を（1 → 1000）等と示したものは、固体の物質にあっては 1 g、液体の物質にあっては 1 mL を溶媒に溶かして全量を 1000 mL 等とする割合を示す（解説15）。

24 混液の（6 ： 2 ： 3）等で示したものは、6 容量と 2 容量と 3 容量との混液等を示す（解説16）。

25 試薬又は試液について、必要に応じ試薬名又は試液名に続く括弧内に濃度を示す（解説17）。

26 ふるいの次の括弧内には、ふるい番号又は呼び寸法を示す（解説18）。

27 「減圧」とは、別に定める場合を除き、2.0 kPa 以下にすることである（解説19）。

28 「精密に量る」とは、質量について、指示された数値を考慮し、0.1 mg、0.01 mg 又は 0.001 mg まで量ることをいう（解説20）。

29 「正確に量る」とは、容量について、適当な化学用体積計を用いて、指示された数値のけた数まで量ることをいう（解説21）。

30 数値を整理して小数点以下 n けたとする場合は、(n＋1) けた目の数値を四捨五入する（解説22）。

31 試験は、別に定める場合を除き、常温（温度の影響を受ける物質の判定にあっては、標準温度）で操作直後に観察して行う（解説23）。

32 性状を示す用語として用いられる「赤色」等は、赤色又はほとんど赤色等を示す（解説24）。

33 試料の色調の試験は、別に定める場合を除き、その 1 g を白紙又は白紙上に置いた時計皿にとって行う（解説25）。

34 溶液の色調の試験は、白色の背景を、溶液の蛍光の試験は、黒色の背景を用いて行う（解説26）。

35 「確認試験」とは、試料中の主成分等を確認することを目的とする試験をいう（解説27）。

36 「純度試験」とは、試料中の重金属、ヒ素等の混在物の種類及びその量を確認すること等により、当該試料の純度を確認することを目的とする試験をいう（解説28）。

37 「溶ける」とは、澄明に溶け、繊維等がおおむね確認されないことをいう（解説29）。

38 「混和する」とは、澄明に混和し、繊維等がおおむね確認されないことをいう。

39 「強熱する」とは、別に定める場合を除き、450℃ 以上 550℃ 以下で熱することをいう。

40 乾燥減量について、「5％ 以下（1 g、105℃、6時間）」等と規定しているものは、試料 1 g を精密に量り、105℃ で6時間乾燥するとき、その減量は試料 1 g について 5％ 以下であること等を示す。

41 強熱残分について、「0.3％ 以下（1 g）」等と規定しているものは、試料 1 g を精密に量り、強熱するとき、その残分は試料 1 g について 0.3％ 以下であること等を示す。

42 「恒量」とは、引き続き更に1時間乾燥又は強熱するとき、前後の秤量差が前回に量った乾燥物又は強熱した残留物の質量の 0.10％ 以下であることを示す。ただし、秤量差が、化学はかりを用いたときは 0.5 mg 以下、セミミクロ化学はかりを用いたときは 0.05 mg 以下、ミクロ化学はかりを用いたときは 0.005 mg 以下の場合は無視し得る量とし、恒量とみなす（解説30）。

43 「定量法」とは、試料中の色素の量を物理的方法又は化学的方法によって測定する方法をいう（解説31）。

44 試料の採取量における「約」は、規定された量の±10％ の範囲である（解説32）。

45 第四部に規定する試験法以外の試験法が、第四部に規定する試験法よりも正確かつ精密であると認められるときは、第四部に規定する方法に代えて用いることができる。ただし、その結果について疑いのある場合は、第四部に規定する試験法により判定を行う（解説33）。

【解　説】

1．日本薬局方は、平成13年3月30日付厚生労働省告示第111号で規定された第十四改正日本薬局方を参考にして作成されている。

2．日本工業規格は、1998年時点の JIS 規格を参考にしているが、一部は2000年の JIS を参考にして作成されている。

3．今まで、法定色素の種類により、アルミニウム、ジルコニウム、バリウムが結合、混合されている色素をレーキと呼んでいた。本省令では、レーキについて「結合又は吸着」という定義付けをした。米国では CFR の中で「レーキとは吸着、共沈、または化学結合（これは単純な混合プロセスによる原料の組み合わせを含まない）によって substratum に展色された straight color（単一色素）を意味する。」と定義されている。

4．色素は化学的純物質でないため、定量法において、その主成分を示す表現方法として化学名の次に(　　)で分子式及び分子量を規定している。化学名はIUPACの命名法に準拠した。省令の改正に際して、分子量の記載を新たに追加した。

5．日局と同様に、分子量の計算に用いた国際原子量表について規定している。

6．主として固形物質は質量gで、液状物質は容量mLで量るので実際に則して設けられている規定である。ppmについては質量と容量の場合があり、本規格では、ヒ素、重金属等の限度概数を示すときに用い、質量の場合が多いので質量百万分率とした。

7．温度の表示は、セルシウス氏法であることを明示した。したがって数字の次に℃を付け、幅を示す場合には、例えば「15℃ 以上 20℃ 以下」のように記載されている。

8．標準温度とは、試験の基準になる温度である。省令の試験は、通則31に示すよう常温(15℃ 以上 25℃ 以下)で実施するのが普通であるが、温度の影響がある試験では、標準温度で行う。室温は、1℃ 以上 30℃ 以下と規定され、0℃ を避けているのは、試薬又は試料によっては凍って変質を起こすものがあるためである。

9．この規定は試液の貯法で使用される。1℃ 以上 15℃ 以下の場所をいう。

10．ここでいう「精製水」は日局医薬品各条の精製水の項に規定されたもので、一定の品質、純度の規定に適合する水であれば、イオン交換樹脂を用いて精製した水でも、あるいは蒸留によって精製した水でも差し支えない。また、超ろ過法(高分子膜を用いてろ過したもの、逆浸透水あるいは限外ろ過水)も許容され、さらにこれらの組み合わせによって精製したものも精製水として認められる。このほかの水については、「新たに煮沸し冷却した水」、すなわち二酸化炭素を含まない水を用いる場合があるが、精製水を煮沸して用いる。

11．砂浴は重金属試験法で用いている。

12．滴数を量る場合、滴瓶の形状を定めていない。この滴数の大きさは、物質の表面張力、比重等に影響される。1滴という単位をより正確にするため設けられた規定である。

13．液性を調べるときは通常リトマス試験紙を用いる。例えば試験において中和するとか酸性にするといった場合である。純度試験における液性は通常指示薬が規定されている。さらに厳密を要する場合には濃度を規定した溶液のpH値で規定している。また、液性の程度を概略に述べるときの目安は以下の通りである。

強酸性	pH 約1～3
弱酸性	pH 約3～5
微酸性	pH 約5～6.5
中性	pH 約6.5～7.5
微アルカリ性	pH 約7.5～9
弱アルカリ性	pH 約9～11
強アルカリ性	pH 約11～14

14．溶液の記載法は溶質名の次に溶媒名を示している。水以外の溶媒溶液は、例えば、水酸化ナトリウム・エタノール溶液と溶質名の後に溶媒名を書き、容量分析用標準溶液の場合には「溶」の字を省略して書く。しかし、水溶液の場合は、通常、水酸化カリウム溶液のように水を省略する

のでこのことを明記している。このほか、薄めたエタノール（1 → 10）等の記載があるが、いずれも溶媒は水である。

15．この規定は溶液又は試液等の調製法を濃度又は割合として示したものであり、実験者の判断で試料等の採取量を決めることができる。例えば、水酸化ナトリウム溶液（1 → 25）とは、水酸化ナトリウム 1 g を水に溶かして全量を 25 mL とすることを意味するが、4 g を水に溶かして全量を 100 mL としてもよい。また、薄めた塩酸（35）（1 → 5）とあるときは、塩酸（35～38%）1 mL に水を加えて 5 mL とする等の割合を示したものである。

16．混液の割合を示す方法とその解釈を示した規定である。例えば、アセトン/酢酸（100）（5：3）は、アセトン 5 容量と酢酸（100）3 容量の混液であることを示している。

17．試薬又は試液の濃度の記載方法について規定している。例えばアンモニア水(28)等は、アンモニアの含量が28%のアンモニア水を示す。この記載方法は日局と同様である。

18．ふるいの種類の記載方法を示している。例えば「200号（75 μm）ふるい」とは、ふるい番号200の呼び寸法 75 μm のふるいを示す。ふるいについては日本工業規格 Z8801－1 に該当するものを用いることになっており、第四部　計量器・用器の項目に規定している。

19．下限についてはそのときどきの状況によるため、必要があればその減圧度を明記することになる。減圧デシケーター、減圧乾燥、減圧蒸留などという記載だけで特に圧力の規定のないときは 2.0 kPa 以下とする。この圧は水流ポンプ（アスピレーター）で得られる減圧である。1 mmHg＝0.133322 kPa であるため、日局12等で規定される 15 mmHg に相当する。

20．定量法等において、質量を「精密に量る」とは、化学はかり、セミミクロ化学はかり又はミクロ化学はかりを用いて、それぞれ 0.1 mg、0.01 mg 又は 0.001 mg まで読み取ることを意味する。いずれのはかりを用いるかは、指示された数値を考慮して定める。例えば、定量法の項で「精密に量る」の場合、要求されている規格値及び用いる分析法の精度からみて、採取すべき試料の量の最小位を判断して桁数を決定し、その桁数まで量りとるのに適当な化学はかりを使用する。

21．「正確に量る」とは、メスフラスコ等の化学用体積計を用いることを意味し、例えば、「本品 5 mL を正確に量り、……」とは、通例、5 mL の全量ピペットを用いることを意味し、「○○ mL を正確に量り、水を加えて正確に 100 mL とする。」とは、○○ mL を正確に 100 mL のメスフラスコにとり、水を標線まで加えることを意味する。

22．実験値は規格値が n 桁の場合、通例 n＋1 桁まで求め、四捨五入して規格値の桁数に丸める。実験値がさらに多くの桁数まで求められる場合、n＋2 桁目以下は切り捨て n＋1 桁目の数値を四捨五入する。

例えば、規格値が 2 桁の場合

1.23→1.2　　1.25→1.3　　1.249→1.2

となる。試験成績の判定は、前述に従って実験値を丸め、規格値と比較して判定する。

23．試験する際の温度、観察までの時間は試験結果に大きな影響を及ぼすので、この点を規定した項目である。試験は常温で行い、操作後直ちに観察する。「直ちに」は、通例30秒以内を意味する。温度による影響を受けやすい場合は、標準温度 20℃ で試験する。また、規定液の調製、分析用計量器の検定なども標準温度で行う。

24. 色の判定は感覚による試験であるため、「赤色」という表現の中には「ほとんど赤色」も含まれるということである。また、製造方法(粉砕等)によっても色調が違って感じられる場合がある。

25. 粒子形の違いや乱反射により、試料採取量によってはその色調が異なって感じられる場合がしばしばあるため、試料の量を規定している。

26. 溶液の色調は、その背景により異なって見える場合があるため、その背景色を規定したものである。その判定は、日局では内径 15 mm の無色の試験管に入れて液層を 30 mm として上方から観察する。

27. 確認試験の定義である。確認試験とは同定試験、定性試験などで、つまり、「色素を構成する物質又は色素中に含有されている主成分又はレーキ色素の場合アルミニウム等結合又は吸着された物質などについて、それぞれの特異な反応を用いて特性に応じて試験し、その色素の同定に役立つ試験」である。

28. 最も重要な試験の一つである。純度試験とは、製造工程等で混入、生成される不純物についての限度試験である。医薬品等と同様、色素も人体にとって有害となる物質、不必要な物質の混入は可能な限り排除することが望ましい。しかし、色素という性格上、化学的純物質にまで完全に精製することは困難であるので、安全性を考慮して不純物についての限度を設け試験を行っている。主な項目は溶状、液性、塩化物、硫酸塩、ヒ素、重金属等である。

29. 主として純度試験の項の溶状を試験する場合の判定の基準になる規定であって、溶けるという意味は固形の色素が溶媒に澄明に溶けることである。この場合の澄明は、着色していても差し支えない。また、澄明度、すなわち濁度について、食添は、塩酸と硝酸銀によって生じる塩化銀の濁りを基準とする一般試験法の濁度試験によっている。

30. 恒量の規定は、乾燥物又は強熱残留物などを秤量する際、質量に変動がおこる場合が多いため、できるだけ変動の少ない時点まで乾燥又は強熱して秤量を行い正確な量を読み取ることにある。物質を一定の条件によって乾燥又は強熱を行いながら、ある時点でまず質量を量っておく。次いで、さらに同一条件下で1時間乾燥又は強熱を続け、再び質量を量り、前後の秤量差が乾燥物又は強熱した残留物の質量の 0.10% 以下になったときをもって恒量になったものとみなす。ただし、この場合実際には使用するはかりの種類によってその値は決定されるべきものであるので、無視して支障のない量をはかりの種類毎に定め、この量以下になったとき恒量とみなすと規定している。

31. 色素の主成分の含量などを測定する方法で、試験の本質をなすものである。化学的な方法や機器分析も採用されている。

32. 定量法の項では、例えば「その約 1.5 g を精密に量り……」と記載されている場合が多く、実際に±10% を超えて定量試験を行った場合、操作法に影響を与え、定量値も不正確になることがありうる。

33．最近は試験法や分析技術の進歩が著しいので、次々と新しい試験法ができている。したがって、学問的に正確、精密かつ迅速な試験法が存在するならば、これを用いて試験することは差し支えないことを示している。ただし、試験の結果について疑問がもたれたときには省令の方法で試験した結果が判定の基準となるように規定している。

■参考文献

「第十四改正日本薬局方解説書」，廣川書店，2001.

タール色素各条

第一部

（すべての医薬品、医薬部外品、化粧品に使用できるもの）

品目

1　赤色２号（別名アマランス、Amaranth）…… 11
2　赤色３号（別名エリスロシン、Erythrosine）…… 14
3　赤色102号（別名ニューコクシン、New Coccine）…… 18
4　赤色104号の（１）（別名フロキシン B、Phloxine B）…… 21
5　赤色105号の（１）（別名ローズベンガル、Rose Bengal）…… 25
6　赤色106号（別名アシッドレッド、Acid Red）…… 28
7　黄色４号（別名タートラジン、Tartrazine）…… 32
8　黄色５号（別名サンセットイエローFCF、Sunset Yellow FCF）…… 35
9　緑色３号（別名ファストグリーン FCF、Fast Green FCF）…… 38
10　青色１号（別名ブリリアントブルーFCF、Brilliant Blue FCF）…… 42
11　青色２号（別名インジゴカルミン、Indigo Carmine）…… 46
12　１から11までに掲げるもののアルミニウムレーキ …… 50

1. 赤色２号

アマランス

Amaranth

C.I. 16185

Acid Red 27

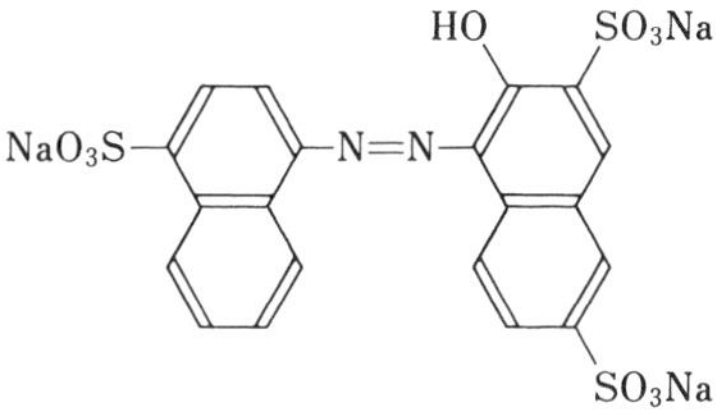

$C_{20}H_{11}N_2Na_3O_{10}S_3$：604.47

本品は、定量するとき、3-ヒドロキシ-4-(4-スルホナフチルアゾ)-2,7-ナフタレンジスルホン酸のトリナトリウム塩（$C_{20}H_{11}N_2Na_3O_{10}S_3$：604.47）として 85.0% 以上 101.0% 以下を含む。

性　　状　本品は、赤褐色から暗赤褐色までの色の粒又は粉末である。

確認試験　(1)　本品の水溶液（1 → 1000）は、帯青赤色を呈する。

(2)　本品 0.02 g に酢酸アンモニウム試液 200 mL を加えて溶かし、この液 10 mL を量り、酢酸アンモニウム試液を加えて 100 mL とした液は、吸光度測定法により試験を行うとき、波長 518 nm 以上 524 nm 以下に吸収の極大を有する。

(3)　本品の水溶液（1 → 1000）2 μL を試料溶液とし、赤色２号標準品の水溶液（1 → 1000）2 μL を標準溶液とし、1-ブタノール/エタノール（95)/薄めた酢酸（100)（3 → 100）混液（6：2：3）を展開溶媒として薄層クロマトグラフ法第１法により試験を行うとき、当該試料溶液から得た主たるスポットは、赤色を呈し、当該標準溶液から得た主たるスポットと等しい Rf 値を示す。

純度試験　(1)　溶状　本品 0.01 g に水 100 mL を加えて溶かすとき、この液は、澄明である。

(2)　不溶物　不溶物試験法第１法により試験を行うとき、その限度は、0.3% 以下である。

(3)　可溶物　可溶物試験法第２法により試験を行うとき、その限度は、1.0% 以下である（注１）。

(4)　塩化物及び硫酸塩　塩化物試験法及び硫酸塩試験法により試験を行うとき、それぞれの限度の合計は、5.0% 以下である（注２）。

(5)　ヒ素　ヒ素試験法により試験を行うとき、その限度は、2 ppm 以下である（注

3）。

（6）　重金属　重金属試験法により試験を行うとき、その限度は、20 ppm 以下である。

乾燥減量　10.0％ 以下（1 g、105℃、6時間）（注4）

定 量 法　本品約 0.02 g を精密に量り、酢酸アンモニウム試液を加えて溶かし、正確に 200 mL とする。この液 10 mL を正確に量り、酢酸アンモニウム試液を加えて正確に 100 mL とし、これを試料溶液として、吸光度測定法により試験を行う。この場合において、吸収極大波長における吸光度の測定は 521 nm 付近について行うこととし、吸光係数は0.0422とする。

〔注〕

（注1）　食添では可溶物の規定はないが、当該色素以外の特定の有機化合物等の限度を規定している。

（注2）　食添では試験方法としてイオンクロマトグラフ法を採用している。

（注3）　食添では試験方法として原子吸光光度法を採用しており、その限度値は 4.0 μg/g 以下と規定している。

（注4）　食添では 135℃、6時間にて 10.0％ 以下と規定している。

（注5）　食添では試験方法として三塩化チタン法を採用しており、旧省令でも三塩化チタン法を採用していた。

【解　説】

名　称　（別名）アマランス、（英名）Amaranth、（化学名）3-ヒドロキシ-4-(4-スルホナフチルアゾ)-2,7-ナフタレンジスルホン酸のトリナトリウム塩、（食添名）食用赤色2号、（既存化学物質 No.）5-1497、（CI No.）16185、Acid Red 27、（CAS No.）915-67-3。

来　歴　1878年に H. Baum により発見され、日本では昭和23年8月15日に赤色2号として許可され現在に至る。米国では、FD&C Red No. 2として使用されていたが、1976年1月19日に使用が禁止された。

製　法　ナフチオン酸（4-アミノ-1-ナフタレンスルホン酸）を亜硝酸ナトリウムと塩酸でジアゾ化し、R酸（3-ヒドロキシ-2,7-ジスルホン酸ナフタレン）とアルカリ性でカップリングさせた後、塩化ナトリウムで塩析して製する。

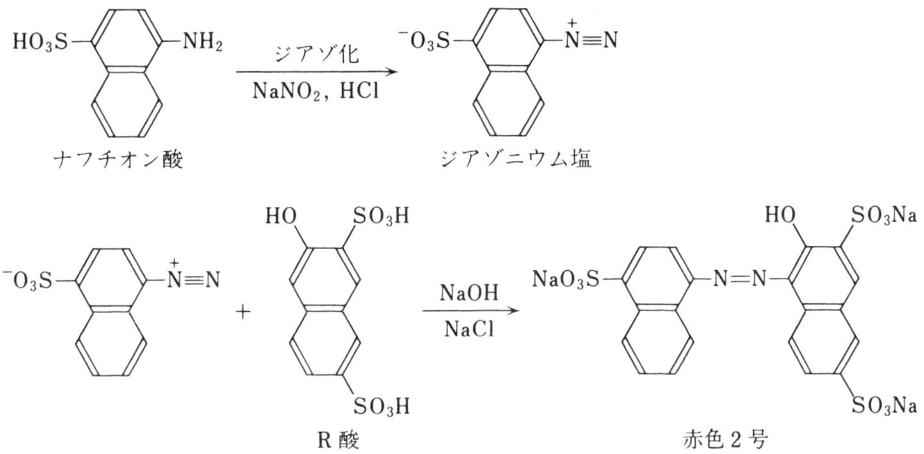

$$\text{ナフチオン酸}\ (HO_3S\text{–}C_{10}H_6\text{–}NH_2) \xrightarrow[NaNO_2,\ HCl]{\text{ジアゾ化}} \text{ジアゾニウム塩}\ ({}^{-}O_3S\text{–}C_{10}H_6\text{–}\overset{+}{N}{\equiv}N)$$

$$ {}^{-}O_3S\text{–}C_{10}H_6\text{–}\overset{+}{N}{\equiv}N + \text{R酸}\ (HO,\ SO_3H,\ SO_3H) \xrightarrow[NaCl]{NaOH} \text{赤色２号}\ (NaO_3S\text{–}C_{10}H_6\text{–}N{=}N\text{–}C_{10}H_4(OH)(SO_3Na)_2)$$

（性　状） 水によく溶け、グリセリンにも溶け、エタノールにわずかに溶け、油脂には溶けない。水溶液に塩酸を加えても色は変わらないが、水酸化ナトリウム溶液（1 → 10）により暗色化し、硫酸を加えると紫色溶液となり、水で希釈すると青紫色から暗赤紫色となる。水溶液の色は光に安定である。

（用　途） すべての化粧品に使用できるが、整髪料・シャンプー・リンス・染毛料・クリーム・乳液に繁用される。化粧品以外では、清涼飲料等に使用される。

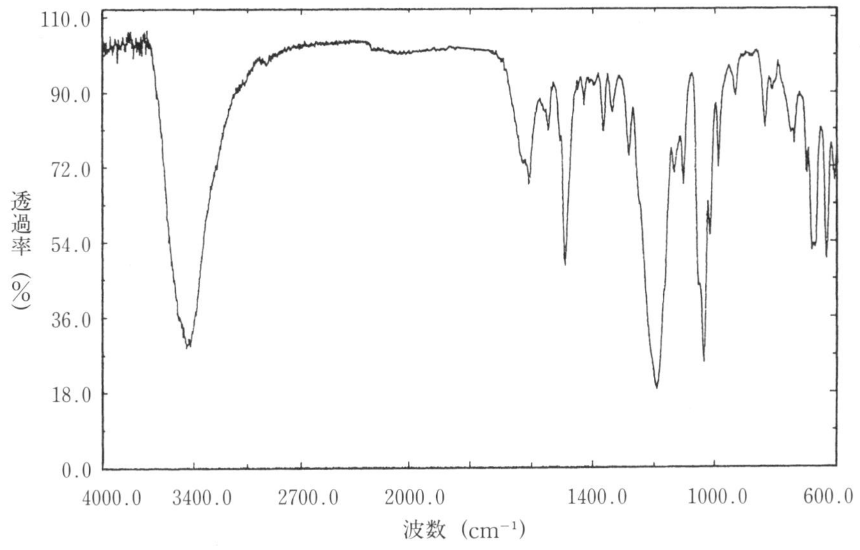

赤色２号の赤外吸収スペクトル

2．赤色３号

エリスロシン
Erythrosine

C.I. 45430

Acid Red 51

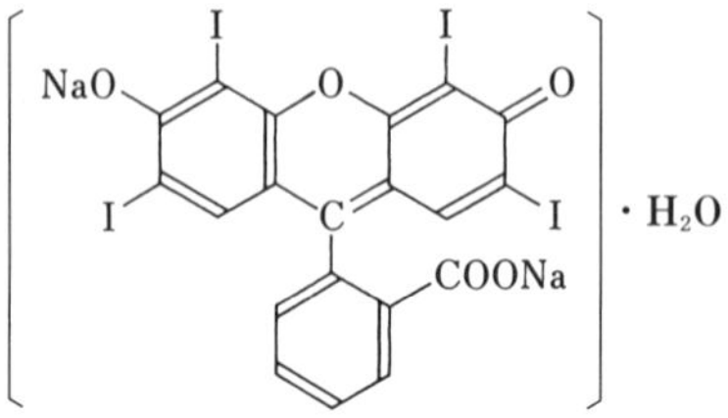

$C_{20}H_6I_4Na_2O_5$・H_2O：897.87

本品は、定量するとき、9-(2-カルボキシフェニル)-6-ヒドロキシ-2,4,5,7-テトラヨード-3H-キサンテン-3-オンのジナトリウム塩の１水和物（$C_{20}H_6I_4Na_2O_5$・H_2O：897.87）として 85.0% 以上 101.0% 以下を含む（注１）。

性　　状　本品は、赤色から褐色までの色の粒又は粉末である。

確認試験　（１）　本品の水溶液（1 → 1000）は、帯青赤色を呈する。

（２）　本品 0.02 g に酢酸アンモニウム試液 200 mL を加えて溶かし、この液 5 mL を量り、酢酸アンモニウム試液を加えて 100 mL とした液は、吸光度測定法により試験を行うとき、波長 524 nm 以上 528 nm 以下に吸収の極大を有する。

（３）　本品の水溶液（1 → 1000）2 μL を試料溶液とし、赤色３号標準品の水溶液（1 → 1000）2 μL を標準溶液とし、酢酸エチル/メタノール/アンモニア水（28）混液（5：2：1）を展開溶媒として薄層クロマトグラフ法第１法により試験を行うとき、当該試料溶液から得た主たるスポットは、帯青赤色を呈し、当該標準溶液から得た主たるスポットと等しい Rf 値を示す。

純度試験　（１）　溶状　本品 0.01 g に水 100 mL を加えて溶かすとき、この液は、澄明である。

（２）　不溶物　不溶物試験法第１法により試験を行うとき、その限度は、0.3% 以下である（注２）。

（３）　可溶物　可溶物試験法第３法の(a)及び(b)により試験を行うとき、その限度は、0.5% 以下である（注３）。

（４）　塩化物及び硫酸塩　塩化物試験法及び硫酸塩試験法により試験を行うとき、それぞれの限度の合計は、2.0% 以下である（注４）。

（５）　ヒ素　ヒ素試験法により試験を行うとき、その限度は、2 ppm 以下である（注

5)。

(6) 亜鉛　本品を、原子吸光光度法の前処理法(1)により処理し、試料溶液調製法(1)により調製したものを試料溶液とし、亜鉛標準原液(原子吸光光度法用) 2 mL を正確に量り、薄めた塩酸(1 → 4)を加えて 10 mL とし、この液 1 mL を正確に量り、原子吸光光度法の前処理法(1)により処理し、試料溶液調製法(1)により調製したものを比較液として原子吸光光度法により比較試験を行うとき、その限度は、200 ppm 以下である(注6)。

(7) 重金属　重金属試験法により試験を行うとき、その限度は、20 ppm 以下である(注7)。

乾燥減量　12.0% 以下(1 g、105℃、6時間)(注8)

定量法　本品約 0.02 g を精密に量り、酢酸アンモニウム試液を加えて溶かし、正確に 200 mL とする。この液 5 mL を正確に量り、酢酸アンモニウム試液を加えて正確に 100 mL とし、これを試料溶液として吸光度測定法により試験を行う。この場合において、吸収極大波長における吸光度の測定は 526 nm 付近について行うこととし、吸光係数は0.111とする(注9)。

〔注〕

(注1) CFR では 87.0% 以上と規定している。

(注2) 食添では 0.20% 以下、CFR では 0.2% 以下と規定している。

(注3) 食添及び CFR では可溶物の規定はないが、当該色素以外の特定の有機化合物等の限度をそれぞれ規定している。

(注4) 食添では試験方法としてイオンクロマトグラフ法を採用しており、また、CFR では乾燥減量を加えた値として 13% 以下と規定している。

(注5) 食添では試験方法に原子吸光光度法を採用し、その限度値は 4.0 μg/g 以下と規定しており、また、CFR では As として 3 ppm 以下と規定している。

(注6) 製造工程で縮合剤として塩化亜鉛を使用しているため、新たに亜鉛の項目を設定した。また、食添では重金属(亜鉛)として 200 μg/g 以下と規定している。

(注7) CFR では Pb として 10 ppm 以下と規定している。

(注8) 食添では 135℃、6時間にて 12.0% 以下と規定している。

(注9) 食添では試験方法として重量法を採用しており、旧省令でも重量法を採用していた。

【解　説】

名　称　(別名)エリスロシン、(英名)Erythrosine、(化学名)9-(2-カルボキシフェニル)-6-ヒドロキシ-2,4,5,7-テトラヨード-3H-キサンテン-3-オンのジナトリウム塩の1水和物、(FDA 名) FD&C Red No. 3、(食添名) 食用赤色3号、(既存化学物質 No.) 5-1503、(CI No.)

45430、Acid Red 51、(CAS No.) 16423-68-0。

来　歴　1876年にKussmaulにより発見され、日本では昭和23年8月15日に赤色3号として許可され現在に至る。米国では、FD&C Red No. 3として使用されていたが、1990年1月29日にデラニー条項により化粧品への使用を禁止された。

製　法　レゾルシン(1,3-ベンゼンジオール)と無水フタル酸とを塩化亜鉛を縮合剤として加熱融解縮合してできたフルオレセインを水酸化ナトリウム溶液中でヨウ素化した後、塩化ナトリウムで塩析して製する。

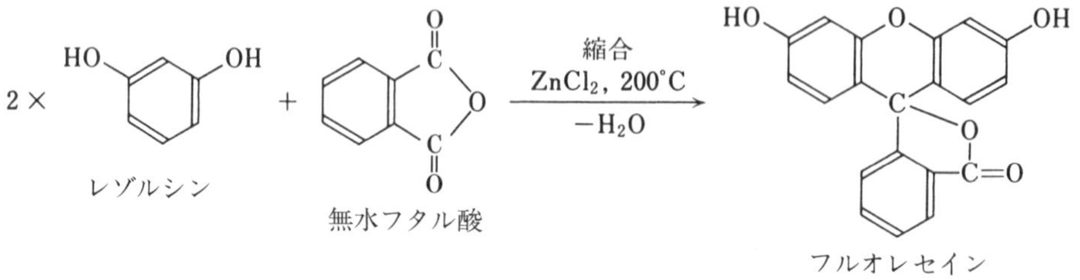

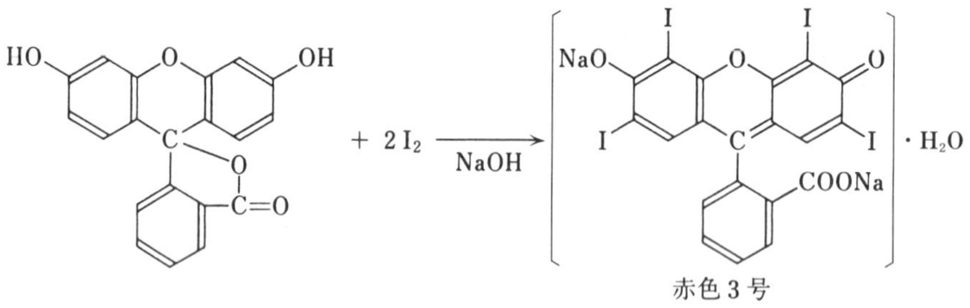

2× レゾルシン ＋ 無水フタル酸 —(縮合 $ZnCl_2$, 200°C, $-H_2O$)→ フルオレセイン

フルオレセイン ＋ $2I_2$ —(NaOH)→ 赤色3号 ($\cdot H_2O$)

性　状　水によく溶け、グリセリンにも溶け、エタノールにわずかに溶け、油脂には溶けない。水溶液に塩酸を加えると黄褐色の沈殿を生じ、多量の水酸化ナトリウム溶液(1 → 10)を加えると、赤色の沈殿を生じる。硫酸を加えると褐黄色に溶け、加熱するとヨードを遊離する。これを水で希釈すると沈殿を生じる。水溶液の色は光にやや弱い。

用　途　すべての化粧品に使用できるが、ファンデーション・口紅・アイシャドウに繁用される。化粧品以外では、和洋菓子・農水産加工品(サクランボ・カマボコ等)・口中剤に繁用される。

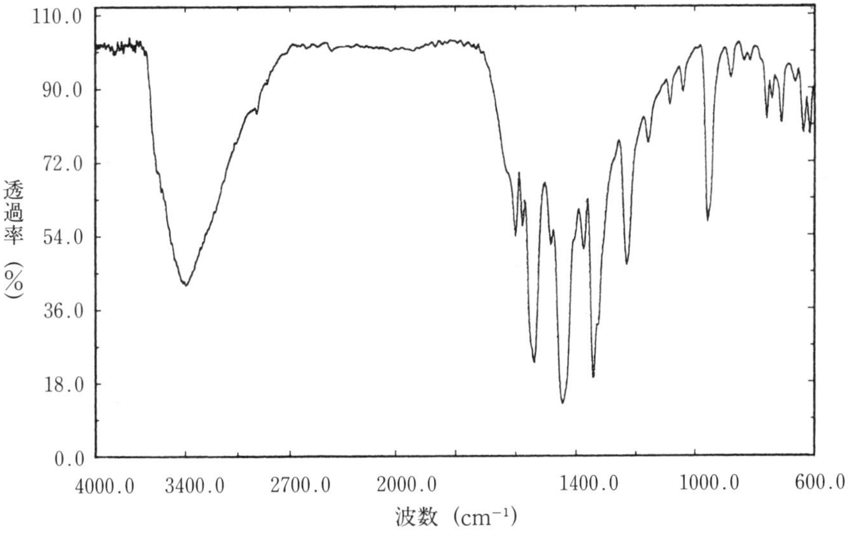

赤色 3 号の赤外吸収スペクトル

3．赤色102号

ニューコクシン

New Coccine

C.I. 16255

Acid Red 18

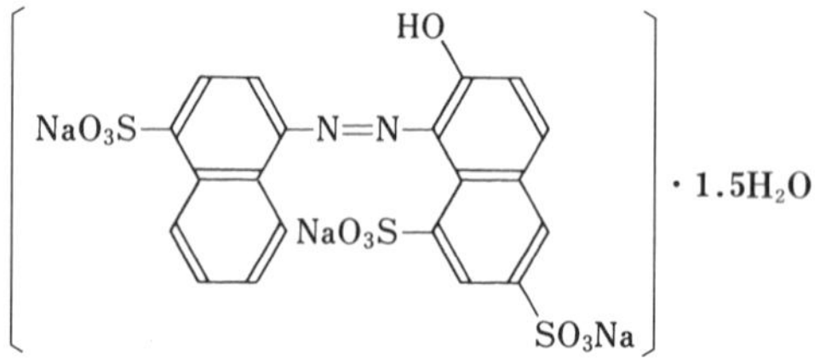

$C_{20}H_{11}N_2Na_3O_{10}S_3$・$1.5H_2O$：631.50

本品は、定量するとき、1-(4-スルホ-1-ナフチルアゾ)-2-ナフトール-6,8-ジスルホン酸のトリナトリウム塩の1.5水和物（$C_{20}H_{11}N_2Na_3O_{10}S_3$・$1.5H_2O$：631.50）として85.0％ 以上 101.0％ 以下を含む（注1）。

性　　状　本品は、赤色から暗赤色までの色の粒又は粉末である。

確認試験　（1）　本品の水溶液（1 → 1000）は、赤色を呈する。

（2）　本品 0.02 g に酢酸アンモニウム試液 200 mL を加えて溶かし、この液 10 mL を量り、酢酸アンモニウム試液を加えて 100 mL とした液は、吸光度測定法により試験を行うとき、波長 506 nm 以上 510 nm 以下に吸収の極大を有する。

（3）　本品の水溶液（1 → 1000） 2 μL を試料溶液とし、赤色102号標準品の水溶液（1 → 1000） 2 μL を標準溶液とし、1-ブタノール/エタノール（95)/薄めた酢酸（100)（3 → 100）混液（6：2：3）を展開溶媒として薄層クロマトグラフ法第1法により試験を行うとき、当該試料溶液から得た主たるスポットは、赤色を呈し、当該標準溶液から得た主たるスポットと等しい Rf 値を示す。

（4）　本品を乾燥し、赤外吸収スペクトル測定法により試験を行うとき、本品のスペクトルは、次に掲げる本品の参照スペクトルと同一の波数に同一の強度の吸収を有する。(次頁参照)

純度試験　（1）　溶状　本品 0.01 g に水 100 mL を加えて溶かすとき、この液は、澄明である。

（2）　不溶物　不溶物試験法第1法により試験を行うとき、その限度は、0.3％ 以下である（注2）。

（3）　可溶物　可溶物試験法第2法により試験を行うとき、その限度は、0.5％ 以下である（注3）。

（4） 塩化物及び硫酸塩　塩化物試験法及び硫酸塩試験法により試験を行うとき、それぞれの限度の合計は、8.0% 以下である（注4）。

（5） ヒ素　ヒ素試験法により試験を行うとき、その限度は、2 ppm 以下である（注5）。

（6） 重金属　重金属試験法により試験を行うとき、その限度は、20 ppm 以下である。

乾燥減量　10.0% 以下（1 g、105℃、6時間）

定 量 法　本品約 0.02 g を精密に量り、酢酸アンモニウム試液を加えて溶かし、正確に 200 mL とする。この液 10 mL を正確に量り、酢酸アンモニウム試液を加えて正確に 100 mL とし、これを試料溶液として、吸光度測定法により試験を行う。この場合において、吸収極大波長における吸光度の測定は 508 nm 付近について行うこととし、吸光係数は0.0401とする（注6）。

赤色102号

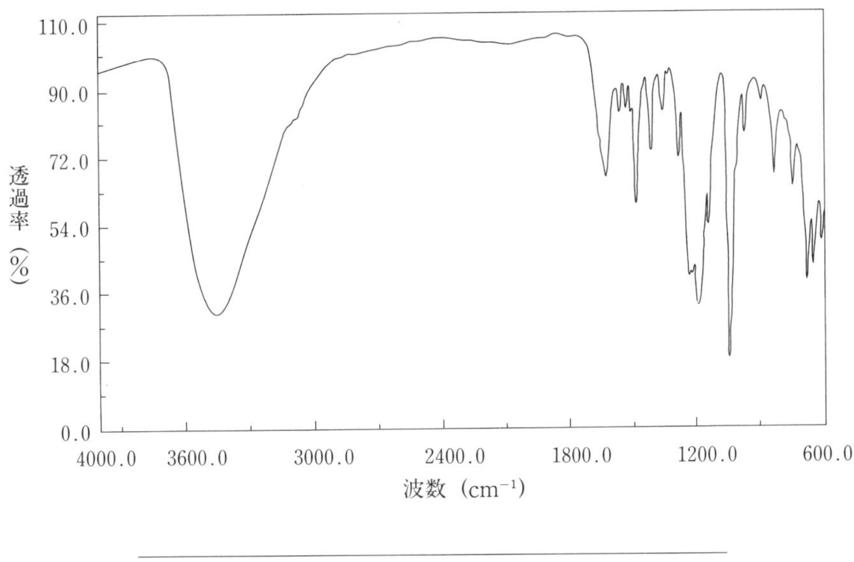

〔注〕

（注1） 1.5の結晶水を含むことが明らかとなり、構造式を改めた（神蔵美枝子：衛生試験所報告 **105**、68 (1987)）。旧省令では 82% 以上と規定していた。

（注2） 食添では 0.2% 以下と規定している。

（注3） 食添では可溶物の規定はないが、当該色素以外の特定の有機化合物等の限度を規定している。

（注4） 食添では試験方法としてイオンクロマトグラフ法を採用している。

（注5） 食添では試験方法として原子吸光光度法を採用しており、その限度値は 4.0 μg/g 以下と規定している。

（注6） 食添では試験方法として三塩化チタン法を採用しており、旧省令でも三塩化チタン法を

採用していた。

【解　説】

名　称 （別名）ニューコクシン、（英名）New Coccine、（化学名）1-(4-スルホ-1-ナフチルアゾ)-2-ナフトール-6,8-ジスルホン酸のトリナトリウム塩の1.5水和物、（食添名）食用赤色102号、（既存化学物質 No.）5-1495、（CI No.）16255、Acid Red 18、（CAS No.）2611-82-7。

来　歴 1878年に H. Baum により発見され、日本では昭和23年 8 月15日に赤色102号として許可され現在に至る。

製　法 ナフチオン酸（4-アミノ-1-ナフタレンスルホン酸）を亜硝酸ナトリウムと塩酸でジアゾ化し、7-ヒドロキシ-1,3-ナフタレンジスルホン酸とアルカリ性でカップリングさせた後、塩化ナトリウムで塩析して製する。

HO_3S—, —NH_2　ナフチオン酸
ジアゾ化　$NaNO_2$, HCl →
$^{-}O_3S$—, —$\overset{+}{N}\equiv N$　ジアジニウム塩

$^{-}O_3S$—, —$\overset{+}{N}\equiv N$　＋　HO, HO_3S—, SO_3H
7-ヒドロキシ-1,3-
ナフタレンジスルホン酸

NaOH / NaCl →　[NaO_3S—, —N=N—, HO, NaO_3S—, SO_3Na] $\cdot 1.5H_2O$
赤色102号

性　状 水によく溶け、グリセリンに溶け、エタノールにわずかに溶け、油脂には溶けない。水溶液に塩酸を加えても色は変わらないが、水酸化ナトリウム溶液（1 → 10）を加えると褐色となる。硫酸を加えると紫赤色に溶け、水で希釈すると黄赤色となる。水溶液の色は光に安定である。

用　途 すべての化粧品に使用できるが、整髪料・シャンプー・リンス等に繁用される。化粧品以外では、農水畜産加工品、菓子、飲料等に使用される。

4. 赤色104号の（1）

フロキシンＢ

Phloxine B

C.I. 45410

Acid Red 92

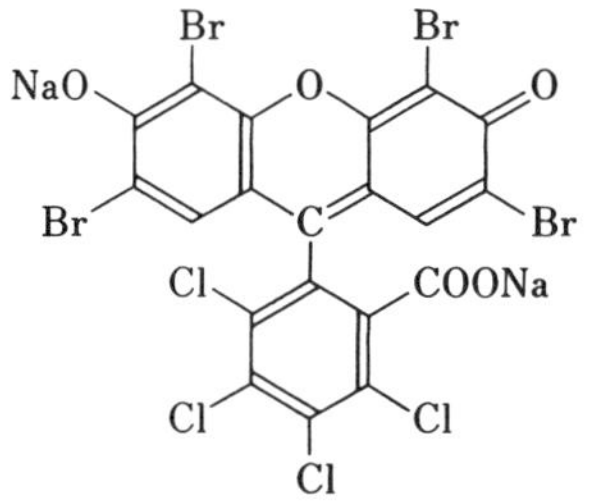

$C_{20}H_2Br_4Cl_4Na_2O_5$：829.63

本品は、定量するとき、9-(3,4,5,6-テトラクロロ-2-カルボキシフェニル)-6-ヒドロキシ-2,4,5,7-テトラブロモ-3H-キサンテン-3-オンのジナトリウム塩（$C_{20}H_2Br_4Cl_4Na_2O_5$：829.63）として 85.0% 以上 101.0% 以下を含む。

性　　状　本品は、赤色から赤褐色までの色の粒又は粉末である。

確認試験　（1）　本品の水溶液（1 → 1000）は、帯青赤色を呈し、暗緑色の蛍光を発する。

（2）　本品 0.02 g に酢酸アンモニウム試液 200 mL を加えて溶かし、この液 5 mL を量り、酢酸アンモニウム試液を加えて 100 mL とした液は、吸光度測定法により試験を行うとき、波長 536 nm 以上 540 nm 以下に吸収の極大を有する。

（3）　本品の水溶液（1 → 2000） 2 μL を試料溶液とし、赤色104号の（1）標準品の水溶液（1 → 2000） 2 μL を標準溶液とし、1-ブタノール/エタノール(95)/アンモニア試液（希）混液（6：2：3）を展開溶媒として薄層クロマトグラフ法第1法により試験を行うとき、当該試料溶液から得た主たるスポットは、帯青赤色を呈し、当該標準溶液から得た主たるスポットと等しい Rf 値を示す。

（4）　炎色反応試験法により試験を行うとき、炎は、黄色を呈する。

純度試験　（1）　溶状　本品 0.01 g に水 100 mL を加えて溶かすとき、この液は、澄明である。

（2）　不溶物　不溶物試験法第1法により試験を行うとき、その限度は、0.3% 以下である（注1）。

（3）　可溶物　可溶物試験法第3法の（a）及び（b）により試験を行うとき、その限度は、1.0% 以下である（注2）。

（4）　塩化物及び硫酸塩　塩化物試験法及び硫酸塩試験法により試験を行うとき、それぞれの限度の合計は、5.0% 以下である（注3）。

（5）　ヒ素　ヒ素試験法により試験を行うとき、その限度は、2 ppm以下である（注4）。

（6）　亜鉛　本品を、原子吸光光度法の前処理法（1）により処理し、試料溶液調製法（1）により調製したものを試料溶液とし、亜鉛標準原液（原子吸光光度法用）2 mLを正確に量り、薄めた塩酸（1 → 4）を加えて 10 mLとし、この液 1 mLを正確に量り、原子吸光光度法の前処理法（1）により処理し、試料溶液調製法（1）により調製したものを比較液として原子吸光光度法により比較試験を行うとき、その限度は、200 ppm以下である（注5）。

（7）　重金属　重金属試験法により試験を行うとき、その限度は、20 ppm以下である。

乾燥減量　10.0％ 以下（1 g、105℃、6時間）（注6）

定 量 法　本品約 0.02 gを精密に量り、酢酸アンモニウム試液を加えて溶かし、正確に200 mLとする。この液 5 mLを正確に量り、酢酸アンモニウム試液を加えて正確に100 mLとし、これを試料溶液として、吸光度測定法により試験を行う。この場合において、吸収極大波長における吸光度の測定は 538 nm付近について行うこととし、吸光係数は0.130とする（注7）。

〔注〕

（注1）　食添では 0.2％ 以下と規定しており、また、CFRではアルカリ溶液不溶物として 0.5％以下と規定している。

（注2）　食添及びCFRでは可溶物の規定はないが、当該色素以外の特定の有機化合物等の限度をそれぞれ規定している。

（注3）　食添では試験方法としてイオンクロマトグラフ法を採用しており、また、CFRでは乾燥減量を加えた値として 15％ 以下と規定している。

（注4）　食添では試験方法に原子吸光光度法を採用し、その限度値は 4.0 μg/g以下と規定しており、また、CFRではAsとして 3 ppm以下と規定している。

（注5）　製造工程で縮合剤として塩化亜鉛を使用しているため、新たに亜鉛の項目を設定した。また、食添では重金属（亜鉛）として 200 μg/g以下と規定している。

（注6）　食添では 135℃、6時間にて 10.0％ 以下と規定している。

（注7）　食添では試験方法として重量法を採用しており、旧省令でも重量法を採用していた。

【解　説】

名　称　（別名）フロキシンB、（英名）Phloxine B、（化学名）9-(3,4,5,6-テトラクロロ-2-カルボキシフェニル)-6-ヒドロキシ-2,4,5,7-テトラブロモ-3H-キサンテン-3-オンのジナトリウム塩、（FDA名）D&C Red No. 28、（食添名）食用赤色104号、（既存化学物質No.）5-1514、（CI No.）45410、Acid Red 92、（CAS No.）18472-87-2。

（来　歴） 1882年にGnehmにより発見され、日本では昭和23年8月15日に赤色104号の(1)として許可され現在に至る。米国では、D&C Red No. 28として使用されてきたが、1982年10月29日に永久許可された。

（製　法） レゾルシン (1,3-ベンゼンジオール) とテトラクロル無水フタル酸とを塩化亜鉛を縮合剤として加熱融解縮合してできたテトラクロルフルオレセインを、水酸化ナトリウム溶液中で臭素化した後、塩化ナトリウムで塩析して製する。

2 × レゾルシン ＋ テトラクロル無水フタル酸 —縮合, $ZnCl_2$→ テトラクロルフルオレセイン

テトラクロルフルオレセイン ＋ $2\,Br_2$ —NaOH→ 赤色104号の(1)

（性　状） 水によく溶け、蛍光を呈する。グリセリン、エタノールにも溶ける。油脂には溶けない。水溶液に塩酸を加えると淡赤色の色酸を沈殿し、蛍光は消失する。水溶液に水酸化ナトリウム溶液(1 → 10)を加えると、液はやや赤みを帯び蛍光は変わらない。硫酸を加えると黄褐色に溶け、水で希釈すると淡赤色の沈殿を生じ蛍光は呈さない。水溶液の色は光に弱い。

（用　途） すべての化粧品に使用できるが、口紅に繁用される。

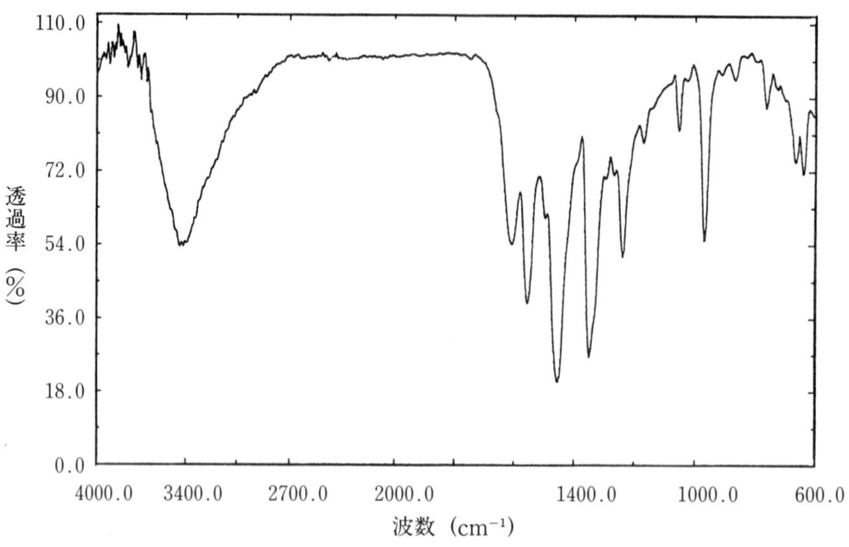

赤色104号の（1）の赤外吸収スペクトル

5．赤色105号の（1）

ローズベンガル

Rose Bengal

C.I. 45440

Acid Red 94

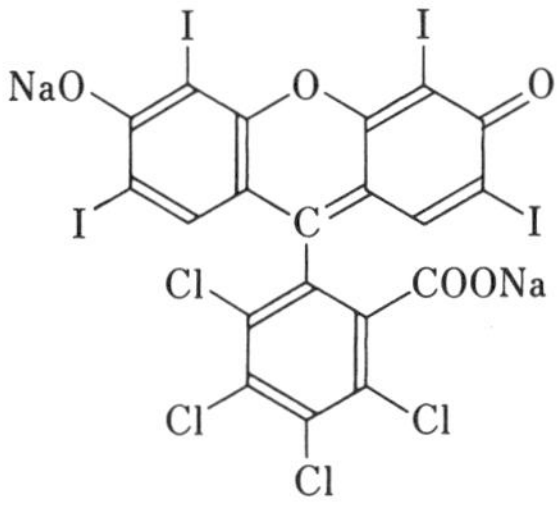

$C_{20}H_2Cl_4I_4Na_2O_5$：1017.64

本品は、定量するとき、9-(3,4,5,6-テトラクロロ-2-カルボキシフェニル)-6-ヒドロキシ-2,4,5,7-テトラヨード-3H-キサンテン-3-オンのジナトリウム塩（$C_{20}H_2Cl_4I_4Na_2O_5$：1017.64）として 85.0% 以上 101.0% 以下を含む。

性　　状　本品は、帯青赤色から赤褐色までの色の粒又は粉末である。

確認試験　（1）　本品の水溶液（1 → 1000）は、帯青赤色を呈する。

（2）　本品 0.02 g に酢酸アンモニウム試液 200 mL を加えて溶かし、この液 5 mL を量り、酢酸アンモニウム試液を加えて 100 mL とした液は、吸光度測定法により試験を行うとき、波長 547 nm 以上 551 nm 以下に吸収の極大を有する。

（3）　本品の水溶液（1 → 1000） 2 μL を試料溶液とし、赤色105号の（1）標準品の水溶液（1 → 1000） 2 μL を標準溶液とし、1-ブタノール/エタノール(95)/アンモニア試液（希）混液（6：2：3）を展開溶媒として薄層クロマトグラフ法第1法により試験を行うとき、当該試料溶液から得た主たるスポットは、帯青赤色を呈し、当該標準溶液から得た主たるスポットと等しい Rf 値を示す。

（4）　炎色反応試験法により試験を行うとき、炎は、黄色を呈する。

純度試験　（1）　溶状　本品 0.01 g に水 100 mL を加えて溶かすとき、この液は、澄明である。

（2）　不溶物　不溶物試験法第1法により試験を行うとき、その限度は、0.5% 以下である（注1）。

（3）　可溶物　可溶物試験法第3法の（a）及び（b）により試験を行うとき、その限度は、1.0% 以下である（注2）。

（4）　塩化物及び硫酸塩　塩化物試験法及び硫酸塩試験法により試験を行うとき、それぞれの限度の合計は、5.0% 以下である（注3）。

（5）　ヒ素　ヒ素試験法により試験を行うとき、その限度は、2 ppm以下である（注4）。

（6）　亜鉛　本品を原子吸光光度法の前処理法（1）により処理し、試料溶液調製法（1）により調製したものを試料溶液とし、亜鉛標準原液（原子吸光光度法用）2 mLを正確に量り、薄めた塩酸（1 → 4）を加えて 10 mLとし、この液 1 mLを正確に量り、原子吸光光度法の前処理法（1）により処理し、試料溶液調製法（1）により調製したものを比較液として原子吸光光度法により比較試験を行うとき、その限度は、200 ppm以下である（注5）。

（7）　重金属　重金属試験法により試験を行うとき、その限度は、20 ppm以下である。

乾燥減量　10.0％ 以下（1 g、105℃、6時間）（注6）

定 量 法　本品約 0.02 gを精密に量り、酢酸アンモニウム試液を加えて溶かし、正確に 200 mLとする。この液 5 mLを正確に量り、酢酸アンモニウム試液を加えて正確に 100 mLとし、これを試料溶液として、吸光度測定法により試験を行う。この場合において、吸収極大波長における吸光度の測定は 549 nm付近について行うこととし、吸光係数は0.106とする（注7）。

〔注〕

（注1）　食添では 0.20％ 以下と規定している。

（注2）　食添では可溶物の規定はないが、当該色素以外の特定の有機化合物等の限度を規定している。

（注3）　食添では試験方法としてイオンクロマトグラフ法を採用している。

（注4）　食添では試験方法として原子吸光光度法を採用しており、その限度値は 4.0 μg/g以下と規定している。

（注5）　製造工程で縮合剤として塩化亜鉛を使用しているため、新たに亜鉛の項目を設定した。また、食添では重金属（亜鉛）として 200 μg/g以下と規定している。

（注6）　食添では 135℃、6時間にて 10.0％ 以下と規定している。

（注7）　食添では試験方法として重量法を採用しており、旧省令でも重量法を採用していた。

【解　説】

名　称　（別名）ローズベンガル、（英名）Rose Bengal、（化学名）9-(3,4,5,6-テトラクロロ-2-カルボキシフェニル)-6-ヒドロキシ-2,4,5,7-テトラヨード-3H-キサンテン-3-オンのジナトリウム塩、（食添名）食用赤色105号、（既存化学物質 No.）5-4298、（CI No.）45440、Acid Red 94、（CAS No.）632-69-9。

来　歴　1882年にGnehmにより発見され、日本では昭和23年 8 月15日に赤色105号の（1）として許可され現在に至る。

製　法　レゾルシン（1,3-ベンゼンジオール）とテトラクロル無水フタル酸とを縮合してできたテトラクロルフルオレセインを、水酸化ナトリウム溶液（1 → 10）中でヨウ素化した後、塩化ナトリウムで塩析して製する。

2 × レゾルシン ＋ テトラクロル無水フタル酸 —（縮合　$ZnCl_2$, 200°C　$-H_2O$）→ テトラクロルフルオレセイン

テトラクロルフルオレセイン ＋ $2I_2$ —（NaOH）→ 赤色105号の（1）

性　状　水、グリセリン、エタノールに溶け、油脂には溶けない。水溶液に塩酸を加えると帯青赤色の沈殿を生じ、水溶液に水酸化ナトリウム溶液（1 → 10）を加えるとき変化はない。硫酸を加えると黄色に溶け、水で希釈すると帯青赤色の沈殿を生じる。水溶液の色は光に弱い。

用　途　すべての化粧品に使用できるが、口紅に繁用される。

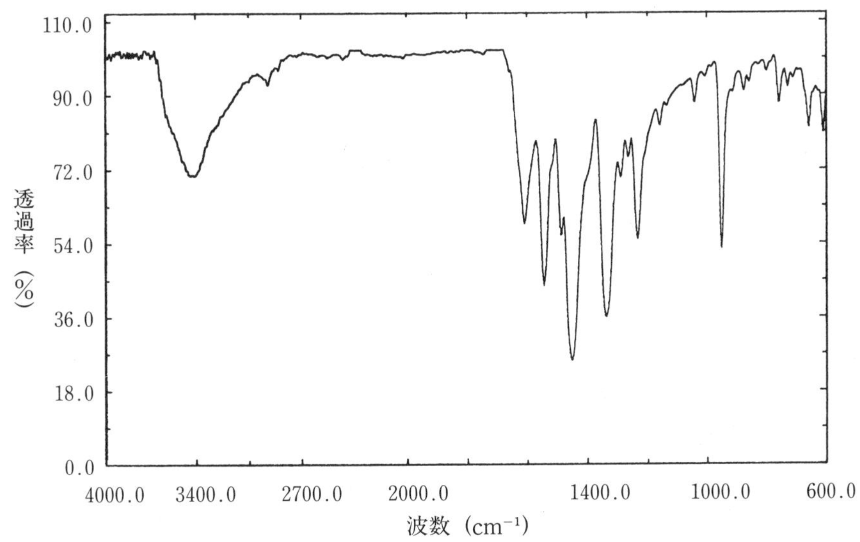

赤色105号の（1）の赤外吸収スペクトル

6．赤色106号

アシッドレッド

Acid Red

C.I. 45100

Acid Red 52

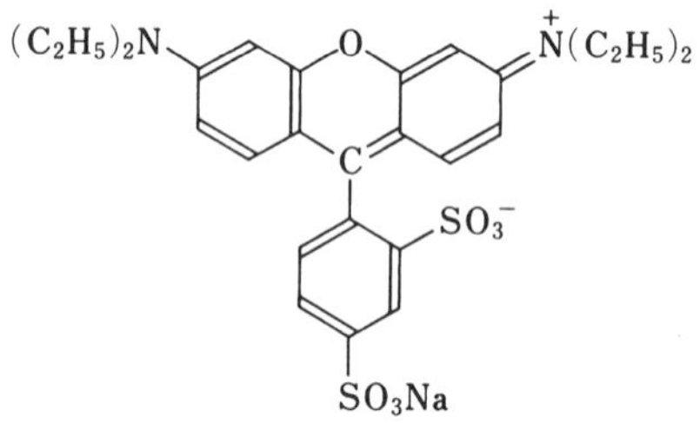

$(C_2H_5)_2N$ … $\overset{+}{N}(C_2H_5)_2$ … SO_3^- … SO_3Na

$C_{27}H_{29}N_2NaO_7S_2$：580.65

本品は、定量するとき、2-[[N,N-ジエチル-6-(ジエチルアミノ)-3H-キサンテン-3-イミニオ]-9-イル]-5-スルホベンゼンスルホナートのモノナトリウム塩（$C_{27}H_{29}N_2NaO_7S_2$：580.65）として 85.0％ 以上 101.0％ 以下を含む。

性　　状　本品は、紫褐色の粒又は粉末である。

確認試験　(1)　本品の水溶液（1 → 1000）は、帯青赤色を呈し、黄色の蛍光を発する。

(2)　本品 0.02 g に酢酸アンモニウム試液 200 mL を加えて溶かし、この液 3 mL を量り、酢酸アンモニウム試液を加えて 100 mL とした液は、吸光度測定法により試験を行うとき、波長 564 nm 以上 568 nm 以下に吸収の極大を有する。

(3)　本品の水溶液（1 → 1000）2 μL を試料溶液とし、赤色106号標準品の水溶液（1 → 1000）2 μL を標準溶液とし、3-メチル-1-ブタノール/アセトン/酢酸（100）/水混液（4：1：1：1）を展開溶媒として薄層クロマトグラフ法第1法により試験を行うとき、当該試料溶液から得た主たるスポットは、帯青赤色を呈し、当該標準溶液から得た主たるスポットと等しい Rf 値を示す。

純度試験　(1)　溶状　本品 0.01 g に水 100 mL を加えて溶かすとき、この液は、澄明である。

(2)　不溶物　不溶物試験法第1法により試験を行うとき、その限度は、0.3％ 以下である（注1）。

(3)　可溶物　可溶物試験法第2法により試験を行うとき、その限度は、0.5％ 以下である。

(4)　塩化物及び硫酸塩　塩化物試験法及び硫酸塩試験法により試験を行うとき、それぞれの限度の合計は、5.0％ 以下である（注2）。

(5)　ヒ素　ヒ素試験法により試験を行うとき、その限度は、2 ppm 以下である（注

3)。

(6) 亜鉛　本品を原子吸光光度法の前処理法(3)により処理し、試料溶液調製法(2)により調製したものを試料溶液とし、亜鉛標準原液(原子吸光光度法用) 2 mL を正確に量り、薄めた塩酸 (1 → 4) を加えて 10 mL とし、この液 1 mL を正確に量り、原子吸光光度法の前処理法(3)により処理し、試料溶液調製法(2)により調製したものを比較液として原子吸光光度法により比較試験を行うとき、その限度は、200 ppm 以下である (注4)。

(7) クロム　本品を原子吸光光度法の前処理法(3)により処理し、試料溶液調製法(3)により調製したものを試料溶液とし、クロム標準原液(原子吸光光度法用) 1 mL を正確に量り、薄めた塩酸 (1 → 4) を加えて 100 mL とし、この液 5 mL を正確に量り、原子吸光光度法の前処理法(3)により処理し、試料溶液調製法(3)により調製したものを比較液として原子吸光光度法により比較試験を行うとき、その限度は、50 ppm 以下である (注5)。

(8) マンガン　本品を原子吸光光度法の前処理法(3)により処理し、試料溶液調製法(2)により調製したものを試料溶液とし、マンガン標準原液 (原子吸光光度法用) 1 mL を正確に量り、薄めた塩酸(1 → 4)を加えて 100 mL とし、この液 5 mL を正確に量り、原子吸光光度法の前処理法(3)により処理し、試料溶液調製法(2)により調製したものを比較液として原子吸光光度法により比較試験を行うとき、その限度は、50 ppm 以下である (注5)。

(9) 重金属　重金属試験法により試験を行うとき、その限度は、20 ppm 以下である。

乾燥減量　10.0% 以下 (1 g、105℃、6時間) (注6)

定 量 法　本品約 0.02 g を精密に量り、酢酸アンモニウム試液を加えて溶かし、正確に 200 mL とする。この液 3 mL を正確に量り、酢酸アンモニウム試液を加えて正確に 100 mL とし、これを試料溶液として、吸光度測定法により試験を行う。この場合において、吸収極大波長における吸光度の測定は 566 nm 付近について行うこととし、吸光係数は0.207とする (注7)。

〔注〕

(注1)　食添では 0.20% 以下と規定している。

(注2)　食添では試験方法としてイオンクロマトグラフ法を採用している。

(注3)　食添では試験方法として原子吸光光度法を採用しており、その限度値は 4.0 μg/g 以下と規定している。

(注4)　製造工程で縮合剤として塩化亜鉛を使用しているため、新たに亜鉛の項目を設定した。

(注5)　製造工程で重クロム酸塩または過マンガン酸塩を使用される場合があるため、新たにクロム及びマンガンの項目を設定した。また、食添ではクロムとして 25 μg/g 以下、マンガンとして 50 μg/g 以下と規定している。

（注6）　食添では 135℃、6時間にて 10.0％ 以下と規定している。

（注7）　食添では試験方法として三塩化チタン法を採用しており、旧省令でも三塩化チタン法を採用していた。

【解　説】

名　称　(別名) アシッドレッド、(英名) Acid Red、(化学名) 2-[[N,N-ジエチル-6-(ジエチルアミノ)-3H-キサンテン-3-イミニオ]-9-イル]-5-スルホベンゼンスルホナートのモノナトリウム塩、(食添名) 食用赤色106号、(既存化学物質 No.) 5-1504、(CI No.) 45100、Acid Red 52、(CAS No.) 3520-42-1。

来　歴　1906年 Emmerich により発見され、日本では昭和34年9月14日に赤色106号として許可され現在に至る。

製　法　ベンズアルデヒド-2,4-ジスルホン酸と *m*-ジエチルアミノフェノールを縮合した後、塩化第二鉄で酸化して製する。

CHO　SO_3H　SO_3H　+ 2 ×　$N(C_2H_5)_2$　OH　→ 縮合 $-H_2O$ →　$(C_2H_5)_2N$　O　H C　$N(C_2H_5)_2$　SO_3H　SO_3H

ベンズアルデヒド -2,4-ジスルホン酸　　*m*-ジエチル アミノフェノール　　ロイコ体

→ 酸化 $FeCl_3$ →　→ NaOH →　$(C_2H_5)_2N$　O　$\overset{+}{N}(C_2H_5)_2$　C　SO_3^-　SO_3Na

赤色 106 号

性　状　水によく溶けて蛍光を発する。グリセリン、エタノールに溶けるが、油脂には溶けない。水溶液に塩酸を加えると赤色となるが、蛍光は変わらない。水溶液に水酸化ナトリウム溶液（1 → 10）を加えても変化はない。硫酸を加えると、黄赤色に溶けて緑黄色の蛍光を発し、これを水で希釈すると帯青赤色となり、わずかに緑黄色の蛍光を発する。水溶液の色は光に安定である。

用　途　すべての化粧品に使用できるが、整髪料・シャンプー・リンス・クリーム・乳液・

石けんに繁用される。化粧品以外では、和洋菓子・農水産加工品（でんぶ・味噌漬・桜海老等）に繁用される。

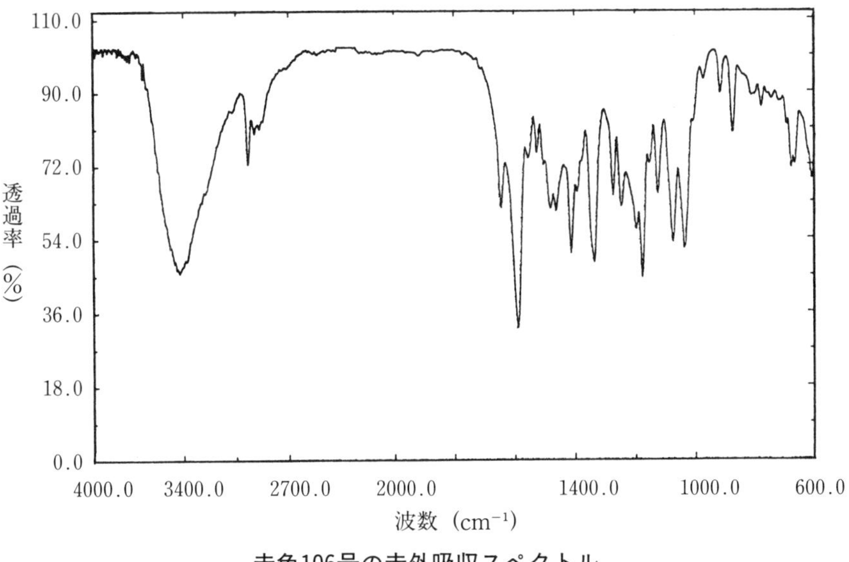

赤色106号の赤外吸収スペクトル

7. 黄色4号

タートラジン

Tartrazine

C.I. 19140

Acid Yellow 23

$C_{16}H_9N_4Na_3O_9S_2$：534.36

本品は、定量するとき、5-ヒドロキシ-1-(4-スルホフェニル)-4-(4-スルホフェニルアゾ)-1H-ピラゾール-3-カルボン酸のトリナトリウム塩（$C_{16}H_9N_4Na_3O_9S_2$：534.36）として 85.0% 以上 101.0% 以下を含む（注1）。

性　　状　本品は、黄赤色の粒又は粉末である。

確認試験　（1）　本品の水溶液（1 → 1000）は、黄色を呈する。

（2）　本品 0.02 g に酢酸アンモニウム試液 200 mL を加えて溶かし、この液 10 mL を量り、酢酸アンモニウム試液を加えて 100 mL とした液は、吸光度測定法により試験を行うとき、波長 426 nm 以上 430 nm 以下に吸収の極大を有する。

（3）　本品の水溶液（1 → 1000）2 μL を試料溶液とし、黄色4号標準品の水溶液（1 → 1000）2 μL を標準溶液とし、1-ブタノール/エタノール（95)/薄めた酢酸（100)（3 → 100）混液（6：2：3）を展開溶媒として薄層クロマトグラフ法第1法により試験を行うとき、当該試料溶液から得た主たるスポットは、黄色を呈し、当該標準溶液から得た主たるスポットと等しい Rf 値を示す。

（4）　本品を乾燥し、赤外吸収スペクトル測定法により試験を行うとき、本品のスペクトルは、次に掲げる本品の参照スペクトルと同一の波数に同一の強度の吸収を有する。

(次頁参照)

純度試験　（1）　溶状　本品 0.01 g に水 100 mL を加えて溶かすとき、この液は、澄明である。

（2）　不溶物　不溶物試験法第1法により試験を行うとき、その限度は、0.3% 以下である（注2）。

（3）　可溶物　可溶物試験法第2法により試験を行うとき、その限度は、0.5% 以下である（注3）。

(4)　塩化物及び硫酸塩　塩化物試験法及び硫酸塩試験法により試験を行うとき、それぞれの限度の合計は、6.0% 以下である（注4）。

(5)　ヒ素　ヒ素試験法により試験を行うとき、その限度は、2 ppm以下である（注5）。

(6)　重金属　重金属試験法により試験を行うとき、その限度は、20 ppm以下である（注6）。

乾燥減量　10.0% 以下（1 g、105℃、6時間）（注7）

定 量 法　本品約 0.02 g を精密に量り、酢酸アンモニウム試液を加えて溶かし、正確に 200 mL とする。この液 10 mL を正確に量り、酢酸アンモニウム試液を加えて正確に 100 mL とし、これを試料溶液として、吸光度測定法により試験を行う。この場合において、吸収極大波長における吸光度の測定は 428 nm 付近について行うこととし、吸光係数は0.0528とする（注8）。

黄色4号

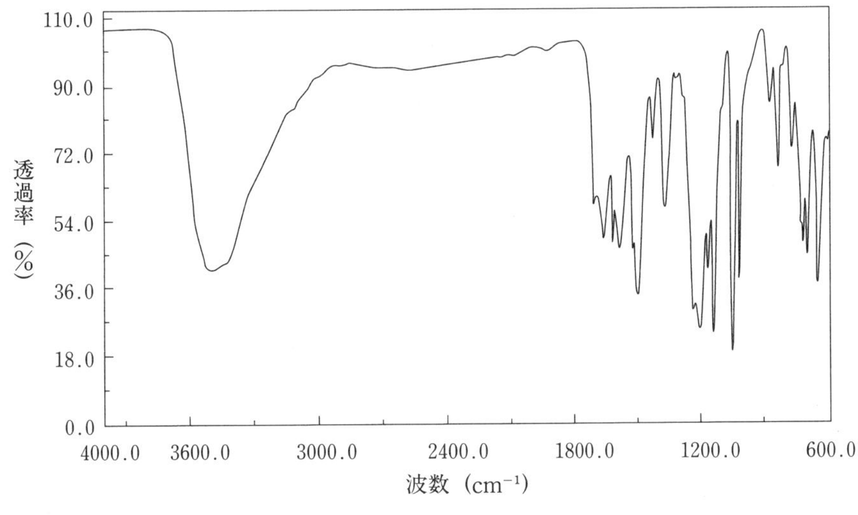

〔注〕

(注1)　CFRでは 87% 以上と規定している。

(注2)　食添では 0.20% 以下、CFRでは 0.2% 以下と規定している。

(注3)　食添及びCFRでは可溶物の規定はないが、当該色素以外の特定の有機化合物等の限度をそれぞれ規定している。

(注4)　食添では試験方法にイオンクロマトグラフ法を採用し、限度値として 6.0% 以下と規定しており、また、CFRでは乾燥減量を加えた値として 13% 以下と規定している。

(注5)　食添では試験方法に原子吸光光度法を採用し、その限度値は 4.0 μg/g 以下と規定しており、また、CFRではAsとして 3 ppm 以下と規定している。

(注6)　CFRではPbとして 10 ppm以下と規定している。

(注7)　食添では 135℃、6時間にて 10.0% 以下と規定している。

(注8)　食添では試験方法として三塩化チタン法を採用しており、旧省令でも三塩化チタン法を採用していた。

【解　説】

(名　称)　(別名) タートラジン、(英名) Tartrazine、(化学名) 5-ヒドロキシ-1-(4-スルホフェニル)-4-(4-スルホフェニルアゾ)-1H-ピラゾール-3-カルボン酸のトリナトリウム塩、(FDA名) FD&C Yellow No. 5、(食添名) 食用黄色4号、(既存化学物質 No.) 5-1402、(CI No.) 19140、Acid Yellow 23、(CAS No.) 1934-21-0。

(来　歴)　1884年にH. Zieglerにより発見され、日本では昭和23年8月15日に黄色4号として許可され現在に至る。米国では、FD&C Yellow No. 5として使用されてきたが、1985年10月7日に永久許可された。

(製　法)　スルファニル酸 (4-アミノ-ベンゼン-1-スルホン酸) を亜硝酸ナトリウムと塩酸でジアゾ化し、1-*p*-スルホフェニル-5-ピラゾロン-3-カルボン酸と中性からアルカリ性でカップリングして製する。

1-*p*-スルホフェニル-5-ピラゾロン-3-カルボン酸 + $N{\equiv}N^{+}-C_6H_4-SO_3^{-}$ (スルファニル酸ジアゾニウム塩) $\xrightarrow[+NaOH]{カップリング}$ 黄色4号

(性　状)　水、グリセリンに溶けるが、エタノールにはわずかに溶け、油脂には溶けない。水溶液に塩酸を加えても変わらないが、水酸化ナトリウム溶液(1 → 10)を加えると赤味を増す。硫酸を加えると黄赤色に溶け、水を加えて希釈すると黄色になる。水溶液の色は光に対して安定である。

(用　途)　すべての化粧品に使用でき、化粧品全般に汎用される。化粧品以外では、和洋菓子・飲料等に使用される。

8．黄色５号

サンセットイエローFCF

Sunset Yellow FCF

C.I. 15985

Food Yellow 3

HO

NaO_3S–⟨benzene⟩–N=N–⟨naphthalene⟩

SO_3Na

$C_{16}H_{10}N_2Na_2O_7S_2$：452.37

本品は、定量するとき、6-ヒドロキシ-5-(4-スルホフェニルアゾ)-2-ナフタレンスルホン酸のジナトリウム塩 ($C_{16}H_{10}N_2Na_2O_7S_2$：452.37) として 85.0% 以上 101.0% 以下を含む（注１）。

性　　状　本品は、帯黄赤色の粒又は粉末である。

確認試験　（１）　本品の水溶液（1 → 1000）は、黄赤色を呈する。

（２）　本品 0.02 g に酢酸アンモニウム試液 200 mL を加えて溶かし、この液 10 mL を量り、酢酸アンモニウム試液を加えて 100 mL とした液は、吸光度測定法により試験を行うとき、波長 480 nm 以上 484 nm 以下に吸収の極大を有する。

（３）　本品の水溶液（1 → 1000）2 μL を試料溶液とし、黄色５号標準品の水溶液（1 → 1000）2 μL を標準溶液とし、1-ブタノール/アセトン/水混液（３：１：１）を展開溶媒として薄層クロマトグラフ法第１法により試験を行うとき、当該試料溶液から得た主たるスポットは、黄赤色を呈し、当該標準溶液から得た主たるスポットと等しい Rf 値を示す。

（４）　本品を乾燥し、赤外吸収スペクトル測定法により試験を行うとき、本品のスペクトルは、次に掲げる本品の参照スペクトルと同一の波数に同一の強度の吸収を有する。

(次頁参照)

純度試験　（１）　溶状　本品 0.01 g に水 100 mL を加えて溶かすとき、この液は、澄明である。

（２）　不溶物　不溶物試験法第１法により試験を行うとき、その限度は、0.3% 以下である（注２）。

（３）　可溶物　可溶物試験法第２法により試験を行うとき、その限度は、1.0% 以下である（注３）。

（4）　塩化物及び硫酸塩　塩化物試験法及び硫酸塩試験法により試験を行うとき、それぞれの限度の合計は、5.0％ 以下である（注4）。

（5）　ヒ素　ヒ素試験法により試験を行うとき、その限度は、2 ppm 以下である（注5）。

（6）　重金属　重金属試験法により試験を行うとき、その限度は、20 ppm 以下である（注6）。

乾燥減量　10.0％ 以下（1 g、105℃、6時間）（注7）

定 量 法　本品約 0.02 g を精密に量り、酢酸アンモニウム試液を加えて溶かし、正確に 200 mL とする。この液 10 mL を正確に量り、酢酸アンモニウム試液を加えて正確に 100 mL とし、これを試料溶液として、吸光度測定法により試験を行う。この場合において、吸収極大波長における吸光度の測定は 482 nm 付近について行うこととし、吸光係数は0.0547とする（注8）。

黄色5号

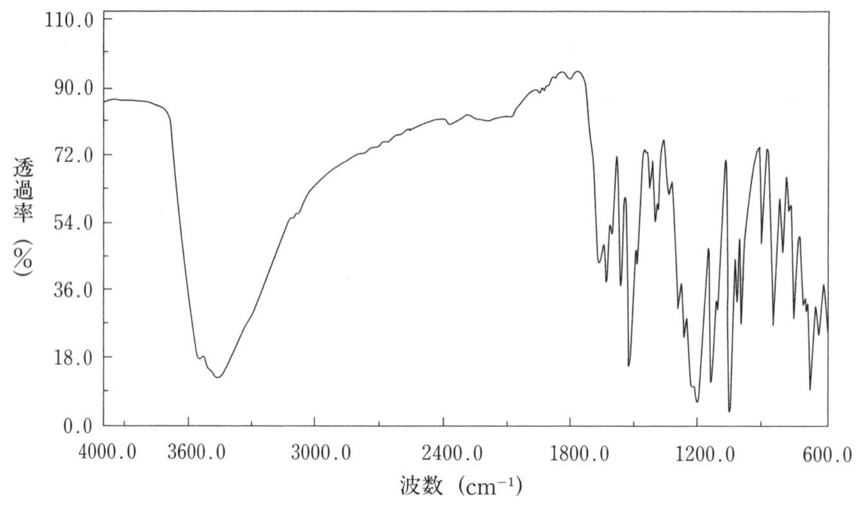

〔注〕

（注1）　CFR では 87％ 以上と規定している。

（注2）　食添では 0.20％ 以下、CFR では 0.2％ 以下と規定している。

（注3）　食添及び CFR では可溶物試験はないが、他の色素、未反応原料及び中間体の限度を規定している。

（注4）　食添では試験方法にイオンクロマトグラフ法を採用し、限度値として 5.0％ 以下と規定しており、また、CFR では乾燥減量を加えた値として 13％ 以下と規定している。

（注5）　食添では試験方法に原子吸光光度法を採用し、その限度値は 4.0 μg/g 以下と規定しており、また、CFR では As として 3 ppm 以下と規定している。

（注６）　CFR では Pb として 10 ppm 以下と規定している。

（注７）　食添では 135℃、６時間にて 10.0％ 以下と規定している。

（注８）　食添では試験方法として三塩化チタン法を採用しており、旧省令でも三塩化チタン法を採用していた。

【解　説】

名　称　（別名）サンセットイエローFCF、（英名）Sunset Yellow FCF、（化学名）6-ヒドロキシ-5-(4-スルホフェニルアゾ)-2-ナフタレンスルホン酸のジナトリウム塩、（FDA 名）FD&C Yellow No. 6、（食添名）食用黄色５号、（既存化学物質 No.）5-1451、（CI No.）15985、Food Yellow 3、（CAS No.）2783-94-0。

来　歴　1878年に P. Griess or Waner Jenkinson Mgfco により発見され、日本では昭和23年８月15日に黄色５号として許可され現在に至る。米国では、FD&C Yellow No. 6として使用されてきたが、1986年11月19日に永久許可された。

製　法　スルファニル酸（4-アミノ-ベンゼン-1-スルホン酸）を亜硝酸ナトリウムと塩酸でジアゾ化し、シェファー酸（2-ナフトール-6-スルホン酸）とアルカリ性でカップリングして製する。

$HO_3S-C_6H_4-NH_2$ →（ジアゾ化；$NaNO_2$, HCl）→ $^{-}O_3S-C_6H_4-\overset{+}{N}\equiv N$

スルファニル酸　　ジアゾニウム塩

$^{-}O_3S-C_6H_4-\overset{+}{N}\equiv N$ ＋ シェファー酸（HO, SO_3H）→（カップリング；＋NaOH）→ $NaO_3S-C_6H_4-N=N-$（HO, SO_3Na ナフタレン）

ジアゾニウム塩　　シェファー酸　　黄色５号

性　状　水、グリセリンに溶けるが、エタノールにはわずかに溶け、油脂には溶けない。水溶液に塩酸を加えても変化はないが、水酸化ナトリウム溶液（１ → 10）を加えると、液は帯褐赤色となる。硫酸を加えると黄褐色に溶け、水で希釈すると帯赤黄色となる。水溶液の色は光に対してやや弱い。

用　途　すべての化粧品に使用でき、化粧品全般について汎用される。化粧品以外では、和洋菓子・飲料等に使用される。

9. 緑色3号

ファストグリーンFCF

Fast Green FCF

C.I. 42053

Food Green 3

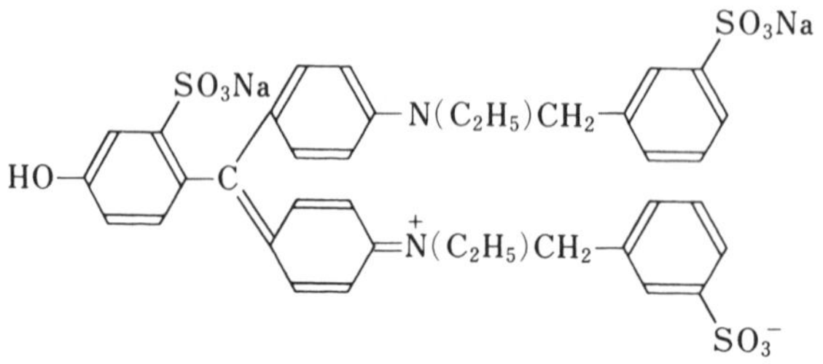

$C_{37}H_{34}N_2Na_2O_{10}S_3$：808.85

本品は、定量するとき、2-[α-[4-(N-エチル-3-スルホベンジルイミニオ)-2,5-シクロヘキサジエニリデン]-4-(N-エチル-3-スルホベンジルアミノ)ベンジル]-5-ヒドロキシベンゼンスルホナートのジナトリウム塩（$C_{37}H_{34}N_2Na_2O_{10}S_3$：808.85）として 85.0% 以上 101.0% 以下を含む。

性　　状　本品は、金属性の光沢を有する暗緑色の粒又は粉末である。

確認試験　（1）　本品の水溶液（1 → 2000）は、帯青緑色を呈する。

（2）　本品 0.02 g に酢酸アンモニウム試液 200 mL を加えて溶かし、この液 4 mL を量り、酢酸アンモニウム試液を加えて 100 mL とした液は、吸光度測定法により試験を行うとき、波長 622 nm 以上 626 nm 以下に吸収の極大を有する。

（3）　本品の水溶液（1 → 2000）2 μL を試料溶液とし、緑色3号標準品の水溶液（1 → 2000）2 μL を標準溶液とし、1-ブタノール/エタノール(95)/アンモニア試液(希)混液（6：2：3）を展開溶媒として薄層クロマトグラフ法第1法により試験を行うとき、当該試料溶液から得た主たるスポットは、帯青緑色を呈し、当該標準溶液から得た主たるスポットと等しい Rf 値を示す。

純度試験　（1）　溶状　本品 0.01 g に水 200 mL を加えて溶かすとき、この液は、澄明である。

（2）　不溶物　不溶物試験法第1法により試験を行うとき、その限度は、0.3% 以下である（注1）。

（3）　可溶物　可溶物試験法第2法により試験を行うとき、その限度は、1.0% 以下である（注2）。

（4）　塩化物及び硫酸塩　塩化物試験法及び硫酸塩試験法により試験を行うとき、それぞれの限度の合計は、5.0% 以下である（注3）。

(5)　ヒ素　ヒ素試験法により試験を行うとき、その限度は、2 ppm以下である（注4）。

(6)　クロム　本品を原子吸光光度法の前処理法(3)により処理し、試料溶液調製法(3)により調製したものを試料溶液とし、クロム標準原液(原子吸光光度法用) 1 mLを正確に量り、薄めた塩酸（1 → 4）を加えて 100 mLとし、この液 5 mLを正確に量り、原子吸光光度法の前処理法(3)により処理し、試料溶液調製法(3)により調製したものを比較液として原子吸光光度法により比較試験を行うとき、その限度は、50 ppm以下である（注5）。

(7)　マンガン　本品を原子吸光光度法の前処理法(3)により処理し、試料溶液調製法(2)により調製したものを試料溶液とし、マンガン標準原液（原子吸光光度法用）1 mLを正確に量り、薄めた塩酸(1 → 4)を加えて 100 mLとし、この液 5 mLを正確に量り、原子吸光光度法の前処理法(3)により処理し、試料溶液調製法(2)により調製したものを比較液として原子吸光光度法により比較試験を行うとき、その限度は、50 ppm以下である（注5）。

(8)　重金属　重金属試験法により試験を行うとき、その限度は、20 ppm以下である（注6）。

乾燥減量　10.0% 以下（1 g、105℃、6時間）

定 量 法　本品約 0.02 gを精密に量り、酢酸アンモニウム試液を加えて溶かし、正確に 200 mLとする。この液 4 mLを正確に量り、酢酸アンモニウム試液を加えて正確に 100 mLとし、これを試料溶液として、吸光度測定法により試験を行う。この場合において、吸収極大波長における吸光度の測定は 624 nm付近について行うこととし、吸光係数は0.173とする（注7）。

〔注〕

(注1)　食添では 0.20% 以下、また、CFRでは 0.2% 以下と規定している。

(注2)　食添及びCFRでは可溶物の規定はないが、当該色素以外の特定の有機化合物等の限度をそれぞれ規定している。

(注3)　食添では試験方法としてイオンクロマトグラフ法を採用しており、また、CFRでは乾燥減量を加えた値として 15% 以下と規定している。

(注4)　食添では試験方法に原子吸光光度法を採用し、その限度値は 4.0 μg/g以下と規定しており、またCFRではAsとして 3 ppm以下と規定している。

(注5)　製造工程で重クロム酸塩または過マンガン酸塩が使用される場合があるため、新たにクロムとマンガンの項目を設定した。また、食添ではクロムとして 50 μg/g以下及びマンガンとして 50 μg/g以下と規定しており、CFRではクロムとして 50 ppm以下と規定している。

(注6)　CFRでは、Pbとして 10 ppm以下と規定している。

(注7)　食添では試験方法として三塩化チタン法を採用しており、旧省令でも三塩化チタン法を

採用していた。

【解　説】

（名　称）（別名）ファストグリーンFCF、（英名）Fast Green FCF、（化学名）2-［α-［4-（N-エチル-3-スルホベンジルイミニオ）-2,5-シクロヘキサジエニリデン］-4-（N-エチル-3-スルホベンジルアミノ）ベンジル］-5-ヒドロキシベンゼンスルホナートのジナトリウム塩、（FDA名）FD&C Green No.3、（食添名）食用緑色3号、（既存化学物質No.）5-5228、（CI No.）42053、Food Green 3、（CAS No.）2353-45-9。

（来　歴）1927年にWarner Jenkinson社により発見され、日本では昭和23年8月15日に緑色3号として許可され現在に至る。米国では、FD&C Green No.3として使用されており、1982年12月16日に永久許可された。

（製　法）4-ヒドロキシベンズアルデヒド-2-スルホン酸とα-（N-エチルアニリノ）トルエン-3-スルホン酸とを縮合させ、その縮合物であるロイコ体を重クロム酸塩、過マンガン酸塩などで酸化した後、中和して製する。

SO_3H, HO, CHO　+ 2 ×　$N(C_2H_5)CH_2$, SO_3H　⟶

4-ヒドロキシベンズアルデヒド-2-スルホン酸　α-（N-エチルアニリノ）-トルエン-3-スルホン酸

SO_3H, HO, CH, $N(C_2H_5)CH_2$, SO_3H, $N(C_2H_5)CH_2$, SO_3H

ロイコ体

⟶ HO, SO_3Na, C, $N(C_2H_5)CH_2$, SO_3Na, $\overset{+}{N}(C_2H_5)CH_2$, SO_3^-

緑色3号

（性　状）水、グリセリンに溶け、エタノールにはわずかに溶ける。油脂には溶けない。水溶液に塩酸を加えると褐色となり、水酸化ナトリウム試液（希）を加えると青紫色となる。硫酸を加えると黄赤色に溶け、水で希釈すると緑色になる。水溶液の色は光に対して安定である。

（用　　途）すべての化粧品に使用できるが、整髪料・シャンプー・リンス・染毛料・化粧水・石けんに繁用される。化粧品以外では、医薬品の着色（カプセル・糖衣等）に繁用される。

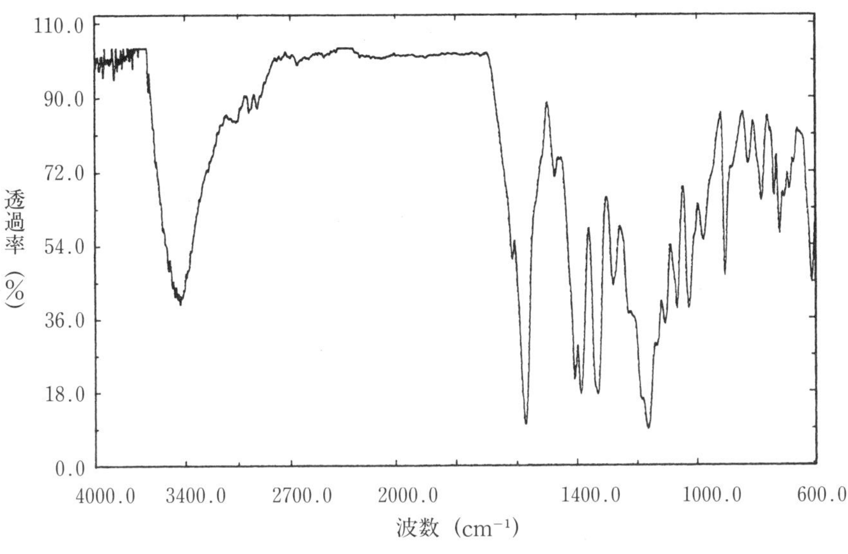

緑色３号の赤外吸収スペクトル

10．青色1号

ブリリアントブルーFCF
Brilliant Blue FCF

C.I. 42090

Food Blue 2

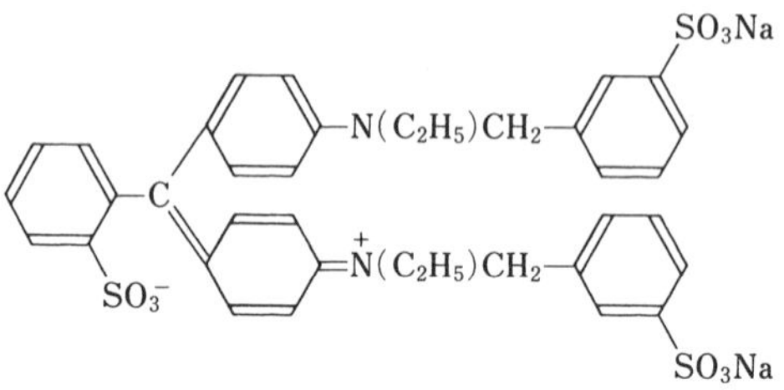

$C_{37}H_{34}N_2Na_2O_9S_3$：792.85

本品は、定量するとき、2-［α-［4-(N-エチル-3-スルホベンジルイミニオ)-2,5-シクロヘキサジエニリデン］-4-(N-エチル-3-スルホベンジルアミノ)ベンジル］ベンゼンスルホナートのジナトリウム塩（$C_{37}H_{34}N_2Na_2O_9S_3$：792.85）として 85.0% 以上 101.0% 以下を含む（注1）。

性　　状　本品は、金属性の光沢を有する赤紫色の粒又は粉末である。

確認試験　(1)　本品の水溶液（1 → 1000）は、青色を呈する。

(2)　本品 0.02 g に酢酸アンモニウム試液 200 mL を加えて溶かし、この液 4 mL を量り、酢酸アンモニウム試液を加えて 100 mL とした液は、吸光度測定法により試験を行うとき、波長 628 nm 以上 632 nm 以下に吸収の極大を有する。

(3)　本品の水溶液（1 → 2000）2 μL を試料溶液とし、青色1号標準品の水溶液（1 → 2000）2 μL を標準溶液とし、1-ブタノール/エタノール(95)/アンモニア試液(希)混液（6：2：3）を展開溶媒として薄層クロマトグラフ法第1法により試験を行うとき、当該試料溶液から得た主たるスポットは、青色を呈し、当該標準溶液から得た主たるスポットと等しい Rf 値を示す。

(4)　炎色反応試験法により試験を行うとき、炎は、黄色を呈する。

純度試験　(1)　溶状　本品 0.01 g に水 100 mL を加えて溶かすとき、この液は、澄明である。

(2)　不溶物　不溶物試験法第1法により試験を行うとき、その限度は、0.3% 以下である（注2）。

(3)　可溶物　可溶物試験法第2法により試験を行うとき、その限度は、0.5% 以下である（注3）。

(4)　塩化物及び硫酸塩　塩化物試験法及び硫酸塩試験法により試験を行うとき、それ

それの限度の合計は、4.0％ 以下である（注4）。

（5） ヒ素　ヒ素試験法により試験を行うとき、その限度は、2 ppm以下である（注5）。

（6） クロム　本品を原子吸光光度法の前処理法(3)により処理し、試料溶液調製法(3)により調製したものを試料溶液とし、クロム標準原液(原子吸光光度法用) 1 mLを正確に量り、薄めた塩酸（1 → 4）を加えて 100 mL とし、この液 5 mL を正確に量り、原子吸光光度法の前処理法(3)により処理し、試料溶液調製法(3)により調製したものを比較液として原子吸光光度法により比較試験を行うとき、その限度は、50 ppm以下である（注6）。

（7） マンガン　本品を原子吸光光度法の前処理法(3)により処理し、試料溶液調製法(2)により調製したものを試料溶液とし、マンガン標準原液（原子吸光光度法用）1 mLを正確に量り、薄めた塩酸(1 → 4)を加えて 100 mL とし、この液 5 mL を正確に量り、原子吸光光度法の前処理法(3)により処理し、試料溶液調製法(2)により調製したものを比較液として原子吸光光度法により比較試験を行うとき、その限度は、50 ppm以下である（注6）。

（8） 重金属　重金属試験法により試験を行うとき、その限度は、20 ppm以下である（注7）。

乾燥減量　10.0％ 以下（1 g、105℃、6時間）

定 量 法　本品約 0.02 g を精密に量り、酢酸アンモニウム試液を加えて溶かし、正確に 200 mL とする。この液 4 mL を正確に量り、酢酸アンモニウム試液を加えて正確に 100 mL とし、これを試料溶液として吸光度測定法により試験を行う。この場合において、吸収極大波長における吸光度の測定は 630 nm 付近について行うこととし、吸光係数は0.175とする（注8）。

〔注〕

（注1） 食添及びCFRでは 85.0％ 以上と規定しており、旧省令では 82％ 以上と規定していた。

（注2） 食添及びCFRでは 0.2％ 以下と規定している。

（注3） CFRでは可溶物の規定はないが、当該色素以外の特定の有機化合物等の限度を規定している。

（注4） 食添では試験方法としてイオンクロマトグラフ法を採用しており、CFRでは乾燥減量を加えた値として 15.0％ 以下と規定している。

（注5） 食添では試験方法に原子吸光光度法を採用し、限度値を 4.0 μg/g以下と規定しており、また、CFRではAsとして 3 ppm以下と規定している。

（注6） 製造工程において重クロム酸塩または過マンガン酸塩が使用される場合があるため、新たにクロム及びマンガンの項目を設定した。また、食添ではクロム及びマンガンとしてそれぞれ

50 μg/g 以下と規定しており、CFR ではクロムとして 50 ppm 以下、マンガンとして 100 ppm 以下と規定している。

（注７）　CFR では Pb として 10 ppm 以下と規定している。

（注８）　旧省令では試験方法として三塩化チタン法を採用していた。

【解　説】

名　称　（別名）ブリリアントブルーFCF、（英名）Brilliant Blue FCF、（化学名）2-[α-[4-(N-エチル-3-スルホベンジルイミニオ)-2,5-シクロヘキサジエニリデン]-4-(N-エチル-3-スルホベンジルアミノ)ベンジル] ベンゼンスルホナートのジナトリウム塩、（FDA 名）FD&C Blue No. 1、（食添名）食用青色１号、（既存化学物質 No.）5-1632、（CI No.）42090、Food Blue 2、（CAS No.） 3844-45-9。

来　歴　1896年に Sandmeyer により発見され、日本では昭和23年８月15日に青色１号として許可され現在に至る。米国では、FD&C Blue No. 1として使用されてきたが、1982年10月29日に永久許可された。

製　法　o-ベンズアルデヒドスルホン酸と α-(N-エチルアニリノ)トルエン-3-スルホン酸とを縮合させ、ロイコ体とした後、重クロム酸ナトリウムで酸化して製する。ただし、α-(N-エチルアニリノ)トルエン-3-スルホン酸のスルホン基が o-位、p-位の副生があり、同時に縮合が起こるので、米国等はスルホン基の位置を決めていない。

SO_3H

—CHO ＋ 2× —$N(C_2H_5)CH_2$— →

SO_3H

o-ベンズアルデヒドスルホン酸　　α-(N-エチルアニリノ)トルエン-3-スルホン酸

SO_3H

—$N(C_2H_5)CH_2$—

—CH

—$N(C_2H_5)CH_2$—

SO_3H　　SO_3H

ロイコ体

青色1号

(性　状) 水、グリセリン、エタノールにはよく溶ける。油脂には溶けない。水溶液に塩酸を加えると暗褐色となり、水酸化ナトリウム溶液（1 → 20）を加えても変色しない。硫酸を加えると暗黄赤色に溶け、水で希釈すると青色となる。水溶液の色は光に対して安定である。

(用　途) すべての化粧品に使用でき、化粧品全般について汎用される。化粧品以外では、菓子・清涼飲料・インキ・口中剤に繁用される。

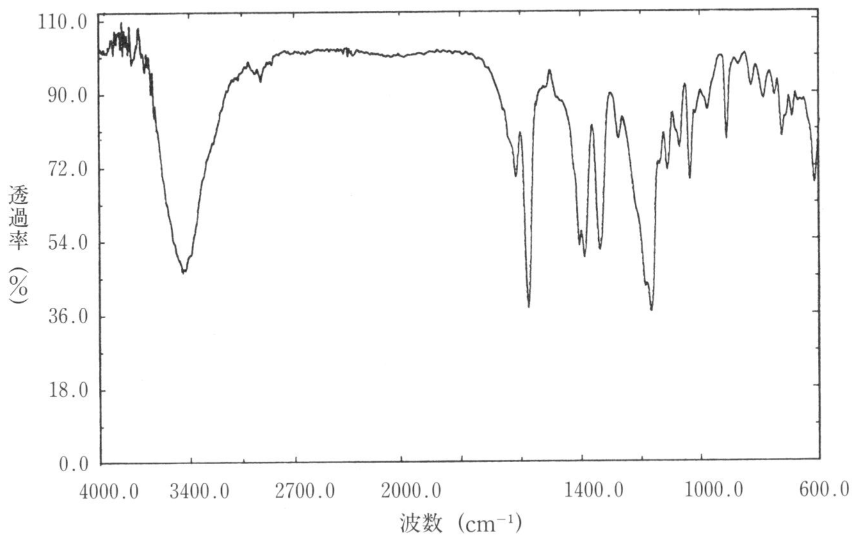

青色1号の赤外吸収スペクトル

11. 青色２号

インジゴカルミン
Indigo Carmine

C.I. 73015

Acid Blue 74

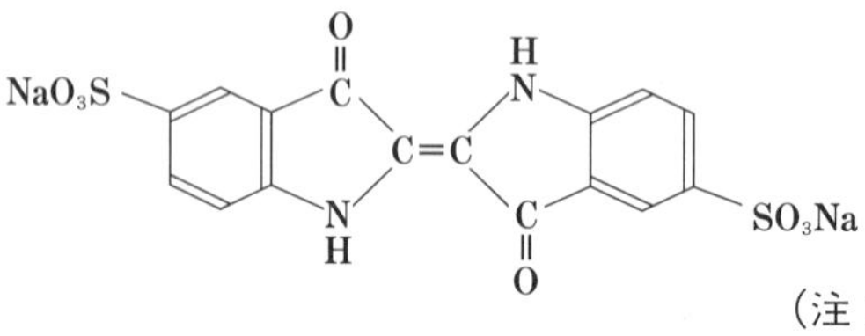

（注１）

$C_{16}H_8N_2Na_2O_8S_2$：466.35

本品は、定量するとき、5,5'-インジゴチンジスルホン酸のジナトリウム塩（$C_{16}H_8N_2Na_2O_8S_2$：466.35）として 85.0% 以上 101.0% 以下を含む（注２）。

性　　状　本品は、帯紫暗青色の粒又は粉末である。

確認試験　（１）　本品の水溶液（1 → 2000）は、暗青色を呈する。

（２）　本品 0.02 g に酢酸アンモニウム試液 200 mL を加えて溶かし、この液 10 mL を量り、酢酸アンモニウム試液を加えて 100 mL とした液は、吸光度測定法により試験を行うとき、波長 608 nm 以上 612 nm 以下に吸収の極大を有する。

（３）　本品の水溶液（1 → 2000）2 μL を試料溶液とし、青色２号標準品の水溶液（1 → 2000）2 μL を標準溶液とし、1-ブタノール/エタノール(95)/アンモニア試液(希)混液（6 ： 2 ： 3）を展開溶媒として薄層クロマトグラフ法第１法により試験を行うとき、当該試料溶液から得た主たるスポットは、青色を呈し、当該標準溶液から得た主たるスポットと等しい Rf 値を示す。

純度試験　（１）　溶状　本品 0.01 g に水 100 mL を加えて溶かすとき、この液は、澄明である。

（２）　不溶物　不溶物試験法第１法により試験を行うとき、その限度は、0.4% 以下である（注３）。

（３）　可溶物　可溶物試験法第３法の（a）、（b）及び（c）により試験を行うとき、その限度は、0.5% 以下である（注４）。

（４）　塩化物及び硫酸塩　塩化物試験法及び硫酸塩試験法により試験を行うとき、それぞれの限度の合計は、5.0% 以下である（注５）。

（５）　ヒ素　ヒ素試験法により試験を行うとき、その限度は、2 ppm 以下である（注６）。

（6）　鉄　本品を原子吸光光度法の前処理法(1)により処理し、試料溶液調製法(1)により調製したものを試料溶液とし、鉄標準原液(原子吸光光度法用) 1 mL を正確に量り、薄めた塩酸（1 → 4）を加えて 10 mL とし、この液 5 mL を正確に量り、原子吸光光度法の前処理法(1)により処理し、試料溶液調製法(1)により調製したものを比較液として原子吸光光度法により比較試験を行うとき、その限度は、500 ppm 以下である（注７）。

（7）　重金属　重金属試験法により試験を行うとき、その限度は、20 ppm 以下である（注８）。

乾燥減量　10.0% 以下（1 g、105℃、６時間）（注９）

定量法　本品約 0.02 g を精密に量り、酢酸アンモニウム試液を加えて溶かし、正確に 200 mL とする。この液 10 mL を正確に量り、酢酸アンモニウム試液を加えて正確に 100 mL とし、これを試料溶液として、吸光度測定法により試験を行う。この場合において、吸収極大波長における吸光度の測定は 610 nm 付近について行うこととし、吸光係数は0.0468とする（注10）。

〔注〕

（注１）　本品を構造的にみると、次に示すように *trans*［1］、*cis*［2］の２形が考えられる。しかし、本品の原物質インジゴの多くの研究では、シス形は不安定で放置または加熱で容易にトランス形に変わる。したがって構造式はトランス形に変更された。

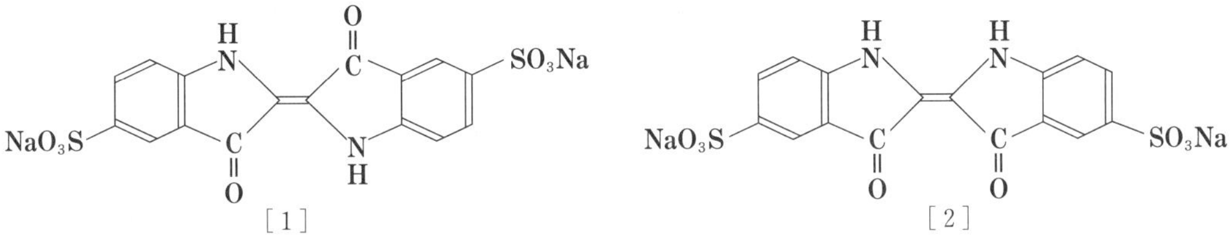

［1］　　［2］

（注２）　食添では 85.0% 以上（三塩化チタン法)、日局インジゴカルミンでは 95.0% 以上（三塩化チタン法)、FDA の規格では 85% 以上となっている。旧省令が制定された昭和41年当時は日局準用となっており、当時の６局では 85.0% 以上であったが、注射用に主眼を置かれ７局及び８局では 90.0% 以上、９局からは 95.0% 以上となっている。

（注３）　日局インジゴカルミン（旧省令と同じ）では 1 g 中に 5.0 mg 以下と規定しており、食添では 0.20% 以下と規定している。

（注４）　CFR では可溶物としての規定はないが、当該色素以外の特定の有機化合物等の限度を規定している。

（注５）　食添では 7.0% 以下と規定しており、CFR では乾燥減量を加えた値として 15% 以下と規定している。

（注６）　日局インジゴカルミン（旧省令と同じ）では 5 ppm 以下、食添では 4.0 μg/g 以下、また、CFR では As として 3 ppm 以下と規定している。

（注７）　旧省令では鉄を規定していなかったが、製造工程で使用されることから新たに設定された。

（注８）　CFR では Pb として 10 ppm 以下と規定している。

（注９）　日局インジゴカルミン（旧省令と同じ）では乾燥時間を２時間と規定している。

（注10）　日局インジゴカルミン(旧省令と同じ)では試験方法として三塩化チタン法を採用している。

【解　説】

名　称　(別名) インジゴカルミン、(英名) Indigo Carmine、(化学名) 5,5'-インジゴチンジスルホン酸のジナトリウム塩、(FDA 名) FD&C Blue No. 2、(日局名) インジゴカルミン、(食添名) 食用青色２号、(既存化学物質 No.) 5-1650、(CI No.) 73015、Acid Blue 74、(CAS No.) 860-22-0。

来　歴　1860年に Vorlander and Schubarth により発見され、日本では昭和23年８月15日に青色２号として許可され現在に至る。米国では、FD&C Blue No. 2として使用されてきたが、1982年３月８日に永久許可された。

製　法　インジゴを硫酸でスルホン化して製する。

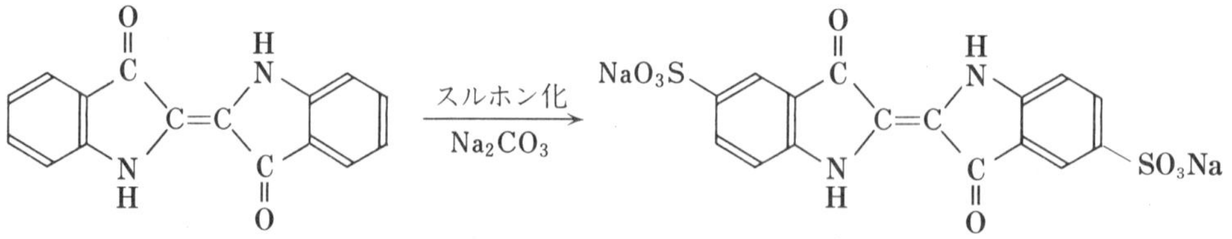

インジゴ　　　　青色２号

性　状　水、グリセリン、エタノールに溶ける。油脂には溶けない。水溶液に塩酸を加えても変わらないが、水酸化ナトリウム溶液 (１ → 10) を加えると褐緑色に変わる。硫酸を加えると濃紫色に溶け、水で希釈すると紫青色となる。水溶液の色は光に安定である。

用　途　すべての化粧品に使用できるが、口紅・入浴剤に繁用される。

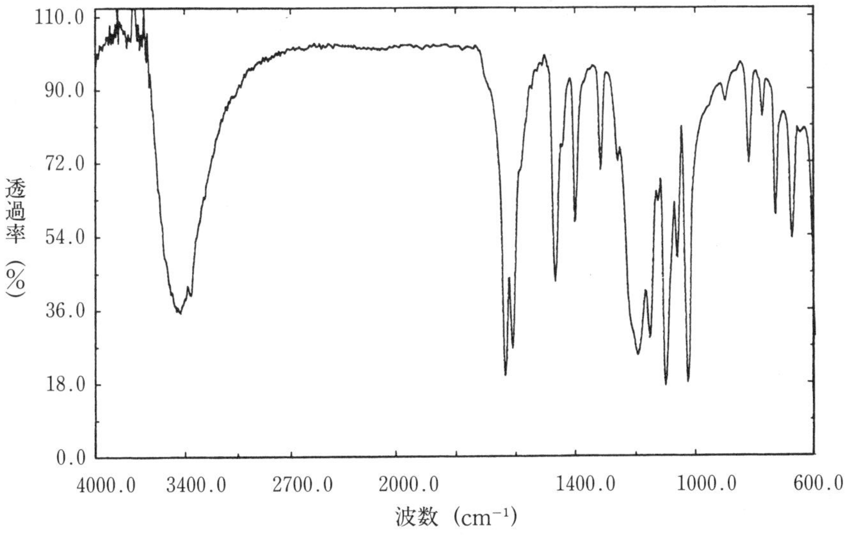

青色２号の赤外吸収スペクトル

12．
1から11までに掲げるもののアルミニウムレーキ

本品は、定量するとき、それぞれ1から11までに掲げる色素原体として、表示量の90.0％ 以上 110.0％ 以下を含む（注1）。

性　状　本品は、それぞれ1から11までに掲げる色素原体の色の明度を上げた粉末である（注2）。

確認試験　（1）　本品は、レーキ試験法の確認試験（1）の吸光度測定法により試験を行うとき、それぞれ1から11までに掲げる色素原体と同一の吸収極大波長を、レーキ試験法の確認試験（1）の薄層クロマトグラフ法第1法により試験を行うとき、試料溶液から得た主たるスポットはそれぞれ1から11までに掲げる色素原体の各確認試験の項に記載された色を呈し、当該色素の標準溶液から得た主たるスポットと等しいRf値を示す（注3）。

（2）　レーキ試験法の確認試験（2）の（a）により試験を行うとき、沈殿は、溶けない（注4）。

純度試験　（1）　塩酸及びアンモニア不溶物　レーキ試験法の純度試験（1）の塩酸及びアンモニア不溶物試験法により試験を行うとき、その限度は、0.5％ 以下である。

（2）　水溶性塩化物及び水溶性硫酸塩　レーキ試験法の純度試験（2）の水溶性塩化物試験法及び水溶性硫酸塩試験法により試験を行うとき、それぞれの限度の合計は、2.0％ 以下である。

（3）　ヒ素　レーキ試験法の純度試験（5）のヒ素試験法により試験を行うとき、その限度は、2 ppm 以下である。

（4）　重金属　レーキ試験法の純度試験（6）の重金属試験法により試験を行うとき、その限度は、亜鉛にあっては 500 ppm 以下、鉄にあっては 500 ppm 以下、その他の重金属にあっては 20 ppm 以下である。

定 量 法　本品約 0.1 g を精密に量り、水酸化ナトリウム試液(希) 16 mL を加え、必要に応じて加温しながら溶かし、更に水酸化ナトリウム試液 (希) を加えて正確に 20 mL とし、必要に応じてろ過する。この液 2 mL を正確に量り、それぞれ1から11までに掲げる色素原体の定量法で用いる希釈液を加えて正確に 50 mL とし、必要に応じてろ過する。これを試料溶液として、それぞれ1から11までに掲げる色素原体の定量法に準じて試験を行う。この場合において、当該試料溶液の濃度が適当でないと認められるときは、当該希釈液による希釈率を調整する (注5)。

〔注〕

(注1) レーキには色素原体の含有量規定がないため、表示量を基準としている。

(注2) 使用された母体が吸着等により不溶性となり、透過光より反射光が多くなるため一般的に明度が上昇する。

(注3) 確認試験法中吸収極大波長は、水酸化ナトリウム試液で溶出するが、希釈するとき酢酸アンモニウム試液を使用するので、吸収極大波長は誤差範囲内である。

(注4) アルミニウムレーキに使用されている母体は、塩基性アルミニウムであるため、溶解する。

(注5) 本法は試料溶液の調製が改良された方法になっているが、省令の方法は次の通りである。

定 量 法　本品約 0.02 g 以上 0.1 g 以下を精密に量り、水酸化ナトリウム試液(希) 2.5 mL を加え、必要に応じて加温し、かくはんし、遠心分離を行い、上澄み液を採取する操作を 4 回繰り返す。これらの操作により得られた上澄み液を合わせ、薄めた塩酸(1 → 20)で中和し、当該色素原体の定量法で用いる希釈液を加えて正確に 200 mL とし、必要に応じてろ過し、これを試料溶液として、それぞれ1から11までに掲げる色素原体の定量法に準じて試験を行う。この場合において、当該試料溶液の濃度が適当でないと認められるときは、本品の量を調整する。

【解　説】

(名　称) 色素原体の名称にアルミニウムレーキを付す。C.I. No は、同一番号である。

(来　歴) 昭和41年厚生省令30号にてレーキとして許可された。

米国では、承認を受けた色素原体を使用し、食用にはアルミニウムまたはカルシウムと結合したものが許可されている。

(製　法) 硫酸アルミニウム、塩化アルミニウムなどのアルミニウム塩の水溶液に、水酸化ナトリウム、または炭酸ナトリウムなどのアルカリを作用させ、色素原体の水溶液を加えて吸着させ、ろ過、乾燥、粉砕したものである。硫酸塩を含むものは色素の吸着率が悪い。アルミニウムレーキの母体は塩基性アルミニウムであり、その構造は $Al(OH)_3 \cdot 3H_2O \cdot Al(OH)_2 \cdot O \cdot SO_3H$ または $Al_2O_3 \cdot O \cdot 3SO_3 \cdot 3H_2O$ あるいは〔$Al_{2+n}(OH)_{3n}$〕LX_m、(X：Cl、NO_3、SO_4など、L は色素本体を表す）などの一般式で表わされる。

性　状　水、エタノールにわずかに溶ける。油脂には溶けない。酸、アルカリには溶解する。

用　途　すべての化粧品に使用できる。口紅類の油に分散して使用する場合と粉末状の製品に利用が多い。食用として、赤色２号、赤色３号、黄色４号、黄色５号、緑色３号、青色１号、青色２号のそれぞれのアルミニウムレーキのみが許可されている。

第二部

（外用医薬品、外用医薬部外品、化粧品に使用できるもの）

品目

1. 赤色201号

リソールルビンＢ
Lithol Rubine B

C.I. 15850

Pigment Red 57

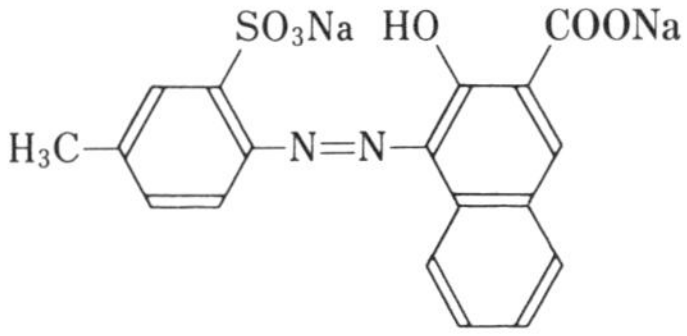

$C_{18}H_{12}N_2Na_2O_6S$：430.34

本品は、定量するとき、4-(2-スルホ-*p*-トリルアゾ)-3-ヒドロキシ-2-ナフトエ酸のジナトリウム塩($C_{18}H_{12}N_2Na_2O_6S$：430.34)として 85.0% 以上 101.0% 以下を含む(注1)。

性　　状　本品は、黄赤色の粉末である。

確認試験　(1)　本品のエタノール（酸性希）の溶液（1 → 1000）は、赤色を呈する。

(2)　本品 0.02 g にエタノール(酸性希) 200 mL を加えて溶かし、この液 10 mL を量り、エタノール（酸性希）を加えて 100 mL とした液は、吸光度測定法により試験を行うとき、波長 519 nm 以上 523 nm 以下に吸収の極大を有する。

(3)　本品のエタノール（酸性希）溶液（1 → 1000）2 μL を試料溶液とし、パラニトロアニリン標準溶液 2 μL を標準溶液とし、3-メチル-1-ブタノール/アセトン/酢酸(100)/水混液（4 ： 1 ： 1 ： 1）を展開溶媒として薄層クロマトグラフ法第２法により試験を行うとき、当該試料溶液から得た主たるスポットは、帯黄赤色を呈し、当該標準溶液から得た主たるスポットに対する Rs 値は、約0.6である（注２)。

(4)　炎色反応試験法により試験を行うとき、炎は、黄色を呈する。

純度試験　(1)　溶状　本品 0.01 g にエタノール（酸性希）100 mL を加えて溶かすとき、この液は、澄明である。

(2)　可溶物　可溶物試験法第１法により試験を行うとき、その限度は、0.5% 以下である（注３)。

(3)　塩化物及び硫酸塩　塩化物試験法及び硫酸塩試験法により試験を行うとき、それぞれの限度の合計は、6.0% 以下である（注４)。

(4)　ヒ素　ヒ素試験法により試験を行うとき、その限度は、2 ppm 以下である（注５)。

（5）　重金属　重金属試験法により試験を行うとき、その限度は、20 ppm 以下である。

乾燥減量　10.0％ 以下（1 g、105℃、6時間）

定 量 法　本品約 0.02 g を精密に量り、エタノール(酸性希)を加えて溶かし、正確に 200 mL とする。この液 10 mL を正確に量り、エタノール(酸性希)を加えて正確に 100 mL とし、これを試料溶液として、吸光度測定法により試験を行う。この場合において、吸収極大波長における吸光度の測定は 521 nm 付近について行うこととし、吸光係数は 0.0604とする（注6）。

〔注〕

（注1）　旧省令では化学式がモノナトリウム塩となっていた。しかし、本品はアルカリ性下でカップリング反応を行い製するため、モノとジの両方の塩が存在し、実際にはジナトリウム塩が主となることから、その構造をジナトリウム塩に改めた。さらに、定量値についても旧省令の 82% 以上を 85% 以上に変更した。CFR では 90% 以上と規定している。

（注2）　本品については薄層クロマトグラフ用標準品が設定されていないため、パラニトロアニリンを比較標準品とした。なお、パラニトロアニリンのスポットの色調は黄色である。

（注3）　CFR ではエーテル可溶物を規定しており、さらに、当該色素以外の特定の有機化合物等の限度を規定している。

（注4）　CFR では乾燥減量を加えた値として 10% 以下と規定している。

（注5）　CFR では As として 3 ppm 以下と規定している。

（注6）　旧省令では試験方法として三塩化チタン法を採用していた。

【解　説】

名　称　(別名) リソールルビン B、(英名) Lithol Rubine B、(化学名) 4-(2-スルホ-*p*-トリルアゾ)-3-ヒドロキシ-2-ナフトエ酸のジナトリウム塩、(FDA 名) D&C Red No. 6、(既存化学物質 No.) 5-3244、(CI No.) 15850、Pigment Red 57、(CAS No.) 5858-81-1。

来　歴　1903年に R. Gley and O. Siebert により発見され、日本では昭和31年7月30日に赤色201号として許可され現在に至る。米国では、D&C Red No. 6として使用されてきたが、1983年1月28日に永久許可された。

製　法　4B 酸 (*p*-トルイジン-*m*-スルホン酸) を亜硝酸ナトリウムと塩酸でジアゾ化し、BON 酸 (3-ヒドロキシ-2-ナフトエ酸) とアルカリ性でカップリングして製する。ただし、アルカリ性で反応させるためモノナトリウム及びジナトリウムの存在がある。

SO_3H を持つ 4B酸（H_3C–C_6H_3(–SO_3H)–NH_2）　—ジアゾ化（$NaNO_2$, HCl）→　H_3C–C_6H_3(–SO_3^-)–$\overset{+}{N}\equiv N$

4B 酸

H_3C–C_6H_3(–SO_3^-)–$\overset{+}{N}\equiv N$ ＋ BON酸（OH, COOH）　—NaOH→　H_3C–C_6H_3(–SO_3Na)–N=N–（HO, COONa）

BON 酸

赤色 201 号

性　　状　水にわずかに溶ける。水、エタノールの混液には溶ける。水中にわずかでもカルシウム、マグネシウムほか金属塩があれば、赤色沈殿を生じる。油脂には溶けない。塩酸には暗色となり沈殿する。硫酸を加えると赤紫色に溶け、水で希釈すると同じ色の沈殿を生じる。水溶液の色は光に安定である。

用　　途　すべての化粧品に使用できるが、口紅・アイシャドウ・マニキュアに繁用される。

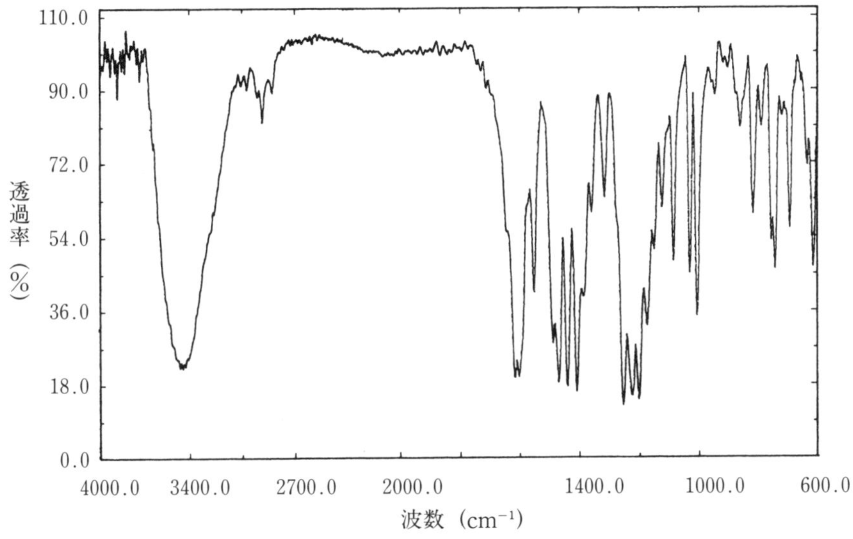

赤色201号の赤外吸収スペクトル

2．赤色202号

リソールルビンBCA

Lithol Rubine BCA

C.I. 15850：1

Pigment Red 57-1

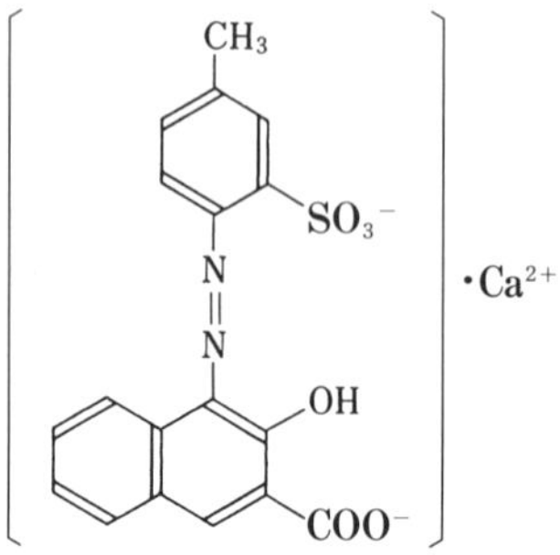

$C_{18}H_{12}CaN_2O_6S$：424.44

本品は、定量するとき、4-(2-スルホ-*p*-トリルアゾ)-3-ヒドロキシ-2-ナフトエ酸のカルシウム塩($C_{18}H_{12}CaN_2O_6S$：424.44)として 85.0% 以上 101.0% 以下を含む(注1)。

性　　状　本品は、帯青赤色の粉末である。

確認試験　(1)　本品 0.1 g にエタノール（酸性希）100 mL を加え、必要に応じて加温して溶かすとき、この液は、赤色を呈する。

(2)　本品 0.02 g にエタノール(酸性希) 200 mL を加え、必要に応じて加温して溶かす。常温になるまで冷却後、この液 10 mL を量り、エタノール(酸性希)を加えて 100 mL とした液は、吸光度測定法により試験を行うとき、波長 519 nm 以上 523 nm 以下に吸収の極大を有する。

(3)　本品 0.1 g にエタノール（酸性希）100 mL を加え、必要に応じて加温して溶かした液 2 μL を試料溶液とし、赤色202号標準品 0.1 g にエタノール（酸性希）100 mL を加え、必要に応じて加温して溶かした液 2 μL を標準溶液とし、1-ブタノール/エタノール（95)/薄めた酢酸（100)（3 → 100）混液（6 ： 2 ： 3）を展開溶媒として薄層クロマトグラフ法第1法により試験を行うとき、当該試料溶液から得た主たるスポットは、赤色を呈し、当該標準溶液から得た主たるスポットと等しい Rf 値を示す。

(4)　本品を乾燥し、赤外吸収スペクトル測定法により試験を行うとき、本品のスペクトルは、次に掲げる本品の参照スペクトルと同一の波数に同一の強度の吸収を有する。

(次頁参照)

(5)　炎色反応試験法により試験を行うとき、炎は、黄赤色を呈する。

純度試験　(1)　溶状　本品 0.01 g にエタノール(酸性希) 100 mL を加え、必要に応じて加温して溶かすとき、この液は、澄明である。

（2）　可溶物　可溶物試験法第1法により試験を行うとき、その限度は、1.0％ 以下である（注2）。

（3）　塩化物及び硫酸塩　塩化物試験法及び硫酸塩試験法により試験を行うとき、それぞれの限度の合計は、7.0％ 以下である（注3）。

（4）　ヒ素　ヒ素試験法により試験を行うとき、その限度は、2 ppm 以下である（注4）。

（5）　重金属　重金属試験法により試験を行うとき、その限度は、20 ppm 以下である。

乾燥減量　8.0％ 以下（1 g、105℃、6時間）

定 量 法　本品約 0.02 g を精密に量り、エタノール（酸性希）150 mL を加え、必要に応じて加温して溶かし、常温になるまで冷却後、エタノール（酸性希）を加えて正確に 200 mL とする。この液 10 mL を正確に量り、エタノール（酸性希）を加えて正確に 100 mL とし、これを試料溶液として、吸光度測定法により試験を行う。この場合において、吸収極大波長における吸光度の測定は 521 nm 付近について行うこととし、吸光係数は 0.0612とする（注5）。

赤色202号

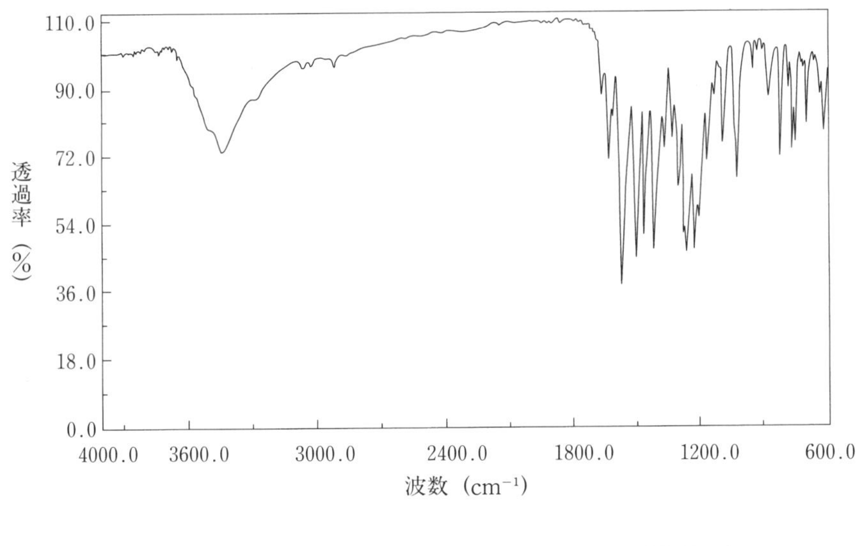

〔注〕

（注1）　CFR では 90％ 以上と規定している。

（注2）　CFR ではエーテル可溶物を規定しており、また、当該色素以外の特定の有機化合物等の限度を規定している。

（注3）　CFR では乾燥減量を加えた値として 10％ 以下と規定している。

（注4）　CFR では As として 3 ppm 以下と規定している。

（注 5 ）　旧省令では試験方法として三塩化チタン法を採用していた。

【解　説】

名　称　（別名）リソールルビン BCA、（英名）Lithol Rubine BCA、（化学名）4-(2-スルホ-*p*-トリルアゾ)-3-ヒドロキシ-2-ナフトエ酸のカルシウム塩、（FDA 名）D&C Red No. 7、（既存化学物質 No.）5-3244、（CI No.）15850:1、Pigment Red 57-1、（CAS No.）5281-04-9。

来　歴　1903年に R. Gley and O. Siebert により発見され、日本では昭和31年 7 月30日に赤色202号として許可され現在に至る。米国では、D&C Red No. 7として使用されてきたが、1983年 1 月28日に永久許可された。

製　法　4B 酸（*p*-トルイジン-*m*-スルホン酸）を亜硝酸ナトリウムと塩酸でジアゾ化し、BON 酸（3-ヒドロキシ-2-ナフトエ酸）とアルカリ性でカップリングして生じた色素（赤色201号）をろ取した後、水に分散し、塩化カルシウム液を加えてカルシウム塩として製する。

SO_3H, H_3C, NH_2 —ジアゾ化 ($NaNO_2$, HCl)→ H_3C, SO_3^-, $\overset{+}{N}{\equiv}N$

4B 酸

H_3C, SO_3^-, $\overset{+}{N}{\equiv}N$ ＋ OH, COOH —NaOH→ H_3C, SO_3Na, HO, COONa, N=N

BON 酸

赤色 201 号

—$CaCl_2$→ [H_3C, SO_3^-, HO, COO^-, N=N] ・Ca^{2+}

赤色 202 号

性　状　水、エタノール、グリセリン、油脂には溶けない。塩酸（希）及びエタノールの等容量を加えて加熱すると溶ける。石けん液に対して色が黄変する。水酸化ナトリウム溶液（1 → 5）を加えると褐色となる。硫酸を加えると赤紫色に溶け、水で希釈すると赤色の沈殿を生じる。光には安定である。

用　途　すべての化粧品に使用できるが、ファンデーション・口紅・アイシャドウ・マニキュア・石けんに繁用される。

3．赤色203号

レーキレッドＣ

Lake Red C

C.I. 15585

Pigment Red 53（Na）

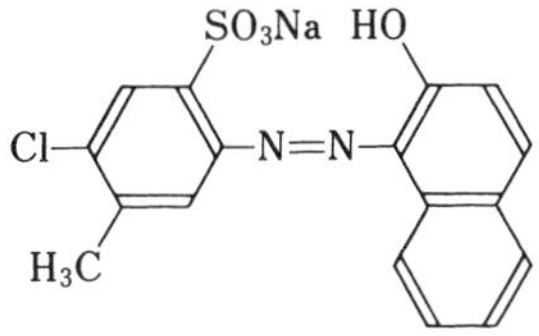

$C_{17}H_{12}ClN_2NaO_4S$：398.80

本品は、定量するとき、1-(4-クロロ-6-スルホ-*m*-トリルアゾ)-2-ナフトールのモノナトリウム塩（$C_{17}H_{12}ClN_2NaO_4S$：398.80）として 85.0％ 以上 101.0％ 以下を含む。

性　　状　本品は、黄赤色の粉末である。

確認試験　（1）　本品 0.1 g にエタノール（酸性希）100 mL を加え、必要に応じて加温して溶かすとき、この液は、黄赤色を呈する。

（2）　本品 0.05 g に酢酸アンモニウム試液/エタノール(95)混液（1：1）200 mL を加え、必要に応じて加温して溶かし、常温になるまで冷却後、この液 4 mL を量り、酢酸アンモニウム試液/エタノール(95)混液（1：1）を加えて 100 mL とした液は、吸光度測定法により試験を行うとき、波長 483 nm 以上 489 nm 以下に吸収の極大を有する。

（3）　本品 0.1 g にエタノール（酸性希）100 mL を加え、必要に応じて加温して溶かした液 2 μL を試料溶液とし、赤色203号標準品 0.1 g にエタノール（酸性希）100 mL を加え、必要に応じて加温して溶かした液 2 μL を標準溶液とし、酢酸エチル/メタノール/アンモニア水(28)混液（5：2：1）を展開溶媒として薄層クロマトグラフ法第1法により試験を行うとき、当該試料溶液から得た主たるスポットは、黄赤色を呈し、当該標準溶液から得た主たるスポットと等しい Rf 値を示す。

（4）　炎色反応試験法により試験を行うとき、炎は、黄色を呈する。

純度試験　（1）　溶状　本品 0.01 g にエタノール(酸性希) 100 mL を加え、必要に応じて加温して溶かすとき、この液は、澄明である。

（2）　可溶物　可溶物試験法第1法により試験を行うとき、その限度は、0.5％ 以下である。

（3）　塩化物及び硫酸塩　塩化物試験法及び硫酸塩試験法により試験を行うとき、それぞれの限度の合計は、5.0％ 以下である。

（4） ヒ素　ヒ素試験法により試験を行うとき、その限度は、2 ppm 以下である。

（5） 重金属　重金属試験法により試験を行うとき、その限度は、20 ppm 以下である。

乾燥減量　10.0％ 以下（1 g、105℃、6時間）

定 量 法　本品約 0.05 g を精密に量り、酢酸アンモニウム試液/エタノール (95) 混液（1：1）150 mL を加え、必要に応じて加温して溶かし、常温になるまで冷却後、酢酸アンモニウム試液/エタノール (95) 混液（1：1）を加えて正確に 200 mL とする。この液 4 mL を正確に量り、酢酸アンモニウム試液/エタノール (95) 混液（1：1）を加えて正確に 100 mL とし、これを試料溶液として、吸光度測定法により試験を行う。この場合において、吸収極大波長における吸光度の測定は 486 nm 付近について行うこととし、吸光係数は0.0583とする（注1）。

〔注〕

（注1） 旧省令では試験方法として三塩化チタン法を採用していた。

【解　説】

名　称　(別名) レーキレッド C、(英名) Lake Red C、(化学名) 1-(4-クロロ-6-スルホ-*m*-トリルアゾ)-2-ナフトールのモノナトリウム塩、(既存化学物質 No.) 5-3243、(CI No.) 15585、Pigment Red 53 (Na)、(CAS No.) 2092-56-0。

来　歴　1902年に K. Schirmacher により発見され、日本では昭和31年7月30日に赤色203号として許可され現在に至る。米国では、D&C Red No. 8として使用されてきて、口に入る化粧品には 0.1％ 及び外用化粧品用として1987年1月5日に永久許可されたが、1988年7月15日に使用が禁止された。

製　法　3-アミノ-6-クロロトルエン-4-スルホン酸を亜硝酸ナトリウムと塩酸でジアゾ化し、2-ナフトールと水酸化ナトリウム溶液中でカップリングし、生じたナトリウム塩をろ取し、水洗して製する。

SO_3H / Cl / NH_2 / H_3C　ジアゾ化　$NaNO_2$, HCl　→　SO_3^- / Cl / $\overset{+}{N}{\equiv}N$ / H_3C

3-アミノ-6-クロロトルエン-4-スルホン酸　　6-クロロ-3-トルイジン-4-スルホン酸

SO_3^- / Cl / $\overset{+}{N}{\equiv}N$ / H_3C　＋　OH　2-ナフトール　→ NaOH →　SO_3Na HO / Cl / N=N / H_3C

赤色 203 号

性　状　水及び熱湯、エタノールにわずかに溶ける。エタノール（酸性希）を加えて加熱すると溶ける。油脂には溶けない、塩酸には赤色となり、水酸化ナトリウム溶液（1 → 5）には暗赤色となる。硫酸を加えると紫色に溶け、水で希釈すると暗褐色の沈殿を生じる。やや熱に弱い。光に対して色はやや弱い。

用　途　すべての化粧品に使用できるが、口紅に繁用される。

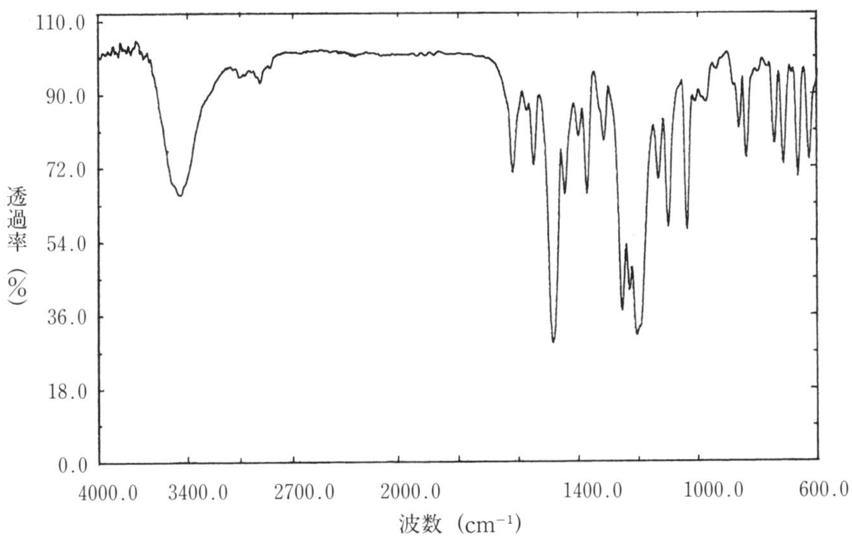

赤色203号の赤外吸収スペクトル

4．赤色204号

レーキレッドCBA

Lake Red CBA

C.I. 15585:1

Pigment Red 53 (Ba)

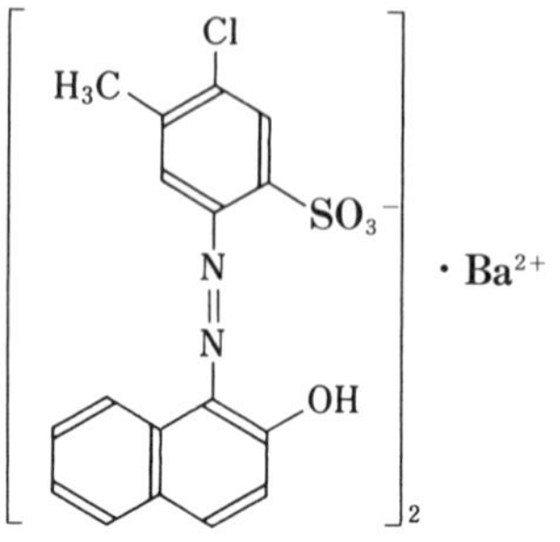

$C_{34}H_{24}BaCl_2N_4O_8S_2$：888.94

本品は、定量するとき、1-(4-クロロ-6-スルホ-*m*-トリルアゾ)-2-ナフトールのバリウム塩（$C_{34}H_{24}BaCl_2N_4O_8S_2$：888.94）として 87.0% 以上 101.0% 以下を含む。

性　　状　本品は、黄赤色の粉末である。

確認試験　（1）　本品 0.1 g にエタノール（酸性希）100 mL を加え、必要に応じて加温して溶かすとき、この液は、黄赤色を呈する。

（2）　本品 0.02 g にジメチルスルホキシド/エチレングリコール混液（2：1）200 mL を加え、必要に応じて水浴上で加熱して溶かす。常温になるまで冷却後、この液 10 mL を量り、ジメチルスルホキシド/エチレングリコール混液（2：1）を加えて 100 mL とした液は、吸光度測定法により試験を行うとき、波長 482 nm 以上 486 nm 以下に吸収の極大を有する。

（3）　本品 0.1 g にエタノール（酸性希）100 mL を加え、必要に応じて加温して溶かした液 2 μL を試料溶液とし、赤色204号標準品0.1g にエタノール(酸性希) 100 mL を加え、必要に応じて加温して溶かした液 2 μL を標準溶液とし、酢酸エチル/メタノール/アンモニア水 (28) 混液（5：2：1）を展開溶媒として薄層クロマトグラフ法第1法により試験を行うとき、当該試料溶液から得た主たるスポットは、黄赤色を呈し、当該標準溶液から得た主たるスポットと等しい Rf 値を示す。

（4）　炎色反応試験法により試験を行うとき、炎は、黄緑色を呈する。

純度試験　（1）　溶状　本品 0.01 g にエタノール(酸性希) 100 mL を加え、必要に応じて加温して溶かすとき、この液は、澄明である。

（2）　可溶物　可溶物試験法第1法により試験を行うとき、その限度は、0.5% 以下で

ある。

（3） 塩化物及び硫酸塩　塩化物試験法及び硫酸塩試験法により試験を行うとき、それぞれの限度の合計は、5.0％ 以下である。

（4） ヒ素　ヒ素試験法により試験を行うとき、その限度は、2 ppm 以下である。

（5） 重金属　重金属試験法により試験を行うとき、その限度は、20 ppm 以下である。

乾燥減量　8.0％ 以下（1 g、105℃、6 時間）

定 量 法　本品約 0.02 g を精密に量り、ジメチルスルホキシド/エチレングリコール混液（2：1）150 mL を加え、必要に応じて加温して溶かし、常温になるまで冷却後、ジメチルスルホキシド/エチレングリコール混液（2：1）を加えて正確に 200 mL とする。この液 10 mL を正確に量り、ジメチルスルホキシド/エチレングリコール混液（2：1）を加えて正確に 100 mL とし、これを試料溶液として、吸光度測定法により試験を行う。この場合において、吸収極大波長における吸光度の測定は 484 nm 付近について行うこととし、吸光係数は0.0414とする（注1）。

〔注〕

（注1） 旧省令では試験方法として三塩化チタン法を採用していた。

【解　説】

名　称　（別名）レーキレッド CBA、（英名）Lake Red CBA、（化学名）1-(4-クロロ-6-スルホ-*m*-トリルアゾ)-2-ナフトールのバリウム塩、（既存化学物質 No.）5-3242、（CI No.）15585:1、Pigment Red 53:1（Ba）、（CAS No.）5160-02-1。

来　歴　1902年に K. Schirmacher により発見され、日本では昭和31年 7 月30日に赤色204号として許可され現在に至る。米国では、D&C Red No. 9として使用されてきたが、1987年 1 月 5 日に口に入る化粧品には 0.1％ 及び外用化粧品用として永久許可されたが、1988年 7 月15日に使用が禁止された。

製　法　3-アミノ-6-クロロトルエン-4-スルホン酸を亜硝酸ナトリウムと塩酸でジアゾ化し、2-ナフトールと水酸化ナトリウム溶液中でカップリングして生じた色素（赤色203号）をろ取した後、水に分散し、塩化バリウム液を加えてバリウム塩として製する。

3-アミノ-6-クロロトルエン-4-スルホン酸 —(ジアゾ化; $NaNO_2$, HCl)→ 6-クロロ-3-トルイジン-4-スルホン酸

6-クロロ-3-トルイジン-4-スルホン酸 + 2-ナフトール —(NaOH)→ 赤色203号

赤色203号 × 2 —($BaCl_2$)→ 赤色204号

(性　状) 水に溶けない。エタノールにはわずかに溶ける。エタノール（酸性希）を加えて加熱すると溶ける。油脂には溶けない。塩酸には赤色となり、水酸化ナトリウム溶液（1 → 5）には暗赤色となる。硫酸を加えると紫色に溶け、水で希釈すると暗褐色の沈殿を生じる。やや熱に弱い。光に対してもやや弱い。

(用　途) すべての化粧品に使用できるが、ファンデーション、口紅、アイシャドウに繁用される。

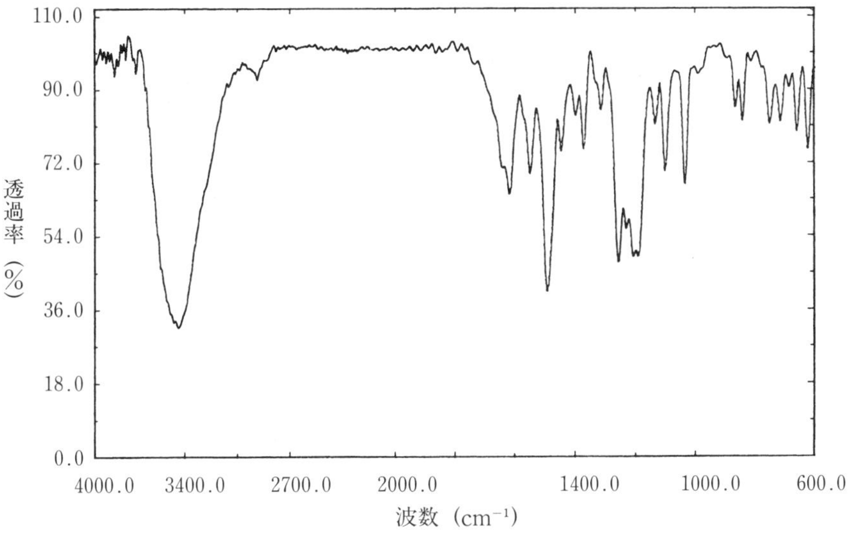

赤色204号の赤外吸収スペクトル

5. 赤色205号

リソールレッド

Lithol Red

C.I. 15630

Pigment Red 49（Na）

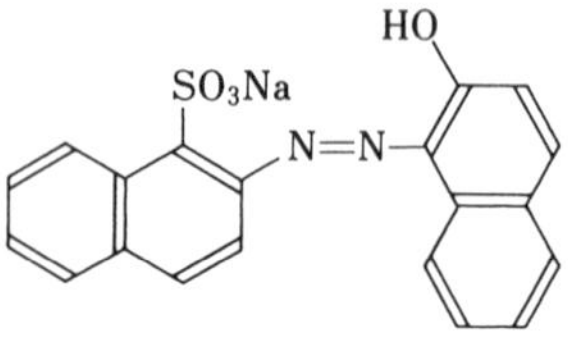

$C_{20}H_{13}N_2NaO_4S$：400.38

本品は、定量するとき、2-(2-ヒドロキシ-1-ナフチルアゾ)-1-ナフタレンスルホン酸のモノナトリウム塩($C_{20}H_{13}N_2NaO_4S$：400.38)として 90.0% 以上 101.0% 以下を含む。

性　　状　本品は、黄赤色の粉末である。

確認試験　(1)　本品 0.1 g にエタノール（酸性希）100 mL を加え、必要に応じて加温して溶かすとき、この液は、黄赤色を呈する。

(2)　本品 0.02 g にエタノール(酸性希) 200 mL を加え、必要に応じて加温して溶かす。常温になるまで冷却後、この液 10 mL を量り、エタノール(酸性希)を加えて 100 mL とした液は、吸光度測定法により試験を行うとき、波長 491 nm 以上 497 nm 以下に吸収の極大を有する。

(3)　本品 0.1 g にエタノール（酸性希）100 mL を加え、必要に応じて加温して溶かした液 2 μL を試料溶液とし、フラビアン酸標準溶液 2 μL を標準溶液とし、1-ブタノール/エタノール (95)/アンモニア試液（希）混液（6 ： 2 ： 3）を展開溶媒として薄層クロマトグラフ法第２法により試験を行うとき、当該試料溶液から得た主たるスポットは、黄赤色を呈し、当該標準溶液から得た主たるスポットに対する Rs 値は、約 1.6である（注１）。

(4)　炎色反応試験法により試験を行うとき、炎は、黄色を呈する。

純度試験　(1)　溶状　本品 0.01 g にエタノール(酸性希) 100 mL を加え、必要に応じて加温して溶かすとき、この液は、澄明である。

(2)　可溶物　可溶物試験法第１法により試験を行うとき、その限度は、0.5% 以下である。

(3)　塩化物及び硫酸塩　塩化物試験法及び硫酸塩試験法により試験を行うとき、それ

それの限度の合計は、5.0% 以下である。

（4） ヒ素　ヒ素試験法により試験を行うとき、その限度は、2 ppm 以下である。

（5） 重金属　重金属試験法により試験を行うとき、その限度は、20 ppm 以下である。

乾燥減量　5.0% 以下（1 g、105℃、6時間）

定量法　本品約 0.02 g を精密に量り、エタノール(酸性希) 150 mL を加え、必要に応じて加温して溶かし、常温になるまで冷却後、エタノール(酸性希)を加えて正確に 200 mL とする。この液 10 mL を正確に量り、エタノール(酸性希)を加えて正確に 100 mL とし、これを試料溶液として、吸光度測定法により試験を行う。この場合において、吸収極大波長における吸光度の測定は 494 nm 付近について行うこととし、吸光係数は 0.0685とする（注2）。

〔注〕

（注1） 本品については薄層クロマトグラフ用標準品が設定されていないため、フラビアン酸を比較標準品とした。なお、フラビアン酸のスポットの色調は黄色である。

（注2） 旧省令では試験方法として三塩化チタン法を採用していた。

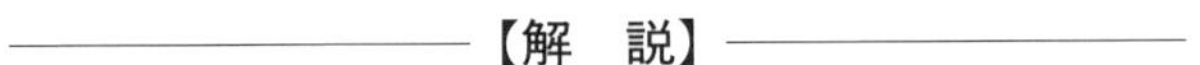

【解　説】

（名　称） (別名) リソールレッド、(英名) Lithol Red、(化学名) 2-(2-ヒドロキシ-1-ナフチルアゾ)-1-ナフタレンスルホン酸のモノナトリウム塩、(既存化学物質 No.) 5-3235、(CI No.) 15630、Pigment Red 49 (Na)、(CAS No.) 1248-18-6。

（来　歴） 1899年に P. Julius により発見され、日本では昭和31年7月30日に赤色205号として許可され現在に至る。米国では、D&C Red No. 10として使用されてきたが、1977年12月13日に使用が禁止された。

（製　法） トビアス酸 (2-アミノ-1-ナフタレンスルホン酸) を亜硝酸ナトリウムと塩酸でジアゾ化し、水酸化ナトリウム液中で2-ナフトールとカップリングして製する。

トビアス酸 (SO_3H, NH_2) —ジアゾ化 ($NaNO_2$, HCl)→ (SO_3^-, $\overset{+}{N}{\equiv}N$)

(SO_3^-, $\overset{+}{N}{\equiv}N$) ＋ 2-ナフトール (OH) —NaOH→ 赤色 205 号 (SO_3Na, N＝N, HO)

（性　　状）水、エタノールには溶けない。熱湯、熱エタノールにはわずかに溶ける。エタノール（酸性希）で加熱すると溶ける。熱塩酸（希）には橙赤色となり、水酸化ナトリウム溶液（1 → 10）には溶けない。硫酸を加えると紫色に溶け、水で希釈すると褐紫色の沈殿を生じる。油脂には溶けない。光に対しては安定である。

（用　　途）すべての化粧品に使用できるが、口紅・マニキュアに繁用される。

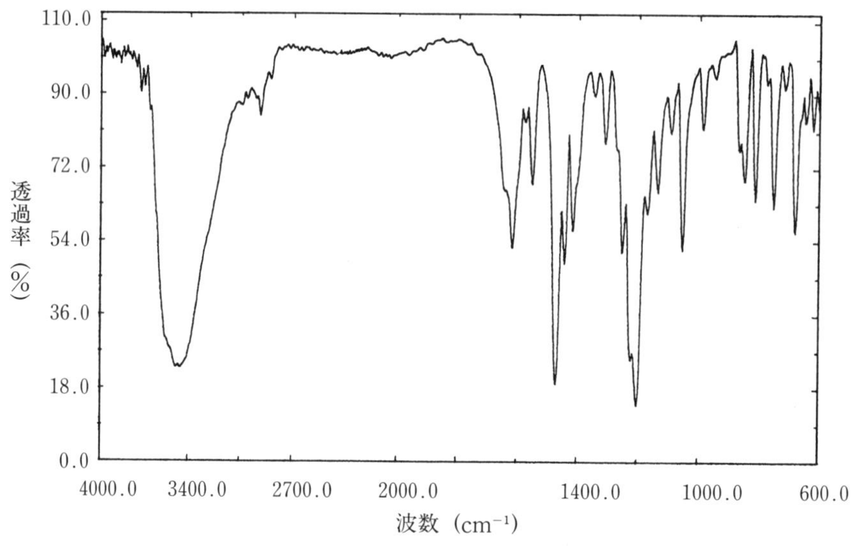

赤色205号の赤外吸収スペクトル

6．赤色206号

リソールレッド CA
Lithol Red CA

C.I. 15630：2

Pigment Red 49（Ca）

$$\left[\text{(1-}SO_3^-\text{-naphthalen-2-yl)}-N=N-\text{(2-HO-naphthalen-1-yl)}\right]_2 \cdot Ca^{2+}$$

$C_{40}H_{26}CaN_4O_8S_2$：794.87

本品は、定量するとき、2-(2-ヒドロキシ-1-ナフチルアゾ)-1-ナフタレンスルホン酸のカルシウム塩（$C_{40}H_{26}CaN_4O_8S_2$：794.87）として 90.0% 以上 101.0% 以下を含む。

性　状　本品は、帯黄赤色の粉末である。

確認試験　(1)　本品 0.01 g にエタノール(酸性希) 100 mL を加え、必要に応じて加温して溶かすとき、この液は、黄赤色を呈する。

(2)　本品 0.02 g にエタノール(酸性希) 200 mL を加え、必要に応じて加温して溶かす。常温になるまで冷却後、この液 10 mL を量り、エタノール(酸性希)を加えて 100 mL とした液は、吸光度測定法により試験を行うとき、波長 491 nm 以上 497 nm 以下に吸収の極大を有する。

(3)　本品 0.01 g にエタノール(酸性希) 100 mL を加え、必要に応じて加温して溶かした液 8 μL を試料溶液とし、フラビアン酸標準溶液 2 μL を標準溶液とし、1-ブタノール/エタノール (95)/アンモニア試液（希）混液（6：2：3）を展開溶媒として薄層クロマトグラフ法第2法により試験を行うとき、当該試料溶液から得た主たるスポットは、黄赤色を呈し、当該標準溶液から得た主たるスポットに対する Rs 値は、約 1.6である（注1）。

(4)　炎色反応試験法により試験を行うとき、炎は、黄赤色を呈する。

純度試験　(1)　溶状　本品 0.01 g にエタノール(酸性希) 100 mL を加え、必要に応じて加温して溶かすとき、この液は、澄明である。

(2)　可溶物　可溶物試験法第1法により試験を行うとき、その限度は、0.5% 以下である。

(3)　塩化物及び硫酸塩　塩化物試験法及び硫酸塩試験法により試験を行うとき、それぞれの限度の合計は、5.0% 以下である。

（4）　ヒ素　ヒ素試験法により試験を行うとき、その限度は、2 ppm以下である。

（5）　重金属　重金属試験法により試験を行うとき、その限度は、20 ppm以下である。

乾燥減量　5.0％ 以下（1 g、105℃、6時間）

定量法　本品約 0.02 g を精密に量り、エタノール(酸性希) 150 mL を加え、必要に応じて加温して溶かし、常温になるまで冷却後、エタノール(酸性希)を加えて正確に 200 mL とする。この液 10 mL を正確に量り、エタノール(酸性希)を加えて正確に 100 mL とし、これを試料溶液として、吸光度測定法により試験を行う。この場合において、吸収極大波長における吸光度の測定は 494 nm 付近について行うこととし、吸光係数は 0.0708とする（注2）。

〔注〕

（注1）　本品については薄層クロマトグラフ用標準品が設定されていないため、フラビアン酸を比較標準品とした。なお、フラビアン酸のスポットの色調は黄色である。

（注2）　旧省令では試験方法として三塩化チタン法を採用していた。

【解　説】

名　称　(別名) リソールレッド CA、(英名) Lithol Red CA、(化学名) 2-(2-ヒドロキシ-1-ナフチルアゾ)-1-ナフタレンスルホン酸のカルシウム塩、(既存化学物質 No.) 5-5182、(CI No.) 15630:2、Pigment Red 49 (Ca)、(CAS No.) 1103-39-5。

来　歴　1899年に P. Julius により発見され、日本では昭和31年7月30日に赤色206号として許可され現在に至る。米国では、D&C Red No. 11として使用されてきたが、1977年12月13日に使用が禁止された。

製　法　トビアス酸 (2-アミノ-1-ナフタレンスルホン酸) を亜硝酸ナトリウムと塩酸でジアゾ化し、水酸化ナトリウム溶液中で2-ナフトールとカップリングして生じた色素(赤色205号)をろ取した後、水に分散し、塩化カルシウム液を加えてカルシウム塩として製する。

トビアス酸 →（ジアゾ化 / $NaNO_2$, HCl）→ ジアゾニウム塩

ジアゾニウム塩 + 2-ナフトール →（NaOH）→ 赤色205号

赤色205号 →（$CaCl_2$）→ 赤色206号

(性　状) 水、エタノールには溶けない。熱湯、熱エタノールにはわずかに溶ける。エタノール（酸性希）で加熱すると溶ける。熱塩酸（希）には溶け、橙赤色となり、水酸化ナトリウム溶液（1 → 10）には溶けない。硫酸を加えると紫色に溶け、水で希釈すると褐紫色の沈殿を生じる。油脂には溶けない。光に対しては色は安定である。

(用　途) すべての化粧品に使用できるが、口紅に比較的繁用される。

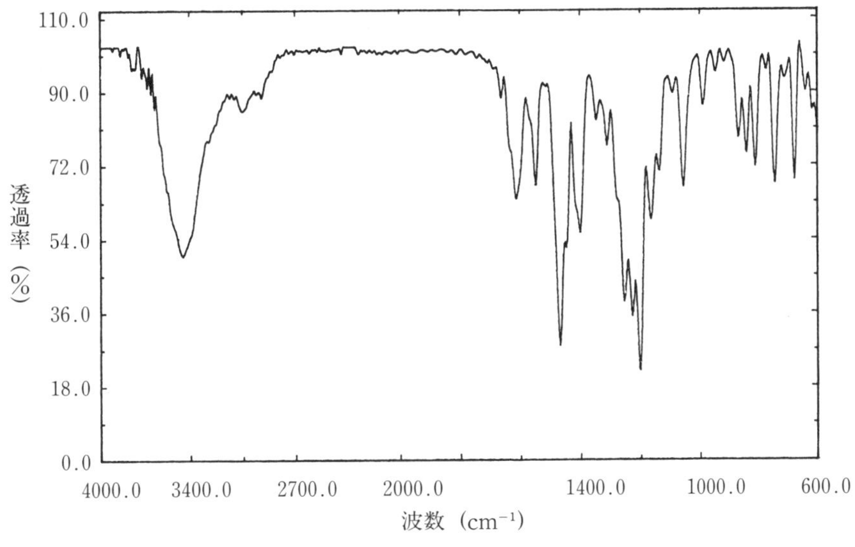

赤色206号の赤外吸収スペクトル

7．赤色207号

リソールレッド BA

Lithol Red BA

C.I. 15630：1

Pigment Red 49（Ba）

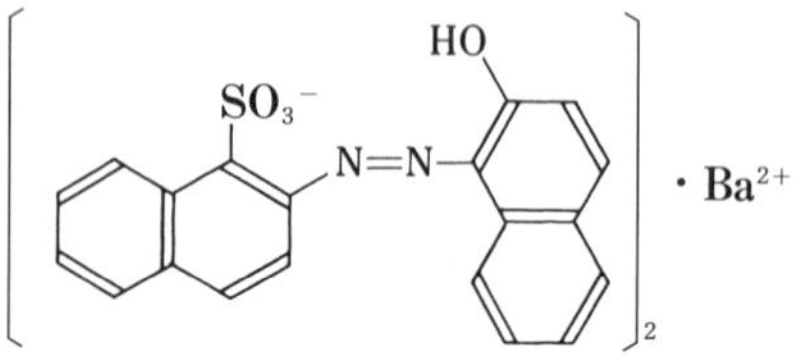

$C_{40}H_{26}BaN_4O_8S_2$：892.11

本品は、定量するとき、2-(2-ヒドロキシ-1-ナフチルアゾ)-1-ナフタレンスルホン酸のバリウム塩（$C_{40}H_{26}BaN_4O_8S_2$：892.11）として 90.0％ 以上 101.0％ 以下を含む。

性　　状　本品は、赤色の粉末である。

確認試験　（1）　本品 0.01 g にエタノール(酸性希) 100 mL を加え、必要に応じて加温して溶かすとき、この液は、黄赤色を呈する。

（2）　本品 0.02 g にエタノール(酸性希) 200 mL を加え、必要に応じて加温して溶かす。常温になるまで冷却後、この液 10 mL を量り、エタノール(酸性希)を加えて 100 mL とした液は、吸光度測定法により試験を行うとき、波長 491 nm 以上 497 nm 以下に吸収の極大を有する。

（3）　本品 0.01 g にエタノール(酸性希) 100 mL を加え、必要に応じて加温して溶かした液 8 μL を試料溶液とし、フラビアン酸標準溶液 2 μL を標準溶液とし、1-ブタノール/エタノール (95)/アンモニア試液（希）混液（6：2：3）を展開溶媒として薄層クロマトグラフ法第 2 法により試験を行うとき、当該試料溶液から得た主たるスポットは、黄赤色を呈し、当該標準溶液から得た主たるスポットに対する Rs 値は、約 1.6である（注 1）。

（4）　炎色反応試験法により試験を行うとき、炎は、黄緑色を呈する。

純度試験　（1）　溶状　本品 0.01 g にエタノール(酸性希) 100 mL を加え、必要に応じて加温して溶かすとき、この液は、澄明である。

（2）　可溶物　可溶物試験法第 1 法により試験を行うとき、その限度は、0.5％ 以下である。

（3）　塩化物及び硫酸塩　塩化物試験法及び硫酸塩試験法により試験を行うとき、それぞれの限度の合計は、5.0％ 以下である。

（4）　ヒ素　ヒ素試験法により試験を行うとき、その限度は、 2 ppm以下である。

（5）　重金属　重金属試験法により試験を行うとき、その限度は、20 ppm以下である。

乾燥減量　8.0％ 以下（1 g、105℃、 6時間）（注2）

定 量 法　本品約 0.02 gを精密に量り、エタノール(酸性希) 150 mLを加え、必要に応じて加温して溶かし、常温になるまで冷却後、エタノール(酸性希)を加えて正確に 200 mLとする。この液 10 mLを正確に量り、エタノール(酸性希)を加えて正確に 100 mLとし、これを試料溶液として、吸光度測定法により試験を行う。この場合において、吸収極大波長における吸光度の測定は 494 nm付近について行うこととし、吸光係数は0.0574とする（注3）。

〔注〕

（注1）　本品については薄層クロマトグラフ用標準品が設定されていないため、フラビアン酸を比較標準品とした。なお、フラビアン酸のスポットの色調は黄色である。

（注2）　旧省令では 5％ 以下と規定していた。

（注3）　旧省令では試験方法として三塩化チタン法を採用していた。

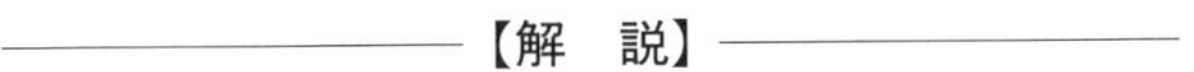

【解　説】

（名　称）（別名）リソールレッド BA、（英名）Lithol Red BA、（化学名）2-(2-ヒドロキシ-1-ナフチルアゾ)-1-ナフタレンスルホン酸のバリウム塩、（既存化学物質 No.）5-3236、（CI No.）15630:1、Pigment Red 49（Ba）、（CAS No.）1103-38-4。

（来　歴）1899年にP. Juliusにより発見され、日本では昭和31年7月30日に赤色207号として許可され現在に至る。米国では、D&C Red No. 12として使用されてきたが、1977年12月13日に使用が禁止された。

（製　法）トビアス酸（2-アミノ-1-ナフタレンスルホン酸）を亜硝酸ナトリウムと塩酸でジアゾ化し、水酸化ナトリウム溶液中で2-ナフトールとカップリングして生じた色素(赤色205号)をろ取した後、水に分散し、塩化バリウム液を加えてバリウム塩として製する。

SO_3H　NH_2　ジアゾ化　$NaNO_2$, HCl　SO_3^-　$\overset{+}{N}{\equiv}N$

トビアス酸

SO_3^-　$\overset{+}{N}{\equiv}N$　+　OH　NaOH　HO　SO_3Na　N=N

2-ナフトール　赤色 205 色

HO　SO_3Na　N=N　$BaCl_2$　HO　SO_3^-　N=N　$\cdot Ba^{2+}$　2

赤色 207 号

性　状　水、エタノールには溶けない。熱湯、熱エタノールにはわずかに溶ける。エタノール（酸性希）で加熱すると溶ける。熱塩酸（希）には溶け、橙赤色となり、水酸化ナトリウム溶液（1 → 10）には溶けない。硫酸を加えると紫色に溶け、水で希釈すると褐紫色の沈殿を生じる。油脂には溶けない。光に対して色は安定である。

用　途　すべての化粧品に使用できるが、口紅・アイシャドウ・マニキュアに繁用される。

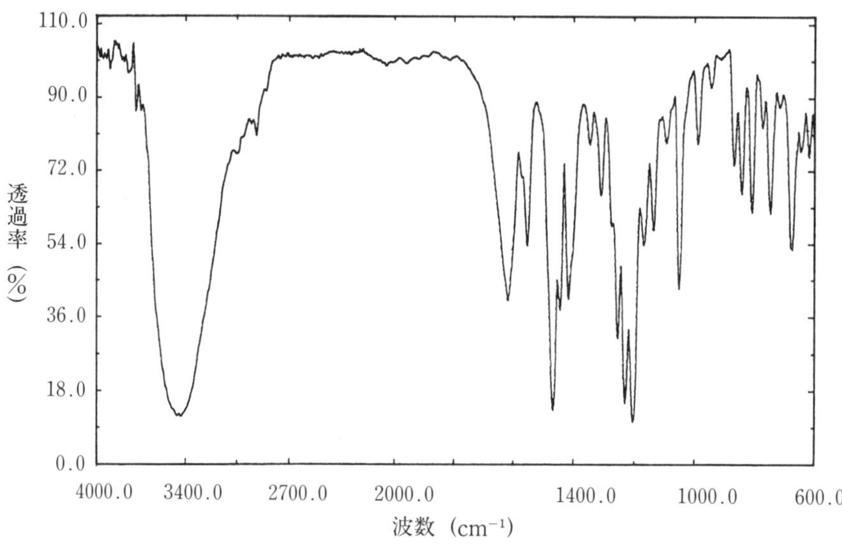

赤色207号の赤外吸収スペクトル

8. 赤色208号

リソールレッド SR
Lithol Red SR

C.I. 15630:3

Pigment Red 49 (Sr)

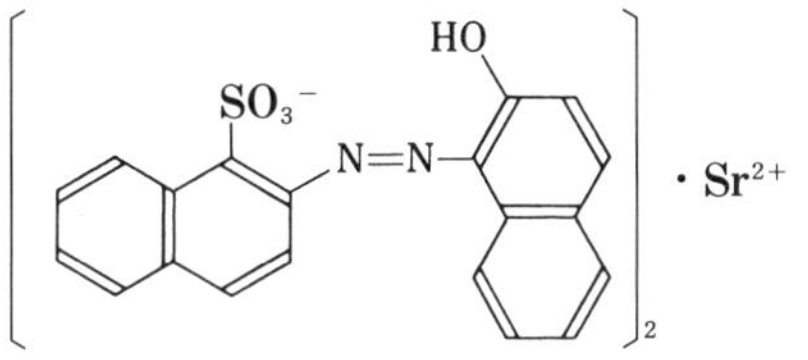

$C_{40}H_{26}N_4O_8S_2Sr$：842.41

本品は、定量するとき、2-(2-ヒドロキシ-1-ナフチルアゾ)-1-ナフタレンスルホン酸のストロンチウム塩($C_{40}H_{26}N_4O_8S_2Sr$：842.41)として 90.0% 以上 101.0% 以下を含む。

性　　状　本品は、深赤色の粉末である。

確認試験　(1)　本品 0.01 g にエタノール(酸性希) 100 mL を加え、必要に応じて加温して溶かすとき、この液は、黄赤色を呈する。

(2)　本品 0.02 g にエタノール(酸性希) 200 mL を加え、必要に応じて加温して溶かす。常温になるまで冷却後、この液 10 mL を量り、エタノール(酸性希)を加えて 100 mL とした液は、吸光度測定法により試験を行うとき、波長 491 nm 以上 497 nm 以下に吸収の極大を有する。

(3)　本品 0.01 g にエタノール(酸性希) 100 mL を加え、必要に応じて加温して溶かした液 8 μL を試料溶液とし、フラビアン酸標準溶液 2 μL を標準溶液とし、1-ブタノール/エタノール (95)/アンモニア試液 (希) 混液 (6 : 2 : 3) を展開溶媒として薄層クロマトグラフ法第 2 法により試験を行うとき、当該試料溶液から得た主たるスポットは、黄赤色を呈し、当該標準溶液から得た主たるスポットに対する Rs 値は、約 1.6である (注1)。

(4)　炎色反応試験法により試験を行うとき、炎は、深紅色を呈する。

純度試験　(1)　溶状　本品 0.01 g にエタノール(酸性希) 100 mL を加え、必要に応じて加温して溶かすとき、この液は、澄明である。

(2)　可溶物　可溶物試験法第 1 法により試験を行うとき、その限度は、0.5% 以下である。

(3)　塩化物及び硫酸塩　塩化物試験法及び硫酸塩試験法により試験を行うとき、それ

それの限度の合計は、5.0％ 以下である。

（4） ヒ素　ヒ素試験法により試験を行うとき、その限度は、 2 ppm以下である。

（5） 重金属　重金属試験法により試験を行うとき、その限度は、20 ppm以下である。

乾燥減量　5.0％ 以下（1 g、105℃、 6時間）

定 量 法　本品約 0.02 g を精密に量り、エタノール(酸性希) 150 mL を加え、必要に応じて加温して溶かし、常温になるまで冷却後、エタノール(酸性希)を加えて正確に 200 mL とする。この液 10 mL を正確に量り、エタノール(酸性希)を加えて正確に 100 mL とし、これを試料溶液として、吸光度測定法により試験を行う。この場合において、吸収極大波長における吸光度の測定は 494 nm 付近について行うこととし、吸光係数は 0.0661とする（注2）。

〔注〕

（注1） 本品については薄層クロマトグラフ用標準品が設定されていないため、フラビアン酸を比較標準品とした。なお、フラビアン酸のスポットの色調は黄色である。

（注2） 旧省令では試験方法として三塩化チタン法を採用していた。

【解　説】

名　　称　(別名) リソールレッド SR、(英名) Lithol Red SR、(化学名) 2-(2-ヒドロキシ-1-ナフチルアゾ)-1-ナフタレンスルホン酸のストロンチウム塩、(既存化学物質 No.) 5-3236、(CI No.) 15630:3、Pigment Red 49 (Sr)、(CAS No.) 6371-67-1。

来　　歴　1899年に P. Julius により発見され、日本では昭和31年 7 月30日に赤色208号として許可され現在に至る。米国では、D&C Red No. 13として使用されてきたが、1977年12月13日に使用が禁止された。

製　　法　トビアス酸 (2-アミノ-1-ナフタレンスルホン酸) を亜硝酸ナトリウムと塩酸でジアゾ化し、水酸化ナトリウム液中で2-ナフトールとカップリングしてできた色素(赤色205号)をろ取した後、水に分散し、塩化ストロンチウム液を加えてストロンチウム塩として製する。

SO_3H　NH_2　ジアゾ化　$NaNO_2$, HCl　SO_3^-　$\overset{+}{N}\equiv N$

トビアス酸

SO_3^-　$\overset{+}{N}\equiv N$　＋　OH　NaOH　HO　SO_3Na　N=N

2-ナフトール

赤色 205 号

HO　SO_3Na　N=N　$SrCl_2$　$[SO_3^-$　HO　N=N$]_2 \cdot Sr^{2+}$

赤色 208 号

性　状　水、エタノールには溶けない。熱湯、熱エタノールにはわずかに溶ける。エタノール（酸性希）で加熱すると溶ける。熱塩酸（希）には溶け、橙赤色となり、水酸化ナトリウム溶液（1 → 10）には溶けない。硫酸を加えると紫色に溶け、水で希釈すると褐紫色の沈殿を生じる。油脂には溶けない。光に対して色は安定である。

用　途　すべての化粧品に使用できるが、口紅・石けん・洗顔料・マニキュアに比較的繁用される。

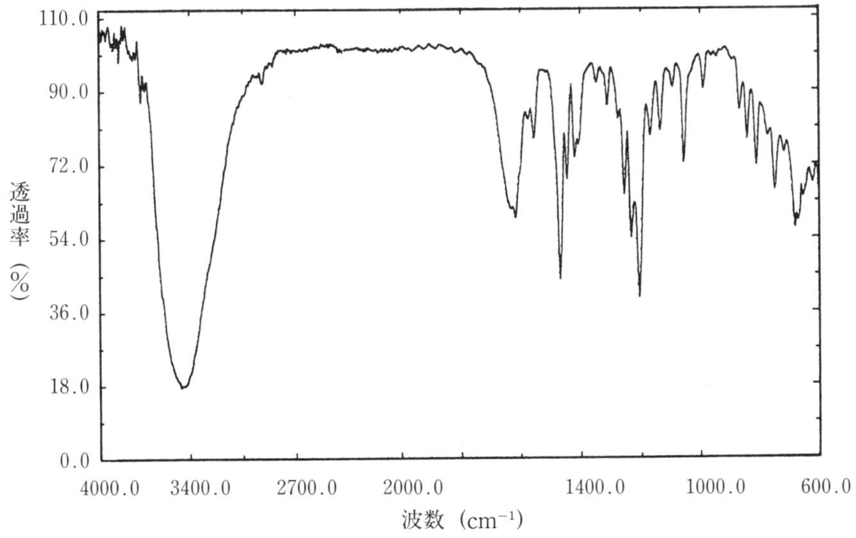

赤色208号の赤外吸収スペクトル

9．赤色213号

ローダミンB
Rhodamine B

C.I. 45170

Basic Violet 10

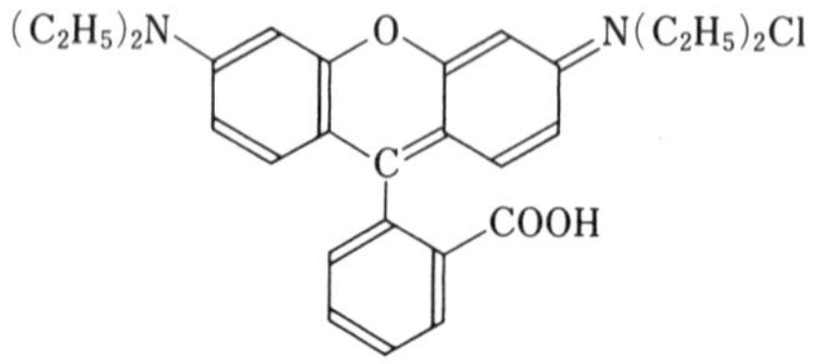

$(C_2H_5)_2N$ … $N(C_2H_5)_2Cl$ … COOH

$C_{28}H_{31}ClN_2O_3$：479.01

本品は、定量するとき、N,N-ジエチル-9-(2-カルボキシフェニル)-6-(ジエチルアミノ)-3H-キサンテン-3-イミニウム＝クロリド（$C_{28}H_{31}ClN_2O_3$：479.01）として 95.0% 以上 101.0% 以下を含む。

性　　状　本品は、暗緑色の粒又は粉末である。

確認試験　（1）　本品の水溶液（1 → 1000）は、帯青赤色を呈し、強い蛍光を発する。

（2）　本品 0.02 g に酢酸アンモニウム試液 200 mL を加えて溶かし、この液 2 mL を量り、酢酸アンモニウム試液を加えて 100 mL とした液は、吸光度測定法により試験を行うとき、波長 552 nm 以上 556 nm 以下に吸収の極大を有する。

（3）　本品を乾燥し、赤外吸収スペクトル測定法により試験を行うとき、本品のスペクトルは、次に掲げる本品の参照スペクトルと同一の波数に同一の強度の吸収を有する。(次々頁参照)

純度試験　（1）　溶状　本品 0.01 g に水 100 mL を加えて溶かすとき、この液は、澄明である。

（2）　不溶物　不溶物試験法第1法により試験を行うとき、その限度は、1.0% 以下である。

（3）　可溶物　次の方法により試験を行うとき、その限度は、1.0% 以下である。

本品約 5 g を精密に量り、水 100 mL を加えて溶かし、塩酸 1 mL を加え、可溶物試験法の装置（2）に示す共通すり合わせ連続抽出器の抽出器 A に移す。フラスコ B にイソプロピルエーテル（抽出用）100 mL を入れ、水浴上で加温しながら5時間抽出する。抽出器 A 及びフラスコ B の抽出液を分液ロートに移し、フラスコ B はイソプロピルエーテル（抽出用）10 mL で洗い、洗液を抽出液に合わせる。これに薄めた塩酸（1 → 200）20 mL を加え、振り混ぜて洗浄する操作を、水層が着色しなくなるまで繰り返す。この操作により得られたイソプロピルエーテル層をフラスコに移し、これに分液ロートをイソプロピルエーテル（抽出用）10 mL で洗浄した洗液を合わせる。これを留去して約 50 mL にした後、質量既知の蒸発皿に移し、これにフラスコをイソプロピルエーテル（抽出用）10 mL で洗浄した洗液を合わせる。これを温湯の水浴上で穏やかに加温して乾固し、デシケーター（シリカゲル）中で恒量になるまで乾燥した後、質量を精密に量り、次式により可溶物を求める。

$$\text{可溶物（\%）}=\frac{\text{蒸発残留物（g）}}{\text{試料採取量（g）}}\times 100$$

（4）　塩化物及び硫酸塩　塩化物は、次の方法で試験を行い、硫酸塩は硫酸塩試験法により試験を行うとき、それぞれの限度の合計は、3.0% 以下である（注1）。

本品約 2 g を精密に量り、水 200 mL を正確に加えて溶かし、これに活性炭 10 g を加えて1分間よく振り混ぜた後、ろ過する。このろ液 50 mL を正確に量り、水浴上で加熱して乾固した後、白煙がなくなるまで加熱する。この残留物を水約 50 mL を用いて 250 mL の共栓フラスコに移し、薄めた硝酸（38 → 100）2 mL を加え、0.1 mol/L 硝酸銀液 10 mL を正確に加え、ニトロベンゼン 5 mL を加える。塩化銀が析出するまで振り混ぜ、硫酸アンモニウム鉄(III)試液 1 mL を加え過剰の硝酸銀を 0.1 mol/L チオシアン酸アンモニウム液で滴定する。同様の方法で空試験を行い、次式により塩化物の量を求める。ただし、塩化物の量が多いときは、加える 0.1 mol/L 硝酸銀液を増量する。

$$\text{塩化物の量（\%）}=\frac{(a_0-a)\times 0.00584}{\text{試料採取量（g）}}\times\frac{200}{50}\times 100$$

a ：0.1 mol/L チオシアン酸アンモニウム液の消費量（mL）

a_0：空試験における 0.1 mol/L チオシアン酸アンモニウム液の消費量（mL）

（5）　ヒ素　ヒ素試験法により試験を行うとき、その限度は、2 ppm 以下である。

（6）　亜鉛　本品を原子吸光光度法の前処理法（1）により処理し、試料溶液調製法（1）により調製したものを試料溶液とし、亜鉛標準原液（原子吸光光度法用）2 mL を正確に量り、薄めた塩酸（1 → 4）を加えて 10 mL とし、この液 1 mL を正確に量り、原子吸光光度法の前処理法（1）により処理し、試料溶液調製法（1）により調製したものを比較液として原子吸光光度法により比較試験を行うとき、その限度は、200 ppm 以下である（注2）。

（7）　重金属　重金属試験法により試験を行うとき、その限度は、20 ppm 以下である。

乾燥減量　5.0% 以下（1 g、80℃、6時間）

定 量 法　本品約 0.02 g を精密に量り、酢酸アンモニウム試液を加えて溶かし、正確に 200 mL とする。この液 2 mL を正確に量り、酢酸アンモニウム試液を加えて正確に 100 mL とし、これを試料溶液として、吸光度測定法により試験を行う。この場合において、吸収極大波長における吸光度の測定は 554 nm 付近について行うこととし、吸光係数は0.244とする（注3）。

赤色213号

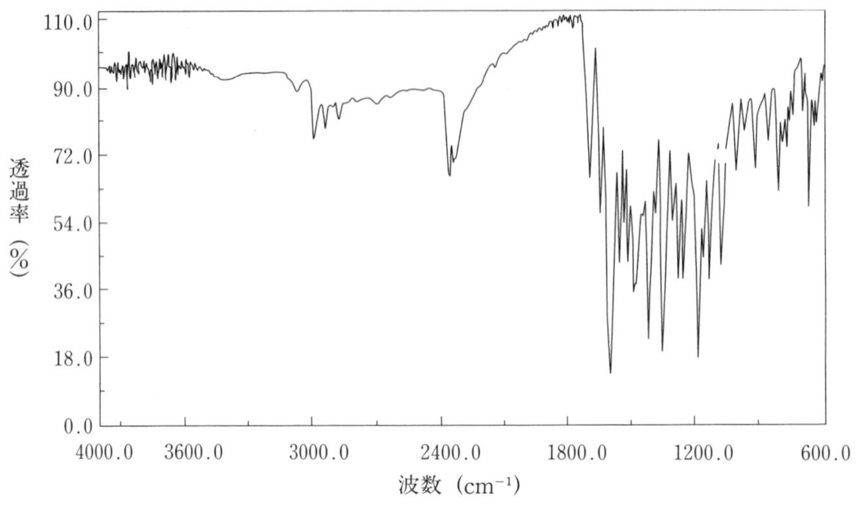

〔注〕

（注1）　旧省令では 2％ 以下と規定していた。

（注2）　製造工程で縮合剤として塩化亜鉛を使用しているため、新たに亜鉛の項目を設定した。

（注3）　新たに測定溶媒及び測定波長を設定した。

【解　説】

名　称　（別名）ローダミンB、（英名）Rhodamine B、（化学名）N,N-ジエチル-9-(2-カルボキシフェニル)-6-(ジエチルアミノ)-3H-キサンテン-3-イミニウム＝クロリド、（既存化学物質No.）5-1973、（CI No.）45170、Basic Violet 10、（CAS No.）81-88-9。

来　歴　1887年にCérésoleにより発見され、日本では昭和31年7月30日に赤色213号として許可され現在に至る。米国では、D&C Red No.19として使用されてきた。1986年10月6日に口に入る化粧品を除く外用化粧品用として永久許可されたが、1988年7月15日に使用が禁止された。

製　法　無水フタル酸と *m*-ジエチルアミノフェノールとを縮合して得たロイコ体を塩酸で加熱処理して製する。

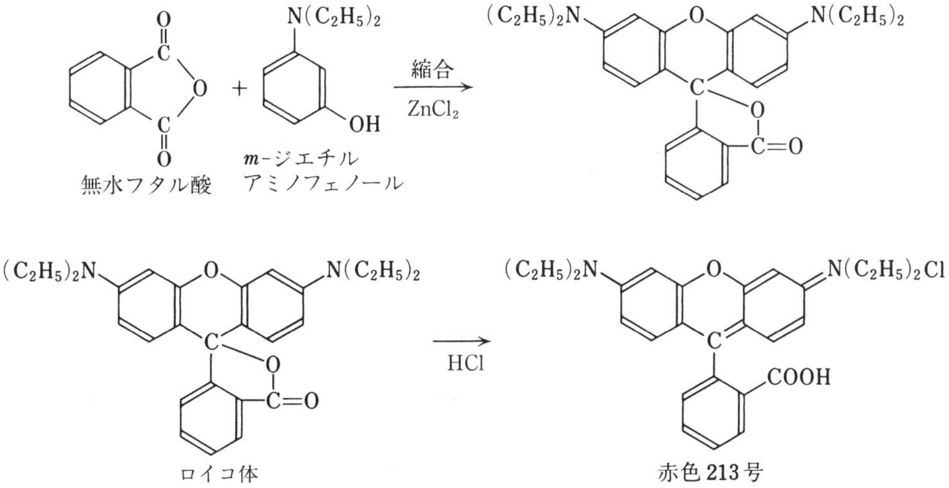

無水フタル酸 + m-ジエチルアミノフェノール $\xrightarrow[ZnCl_2]{縮合}$ ロイコ体 $\xrightarrow{HCl}$ 赤色213号

性　状　水によく溶け、蛍光を有する。エタノール、グリセリンによく溶ける。油脂には溶けない。塩酸を加えても変わらない。水酸化ナトリウム溶液（1 → 10）を加えて加熱すると、赤色の沈殿を生じる。硫酸を加えると黄褐色に溶け、強い蛍光を有し、水で希釈すると深紅色となり、さらに希釈すると帯青赤色となる。水溶液の色は光に対して安定である。

用　途　口腔以外のすべての化粧品に使用でき、化粧品全般について繁用される。

10．赤色214号

ローダミンＢアセテート
Rhodamine B Acetate

C.I. 45170

Solvent Red 49

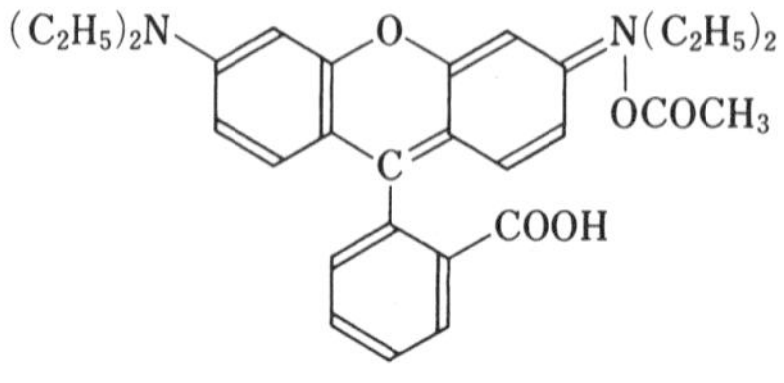

$C_{30}H_{34}N_2O_5$：502.60

本品は、定量するとき、N,N-ジエチル-9-(2-カルボキシフェニル)-6-(ジエチルアミノ)-3H-キサンテン-3-イミニウム＝アセタート（$C_{30}H_{34}N_2O_5$：502.60）として 92.0% 以上 101.0% 以下を含む。

性　　状　本品は、帯青赤色から赤褐色までの色の粒又は粉末である。

確認試験　（１）　本品のメタノール溶液(１ → 1000)は、帯青赤色を呈し、蛍光を発する。

（２）　本品 0.02 g にメタノール 200 mL を加えて溶かし、この液 2 mL を量り、メタノールを加えて 100 mL とした液は、吸光度測定法により試験を行うとき、波長 543 nm 以上 547 nm 以下に吸収の極大を有する。

（３）　本品を乾燥し、赤外吸収スペクトル測定法により試験を行うとき、本品のスペクトルは、次に掲げる本品の参照スペクトルと同一の波数に同一の強度の吸収を有する。
(次頁参照)

純度試験　（１）　溶状　本品 0.01 g にメタノール 100 mL を加えて溶かすとき、この液は、澄明である。

（２）　不溶物　不溶物試験法第１法により試験を行うとき、その限度は、1.0% 以下である。

（３）　可溶物　可溶物試験法第３法の(ａ)及び(ｂ)により試験を行うとき、その限度は、0.5%以下である。

（４）　塩化物及び硫酸塩　塩化物試験法及び硫酸塩試験法により試験を行うとき、それぞれの限度の合計は、5.0% 以下である。

（５）　ヒ素　ヒ素試験法により試験を行うとき、その限度は、 2 ppm 以下である。

（６）　亜鉛　本品を原子吸光光度法の前処理法(１)により処理し、試料溶液調製法(１)により調製したものを試料溶液とし、亜鉛標準原液(原子吸光光度法用) 2 mL を正確に量り、薄めた塩酸（1 → 4）を加えて 10 mL とし、この液 1 mL を正確に量り、原子吸光光度法の前処理法（1）により処理し、試料溶液調製法（1）により調製したものを比較液として原子吸光光度法により比較試験を行うとき、その限度は、200 ppm 以下である（注1）。

（7） 重金属　重金属試験法により試験を行うとき、その限度は、20 ppm 以下である。

乾燥減量　5.0％ 以下（1 g、80℃、6時間）

定 量 法　本品約 0.02 g を精密に量り、メタノールを加えて溶かし、正確に 200 mL とする。この液 2 mL を正確に量り、メタノールを加えて正確に 100 mL とし、これを試料溶液として、吸光度測定法により試験を行う。この場合において、吸収極大波長における吸光度の測定は 545 nm 付近について行うこととし、吸光係数は0.247とする（注2）。

赤色214号

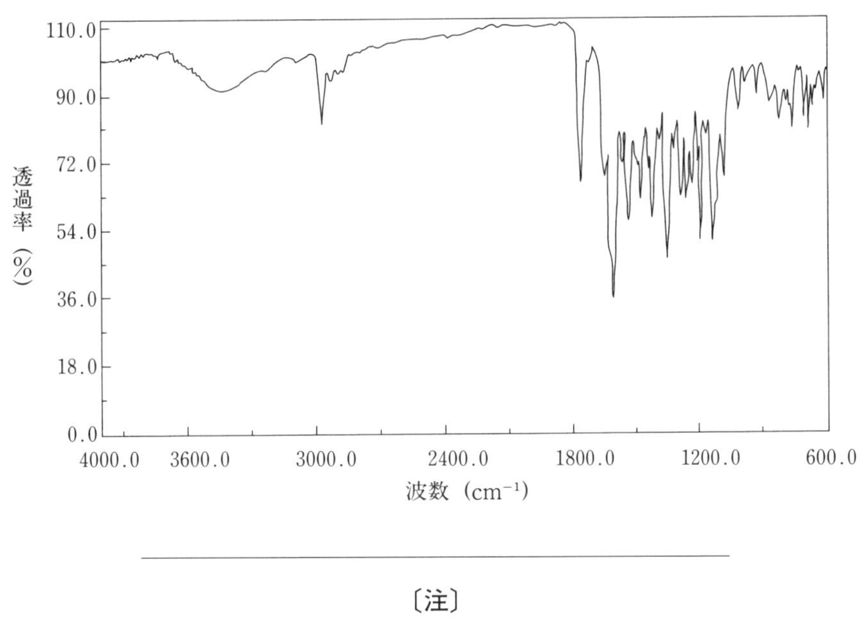

〔注〕

（注1） 製造工程で縮合剤として塩化亜鉛を使用しているため、新たに亜鉛の項目を設定した。

（注2） 旧省令では試験方法として三塩化チタン法を採用していた。

【解　説】

名　称　（別名）ローダミンＢアセテート、（英名）Rhodamine B Acetate、（化学名）N, N-ジエチル-9-(2-カルボキシフェニル)-6-(ジエチルアミノ)-3H-キサンテン-3-イミニウム＝アセタート、（既存化学物質 No.）5-1973、（CI No.）45170、Solvent Red 49。

来　歴　1887年に Cérésole により発見され、日本では昭和31年7月30日に赤色214号として許可され現在に至る。米国では、D&C Red No. 20として使用されてきたが、1959年10月 6 日に使用が禁止された。

製　法 無水フタル酸と *m*-ジフェニルアミノフェノールとを縮合して得たロイコ体を酢酸と加熱処理して製する。

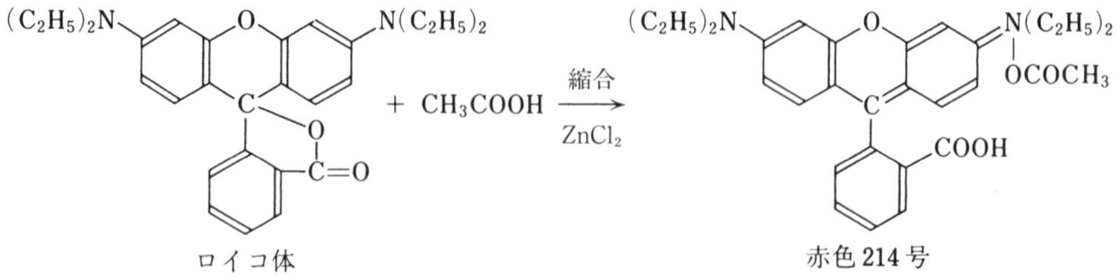

$$\text{ロイコ体} + CH_3COOH \xrightarrow[ZnCl_2]{\text{縮合}} \text{赤色214号}$$

ロイコ体　　赤色 214 号

性　状 水によく溶け、蛍光を有する。エタノール、グリセリンによく溶ける。油脂には溶けない。塩酸を加えても変わらない。水酸化ナトリウム溶液（1 → 10）を加えて加熱すると、赤色の沈殿物を生じる。硫酸を加えると黄褐色に溶け、強い蛍光を有し、水で希釈すると深紅色となり、さらに希釈すると帯青赤色となる。水溶液の色は光に対して安定である。

用　途 口腔以外のすべての化粧品に使用できる。

11．赤色215号

ローダミンＢステアレート
Rhodamine B Stearate

C.I. 45170

Solvent Red 49

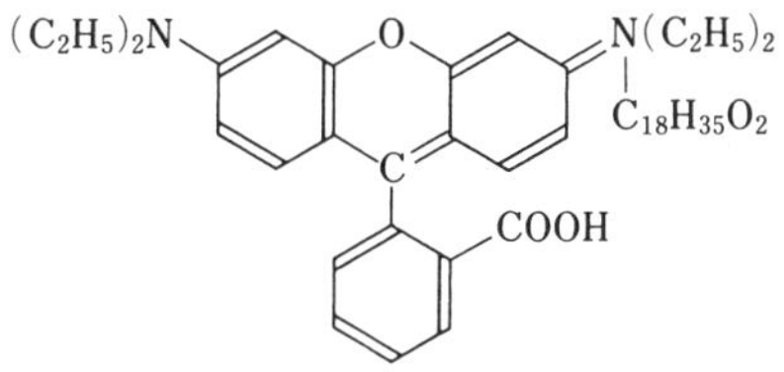

$(C_2H_5)_2N$ … O … $N(C_2H_5)_2$ / $C_{18}H_{35}O_2$ … C … COOH

$C_{46}H_{66}N_2O_5$：727.03

本品は、定量するとき、N,N-ジエチル-9-(2-カルボキシフェニル)-6-(ジエチルアミノ)-3H-キサンテン-3-イミニウム＝ステアラート（$C_{46}H_{66}N_2O_5$：727.03）として90.0％ 以上 101.0％ 以下を含む（注１）。

性　　状　本品は、帯青赤色の塊又は粉末である。

確認試験　（１）　本品 0.1 g に水 100 mL を加えるときは、ほとんど溶けない。

（２）　本品のメタノール溶液（１ → 1000）は、帯青赤色を呈し、蛍光を発する。

（３）　本品 0.02 g にメタノール 200 mL を加えて溶かし、この液 3 mL を量り、メタノールを加えて 100 mL とした液は、吸光度測定法により試験を行うとき、波長 543 nm 以上 547 nm 以下に吸収の極大を有する。

（４）　本品を乾燥し、赤外吸収スペクトル測定法により試験を行うとき、本品のスペクトルは、次に掲げる本品の参照スペクトルと同一の波数に同一の強度の吸収を有する。(次頁参照)

純度試験　（１）　溶状　本品 0.01 g にメタノール 100 mL を加えて溶かすとき、この液は、澄明である。

（２）　不溶物　不溶物試験法第２法により試験を行うとき、その限度は、0.5％ 以下である。この場合において、溶媒は、イソプロピルエーテルを用いる。

（３）　塩化物及び硫酸塩　塩化物試験法及び硫酸塩試験法により試験を行うとき、それぞれの限度の合計は、5.0％ 以下である。

（４）　ヒ素　ヒ素試験法により試験を行うとき、その限度は、２ ppm 以下である。

（５）　亜鉛　本品を原子吸光光度法の前処理法(１)により処理し、試料溶液調製法(１)により調製したものを試料溶液とし、亜鉛標準原液(原子吸光光度法用) 2 mL を正確に量り、薄めた塩酸（１ → ４）を加えて 10 mL とし、この液 1 mL を正確に量り、原子吸光光度法の前処理法(１)により処理し、試料溶液調製法(１)により調製したものを比較液として原子吸光光度法により比較試験を行うとき、その限度は、200 ppm 以下である（注２）。

（６） 重金属　重金属試験法により試験を行うとき、その限度は、20 ppm 以下である。

乾燥減量　5.0％ 以下（１ g、80℃、６時間）（注３）

定 量 法　本品約 0.02 g を精密に量り、メタノールを加えて溶かし、正確に 200 mL とする。この液 3 mL を正確に量り、メタノールを加えて正確に 100 mL とし、これを試料溶液として、吸光度測定法により試験を行う。この場合において、吸収極大波長における吸光度の測定は 545 nm 付近について行うこととし、吸光係数は0.163とする。

赤色215号

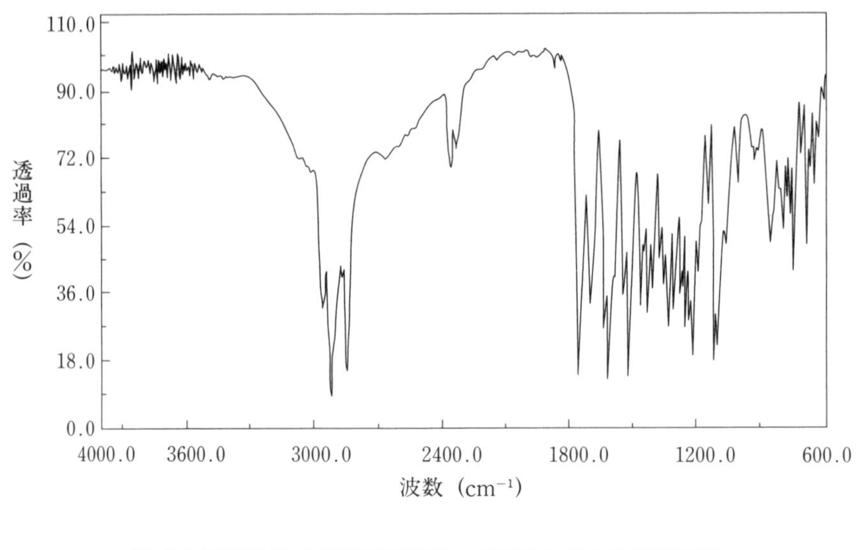

〔注〕

（注１）　本品はステアリン酸エステルとして規定しているが、旧省令では構成する色素量だけを量り 45.0％ 以上と規定していた。

（注２）　製造工程で縮合剤として塩化亜鉛を使用するため、新たに亜鉛の項目を設定した。

（注３）　105℃ で行った場合、本品が融解するため、80℃ とした。

【解　説】

名　称　（別名）ローダミンＢステアレート、（英名）Rhodamine B Stearate、（化学名）N,N-ジエチル-9-(2-カルボキシフェニル)-6-(ジエチルアミノ)-3H-キサンテン-3-イミニウム＝ステアラート、（既存化学物質 No.）5-3090、（CI No.）45170、Solvent Red 49、（CAS No.）6373-07-5。

（来　歴）1887年にCérésoleにより発見され、日本では昭和31年7月30日に赤色215号として許可され現在に至る。米国では、D&C Red No. 37として使用されてきたが、1986年6月6日に使用が禁止された。

（製　法）無水フタル酸と*m*-ジフェニルアミノフェノールとを縮合して得たロイコ体をステアリン酸と加熱融合して製する。

$$\text{ロイコ体} + C_{18}H_{36}O_2 \xrightarrow[ZnCl_2]{\text{縮合}} \text{赤色215号}$$

ロイコ体　　赤色215号

（性　状）水にわずかに溶ける。エタノール、油脂に溶けるが、鉱物油には溶けない。水酸化ナトリウム溶液（1 → 10）を加えると赤色の沈殿を生じる。硫酸を加えると黄褐色に溶け、強い蛍光を有し、水で希釈すると深紅色となり、さらに希釈すると帯青赤色となる。エタノール溶液の色は光に対してやや安定である。

（用　途）口腔以外のすべての化粧品に使用できるが、整髪料・シャンプー・リンス・マニキュアに繁用される。

12．赤色218号

テトラクロロテトラブロモフルオレセイン

Tetrachlorotetrabromofluorescein

C.I. 45410：1

Solvent Red 48

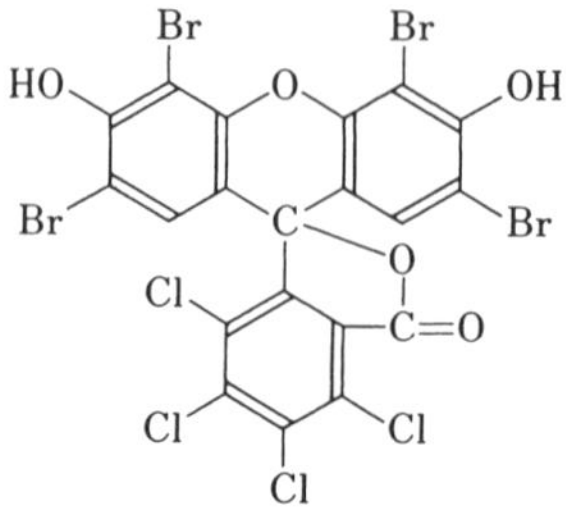

$C_{20}H_4Br_4Cl_4O_5$：785.67

本品は、定量するとき、2',4',5',7'-テトラブロモ-4,5,6,7-テトラクロロ-3',6'-ジヒドロキシスピロ[イソベンゾフラン-1(3H),9'-[9H]キサンテン]-3-オン（$C_{20}H_4Br_4Cl_4O_5$：785.67）として 90.0% 以上 101.0% 以下を含む。

性　　状　本品は、薄い帯赤白色の粒又は粉末である。

確認試験　(1)　本品のエタノール (95) 溶液（1 → 1000）は、帯青赤色を呈し、黄色の蛍光を発する。

(2)　本品 0.02 g に水酸化ナトリウム試液（希）50 mL を加えて溶かし、酢酸アンモニウム試液を加えて 200 mL とする。この液 5 mL を量り、酢酸アンモニウム試液を加えて 100 mL とした液は、吸光度測定法により試験を行うとき、波長 536 nm 以上 540 nm 以下に吸収の極大を有する。

(3)　本品のエタノール (95) 溶液（1 → 1000）2 μL を試料溶液とし、赤色218号標準品のエタノール (95) 溶液（1 → 1000）2 μL を標準溶液とし、酢酸エチル/メタノール/アンモニア水 (28) 混液（5：2：1）を展開溶媒として薄層クロマトグラフ法第1法により試験を行うとき、当該試料溶液から得た主たるスポットは、帯青赤色を呈し、当該標準溶液から得た主たるスポットと等しい Rf 値を示す。

純度試験　(1)　溶状　本品 0.01 g にエタノール (95) 100 mL を加えて溶かすとき、この液は、澄明である。

(2)　不溶物　不溶物試験法第1法により試験を行うとき、その限度は、1.0% 以下である。この場合において、熱湯に代えて水酸化ナトリウム溶液（1 → 100）又は薄めたアンモニア水 (28)（1 → 15）を用いる（注1）。

(3)　可溶物　可溶物試験法第4法により試験を行うとき、その限度は、0.5% 以下である（注2）。

（4） 塩化物及び硫酸塩　塩化物試験法及び硫酸塩試験法により試験を行うとき、それぞれの限度の合計は、5.0％ 以下である（注3）。

（5） ヒ素　ヒ素試験法により試験を行うとき、その限度は、2 ppm 以下である（注4）。

（6） 亜鉛　本品を原子吸光光度法の前処理法（1）により処理し、試料溶液調製法（1）により調製したものを試料溶液とし、亜鉛標準原液（原子吸光光度法用）2 mL を正確に量り、薄めた塩酸（1 → 4）を加えて 10 mL とし、この液 1 mL を正確に量り、原子吸光光度法の前処理法（1）により処理し、試料溶液調製法（1）により調製したものを比較液として原子吸光光度法により比較試験を行うとき、その限度は、200 ppm 以下である（注5）。

（7） 重金属　重金属試験法により試験を行うとき、その限度は、20 ppm 以下である。

乾燥減量　5.0％ 以下（1 g、105℃、6時間）

定 量 法　本品約 0.02 g を精密に量り、水酸化ナトリウム試液（希）50 mL を加えて溶かし、酢酸アンモニウム試液を加えて正確に 200 mL とする。この液 5 mL を正確に量り、酢酸アンモニウム試液を加えて正確に 100 mL とし、これを試料溶液として、吸光度測定法により試験を行う。この場合において、吸収極大波長における吸光度の測定は 538 nm 付近について行うこととし、吸光係数は0.138とする（注6）。

〔注〕

（注1） CFR ではアルカリ溶液に対する不溶物として 0.5％ 以下と規定している。

（注2） CFR では可溶物の規定はないが、当該色素以外の特定の有機化合物等の限度を規定している。

（注3） CFR では乾燥減量を加えた値として 10％ 以下と規定している。

（注4） CFR では As として 3 ppm 以下と規定している。

（注5） 製造工程で縮合剤として塩化亜鉛を使用するため、新たに亜鉛の項目を設定した。

（注6） 旧省令では試験方法として重量法を採用していた。

【解　説】

名　称　（別名）テトラクロロテトラブロモフルオレセイン、（英名）Tetorachlorotetorabromofluorescein、（化学名）2',4',5',7'-テトラブロモ-4,5,6,7-テトラクロロ-3',6'-ジヒドロキシスピロ［イソベンゾフラン-1(3H),9'-［9H］キサンテン］-3-オン、（FDA 名）D&C Red No. 27、（既存化学物質 No.）5-5063、（CI No.）45410：1、Solvent Red 48、（CAS No.）13473-26-2。

来　歴　1882年に Gnehm により発見され、日本では昭和31年7月30日に赤色218号として許可され現在に至る。米国では、D&C Red No. 27として使用されてきたが、1982年10月29日に永久許可された。

（製　法）レゾルシン（1,3-ベンゼンジオール）とテトラクロル無水フタル酸を縮合剤として塩化亜鉛を用い 200℃ に加熱して縮合し、テトラクロルフルオレセインを製し、次にこれを臭素化して製する。

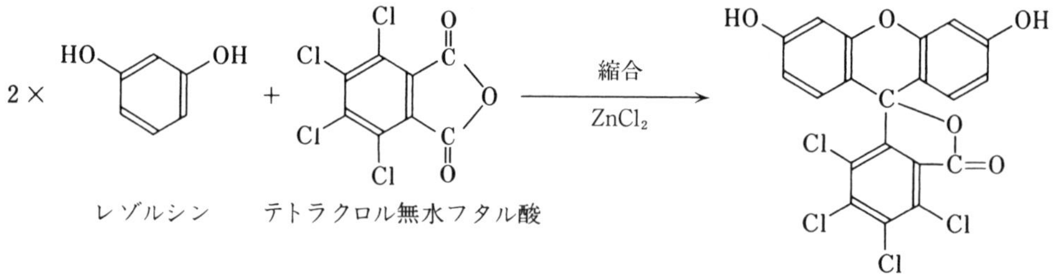

2 × レゾルシン ＋ テトラクロル無水フタル酸 —縮合 $ZnCl_2$→ テトラクロルフルオレセイン

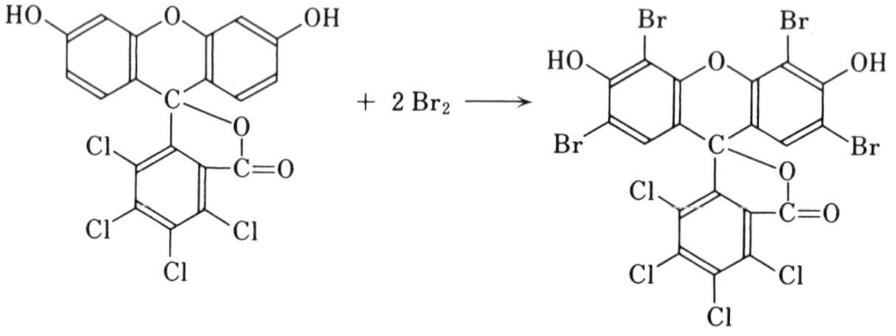

テトラクロルフルオレセイン ＋ $2\,Br_2$ ⟶ 赤色 218 号

（性　状）水、塩酸（希）には溶けない。エタノールにはやや溶ける。水酸化ナトリウム溶液（1 → 10）に溶け、赤色104号と同じ性状を示し、液はやや赤みを帯び蛍光は変わらない。油脂には溶けない。硫酸に対しては赤色104号と同じで黄褐色に溶け、水で希釈すると淡赤色の沈殿を生じ蛍光は呈さない。光に対しては、エタノール溶液は変化しないが、水溶液は光に弱い。

（用　途）すべての化粧品に使用できるが、口紅に繁用される。

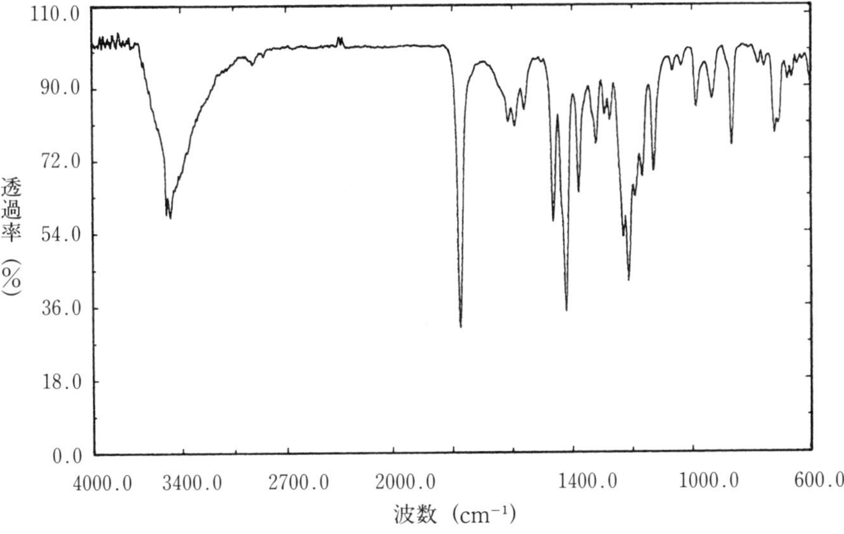

赤色218号の赤外吸収スペクトル

13．赤色219号

ブリリアントレーキレッドR

Brilliant Lake Red R

C.I. 15800：1

Pigment Red 64

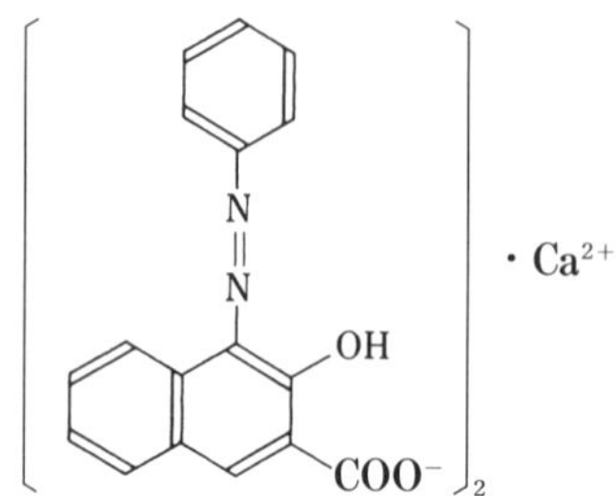

$C_{34}H_{22}CaN_4O_6$：622.64

本品は、定量するとき、3-ヒドロキシ-4-フェニルアゾ-2-ナフトエ酸のカルシウム塩（$C_{34}H_{22}CaN_4O_6$：622.64）として 90.0％ 以上 101.0％ 以下を含む。

性　状　本品は、赤色の粉末である。

確認試験　(1)　本品 0.02 g にジメチルスルホキシド/エタノール (99.5) 混液（1：1）100 mL を加え、必要に応じて加温して溶かすとき、この液は、黄赤色を呈する。

(2)　本品 0.02 g にジメチルスルホキシド/エタノール (99.5) 混液（1：1）200 mL を加え、必要に応じて加温して溶かす。常温になるまで冷却後、この液 10 mL を量り、ジメチルスルホキシド/エタノール (99.5) 混液（1：1）を加えて 100 mL とした液は、吸光度測定法により試験を行うとき、波長 407 nm 以上 411 nm 以下に吸収の極大を有する。

(3)　本品 0.02 g にジメチルスルホキシド/エタノール (99.5) 混液（1：1）100 mL を加え、必要に応じて加温して溶かした液 3 μL を試料溶液とし、フラビアン酸標準溶液 2 μL を標準溶液とし、1-ブタノール/エタノール (95)/アンモニア試液（希）混液（6：2：3）を展開溶媒として薄層クロマトグラフ法第2法により試験を行うとき、当該試料溶液から得た主たるスポットは、黄赤色を呈し、当該標準溶液から得た主たるスポットに対する Rs 値は、約1.6である（注1）。

純度試験　(1)　溶状　本品 0.02 g にジメチルスルホキシド/エタノール (99.5) 混液（1：1）100 mL を加え、必要に応じて加温して溶かすとき、この液は、澄明である。

(2)　可溶物　可溶物試験法第1法により試験を行うとき、その限度は、1.0％ 以下である（注2）。

(3)　塩化物及び硫酸塩　塩化物試験法及び硫酸塩試験法により試験を行うとき、それぞれの限度の合計は、5.0％ 以下である（注3）。

（4） ヒ素　ヒ素試験法により試験を行うとき、その限度は、2 ppm以下である（注4）。

（5） 重金属　重金属試験法により試験を行うとき、その限度は、20 ppm以下である。

乾燥減量　5.0% 以下（1 g、105℃、6時間）

定 量 法　本品約 0.02 gを精密に量り、ジメチルスルホキシド/エタノール (99.5) 混液（1：1）150 mLを加え、必要に応じて加温して溶かし、常温になるまで冷却後、ジメチルスルホキシド/エタノール (99.5) 混液（1：1）を加えて正確に 200 mLとする。この液 10 mLを正確に量り、ジメチルスルホキシド/エタノール (99.5) 混液（1：1）を加えて正確に 100 mLとし、これを試料溶液として、吸光度測定法により試験を行う。この場合において、吸収極大波長における吸光度の測定は 409 nm付近について行うこととし、吸光係数は0.0336とする（注5）。

〔注〕

（注1） 本品については薄層クロマトグラフ用標準品が設定されていないため、フラビアン酸を比較標準品とした。なお、フラビアン酸のスポットの色調は黄色である。

（注2） CFRでは可溶物の規定はないが、当該色素以外の特定の有機化合物等の限度を規定している。

（注3） CFRでは乾燥減量を加えた値として 10% 以下と規定している。

（注4） CFRではAsとして 3 ppm以下と規定している。

（注5） 旧省令では試験方法として三塩化チタン法を採用していた。

【解　説】

名　称　（別名）ブリリアントレーキレッドR、（英名）Brilliant Lake Red R、（化学名）3-ヒドロキシ-4-フェニルアゾ-2-ナフトエ酸のカルシウム塩、（FDA名）D&C Red No. 31、（既存化学物質No.）5-3250、（CI No.）15800:1、Pigment Red 64、（CAS No.）6371-76-2。

来　歴　1893年にS. Von Kostanecki and Kernbaumにより発見され、日本では昭和31年7月30日に赤色219号として許可され現在に至る。米国では、D&C Red No. 31として使用されてきたが、1976年12月27日に永久許可された。

製　法　アニリンを亜硝酸ナトリウムと塩酸でジアゾ化し、BON酸（3-ヒドロキシ-2-ナフトエ酸）とアルカリ性でカップリングさせた後、色素をろ取し、水洗後、水に分散し、塩化カルシウム液を加えてカルシウム塩として製する。

性　状　水に溶けない。エタノールにわずかに溶ける。エタノール（酸性希）にも加熱すると溶ける。塩酸及び水酸化ナトリウム溶液（1 → 10）にわずかに溶ける。水酸化カリウム・エタノール試液*に溶けて暗赤色となる。硫酸を加えると暗赤色に溶け、水で希釈すると赤色綿状の沈殿を生じる。油脂には溶けない。光に対して色は安定である。

*水酸化カリウム・エタノール試液

水酸化カリウム 10 g をエタノール（95）に溶かし、100 mL とする。用時製する。

用　途　整髪料・シャンプー・リンス・マニキュアに使用される。なお、平成12年 9 月29日付け厚生省告示第331号により赤色219号については、毛髪及び爪のみに使用される化粧品に限り、配合することができる。

14. 赤色220号

ディープマルーン

Deep Maroon

C.I. 15880：1

Pigment Red 63 (Ca)

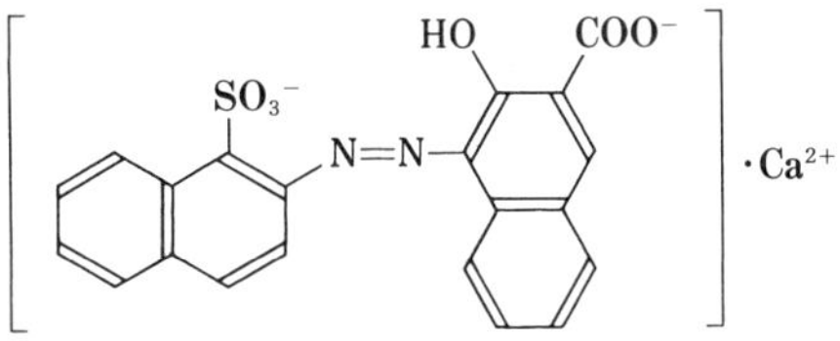

$C_{21}H_{12}CaN_2O_6S$：460.47

本品は、定量するとき、4-(1-スルホ-2-ナフチルアゾ)-3-ヒドロキシ-2-ナフトエ酸のカルシウム塩（$C_{21}H_{12}CaN_2O_6S$：460.47）として 85.0% 以上 101.0% 以下を含む。

性　　状　本品は、帯青暗赤色の粉末である。

確認試験　(1)　本品 0.1 g にエタノール（酸性希）100 mL を加え、必要に応じて加温して溶かすとき、この液は、赤色を呈する。

(2)　本品 0.05 g にエタノール(酸性希) 200 mL を加え、必要に応じて加温して溶かす。常温になるまで冷却後、この液 4 mL を量り、エタノール(酸性希)を加えて 100 mL とした液は、吸光度測定法により試験を行うとき、波長 524 nm 以上 530 nm 以下に吸収の極大を有する。

(3)　本品 0.1 g にエタノール（酸性希）100 mL を加え、必要に応じて加温して溶かした液 2 μL を試料溶液とし、フラビアン酸標準溶液 2 μL を標準溶液とし、1-ブタノール/アセトン/水混液（3：1：1）を展開溶媒として薄層クロマトグラフ法第2法により試験を行うとき、当該試料溶液から得た主たるスポットは、赤色を呈し、当該標準溶液から得た主たるスポットに対する Rs 値は、約1.1である（注1）。

(4)　本品を乾燥し、赤外吸収スペクトル測定法により試験を行うとき、本品のスペクトルは、次に掲げる本品の参照スペクトルと同一の波数に同一の強度の吸収を有する。

(次頁参照)

(5)　炎色反応試験法により試験を行うとき、炎は、黄赤色を呈する。

純度試験　(1)　溶状　本品 0.01 g にエタノール(酸性希) 100 mL を加え、必要に応じて加温して溶かすとき、この液は、澄明である。

(2)　可溶物　可溶物試験法第1法により試験を行うとき、その限度は、0.5% 以下である（注2）。

（3）　塩化物及び硫酸塩　塩化物試験法及び硫酸塩試験法により試験を行うとき、それぞれの限度の合計は、10.0％ 以下である（注3）。

（4）　ヒ素　ヒ素試験法により試験を行うとき、その限度は、2 ppm 以下である（注4）。

（5）　重金属　重金属試験法により試験を行うとき、その限度は、20 ppm 以下である。

乾燥減量　8.0％ 以下（1 g、105℃、6時間）（注5）

定 量 法　本品約 0.05 g を精密に量り、エタノール(酸性希) 150 mL を加え、必要に応じて加温して溶かし、常温になるまで冷却後、エタノール(酸性希)を加えて正確に 200 mL とする。この液 4 mL を正確に量り、エタノール(酸性希)を加えて正確に 100 mL とし、これを試料溶液として、吸光度測定法により試験を行う。この場合において、吸収極大波長における吸光度の測定は 527 nm 付近について行うこととし、吸光係数は 0.0641とする（注6）。

赤色220号

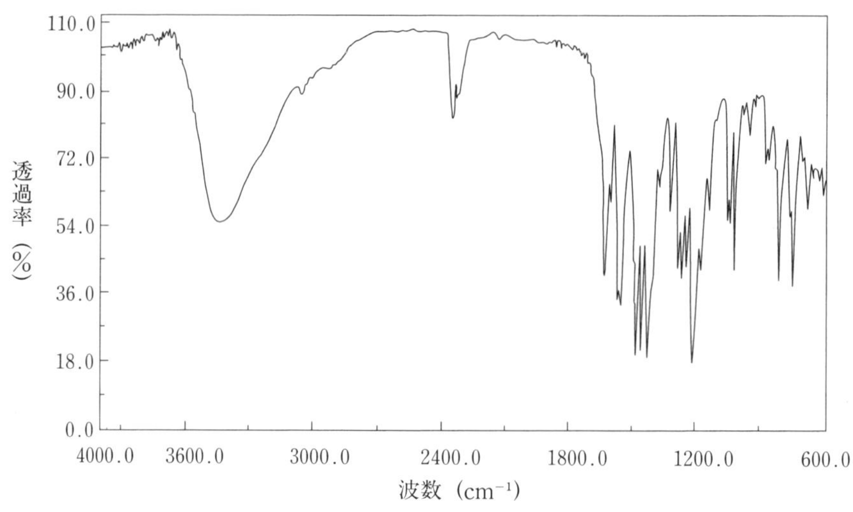

〔注〕

（注1）　本品については薄層クロマトグラフ用標準品が設定されていないため、フラビアン酸を比較標準品とした。なお、フラビアン酸のスポットの色調は黄色である。

（注2）　CFR では可溶物の規定はないが、当該色素以外の特定の有機化合物等の限度を規定している。

（注3）　CFR では乾燥減量を加えた値として 15％ 以下と規定している。

（注4）　CFR では As として 3 ppm 以下と規定している。

（注5）　旧省令では 135℃ にて 5％ 以下と規定していた。

（注6）　旧省令では試験方法として三塩化チタン法を採用していた。

【解　説】

名　称　（別名）ディープマルーン、（英名）Deep Maroon、（化学名）4-(1-スルホ-2-ナフチルアゾ)-3-ヒドロキシ-2-ナフトエ酸のカルシウム塩、（FDA 名）D&C Red No. 34、（既存化学物質 No.）5-3249、（CI No.）15880:1、Pigment Red 63 (Ca)、（CAS No.）6417-83-0。

来　歴　1907年に O. Ernst and G. Gulbransson により発見され、日本では昭和31年7月30日に赤色220号として許可され現在に至る。米国では、D&C Red No. 34として1976年12月27日に永久許可された。

製　法　トビアス酸（2-アミノ-1-ナフタレンスルホン酸）を亜硫酸ナトリウムと塩酸でジアゾ化し、BON 酸（3-ヒドロキシ-2-ナフトエ酸）とアルカリ性でカップリングさせた後ろ取し、水に分散し、塩化カルシウム液を加えてカルシウム塩として製する。

性　状　水、エタノールには溶けない。エタノール（酸性希）には加熱すると溶ける。酢酸（100）には鮮赤色に溶ける。油脂には溶けない。硫酸を加えると深赤紫色に溶け、水で希釈すると赤色の沈殿を生じる。光に対して色は安定である。

用　途　口腔用以外のすべての化粧品に使用できるが、口紅・アイシャドウ・マニキュアに繁用される。

15．赤色221号

トルイジンレッド

Toluidine Red

C.I. 12120

Pigment Red 3

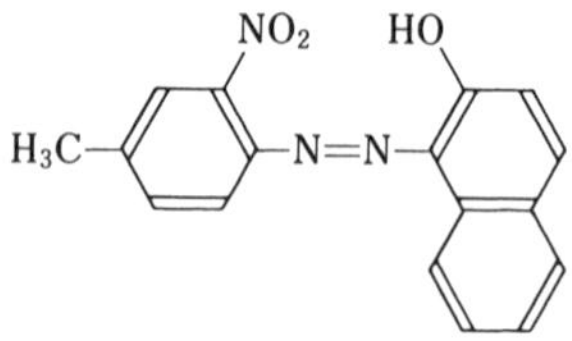

$C_{17}H_{13}N_3O_3$：307.30

本品は、定量するとき、1-(2-ニトロ-*p*-トリルアゾ)-2-ナフトール（$C_{17}H_{13}N_3O_3$：307.30）として 95.0% 以上 101.0% 以下を含む。

性　　状　本品は、帯黄赤色の粉末である。

確認試験　（1）　本品 0.1 g にクロロホルム 100 mL を加え、必要に応じて約 50℃ で加温して溶かすとき、この液は、帯黄赤色を呈する。

（2）　本品 0.02 g にクロロホルム 200 mL を加え、必要に応じて約 50℃ で加温して溶かす。常温になるまで冷却後、この液 10 mL を量り、クロロホルムを加えて 100 mL とした液は、吸光度測定法により試験を行うとき、波長 511 nm 以上 515 nm 以下に吸収の極大を有する。

（3）　本品 0.1 g にクロロホルム 100 mL を加え、必要に応じて約 50℃ で加温して溶かした液 2 μL を試料溶液とし、赤色221号標準品 0.1 g にクロロホルム 100 mL を加え、必要に応じて約 50℃ で加温して溶かした液 2 μL を標準溶液とし、クロロホルム/1-ブタノール混液（16：1）を展開溶媒として薄層クロマトグラフ法第 1 法により試験を行うとき、当該試料溶液から得た主たるスポットは、帯黄赤色を呈し、当該標準溶液から得た主たるスポットと等しい Rf 値を示す。

融　　点　272℃ 以上

純度試験　（1）　溶状　本品 0.01 g にクロロホルム 100 mL を加え、必要に応じて約 50℃ で加温して溶かすとき、この液は、澄明である。

（2）　可溶物　可溶物試験法第 1 法により試験を行うとき、その限度は、1.0% 以下である。

（3）　ヒ素　ヒ素試験法により試験を行うとき、その限度は、2 ppm 以下である。

（4）　重金属　重金属試験法により試験を行うとき、その限度は、20 ppm 以下である。

乾燥減量 2.0% 以下（1 g、105℃、6時間）

強熱残分 1.5% 以下（1 g）

定 量 法 本品約 0.02 g を精密に量り、クロロホルム 150 mL を加え、必要に応じて約 50℃ で加温して溶かし、常温になるまで冷却後、クロロホルムを加えて正確に 200 mL とする。この液 10 mL を正確に量り、クロロホルムを加えて正確に 100 mL とし、これを試料溶液として、吸光度測定法により試験を行う。この場合において、吸収極大波長における吸光度の測定は、513 nm 付近について行うこととし、吸光係数は0.0784とする（注1）。

〔注〕

（注1） 新たに測定溶媒及び測定波長を設定した。

【解 説】

名 称 (別名) トルイジンレッド、(英名) Toluidine Red、(化学名) 1-(2-ニトロ-*p*-トリルアゾ)-2-ナフトール、(既存化学物質 No.) 5-3209、(CI No.) 12120、Pigment Red 3、(CAS No.) 2425-85-6。

来 歴 日本では昭和31年7月30日に赤色221号として許可され現在に至る。米国では、D&C Red No. 35として使用されていたが、1963年1月12日に使用が禁止された。

製 法 3-ニトロ-*p*-トルイジンを亜硝酸ナトリウムと塩酸でジアゾ化し、2-ナフトールとメタノール溶液中でアルカリ性でカップリングして製する。

$$H_3C\text{-}C_6H_3(NO_2)\text{-}NH_2 \xrightarrow[NaNO_2,\ HCl]{\text{ジアゾ化}} H_3C\text{-}C_6H_3(NO_2)\text{-}N{=}NCl + \text{2-ナフトール (OH)} \xrightarrow{NaOH} \text{赤色221号}$$

3-ニトロ-*p*-トルイジン　　2-ナフトール

赤色 221 号

性 状 水、希酸、エタノール、水酸化ナトリウム溶液（1 → 10）、石油ベンジン、アシルアルコールには溶けない。酢酸(100)、酢酸アミルに溶ける。油脂にはほとんど溶けない。硫酸を加えると深赤紫色に溶け、水で希釈すると黄赤色の沈殿を生じる。光に対して色は安定である。

用 途 口腔用以外のすべての化粧品に使用できるが、口紅・アイシャドウ・石けんに繁用される。

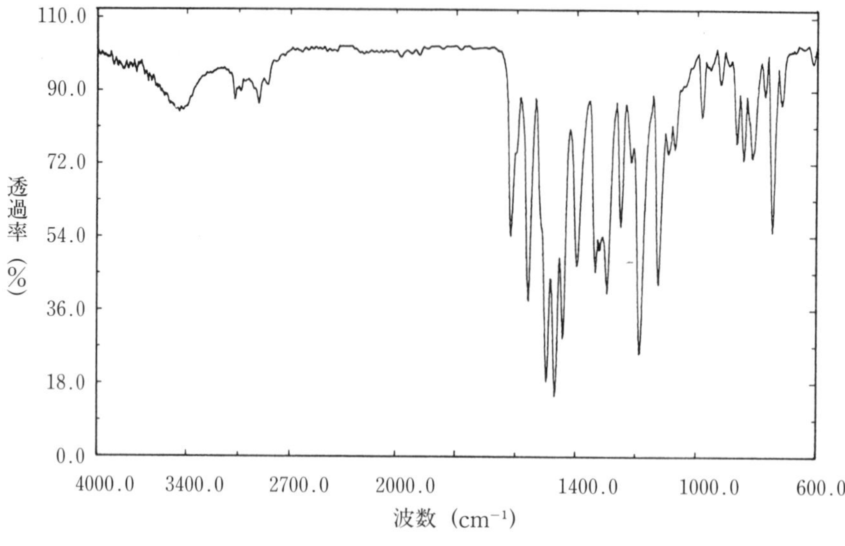

赤色221号の赤外吸収スペクトル

16．赤色223号

テトラブロモフルオレセイン
Tetrabromofluorescein

C.I. 45380：2

Solvent Red 43

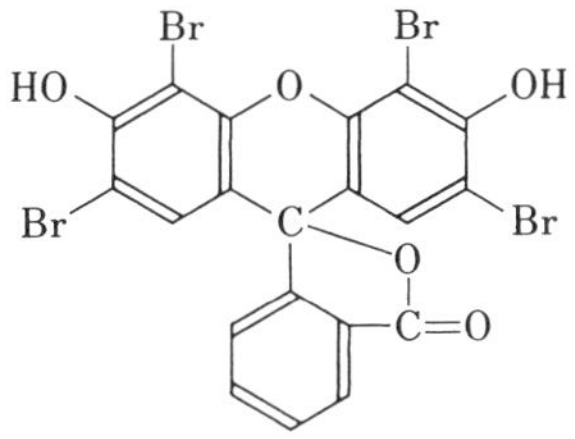

$C_{20}H_8Br_4O_5$：647.89

本品は、定量するとき、2',4',5',7'-テトラブロモ-3',6'-ジヒドロキシスピロ[イソベンゾフラン-1(3H),9'-[9H]キサンテン]-3-オン($C_{20}H_8Br_4O_5$：647.89)として 90.0% 以上 101.0% 以下を含む。

性　　状　本品は、黄赤色の粒又は粉末である。

確認試験　(1)　本品のエタノール (95) 溶液 (1 → 1000) は、黄赤色を呈し、蛍光を発する。

(2)　本品 0.02 g に水酸化ナトリウム試液（希）50 mL を加えて溶かし、酢酸アンモニウム試液を加えて 200 mL とする。この液 4 mL を量り、酢酸アンモニウム試液を加えて 100 mL とした液は、吸光度測定法により試験を行うとき、波長 515 nm 以上 519 nm 以下に吸収の極大を有する。

(3)　本品のエタノール (95) 溶液 (1 → 1000) 2 μL を試料溶液とし、赤色223号標準品のエタノール (95) 溶液 (1 → 1000) 2 μL を標準溶液とし、酢酸エチル/メタノール/アンモニア水 (28) 混液（5 ： 2 ： 1）を展開溶媒として薄層クロマトグラフ法第1法により試験を行うとき、当該試料溶液から得た主たるスポットは、赤色を呈し、当該標準溶液から得た主たるスポットと等しい Rf 値を示す。

純度試験　(1)　溶状　本品 0.01 g にエタノール(95) 100 mL を加えて溶かすとき、この液は、澄明である。

(2)　不溶物　不溶物試験法第1法により試験を行うとき、その限度は 1.0% 以下である。この場合において、熱湯に代えて水酸化ナトリウム溶液（1 → 100）又は薄めたアンモニア水 (28)（1 → 15）を用いる（注1）。

(3)　可溶物　可溶物試験法第4法により試験を行うとき、その限度は、0.5% 以下である（注2）。

（4）　塩化物及び硫酸塩　塩化物試験法及び硫酸塩試験法により試験を行うとき、それぞれの限度の合計は、3.0％ 以下である（注3）。

（5）　ヒ素　ヒ素試験法により試験を行うとき、その限度は、2 ppm 以下である（注4）。

（6）　亜鉛　本品を原子吸光光度法の前処理法(1)により処理し、試料溶液調製法(1)により調製したものを試料溶液とし、亜鉛標準原液(原子吸光光度法用) 2 mL を正確に量り、薄めた塩酸（1 → 4）を加えて 10 mL とし、この液 1 mL を正確に量り、原子吸光光度法の前処理法(1)により処理し、試料溶液調製法(1)により調製したものを比較液として原子吸光光度法により比較試験を行うとき、その限度は、200 ppm 以下である（注5）。

（7）　重金属　重金属試験法により試験を行うとき、その限度は、20 ppm 以下である。

乾燥減量　7.0％ 以下（1 g、105℃、6時間）

定 量 法　本品約 0.02 g を精密に量り、水酸化ナトリウム試液（希）50 mL を加えて溶かし、酢酸アンモニウム試液を加えて正確に 200 mL とする。この液 4 mL を正確に量り、酢酸アンモニウム試液を加えて正確に 100 mL とし、これを試料溶液として、吸光度測定法により試験を行う。この場合において、吸収極大波長における吸光度の測定は 517 nm 付近について行うこととし、吸光係数は0.157とする（注6）。

〔注〕

（注1）　CFR ではアルカリ溶液に対する不溶物として 0.5％ 以下と規定している。

（注2）　CFR では可溶物の規定はないが、当該色素以外の特定の有機化合物等の限度を規定している。

（注3）　CFR では乾燥減量を加えた値として 10％ 以下と規定している。

（注4）　CFR では As として 3 ppm 以下と規定している。

（注5）　製造工程で縮合剤として塩化亜鉛を使用するため、新たに亜鉛の項目を設定した。

（注6）　旧省令では試験方法として重量法を採用していた。

【解　説】

（名　　称）　(別名)テトラブロモフルオレセイン、(英名)Tetrabromofluorescein、(化学名)2',4',5',7'-テトラブロモ-3',6'-ジヒドロキシスピロ[イソベンゾフラン-1(3H),9'-[9H]キサンテン]-3-オン、(FDA 名)D&C Red No. 21、(既存化学物質 No.)5-663、(CI No.)45380:2、Solvent Red 43、(CAS No.) 15086-94-9。

（来　　歴）　1871年に Caro により発見され、日本では昭和31年7月30日に赤色223号として許可され現在に至る。米国では、D&C Red No. 21として使用されてきたが、1983年1月3日に永久許可された。

（製　　法）　レゾルシン（1,3-ベンゼンジオール）と無水フタル酸を縮合剤として塩化亜鉛を用い、200℃ で縮合し、フルオレセインを製し、次にこれを臭素化して製する。

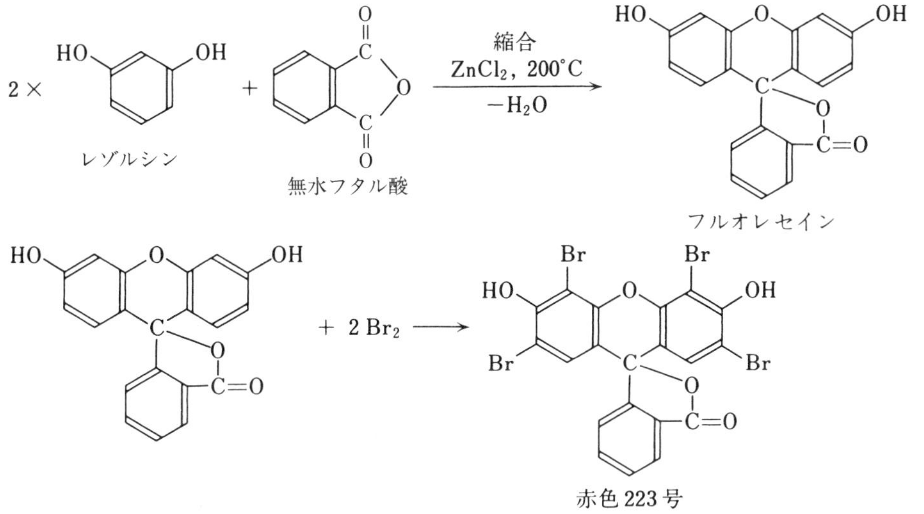

2 × レゾルシン ＋ 無水フタル酸 $\xrightarrow[-H_2O]{\text{縮合}\ ZnCl_2,\ 200^\circ C}$ フルオレセイン

フルオレセイン ＋ $2\,Br_2$ ⟶ 赤色 223 号

（性　　状）　水、希酸には溶けない。エタノールに溶ける。油脂には溶けない。水酸化ナトリウム溶液(4.3 → 100)に溶け、水溶液に鉱酸を加えると、黄赤色の沈殿を生じる。水溶液に水酸化ナトリウム溶液（1 → 10）を加えても変化はない。硫酸を加えると黄赤色に溶け、水で希釈すると黄赤色の沈殿を生じる。水溶液の色は光に対しては不安定である。

（用　　途）　口腔用以外のすべての化粧品に使用できるが、口紅に繁用される。

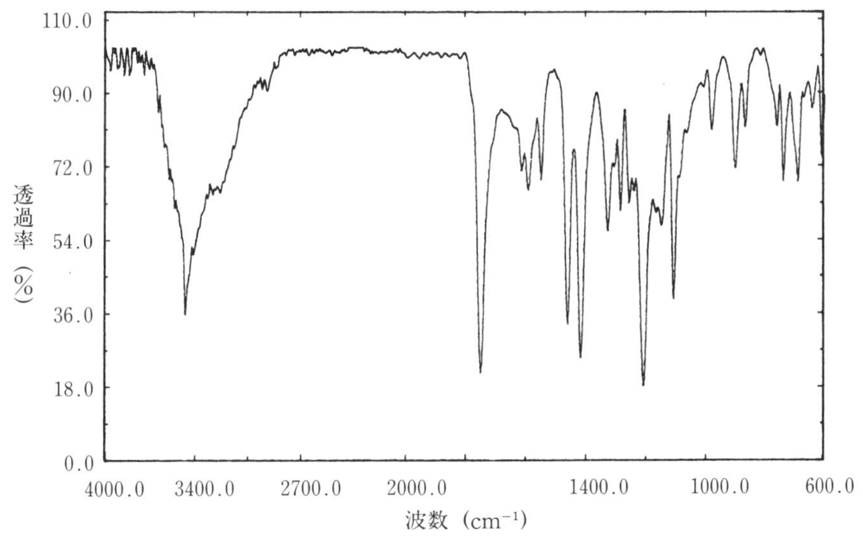

赤色223号の赤外吸収スペクトル

17．赤色225号

スダンIII

Sudan III

C.I. 26100

Solvent Red 23

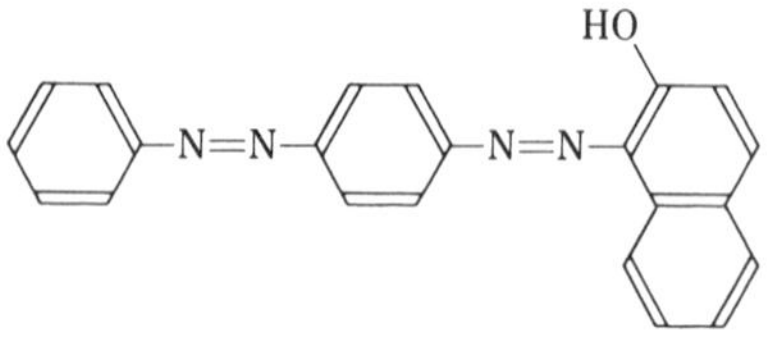

$C_{22}H_{16}N_4O$：352.39

本品は、定量するとき、1-[4-(フェニルアゾ)フェニルアゾ]-2-ナフトール($C_{22}H_{16}N_4O$：352.39）として 95.0% 以上 101.0% 以下を含む（注1)。

性　　状　本品は、赤褐色の粒又は粉末である。

確認試験　(1)　本品のクロロホルム溶液（1 → 1000）は、赤色を呈する。

(2)　本品 0.02 g にクロロホルム 200 mL を加えて溶かし、この液 5 mL を量り、クロロホルムを加えて 100 mL とした液は、吸光度測定法により試験を行うとき、波長 511 nm 以上 515 nm 以下に吸収の極大を有する。

(3)　本品のクロロホルム溶液(1 → 2000) 2 μL を試料溶液とし、だいだい色403号標準溶液 2 μL を標準溶液とし、クロロホルム/1,2-ジクロロエタン混液(2：1)を展開溶媒として薄層クロマトグラフ法第2法により試験を行うとき、当該試料溶液から得た主たるスポットは、赤色を呈し、当該標準溶液から得た主たるスポットに対する Rs 値は、約0.9である。

純度試験　(1)　溶状　本品 0.01 g にクロロホルム 100 mL を加えて溶かすとき、この液は、澄明である。

(2)　不溶物　不溶物試験法第2法により試験を行うとき、その限度は、1.0% 以下である。この場合において、溶媒は、クロロホルムを用いる（注2)。

(3)　可溶物　可溶物試験法第6法により試験を行うとき、その限度は、0.5% 以下である。

(4)　ヒ素　ヒ素試験法により試験を行うとき、その限度は、2 ppm 以下である（注3)。

(5)　重金属　重金属試験法により試験を行うとき、その限度は、20 ppm 以下である。

乾燥減量　5.0% 以下（1 g、105℃、6時間）（注4)

強熱残分　1.0% 以下（1 g）（注５）

定 量 法　本品約 0.02 g を精密に量り、クロロホルムを加えて溶かし、正確に 200 mL とする。この液 5 mL を正確に量り、クロロホルムを加えて正確に 100 mL とし、これを試料溶液として、吸光度測定法により試験を行う。この場合において、吸収極大波長における吸光度の測定は 513 nm 付近について行うこととし、吸光係数は0.0966とする（注６）。

〔注〕

（注１）　CFR では 90% 以上と規定しており、旧省令では 85% 以上と規定していた。

（注２）　CFR では水及びトルエン不溶物は 0.5% 以下と規定しており、旧省令ではトルエン不溶性物質として 3% 以下と規定していた。

（注３）　CFR では As として 3 ppm 以下と規定している。

（注４）　CFR では 135℃ と規定している。

（注５）　CFR では塩化物（ナトリウム塩）として 3% 以下と規定しており、また、旧省令も同様に塩化物はナトリウム塩として 3% 以下と規定していた。

（注６）　旧省令では試験方法として三塩化チタン法を採用していた。

【解　説】

名　称　（別名）スダンIII、（英名）Sudan III、（化学名）1-[4-(フェニルアゾ)フェニルアゾ]-2-ナフトール、（FDA 名）D&C Red No. 17、（既存化学物質 No.）5-3087、（CI No.）26100、Solvent Red 23、（CAS No.）85-86-9。

来　歴　1879年に F. Grássler により発見され、日本では昭和41年 8 月31日に赤色225号として許可され現在に至る。米国では、D&C Red No. 17として使用されてきたが、1977年 5 月27日に永久許可された。

製　法　*p*-フェニルアゾアニリンを亜硝酸ナトリウムと塩酸でジアゾ化し、2-ナフトールとメタノール液中でアルカリ性でカップリングして製する。

HO

N=N-NH$_2$ —ジアゾ化 / $NaNO_2$，HCl→ N=N-N=NCl ＋ 2-ナフトール

p-フェニルアゾアニリン

→NaOH N=N-N=N- (HO)

赤色 225 号

性　状　水に溶けない。エタノールにはわずかに溶け、水酸化ナトリウム溶液(1 → 10)にも溶ける。アセトン、クロロホルムにはよく溶ける。硫酸を加えると青緑色に溶け、水で希釈すると青色となり、ついで赤色沈殿を生じる。油脂に溶ける。トルエン溶液での色は、光に対してやや不安定である。

用　途　すべての化粧品に使用できるが、整髪料・シャンプー・リンス・口紅・マニキュアに繁用される。

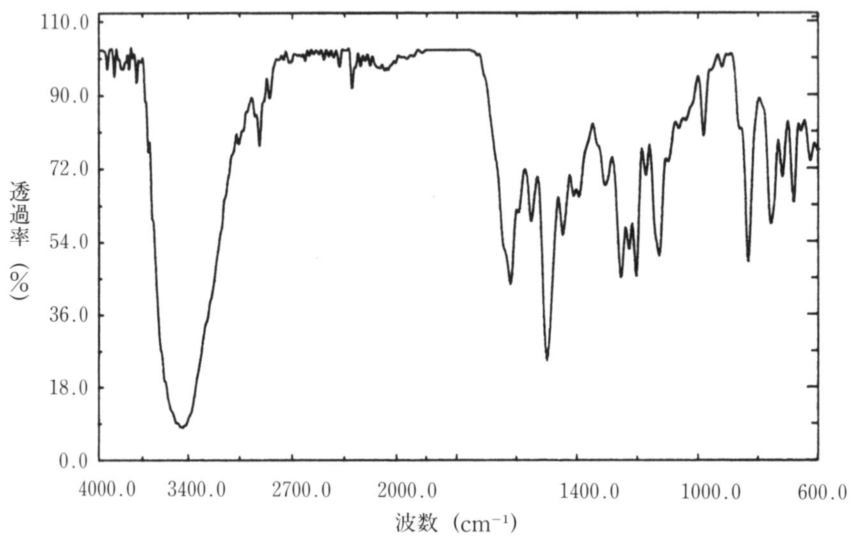

赤色225号の赤外吸収スペクトル

18．赤色226号

ヘリンドンピンクCN

Helindone Pink CN

C.I. 73360

Vat Red 1

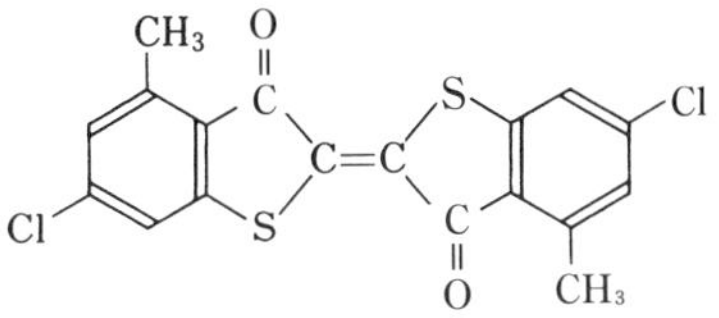

$C_{18}H_{10}Cl_2O_2S_2$：393.31

本品は、定量するとき、6,6'-ジクロロ-4,4'-ジメチル-チオインジゴ($C_{18}H_{10}Cl_2O_2S_2$：393.31）として 90.0% 以上 101.0% 以下を含む。

性　状　本品は、赤色の粉末である。

確認試験　(1)　本品 0.01 g に硫酸２滴又は３滴を加えるとき、この液は、暗緑色を呈し、これを冷水で薄めるとき、赤色の沈殿を生じる。

(2)　本品を乾燥し、赤外吸収スペクトル測定法により試験を行うとき、本品のスペクトルは、次に掲げる本品の参照スペクトルと同一の波数に同一の強度の吸収を有する。

(次頁参照)

純度試験　(1)　可溶物　可溶物試験法第５法により試験を行うとき、その限度は、3.0% 以下である（注１）。

(2)　ヒ素　ヒ素試験法により試験を行うとき、その限度は、2 ppm 以下である（注2)。

(3)　鉄　本品を原子吸光光度法の前処理法(１)により処理し、試料溶液調製法(１)により調製したものを試料溶液とし、鉄標準原液（原子吸光光度法用）1 mL を正確に量り、薄めた塩酸（1 → 4）を加えて 10 mL とし、この液 5 mL を正確に量り、原子吸光光度法の前処理法(１)により処理し、試料溶液調製法(１)により調製したものを比較液として原子吸光光度法により比較試験を行うとき、その限度は、500 ppm 以下である（注3)。

(4)　重金属　重金属試験法により試験を行うとき、その限度は、20 ppm 以下である。

乾燥減量　5.0% 以下（1 g、105℃、６時間)

強熱残分　5.0% 以下（1 g)

定 量 法　質量法第３法により試験を行う。この場合において、係数は、1.000とする（注

4）。

赤色226号

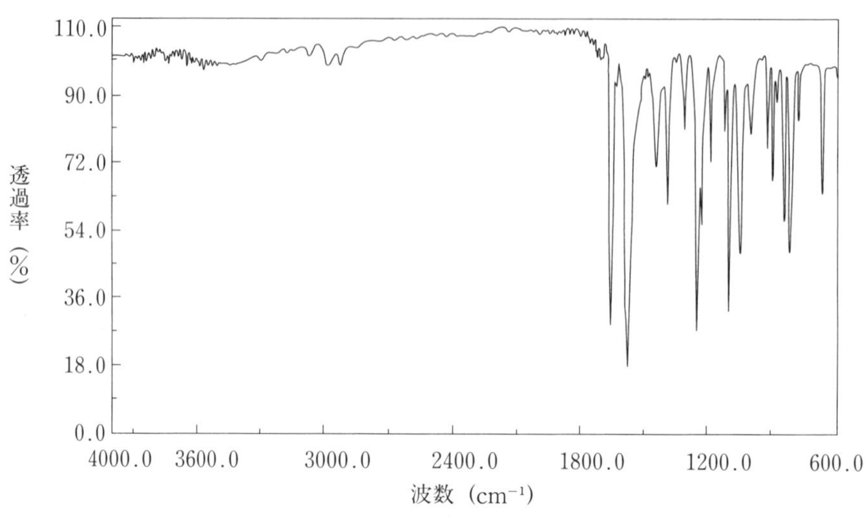

〔注〕

（注１） CFRではアセトンに対する可溶物として５%以下と規定しており、旧省令ではキシレン不溶性物質として１%以下と規定していた。

（注２） CFRではAsとして３ppm以下と規定している。

（注３） 旧省令では鉄を規定していなかったが、製造工程で使用されることから新たに鉄の項目を設定した。

（注４） 旧省令では試験方法として三塩化チタン法を採用していた。

【解　説】

（名　称） （別名）ヘリンドンピンクCN、（英名）Helindone Pink CN、（化学名）6,6'-ジクロロ-4,4'-ジメチル-チオインジゴ、（FDA名）D&C Red No. 30、（既存化学物質No.）5-2207、（CI No.）73360、Vat Red 1、（CAS No.）2379-74-0。

（来　歴） 1907年にSchirmacher and Landersにより発見され、日本では昭和41年８月31日に赤色226号として許可され、現在に至る。米国では、D&C Red No. 30として使用されてきたが、1982年６月25日に永久許可された。

（製　法） 6-クロロ-4-メチル-3(2H)チオインドキシルに水酸化ナトリウムを加え、アルカリ溶液中でイオウを触媒として酸化縮合して製する。

6-クロロ-4-メチル-3(2H)チオインドキシル $\xrightarrow[NaOH + S]{(O)}$ 赤色226号

（性　状） 水、エタノールには溶けない。キシレンにはわずかに溶け、1-クロロナフタレンにやや溶ける。一般の酸及びアルカリには溶けない。油脂にも溶けない。硫酸を加えると曇褐青色に溶け、水で希釈すると赤色の沈殿を生じる。光に対して色は非常に安定である。

（用　途） すべての化粧品に使用できるが、ファンデーション・口紅・アイシャドウに繁用される。化粧品以外では、口中剤に繁用される。

19. 赤色227号

ファストアシッドマゼンタ

Fast Acid Magenta

C.I. 17200

Acid Red 33

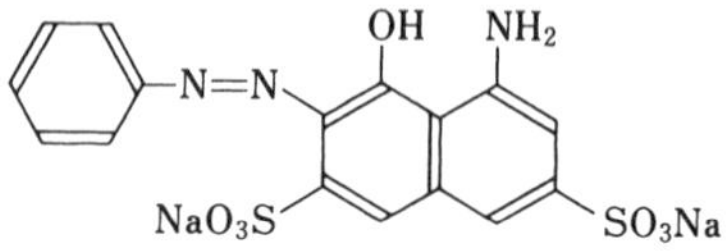

$C_{16}H_{11}N_3Na_2O_7S_2$：467.38

本品は、定量するとき、8-アミノ-2-フェニルアゾ-1-ナフトール-3,6-ジスルホン酸のジナトリウム塩（$C_{16}H_{11}N_3Na_2O_7S_2$：467.38）として 85.0% 以上 101.0% 以下を含む（注１）。

性　　状　本品は、褐色の粒又は粉末である。

確認試験　（1）　本品の水溶液（1 → 1000）は、赤色を呈する。

（2）　本品 0.02 g に酢酸アンモニウム試液 200 mL を加えて溶かす。この液 10 mL を量り、酢酸アンモニウム試液を加えて 100 mL とした液は、吸光度測定法により試験を行うとき、波長 529 nm 以上 533 nm 以下に吸収の極大を有する。

（3）　本品の水溶液（1 → 1000）2 μL を試料溶液とし、フラビアン酸標準溶液 2 μL を標準溶液とし、1-ブタノール/エタノール(95)/アンモニア試液(希)混液（6：2：3）を展開溶媒として薄層クロマトグラフ法第２法により試験を行うとき、当該試料溶液から得た主たるスポットは、赤色を呈し、当該標準溶液から得た主たるスポットに対する Rs 値は、約0.9である（注２）。

純度試験　（1）　溶状　本品 0.01 g に水 100 mL を加えて溶かすとき、この液は、澄明である。

（2）　不溶物　不溶物試験法第１法により試験を行うとき、その限度は、1.0% 以下である（注３）。

（3）　可溶物　可溶物試験法第２法により試験を行うとき、その限度は、0.5% 以下である（注４）。

（4）　塩化物及び硫酸塩　塩化物試験法及び硫酸塩試験法により試験を行うとき、それぞれの限度の合計は、10.0% 以下である（注５）。

（5）　ヒ素　ヒ素試験法により試験を行うとき、その限度は、2 ppm 以下である（注

6)。

(6) 重金属　重金属試験法により試験を行うとき、その限度は、20 ppm 以下である。

乾燥減量　6.0% 以下(1 g、105℃、6時間)

定 量 法　本品約 0.02 g を精密に量り、酢酸アンモニウム試液を加えて溶かし、正確に 200 mL とする。この液 10 mL を正確に量り、酢酸アンモニウム試液を加えて正確に 100 mL とし、これを試料溶液として、吸光度測定法により試験を行う。この場合において、吸収極大波長における吸光度の測定は 531 nm 付近について行うこととし、吸光係数は0.0723とする(注7)。

〔注〕

(注1) CFR では 82% 以上と規定しており、旧省令でも 82% 以上と規定していた。

(注2) 本品については薄層クロマトグラフ用標準品が設定されていないため、フラビアン酸を比較標準品とした。なお、フラビアン酸のスポットの色調は黄色である。

(注3) CFR では 0.3% 以下と規定している。

(注4) CFR では可溶物の規定はないが、当該色素以外の特定の有機化合物等の限度を規定しており、旧省令ではエーテルエキスとして 0.5% 以下と規定していた。

(注5) CFR では乾燥減量を加えた値として 18% 以下と規定している。

(注6) CFR では As として 3 ppm 以下と規定している。

(注7) 旧省令では試験方法として三塩化チタン法を採用していた。

【解　説】

(名　称) (別名) ファストアシッドマゲンタ、(英名) Fast Acid Magenta、(化学名) 8-アミノ-2-フェニルアゾ-1-ナフトール-3,6-ジスルホン酸のジナトリウム塩、(FDA 名) D&C Red No. 33、(既存化学物質 No.) 5-4296、(CI No.) 17200、Acid Red 33、(CAS No.) 3567-66-6。

(来　歴) 1877年に H. Caro により発見され、日本では昭和41年8月31日に赤色227号として許可され、現在に至る。米国では、D&C Red No. 33として使用されてきたが、1988年9月に永久許可された。

(製　法) アニリンを亜硝酸ナトリウムと塩酸でジアゾ化し、アルカリ性でH酸(8-アミノ-1-ナフトール-3,6-ジスルホン酸)とカップリングして製する。

アニリン $\xrightarrow[NaNO_2,\ HCl]{ジアゾ化}$ $C_6H_5-N{=}NCl$ ＋ H 酸

$\xrightarrow[NaOH]{NaCl}$ 赤色 227 号

(性　状) 水、グリセリンに溶ける。エタノール (95) にはわずかに溶ける。塩酸では赤色沈殿を生じ、希釈すると赤色溶液となる。水酸化ナトリウム溶液（1 → 10）には赤色に溶ける。油脂には溶けない。硫酸を加えると赤紫色に溶け、水で希釈すると黄赤色となる。水溶液の色は光に対して安定である。

(用　途) すべての化粧品に使用できるが、整髪料・シャンプー・リンス・化粧水・石けんに繁用される。

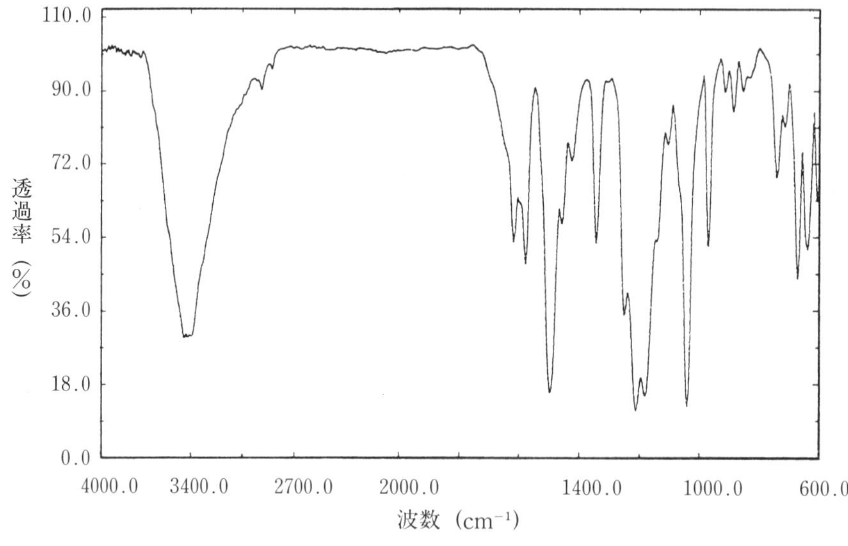

赤色227号の赤外吸収スペクトル

20. 赤色228号

パーマトンレッド

Permaton Red

C.I. 12085

Pigment Red 4

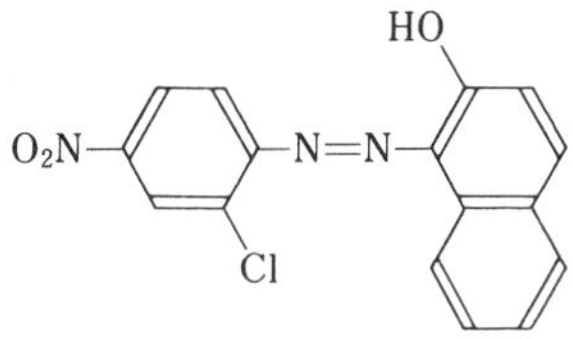

$C_{16}H_{10}ClN_3O_3$：327.72

本品は、定量するとき、1-(2-クロロ-4-ニトロフェニルアゾ)-2-ナフトール（$C_{16}H_{10}ClN_3O_3$：327.72）として 90.0% 以上 101.0% 以下を含む（注1）。

性　　状　本品は、赤色の粉末である。

確認試験　（1）　本品 0.1 g にクロロホルム 100 mL を加え、必要に応じて約 50℃ で加温して溶かすとき、この液は、黄赤色を呈する。

（2）　本品 0.02 g にクロロホルム 200 mL を加え、必要に応じて約 50℃ で加温して溶かす。常温になるまで冷却後、この液 5 mL を量り、クロロホルムを加えて 100 mL とした液は、吸光度測定法により試験を行うとき、波長 484 nm 以上 488 nm 以下に吸収の極大を有する。

（3）　本品 0.1 g にクロロホルム 100 mL を加え、必要に応じて約 50℃ で加温して溶かした液 2 μL を試料溶液とし、だいだい色403号標準溶液 2 μL を標準溶液とし、クロロホルムを展開溶媒として薄層クロマトグラフ法第2法により試験を行うとき、当該試料溶液から得た主たるスポットは、黄赤色を呈し、当該標準溶液から得た主たるスポットに対する Rs 値は、約1.0である（注2）。

純度試験　（1）　溶状　本品 0.01 g にクロロホルム 100 mL を加え、必要に応じて約 50℃ で加温して溶かすとき、この液は、澄明である。

（2）　可溶物　可溶物試験法第1法により試験を行うとき、その限度は、1.0% 以下である（注3）。

（3）　ヒ素　ヒ素試験法により試験を行うとき、その限度は、2 ppm 以下である（注4）。

（4）　重金属　重金属試験法により試験を行うとき、その限度は、20 ppm 以下である。

乾燥減量　5.0% 以下（1 g、105℃、6時間）（注5）

強熱残分　1.0％ 以下（1 g）（注６）

定 量 法　本品約 0.02 g を精密に量り、クロロホルム 150 mL を加え、必要に応じて約50℃ で加温して溶かし、常温になるまで冷却後、クロロホルムを加えて正確に 200 mL とする。この液 5 mL を正確に量り、クロロホルムを加えて正確に 100 mL とし、これを試料溶液として、吸光度測定法により試験を行う。この場合において、吸収極大波長における吸光度の測定は 486 nm 付近について行うこととし、吸光係数は0.0853とする。

〔注〕

（注１） CFR では 95％ 以上と規定している。

（注２） 本品については薄層クロマトグラフ用標準品が設定されていないため、だいだい色403号を比較標準品とした。なお、だいだい色403号のスポットの色調は橙色である。

（注３） CFR では可溶物の規定はないが、当該色素以外の特定の有機化合物等の限度を規定している。

（注４） CFR では As として 3 ppm 以下と規定している。

（注５） CFR では 135℃ にて1.5％ 以下と規定している。

（注６） CFR ではトルエン不溶物として 1.5％ 以下と規定しており、旧省令ではトルエン不溶性物質として 1％ 以下と規定していた。

【解　説】

名　称　（別名）パーマトンレッド、（英名）Permaton Red、（化学名）1-(2-クロロ-4-ニトロフェニルアゾ)-2-ナフトール、（FDA 名）D&C Red No. 36、（既存化学物質 No.） 5 -3210、（CI No.） 12085、Pigment Red 4、（CAS No.） 2814-77-9。

来　歴　1907年に W. Herzberg and Landers により発見され、日本では昭和41年８月31日に赤色228号として許可され、現在に至る。米国では、D&C Red No. 36として使用されてきたが、1988年９月に永久許可された。

製　法　2-クロロ-4-ニトロアニリンを亜硝酸ナトリウムと塩酸でジアゾ化し、メタノール中アルカリ性で２-ナフトールとカップリングして製する。

Cl

O_2N—(2-クロロ-4-ニトロアニリン)—NH_2 —ジアゾ化 / $NaNO_2$, HCl→ O_2N—(Cl)—N=NCl + 2-ナフトール (OH)

2-クロロ-4-
ニトロアニリン

2-ナフトール

—NaOH→ O_2N—(Cl)—N=N—(HO)

赤色228号

(性　状) 水、塩酸（希）、水酸化ナトリウム溶液（1 → 10）には溶けない。酢酸（100）には溶け、エタノール、エーテル、トルエンにわずかに溶ける。油脂にはほとんど溶けない。水酸化カリウム・エタノール試液*に溶けて紫色となる。硫酸を加えると紫色に溶け、水で希釈すると黄赤色の沈殿を生じる。光に対して色は安定である。

*水酸化カリウム・エタノール試液
水酸化カリウム 10 g をエタノール（95）に溶かし、100 mL とする。用時製する。

(用　途) すべての化粧品に使用できるが、口紅に繁用される。

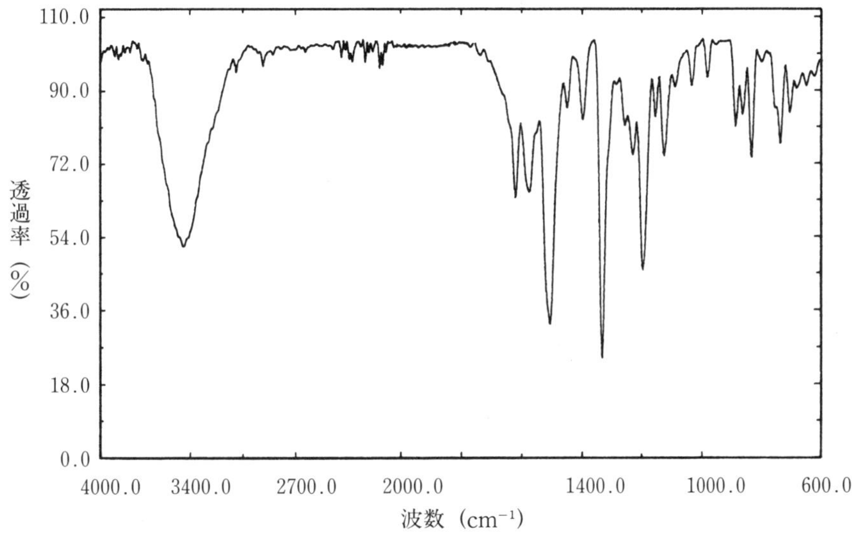

赤色228号の赤外吸収スペクトル

21. 赤色230号の（1）

エオシンYS

Eosine YS

C.I. 45380

Acid Red 87

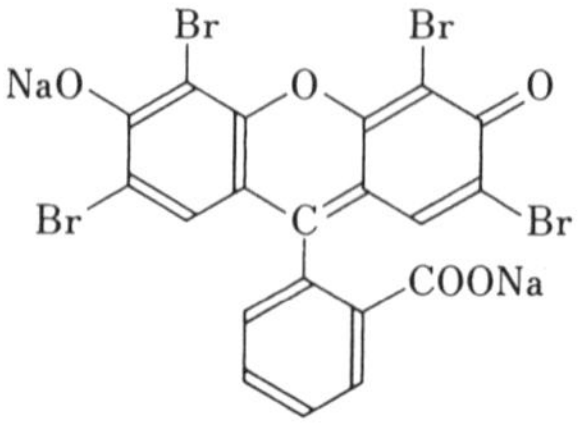

$C_{20}H_6Br_4Na_2O_5$：691.85

本品は、定量するとき、9-(2-カルボキシフェニル)-6-ヒドロキシ-2,4,5,7-テトラブロモ-3H-キサンテン-3-オンのジナトリウム塩（$C_{20}H_6Br_4Na_2O_5$：691.85）として85.0% 以上 101.0% 以下を含む（注1）。

性　　状　本品は、黄褐色から赤褐色までの色の粒又は粉末である。

確認試験　（1）　本品の水溶液（1 → 1000）は、赤色を呈し、黄緑色の蛍光を発する。

（2）　本品 0.02 g に酢酸アンモニウム試液 200 mL を加えて溶かす。この液 5 mL を量り、酢酸アンモニウム試液を加えて 100 mL とした液は、吸光度測定法により試験を行うとき、波長 515 nm 以上 519 nm 以下に吸収の極大を有する。

（3）　本品の水溶液（1 → 1000）2 μL を試料溶液とし、赤色230号の（1）標準品の水溶液（1 → 1000）2 μL を標準溶液とし、1-ブタノール/エタノール(95)/アンモニア試液（希）混液（6：2：3）を展開溶媒として薄層クロマトグラフ法第1法により試験を行うとき、当該試料溶液から得た主たるスポットは、赤色を呈し、当該標準溶液から得た主たるスポットと等しい Rf 値を示す。

（4）　炎色反応試験法により試験を行うとき、炎は、黄色を呈する。

純度試験　（1）　溶状　本品 0.01 g に水 100 mL を加えて溶かすとき、この液は、澄明である。

（2）　不溶物　不溶物試験法第1法により試験を行うとき、その限度は、0.5% 以下である。

（3）　可溶物　可溶物試験法第3法の（a）及び（b）により試験を行うとき、その限度は、0.5% 以下である（注2）。

（4）　塩化物及び硫酸塩　塩化物試験法及び硫酸塩試験法により試験を行うとき、それぞれの限度の合計は、5.0% 以下である（注3）。

（5） ヒ素 ヒ素試験法により試験を行うとき、その限度は、2 ppm以下である（注4）。

（6） 亜鉛 本品を原子吸光光度法の前処理法（1）により処理し、試料溶液調製法（1）により調製したものを試料溶液とし、亜鉛標準原液（原子吸光光度法用）2 mLを正確に量り、薄めた塩酸（1 → 4）を加えて 10 mLとし、この液 1 mLを正確に量り、原子吸光光度法の前処理法（1）により処理し、試料溶液調製法（1）により調製したものを比較液として原子吸光光度法により比較試験を行うとき、その限度は、200 ppm以下である（注5）。

（7） 重金属 重金属試験法により試験を行うとき、その限度は、20 ppm以下である。

乾燥減量 10.0％ 以下（1 g、105℃、6時間）

定 量 法 本品約 0.02 gを精密に量り、酢酸アンモニウム試液を加えて溶かし、正確に200 mLとする。この液 5 mLを正確に量り、酢酸アンモニウム試液を加えて正確に100 mLとし、これを試料溶液として、吸光度測定法により試験を行う。この場合において、吸収極大波長における吸光度の測定は 517 nm付近について行うこととし、吸光係数は0.144とする（注6）。

〔注〕

（注1） CFRでは 90％ 以上と規定している。

（注2） CFRでは可溶物の規定はないが、当該色素以外の特定の有機化合物等の限度を規定している。

（注3） CFRでは乾燥減量を加えた値として 10％ 以下と規定している。

（注4） CFRではAsとして 3 ppm以下と規定している。

（注5） 中間体の製造工程で縮合剤として塩化亜鉛を使用しているため、新たに亜鉛の項目を設定した。

（注6） 旧省令では試験方法として重量法を採用していた。

【解 説】

名 称 （別名）エオシン YS、（英名）Eosine YS、（化学名）9-(2-カルボキシフェニル)-6-ヒドロキシ-2,4,5,7-テトラブロモ-3H-キサンテン-3-オンのジナトリウム塩、（FDA名）D&C Red No. 22、（既存化学物質 No.）5-1511、（CI No.）45380、Acid Red 87、（CAS No.）17372-87-1。

来 歴 1871年にH. Caroにより発見され、日本では昭和23年8月15日に赤色103号の（1）として許可され、昭和47年12月13日に赤色230号の（1）に変更され現在に至る。米国では、D&C Red No. 22として使用されてきたが、1983年1月3日に永久許可された。

製 法 テトラブロモフルオレセイン（赤色223号）を水酸化ナトリウム溶液（1 → 10）

でナトリウム塩とした後、塩化ナトリウムで塩析して製する。

NaOH

テトラブロモフルオレセイン（赤色223号）　→　赤色230号の(1)

性　状　水によく溶け蛍光を有する。エタノールに溶け、油脂には溶けない。水溶液に塩酸を加えると、黄赤色の沈殿を生じる。水溶液に水酸化ナトリウム溶液（1 → 10）を加えても変化はない。硫酸を加えると黄赤色に溶け、水で希釈すると黄赤色の沈殿を生じる。水溶液の色は光に対して不安定である。

用　途　すべての化粧品に使用できるが、口紅に繁用される。

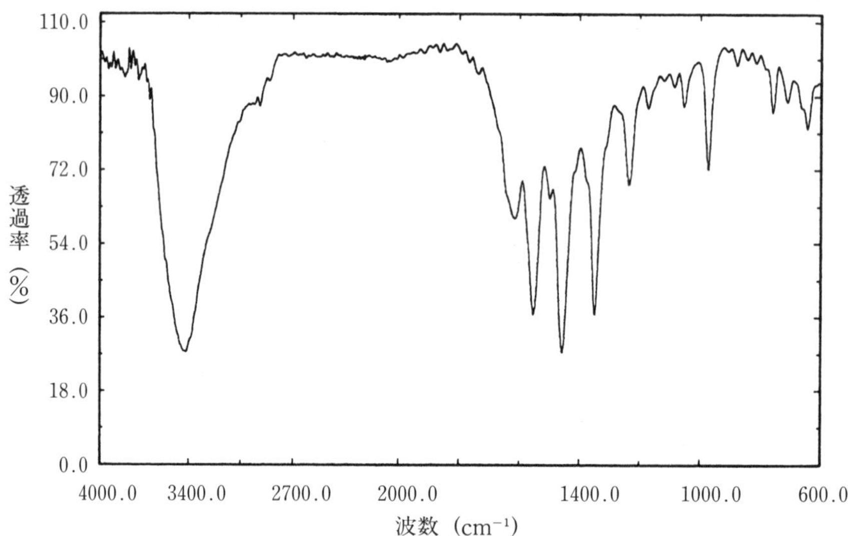

赤色230号の（1）の赤外吸収スペクトル

22．赤色230号の（2）

エオシンYSK

Eosine YSK

C.I. 45380

Acid Red 87

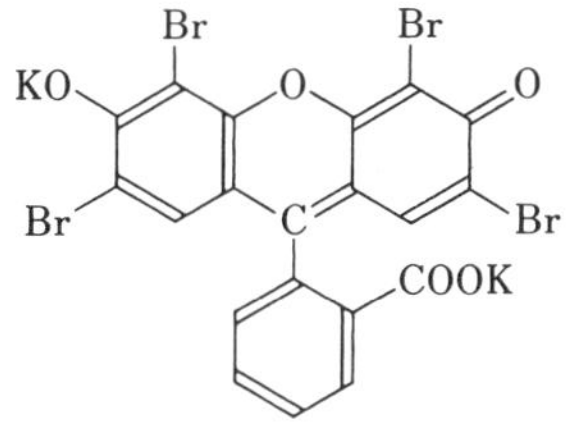

$C_{20}H_6Br_4K_2O_5$：724.07

本品は、定量するとき、9-(2-カルボキシフェニル)-6-ヒドロキシ-2,4,5,7-テトラブロモ-3H-キサンテン-3-オンのジカリウム塩（$C_{20}H_6Br_4K_2O_5$：724.07）として 85.0% 以上 101.0% 以下を含む。

性　　状　本品は、黄褐色から赤褐色までの色の粒又は粉末である。

確認試験　（1）　本品の水溶液（1 → 1000）は、赤色を呈し、黄緑色の蛍光を発する。

（2）　本品 0.02 g に酢酸アンモニウム試液 200 mL を加えて溶かす。この液 5 mL を量り、酢酸アンモニウム試液を加えて 100 mL とした液は、吸光度測定法により試験を行うとき、波長 515 nm 以上 519 nm 以下に吸収の極大を有する。

（3）　本品の水溶液（1 → 1000） 2 μL を試料溶液とし、赤色230号の（2）標準品の水溶液（1 → 1000） 2 μL を標準溶液とし、1-ブタノール/エタノール(95)/アンモニア試液（希）混液（6：2：3）を展開溶媒として薄層クロマトグラフ法第1法により試験を行うとき、当該試料溶液から得た主たるスポットは、赤色を呈し、当該標準溶液から得た主たるスポットと等しい Rf 値を示す。

（4）　炎色反応試験法により試験を行うとき、炎は、淡紫色を呈する。

純度試験　（1）　溶状　本品 0.01 g に水 100 mL を加えて溶かすとき、この液は、澄明である。

（2）　不溶物　不溶物試験法第1法により試験を行うとき、その限度は、0.5% 以下である。

（3）　可溶物　可溶物試験法第3法の（a）及び（b）により試験を行うとき、その限度は、1.0% 以下である。

（4）　塩化物及び硫酸塩　塩化物試験法及び硫酸塩試験法により試験を行うとき、それぞれの限度の合計は、5.0% 以下である。

（5）　ヒ素　ヒ素試験法により試験を行うとき、その限度は、2 ppm 以下である。

（6）　亜鉛　本品を原子吸光光度法の前処理法（1）により処理し、試料溶液調製法（1）により調製したものを試料溶液とし、亜鉛標準原液（原子吸光光度法用）2 mL を正確に量り、薄めた塩酸（1 → 4）を加えて 10 mL とし、この液 1 mL を正確に量り、原子吸光光度法の前処理法（1）により処理し、試料溶液調製法（1）により調製したものを比較液として原子吸光光度法により比較試験を行うとき、その限度は、200 ppm 以下である（注1）。

（7）　重金属　重金属試験法により試験を行うとき、その限度は、20 ppm 以下である。

乾燥減量　10.0％ 以下（1 g、105℃、6時間）

定 量 法　本品約 0.02 g を精密に量り、酢酸アンモニウム試液を加えて溶かし、正確に 200 mL とする。この液 5 mL を正確に量り、酢酸アンモニウム試液を加えて正確に 100 mL とし、これを試料溶液として、吸光度測定法により試験を行う。この場合において、吸収極大波長における吸光度の測定は 517 nm 付近について行うこととし、吸光係数は0.136とする（注2）。

〔注〕

（注1）　中間体の製造工程で縮合剤として塩化亜鉛を使用する場合があるため、新たに亜鉛の項目を設定した。

（注2）　旧省令では試験方法として重量法を採用していた。

【解　説】

名　称　（別名）エオシン YSK、（英名）Eosine YSK、（化学名）9-(2-カルボキシフェニル)-6-ヒドロキシ-2,4,5,7-テトラブロモ-3H-キサンテン-3-オンのジカリウム塩、（既存化学物質 No.）5-1511、（CI No.）45380、Acid Red 87。

来　歴　1871年に H. Caro により発見され、日本では昭和31年7月30日に赤色103号の（2）として許可され、昭和47年12月13日に赤色230号の（2）に変更され現在に至る。米国では、D&C Red No. 23として使用されていたが、1960年10月12日に使用が禁止された。

製　法　テトラブロモフルオレセイン（赤色223号）を水酸化カリウムでカリウム塩とした後、塩析して製する。

テトラブロモフルオレセイン（赤色223号） —KOH→ 赤色230号の(2)

（性　状）水によく溶け蛍光を有する。エタノールに溶け、油脂には溶けない。水溶液に塩酸を加えると黄赤色の沈殿を生じる。水溶液に水酸化ナトリウム溶液（1 → 10）を加えても変化はない。硫酸を加えると黄赤色に溶け、水で希釈すると黄赤色の沈殿を生じる。水溶液の色は光に対して不安定である。

（用　途）口腔用以外のすべての化粧品に使用できるが、ファンデーション・口紅等に比較的繁用される。

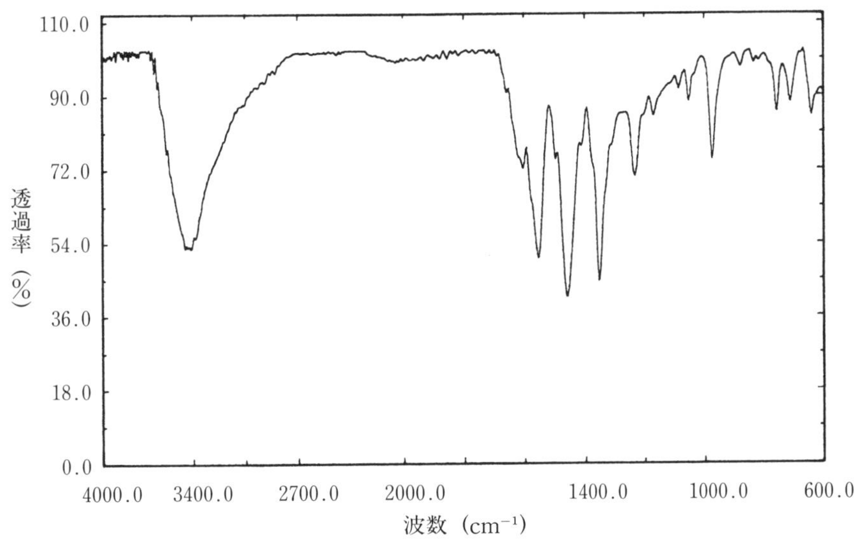

赤色230号の（2）の赤外吸収スペクトル

23. 赤色231号

フロキシンBK

Phloxine BK

C.I. 45410

Acid Red 92

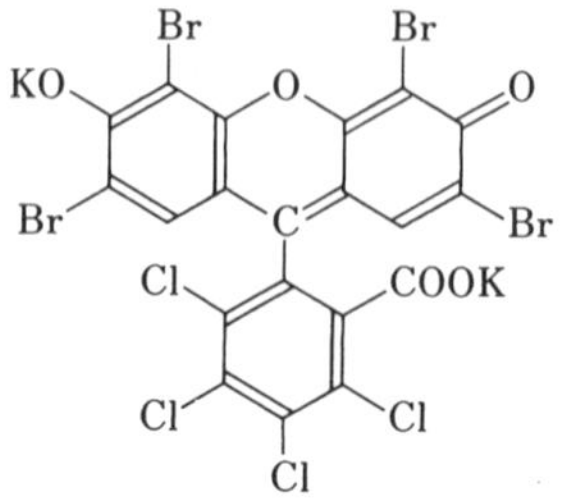

$C_{20}H_2Br_4Cl_4K_2O_5$：861.85

本品は、定量するとき、9-(3,4,5,6-テトラクロロ-2-カルボキシフェニル)-6-ヒドロキシ-2,4,5,7-テトラブロモ-3H-キサンテン-3-オンのジカリウム塩（$C_{20}H_2Br_4Cl_4K_2O_5$：861.85）として85.0％以上101.0％以下を含む。

性　　状　本品は、赤色から赤褐色までの色の粒又は粉末である。

確認試験　(1)　本品の水溶液(1 → 1000)は、帯青赤色を呈し、暗緑色の蛍光を発する。

(2)　本品0.02 gに酢酸アンモニウム試液200 mLを加えて溶かす。この液5 mLを量り、酢酸アンモニウム試液を加えて100 mLとした液は、吸光度測定法により試験を行うとき、波長536 nm以上540 nm以下に吸収の極大を有する。

(3)　本品の水溶液(1 → 1000) 2 μLを試料溶液とし、赤色231号標準品の水溶液(1 → 1000) 2 μLを標準溶液とし、1-ブタノール/エタノール(95)/アンモニア試液(希)混液（6：2：3）を展開溶媒として薄層クロマトグラフ法第1法により試験を行うとき、当該試料溶液から得た主たるスポットは、帯青赤色を呈し、当該標準溶液から得た主たるスポットと等しいRf値を示す。

(4)　炎色反応試験法により試験を行うとき、炎は、淡紫色を呈する。

純度試験　(1)　溶状　本品0.01 gに水100 mLを加えて溶かすとき、この液は、澄明である。

(2)　不溶物　不溶物試験法第1法により試験を行うとき、その限度は、0.5％以下である。

(3)　可溶物　可溶物試験法第3法の(a)及び(b)により試験を行うとき、その限度は、1.0％以下である。

(4)　塩化物及び硫酸塩　塩化物試験法及び硫酸塩試験法により試験を行うとき、それぞれの限度の合計は、5.0％以下である。

（5） ヒ素　ヒ素試験法により試験を行うとき、その限度は、2 ppm以下である。

（6） 亜鉛　本品を原子吸光光度法の前処理法(1)により処理し、試料溶液調製法(1)により調製したものを試料溶液とし、亜鉛標準原液(原子吸光光度法用) 2 mLを正確に量り、薄めた塩酸（1 → 4）を加えて 10 mLとし、この液 1 mLを正確に量り、原子吸光光度法の前処理法(1)により処理し、試料溶液調製法(1)により調製したものを比較液として原子吸光光度法により比較試験を行うとき、その限度は、200 ppm以下である（注1）。

（7） 重金属　重金属試験法により試験を行うとき、その限度は、20 ppm以下である。

乾燥減量　10.0％ 以下（1 g、105℃、6時間）

定 量 法　本品約 0.02 gを精密に量り、酢酸アンモニウム試液を加えて溶かし、正確に200 mLとする。この液 5 mLを正確に量り、酢酸アンモニウム試液を加えて正確に100 mLとし、これを試料溶液として、吸光度測定法により試験を行う。この場合において、吸収極大波長における吸光度の測定は 538 nm付近について行うこととし、吸光係数は0.122とする（注2）。

〔注〕

（注1） 製造工程で縮合剤として塩化亜鉛を使用するため、新たに亜鉛の項目を設定した。

（注2） 旧省令では試験方法として重量法を採用していた。

【解　説】

（名　称） (別名) フロキシンBK、(英名) Phloxine BK、(化学名) 9-(3,4,5,6-テトラクロロ-2-カルボキシフェニル)-6-ヒドロキシ-2,4,5,7-テトラブロモ-3H-キサンテン-3-オンのジカリウム塩、(既存化学物質 No.) 5-1514、(CI No.) 45410、Acid Red 92、(CAS No.) 75888-73-2。

（来　歴） 1882年にGnehmにより発見され、日本では昭和31年7月30日に赤色104号の(2)として許可され、昭和47年12月13日に赤色231号に変更され現在に至る。

（製　法） テトラクロロテトラブロモフルオレセイン(赤色218号)を水酸化カリウムでカリウム塩とした後、塩析して製する。

KOH

テトラクロロテトラブロモフルオレセイン（赤色218号）　→　赤色 231 号

（性　状）水によく溶け、蛍光を呈する。グリセリン、エタノールにも溶ける。油脂には溶けない。水溶液に塩酸を加えると淡赤色の沈殿を生じ、蛍光は消失する。水溶液に水酸化ナトリウム溶液（1 → 10）を加えると、液はやや赤味を帯び蛍光は変わらない。硫酸を加えると黄褐色に溶け、水で希釈すると、淡赤色の沈殿を生じ蛍光は呈さない。水溶液の色は光に弱い。

（用　途）口腔用以外のすべての化粧品に使用できるが、ファンデーション・口紅等に比較的繁用される。

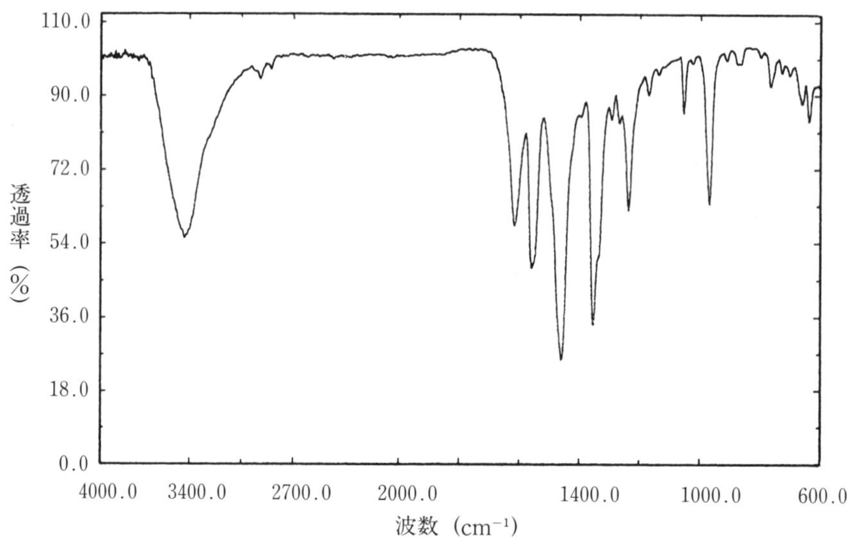

赤色231号の赤外吸収スペクトル

24. 赤色232号

ローズベンガルK

Rose Bengal K

C.I. 45440

Acid Red 94

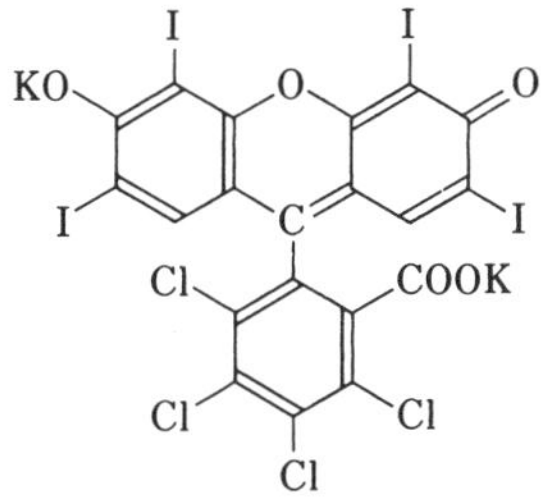

$C_{20}H_2Cl_4I_4K_2O_5$：1049.85

本品は、定量するとき、9-(3,4,5,6-テトラクロロ-2-カルボキシフェニル)-6-ヒドロキシ-2,4,5,7-テトラヨード-3H-キサンテン-3-オンのジカリウム塩($C_{20}H_2Cl_4I_4K_2O_5$：1049.85) として 85.0% 以上 101.0% 以下を含む。

性　　状　本品は、帯青赤色の粒又は粉末である。

確認試験　(1)　本品の水溶液（1 → 1000）は、帯青赤色を呈する。

(2)　本品 0.02 g に酢酸アンモニウム試液 200 mL を加えて溶かす。この液 5 mL を量り、酢酸アンモニウム試液を加えて 100 mL とした液は、吸光度測定法により試験を行うとき、波長 547 nm 以上 551 nm 以下に吸収の極大を有する。

(3)　本品の水溶液(1 → 1000) 2 μL を試料溶液とし、赤色232号標準品の水溶液(1 → 1000) 2 μL を標準溶液とし、1-ブタノール/エタノール(95)/アンモニア試液(希)混液（6：2：3）を展開溶媒として薄層クロマトグラフ法第1法により試験を行うとき、当該試料溶液から得た主たるスポットは、帯青赤色を呈し、当該標準溶液から得た主たるスポットと等しい Rf 値を示す。

(4)　炎色反応試験法により試験を行うとき、炎は、淡紫色を呈する。

純度試験　(1)　溶状　本品 0.01 g に水 100 mL を加えて溶かすとき、この液は、澄明である。

(2)　不溶物　不溶物試験法第1法により試験を行うとき、その限度は、0.5% 以下である。

(3)　可溶物　可溶物試験法第3法の(a)及び(b)により試験を行うとき、その限度は、1.0% 以下である。

(4)　塩化物及び硫酸塩　塩化物試験法及び硫酸塩試験法により試験を行うとき、それぞれの限度の合計は、5.0% 以下である。

（5）　ヒ素　ヒ素試験法により試験を行うとき、その限度は、2 ppm以下である。

（6）　亜鉛　本品を原子吸光光度法の前処理法（1）により処理し、試料溶液調製法（1）により調製したものを試料溶液とし、亜鉛標準原液（原子吸光光度法用）2 mLを正確に量り、薄めた塩酸（1 → 4）を加えて10 mLとし、この液1 mLを正確に量り、原子吸光光度法の前処理法（1）により処理し、試料溶液調製法（1）により調製したものを比較液として原子吸光光度法により比較試験を行うとき、その限度は、200 ppm以下である（注1）。

（7）　重金属　重金属試験法により試験を行うとき、その限度は、20 ppm以下である。

乾燥減量　10.0％以下（1 g、105℃、6時間）

定量法　本品約0.02 gを精密に量り、酢酸アンモニウム試液を加えて溶かし、正確に200 mLとする。この液5 mLを正確に量り、酢酸アンモニウム試液を加えて正確に100 mLとし、これを試料溶液として、吸光度測定法により試験を行う。この場合において、吸収極大波長における吸光度の測定は549 nm付近について行うこととし、吸光係数は0.101とする（注2）。

〔注〕

（注1）　製造工程で縮合剤として塩化亜鉛を使用しているため、新たに亜鉛の項目を設定した。

（注2）　旧省令では試験方法として重量法を採用していた。

【解　説】

名　称　（別名）ローズベンガルK、（英名）Rose Bengal K、（化学名）9-(3,4,5,6-テトラクロロ-2-カルボキシフェニル)-6-ヒドロキシ-2,4,5,7-テトラヨード-3H-キサンテン-3-オンのジカリウム塩、（既存化学物質No.）5-4298、（CI No.）45440、Acid Red 94、（CAS No.）632-68-8。

来　歴　1882年にGnehmにより発見され、日本では昭和31年7月30日に赤色105号の（2）として許可され、昭和47年12月13日に赤色232号に変更され現在に至る。

製　法　テトラクロロテトラヨードフルオレセインを水酸化カリウムでカリウム塩として製する。

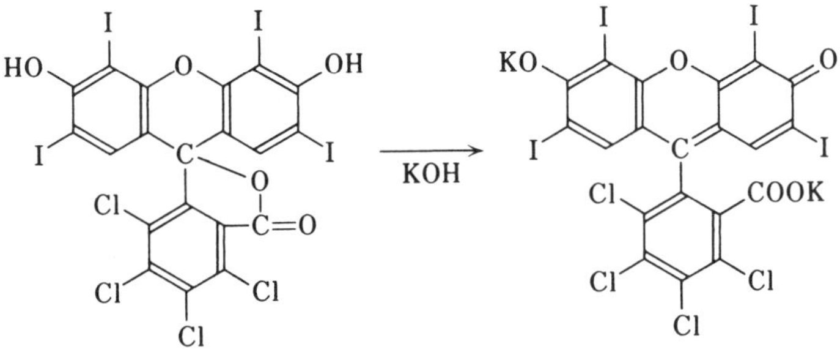

テトラクロロテトラヨードフルオレセイン　—KOH→　赤色232号

（性　状）水、エタノールに溶け、油脂には溶けない。水溶液に塩酸を加えると帯青赤色の沈殿を生じ、水溶液に水酸化ナトリウム溶液（1 → 20）を加えるとき変化はない。硫酸を加えると黄色に溶け、水で希釈すると帯青赤色の沈殿を生じる。水溶液の色は光に弱い。

（用　途）すべての化粧品に使用できるが、ファンデーション・口紅等に比較的繁用される。

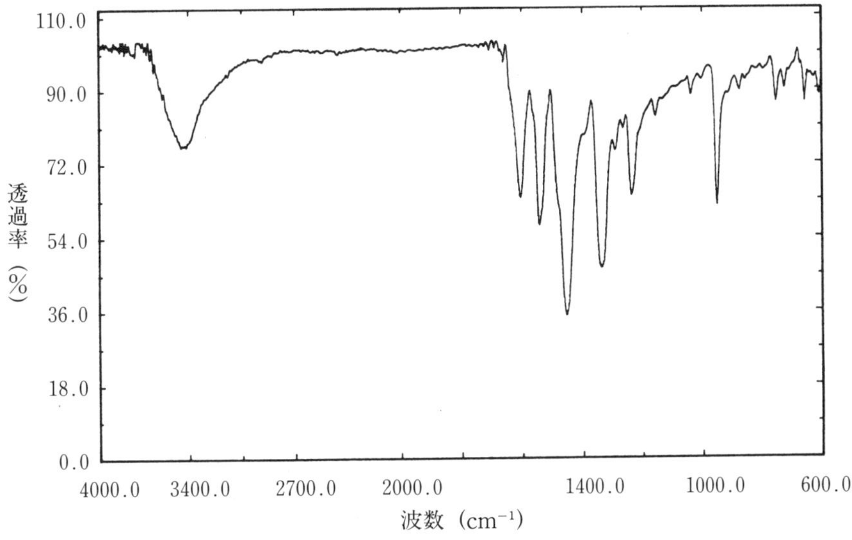

赤色232号の赤外吸収スペクトル

25．だいだい色201号

ジブロモフルオレセイン

Dibromofluorescein

C.I. 45370：1

Solvent Red 72

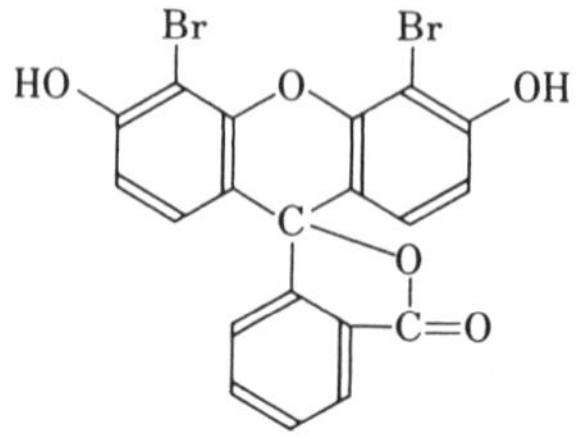

$C_{20}H_{10}Br_2O_5$：490.10

本品は、定量するとき、4',5'-ジブロモ-3',6'-ジヒドロキシスピロ[イソベンゾフラン-1(3H),9'-[9H]キサンテン]-3-オン（$C_{20}H_{10}Br_2O_5$：490.10）として 90.0% 以上 101.0% 以下を含む（注1）。

性　　状　本品は、黄赤色の粒又は粉末である。

確認試験　（1）　本品のエタノール（95）溶液（1 → 1000）は、黄赤色を呈し、黄緑色の蛍光を発する。

（2）　本品 0.02 g に水酸化ナトリウム試液（希）50 mL を加えて溶かし、酢酸アンモニウム試液を加えて 200 mL とする。この液 4 mL を量り、酢酸アンモニウム試液を加えて 100 mL とした液は、吸光度測定法により試験を行うとき、波長 502 nm 以上 506 nm 以下に吸収の極大を有する。

（3）　本品のエタノール（95）溶液（1 → 1000）2 μL を試料溶液とし、フラビアン酸標準溶液 2 μL を標準溶液とし、1-ブタノール/アセトン/水混液（3：1：1）を展開溶媒として薄層クロマトグラフ法第 2 法により試験を行うとき、当該試料溶液から得た主たるスポットは、帯黄赤色を呈し、当該標準溶液から得た主たるスポットに対する Rs 値は、約1.7である（注2）。

純度試験　（1）　溶状　本品 0.01 g にエタノール（95）100 mL を加えて溶かすとき、この液は、澄明である。

（2）　不溶物　不溶物試験法第 1 法により試験を行うとき、その限度は、1.0% 以下である。この場合において、熱湯に代えて水酸化ナトリウム溶液（1 → 100）又は薄めたアンモニア水（28）（1 → 15）を用いる（注3）。

（3）　可溶物　可溶物試験法第 4 法により試験を行うとき、その限度は、0.5% 以下である。

（4） 塩化物及び硫酸塩　塩化物試験法及び硫酸塩試験法により試験を行うとき、それぞれの限度の合計は、5.0% 以下である（注4）。

（5） ヒ素　ヒ素試験法により試験を行うとき、その限度は、2 ppm 以下である（注5）。

（6） 亜鉛　本品を原子吸光光度法の前処理法（1）により処理し、試料溶液調製法（1）により調製したものを試料溶液とし、亜鉛標準原液（原子吸光光度法用）2 mL を正確に量り、薄めた塩酸（1 → 4）を加えて 10 mL とし、この液 1 mL を正確に量り、原子吸光光度法の前処理法（1）により処理し、試料溶液調製法（1）により調製したものを比較液として原子吸光光度法により比較試験を行うとき、その限度は、200 ppm 以下である（注6）。

（7） 重金属　重金属試験法により試験を行うとき、その限度は、20 ppm 以下である。

乾燥減量　5.0% 以下（1 g、105℃、6 時間）

定 量 法　本品約 0.02 g を精密に量り、水酸化ナトリウム試液（希）50 mL を加えて溶かし、酢酸アンモニウム試液を加えて正確に 200 mL とする。この液 4 mL を正確に量り、酢酸アンモニウム試液を加えて正確に 100 mL とし、これを試料溶液として、吸光度測定法により試験を行う。この場合において、吸収極大波長における吸光度の測定は 504 nm 付近について行うこととし、吸光係数は0.167とする（注7）。

〔注〕

（注1） CFR ではジブロム体 50～65%、トリブロム体 30～40% 及びテトラブロム体 10% 以下の混合物であり、合計として 90% 以上と規定している。

（注2） 本品については薄層クロマトグラフ用標準品が設定されていないため、フラビアン酸を比較標準品とした。なお、フラビアン酸のスポットの色調は黄色である。

（注3） CFR ではアルカリ溶液に対する不溶物として 0.3% 以下と規定している。

（注4） CFR では乾燥減量を加えた値として 10% 以下と規定している。

（注5） CFR では As として 3 ppm 以下と規定している。

（注6） 製造工程で縮合剤として塩化亜鉛を使用するため、新たに亜鉛の項目を設定した。

（注7） 旧省令では試験方法として重量法を採用していた。

【解　説】

名　称　（別名）ジブロモフルオレセイン、（英名）Dibromofluorescein、（化学名）4',5'-ジブロモ-3',6'-ジヒドロキシスピロ[イソベンゾフラン-1(3H),9'-[9H]キサンテン]-3-オン、（FDA 名）D&C Orange No. 5、（既存化学物質 No.）5-4271、（CI No.）45370:1、Solvent Red 72、（CAS No.）596-03-2。

来　歴　1874年に H. Caro により発見され、日本では昭和31年 7 月30日にだいだい色201

号として許可され現在に至る。米国では、D&C Orange No. 5として使用されてきたが、1982年11月30日に口紅に、1984年５月７日に外用として永久許可された。

製　法　フルオレセイン（黄色201号）に臭素を加えることによりブロム化を行い製する。ただし、ブロム化の際トリブロム及びテトラブロムの反応も起こりうるため、それらの存在もある。

HO　O　OH　C　O　C=O　＋ Br_2 ⟶　Br　Br　HO　O　OH　C　O　C=O

フルオレセイン（黄色 201 号）　　だいだい色 201 号

性　状　水、塩酸（希）に溶けない。エタノールにわずかに溶ける。グリセリンにわずかに溶け、油脂には溶けない。水酸化ナトリウム溶液（1 → 20）には黄赤色に溶け、蛍光を有する。硫酸を加えると黄赤色に溶け、水で希釈すると黄褐色となり、次いで黄赤色の沈殿を生じる。光に対して、エタノール溶液は変化しないが、アルカリ溶液は不安定である。

用　途　すべての化粧品に使用できるが、口紅に繁用される。

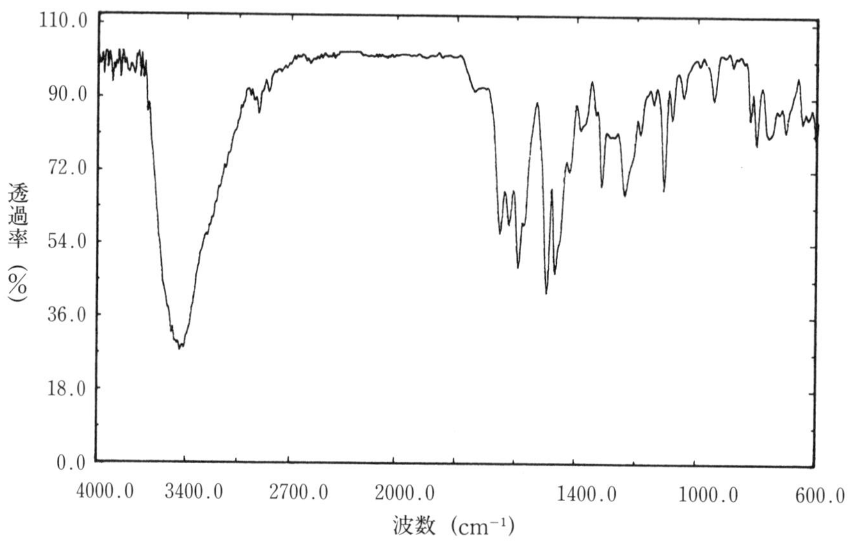

だいだい色201号の赤外吸収スペクトル

26. だいだい色203号

パーマネントオレンジ
Permanent Orange

C.I. 12075

Pigment Orange 5

HO

O_2N—⟨⟩—N=N—⟨⟩

NO_2

$C_{16}H_{10}N_4O_5$：338.28

本品は、定量するとき、1-(2,4-ジニトロフェニルアゾ)-2-ナフトール($C_{16}H_{10}N_4O_5$：338.28) として 90.0% 以上 101.0% 以下を含む。

性　　状　本品は、黄赤色の粉末である。

確認試験　(1)　本品 0.01 g にクロロホルム 100 mL を加え、必要に応じて約 50℃ で加温して溶かすとき、この液は、黄赤色を呈する。

(2)　本品 0.01 g にクロロホルム 200 mL を加え、必要に応じて約 50℃ で加温して溶かす。常温になるまで冷却後、この液 20 mL を量り、クロロホルムを加えて 100 mL とした液は、吸光度測定法により試験を行うとき、波長 478 nm 以上 482 nm 以下に吸収の極大を有する。

(3)　本品 0.01 g にクロロホルム 100 mL を加え必要に応じて約 50℃ に加温して溶かした液 8 μL を試料溶液とし、だいだい色203号標準品 0.01 g にクロロホルム 100 mL を加え、必要に応じて約 50℃ で加温して溶かした液 8 μL を標準溶液とし、クロロホルム/1-ブタノール混液 (16：1) を展開溶媒として薄層クロマトグラフ法第１法により試験を行うとき、当該試料溶液から得た主たるスポットは、黄赤色を呈し、当該標準溶液から得た主たるスポットと等しい Rf 値を示す。

純度試験　(1)　溶状　本品 0.01 g にクロロホルム 100 mL を加え、必要に応じて約 50℃ で加温して溶かすとき、この液は、澄明である。

(2)　可溶物　可溶物試験法第１法により試験を行うとき、その限度は、3.0% 以下である。

(3)　ヒ素　ヒ素試験法により試験を行うとき、その限度は、2 ppm 以下である。

(4)　重金属　重金属試験法により試験を行うとき、その限度は、20 ppm 以下である。

乾燥減量　5.0% 以下 (1 g、105℃、6時間)

強熱残分　1.0% 以下（1 g）

定 量 法　本品約 0.01 g を精密に量り、クロロホルム 150 mL を加え、必要に応じて約 50℃ で加温して溶かし、常温になるまで冷却後、クロロホルムを加えて正確に 200 mL とする。この液 20 mL を正確に量り、クロロホルムを加えて正確に 100 mL とし、これを試料溶液として、吸光度測定法により試験を行う。この場合において、吸収極大波長における吸光度の測定は 480 nm 付近について行うこととし、吸光係数は0.0778とする（注1）。

〔注〕

（注1）　新たに測定溶媒及び測定波長を設定した。

【解　説】

名　称　（別名）パーマネントオレンジ、（英名）Permanent Orange、（化学名）1-（2,4,-ジニトロフェニルアゾ）-2-ナフトール、（既存化学物質 No.）5-3192、（CI No.）12075、Pigumennt Orange 5、（CAS No.）3468-63-1。

来　歴　1907年に R. Lauch により発見され、日本では昭和31年 7 月30日にだいだい色203号として許可され現在に至る。米国では、D&C Orange No. 17として使用され、1985年10月 6 日に口に入る化粧品以外の外用化粧品用として永久許可されたが、1988年 7 月15日に使用が禁止された。

製　法　2,4-ジニトロアニリンをニトロシル硫酸法でジアゾ化し、メタノール溶液中で2-ナフトールとカップリングして製する。

O_2N-$C_6H_3(NO_2)$-NH_2 （2,4-ジニトロアニリン） —ジアゾ化（$NaNO_2$, $NOSO_4H$）→ O_2N-$C_6H_3(NO_2)$-$N{\equiv}N$-SO_4H ＋ 2-ナフトール —NaOH→ O_2N-$C_6H_3(NO_2)$-N=N-（2-ヒドロキシ-1-ナフチル） （だいだい色203号）

性　状　水に溶けない。グリセリンにはほとんど溶けない。クロロホルムにわずかに溶け、トルエンには溶ける。油脂にはほとんど溶けない。水酸化カリウム・エタノール試液*に紫色に溶ける。硫酸を加えると紫色に溶け、水で希釈すると黄赤色の沈殿を生じる。光に対して色は安定である。

＊ 水酸化カリウム・エタノール試液
　水酸化カリウム 10 g をエタノール（95）に溶かし、100 mL とする。用時製する。

（用　途）すべての化粧品に使用できるが、ファンデーション・口紅・アイシャドウに繁用される。

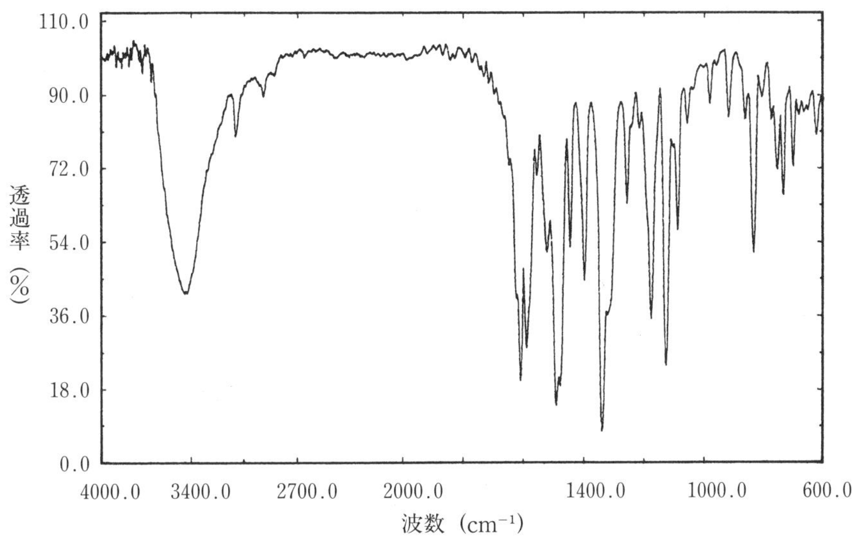

だいだい色203号の赤外吸収スペクトル

27. だいだい色204号

ベンチジンオレンジG

Benzidine Orange G

C.I. 21110

Pigment Orange 13

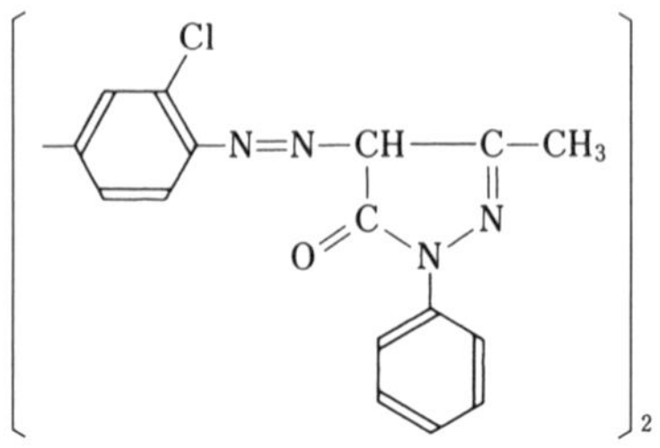

$C_{32}H_{24}Cl_2N_8O_2$：623.49

本品は、定量するとき、4,4'-[(3,3'-ジクロロ-1,1'-ビフェニル)-4,4'-ジイルビス(アゾ)]ビス[3-メチル-1-フェニル-5-ピラゾロン]（$C_{32}H_{24}Cl_2N_8O_2$：623.49）として90.0% 以上 101.0% 以下を含む。

性　　状　本品は、黄赤色の粉末である。

確認試験　(1)　本品 0.1 g にクロロホルム 100 mL を加え、必要に応じて約 50℃ で加温して溶かすとき、この液は、黄赤色を呈する。

(2)　本品 0.02 g にクロロホルム 200 mL を加え、必要に応じて約 50℃ で加温して溶かす。常温になるまで冷却後、この液 5 mL を量り、クロロホルムを加えて 100 mL とした液は、吸光度測定法により試験を行うとき、波長 445 nm 以上 449 nm 以下に吸収の極大を有する。

(3)　本品 0.01 g にクロロホルム 100 mL を加え、必要に応じて約 50℃ で加温して溶かした液 10 μL を試料溶液とし、だいだい色403号標準溶液 2 μL を標準溶液とし、クロロホルムを展開溶媒として薄層クロマトグラフ法第2法により試験を行うとき、当該試料溶液から得た主たるスポットは、黄赤色を呈し、当該標準溶液から得た主たるスポットに対する Rs 値は、約0.9である（注1）。

純度試験　(1)　溶状　本品 0.01 g にクロロホルム 100 mL を加え、必要に応じて約 50℃ で加温して溶かすとき、この液は、澄明である。

(2)　可溶物　可溶物試験法第6法により試験を行うとき、その限度は、0.3% 以下である（注2）。

(3)　ヒ素　ヒ素試験法により試験を行うとき、その限度は、2 ppm 以下である。

(4)　重金属　重金属試験法により試験を行うとき、その限度は、20 ppm 以下である。

乾燥減量　5.0% 以下（1 g、105℃、6時間）

強熱残分　1.0% 以下（1 g）

定 量 法　本品約 0.02 g を精密に量り、クロロホルム 150 mL を加え、必要に応じて約 50℃ で加温して溶かし、常温になるまで冷却後、クロロホルムを加えて正確に 200 mL とする。この液 5 mL を正確に量り、クロロホルムを加えて正確に 100 mL とし、これを試料溶液として、吸光度測定法により試験を行う。この場合において、吸収極大波長における吸光度の測定は 447 nm 付近について行うこととし、吸光係数は0.104とする（注 3）。

〔注〕

（注 1）　本品については薄層クロマトグラフ用標準品が設定されていないため、だいだい色403号を比較標準品とした。なお、だいだい色403号のスポットの色調は橙色である。

（注 2）　旧省令では水可溶性物質のほか、アルカリ性ジオキサン不溶性物質として 0.1% 以下と規定していた。

（注 3）　旧省令では試験方法として有機結合窒素法を採用していた。

【解　説】

名　称　（別名）ベンチジンオレンジ G、（英名）Benzidine Orange G、（化学名）4,4'-[(3,3'-ジクロロ-1,1'-ビフェニル)-4,4'-ジイルビス(アゾ)]ビス[3-メチル-1-フェニル-5-ピラゾロン]、(既存化学物質 No.) 5-3193、(CI No.) 21110、Pigment Orange 13、(CAS No.) 3520-72-7。

来　歴　1910年に A. Lasla により発見され、日本では昭和34年 9 月14日にだいだい色204号として許可され現在に至る。

製　法　3,3'-ジクロロベンチジンを亜硝酸ナトリウムと塩酸でテトラゾ化し、3-メチル-1-フェニル-5-ピラロゾロンとアルカリ性でカップリングして製する。

3,3'-ジクロロベンチジン

ジアゾ化 / $NaNO_2$, HCl → ClN=N–(3,3'-ジクロロビフェニル)–N=NCl ＋

3-メチル-1-フェニル-5-ピラロゾロン

$\xrightarrow{NaOH}$ [Cl-置換ベンゼン環–N=N–CH–C–CH₃ / C(=O)–N(フェニル)–N=（ピラゾロン環）]$_2$

だいだい色204号

性　状　水、水酸化ナトリウム溶液(1 → 20)、エーテル、メタノールに溶けない。エタノールにわずかに溶ける。トルエン、クロロホルムに溶ける。油脂にわずかに溶ける。硫酸を加えると紅色に溶け、水で希釈すると黄赤色の沈殿を生じる。光に対して色はやや安定である。

用　途　すべての化粧品に使用できるが、口紅・アイシャドウ・石けん等に繁用される。

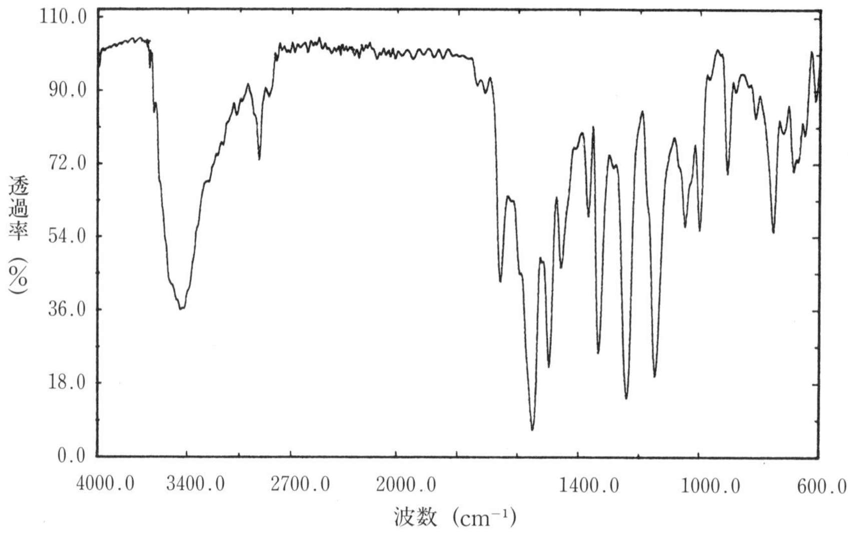

だいだい色204号の赤外吸収スペクトル

28．だいだい色205号

オレンジII

Orange II

C.I. 15510

Acid Orange 7

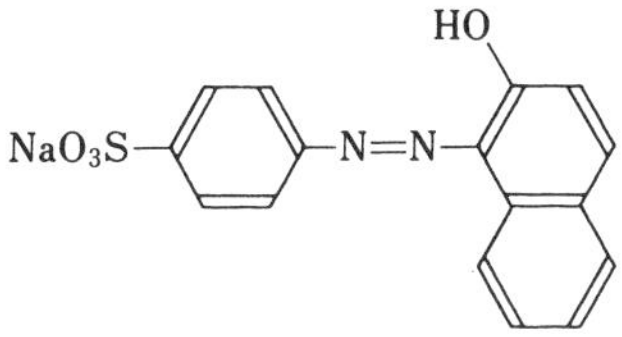

HO

NaO_3S–⟨benzene⟩–N=N–⟨naphthalene⟩

$C_{16}H_{11}N_2NaO_4S$：350.32

本品は、定量するとき、1-(4-スルホフェニルアゾ)-2-ナフトールのモノナトリウム塩($C_{16}H_{11}N_2NaO_4S$：350.32) として 85.0% 以上 101.0% 以下を含む（注1）。

性　　状　本品は、黄赤色の粒又は粉末である。

確認試験　(1)　本品の水溶液（1 → 1000）は、黄赤色を呈する。

(2)　本品 0.02 g に酢酸アンモニウム試液 200 mL を加えて溶かし、この液 10 mL を量り、酢酸アンモニウム試液を加えて 100 mL とした液は、吸光度測定法により試験を行うとき、波長 482 nm 以上 486 nm 以下に吸収の極大を有する。

(3)　本品の水溶液(1 → 1000) 2 μL を試料溶液とし、だいだい色205号標準品の水溶液(1 → 1000) 2 μL を標準溶液とし、1-ブタノール/アセトン/水混液(3 ：1 ：1)を展開溶媒として薄層クロマトグラフ法第1法により試験を行うとき、当該試料溶液から得た主たるスポットは、黄赤色を呈し、当該標準溶液から得た主たるスポットと等しい Rf 値を示す。

(4)　本品を乾燥し、赤外吸収スペクトル測定法により試験を行うとき、本品のスペクトルは、次に掲げる本品の参照スペクトルと同一の波数に同一の強度の吸収を有する。

(次頁参照)

純度試験　(1)　溶状　本品 0.01 g に酢酸アンモニウム試液 100 mL を加えて溶かすとき、この液は、澄明である。

(2)　不溶物　不溶物試験法第1法により試験を行うとき、その限度は、1.0% 以下である（注2）。

(3)　可溶物　可溶物試験法第2法により試験を行うとき、その限度は、0.5% 以下である（注3）。

(4)　塩化物及び硫酸塩　塩化物試験法及び硫酸塩試験法により試験を行うとき、それ

それの限度の合計は、5.0％ 以下である（注４）。

（５） ヒ素　ヒ素試験法により試験を行うとき、その限度は、2 ppm 以下である（注５）。

（６） 重金属　重金属試験法により試験を行うとき、その限度は、20 ppm 以下である。

乾燥減量　10.0％ 以下（１ g、105℃、６時間）

定 量 法　本品約 0.02 g を精密に量り、酢酸アンモニウム試液を加えて溶かし、正確に 200 mL とする。この液 10 mL を正確に量り、酢酸アンモニウム試液を加えて正確に 100 mL とし、これを試料溶液として、吸光度測定法により試験を行う。この場合において、吸収極大波長における吸光度の測定は 484 nm 付近について行うこととし、吸光係数は0.0670とする（注６）。

だいだい色205号

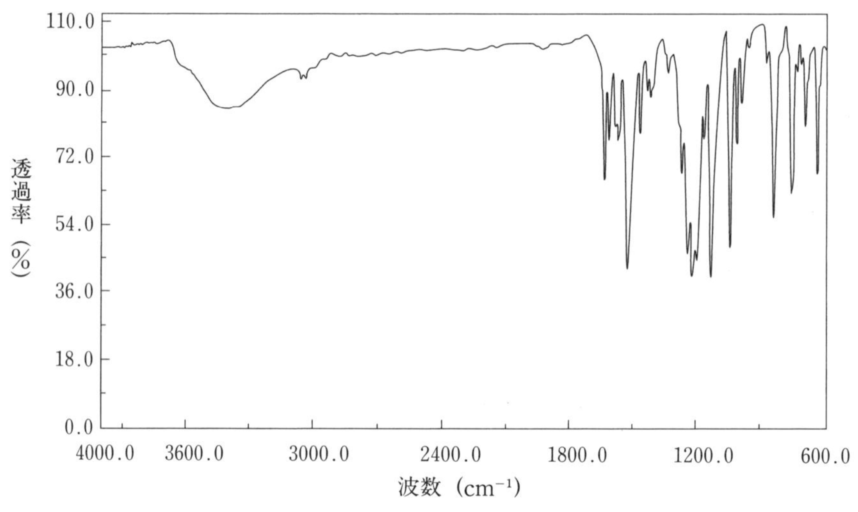

〔注〕

（注１） CFR では 87％ 以上と規定している。

（注２） CFR では 0.2％ 以下と規定しており、旧省令では水不溶性物質として規定していたほかに、エーテルエキスとして 0.5％ 以下と規定していた。

（注３） CFR では可溶物の規定はないが、当該色素以外の特定の有機化合物等の限度を規定している。

（注４） CFR では乾燥減量を加えた値として 13％ 以下と規定している。

（注５） CFR では As として 3 ppm 以下と規定している。

（注６） 旧省令では試験方法として三塩化チタン法を採用していた。

【解　説】

名　称　(別名)オレンジII、(英名)Orange II、(化学名)1-(4-スルホフェニルアゾ)-2-ナフトールのモノナトリウム塩、(FDA 名) D&C Orange No. 4、(既存化学物質 No.) 5-1455、(CI No.) 15510、Acid Orange 7、(CAS No.) 633-96-5。

来　歴　1876年に Z. Roussin により発見され、日本では昭和41年 8 月31日にだいだい色205号として許可され現在に至る。米国では、D&C Orange No. 4として使用されてきたが、1977年10月31日に永久許可された。

製　法　スルファニル酸 (4-アミノ-ベンゼン-1-スルホン酸) を亜硝酸ナトリウムと塩酸によりジアゾ化し、2-ナフトールの水酸化ナトリウム液に加えてカップリングして製する。

$$HO_3S\text{-}C_6H_4\text{-}NH_2 \xrightarrow[NaNO_2,\ HCl]{\text{ジアゾ化}} {}^{-}O_3S\text{-}C_6H_4\text{-}\overset{+}{N}{\equiv}N + \text{2-naphthol (OH)}$$

スルファニル酸　　2-ナフトール

$$\xrightarrow[NaOH]{} NaO_3S\text{-}C_6H_4\text{-}N{=}N\text{-}(\text{2-hydroxy-1-naphthyl})$$

だいだい色205号

性　状　水、エタノール、グリセリンに溶け、油脂には溶けない。水溶液に塩酸を加えると黄褐色の沈殿を生じ、水酸化ナトリウム溶液（1 → 5）では暗褐色に溶ける。硫酸を加えると赤紫色に溶け、水で希釈すると褐黄色の沈殿を生じる。水溶液の色は光に対して安定である。

用　途　すべての化粧品に使用できるが、整髪料・シャンプー・リンス・染毛料・化粧水・石けん・入浴剤等に繁用される。

29．だいだい色206号

ジヨードフルオレセイン

Diiodofluorescein

C.I. 45425：1

Solvent Red 73

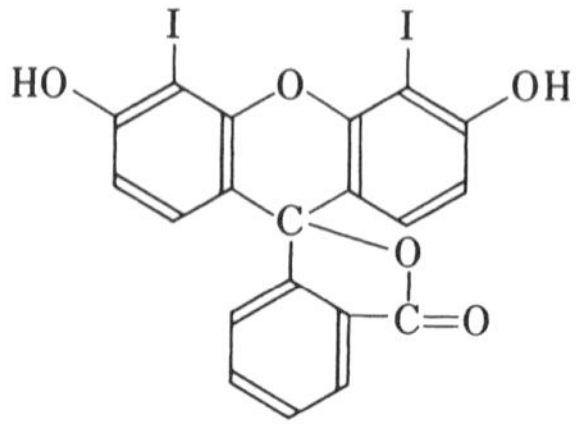

$C_{20}H_{10}I_2O_5$：584.10

本品は、定量するとき、4',5'-ジヨード-3',6'-ジヒドロキシスピロ[イソベンゾフラン-1(3H),9'-[9H]キサンテン]-3-オン($C_{20}H_{10}I_2O_5$：584.10)として 90.0% 以上 101.0% 以下を含む（注１)。

性　　状　本品は、黄赤色から褐色までの色の粒又は粉末である。

確認試験　(１)　本品のエタノール (95) 溶液（1 → 1000）は、黄赤色を呈し、蛍光を発する。

(２)　本品 0.02 g に水酸化ナトリウム試液（希）50 mL を加えて溶かし、酢酸アンモニウム試液を加えて 200 mL とする。この液 5 mL を量り、酢酸アンモニウム試液を加えて 100 mL とした液は、吸光度測定法により試験を行うとき、波長 506 nm 以上 510 nm 以下に吸収の極大を有する。

(３)　本品のエタノール (95) 溶液（1 → 1000）2 μL を試料溶液とし、フラビアン酸標準溶液 2 μL を標準溶液とし、1-ブタノール/エタノール(95)/アンモニア試液(希)混液（6：2：3）を展開溶媒として薄層クロマトグラフ法第 2 法により試験を行うとき、当該試料溶液から得た主たるスポットは、帯黄赤色を呈し、当該標準溶液から得た主たるスポットに対する Rs 値は、約1.1である（注２)。

純度試験　(１)　溶状　本品 0.01 g にエタノール (95)　100 mL を加えて溶かすとき、この液は、澄明である。

(２)　不溶物　不溶物試験法第 1 法により試験を行うとき、その限度は、1.0% 以下である。この場合において、熱湯に代えて水酸化ナトリウム溶液（1 → 100）又は薄めたアンモニア水 (28)（1 → 15）を用いる（注３)。

(３)　可溶物　可溶物試験法第 4 法により試験を行うとき、その限度は、0.5% 以下である（注４)。

（4） 塩化物及び硫酸塩　塩化物試験法及び硫酸塩試験法により試験を行うとき、それぞれの限度の合計は、3.0% 以下である（注5）。

（5） ヒ素　ヒ素試験法により試験を行うとき、その限度は、2 ppm 以下である（注6）。

（6） 亜鉛　本品を原子吸光光度法の前処理法（1）により処理し、試料溶液調製法（1）により調製したものを試料溶液とし、亜鉛標準原液（原子吸光光度法用）2 mL を正確に量り、薄めた塩酸（1 → 4）を加えて 10 mL とし、この液 1 mL を正確に量り、原子吸光光度法の前処理法（1）により処理し、試料溶液調製法（1）により調製したものを比較液として原子吸光光度法により比較試験を行うとき、その限度は、200 ppm 以下である（注7）。

（7） 重金属　重金属試験法により試験を行うとき、その限度は、20 ppm 以下である。

乾燥減量　5.0% 以下（1 g、105℃、6時間）

定 量 法　本品約 0.02 g を精密に量り、水酸化ナトリウム試液（希）50 mL を加えて溶かし、酢酸アンモニウム試液を加えて正確に 200 mL とする。この液 5 mL を正確に量り、酢酸アンモニウム試液を加えて正確に 100 mL とし、これを試料溶液として、吸光度測定法により試験を行う。この場合において、吸収極大波長における吸光度の測定は 508 nm 付近について行うこととし、吸光係数は0.120とする（注8）。

〔注〕

（注1） CFR ではジヨード体 60%～95%、トリヨード体 35% 以下及びテトラヨード体 10% 以下の混合物として 92% 以上と規定している。

（注2） 本品については薄層クロマトグラフ用標準品が設定されていないため、フラビアン酸を比較標準品とした。なお、フラビアン酸のスポットの色調は黄色である。

（注3） CFR ではアルカリ溶液に対する不溶物として 0.5% 以下と規定している。

（注4） CFR では可溶物の規定はないが、当該色素以外の特定の有機化合物等の限度を規定しており、旧省令では試験方法としてエーテルエキス第2法を採用していた。

（注5） CFR では乾燥減量を加えた値として 8% 以下と規定している。

（注6） CFR では As として 3 ppm 以下と規定している。

（注7） 中間体の製造工程で縮合剤として塩化亜鉛を使用する場合があるため、新たに亜鉛の項目を設定した。

（注8） 旧省令では試験方法として重量法を採用していた。

【解　説】

名　称　（別名）ジヨードフルオレセイン、（英名）Diiodofluorescein、（化学名）4',5'-ジヨード-3',6'-ジヒドロキシスピロ[イソベンゾフラン-1(3H),9'-[9H]キサンテン]-3-オン、

(FDA 名) D&C Orange No. 10、(既存化学物質 No.) 9-2393、(CI No.) 45425:1、Solvent Red 73、(CAS No.) 38577-97-8。

来　歴　1875年に Noelting により発見され、日本では昭和41年８月31日にだいだい色206号として許可され現在に至る。米国では、D&C Orange No. 10として使用されてきたが、1981年４月28日に永久許可された。

製　法　フルオレセイン（黄色201号）をヨウ素化して製する。ただし、ヨード化の際トリヨード及びテトラヨード体の反応が起こるため、それらの存在がある。

フルオレセイン（黄色201号） + I_2 ⟶ だいだい色206号

性　状　水、塩酸（希）には溶けない。グリセリンにわずかに溶ける。エタノールにはわずかに溶け蛍光を有する。アルカリには淡赤色に溶け、アルカリ溶液では構造がだいだい色207号となり、だいだい色207号と同様の性状を示す。油脂には溶けない。硫酸を加えると褐黄色に溶け、水で希釈すると褐黄色の沈殿を生じる。光に対しては、エタノール溶液の色は不安定であり、アルカリ性水溶液も不安定である。

用　途　すべての化粧品に使用できるが、口紅等に比較的繁用される。

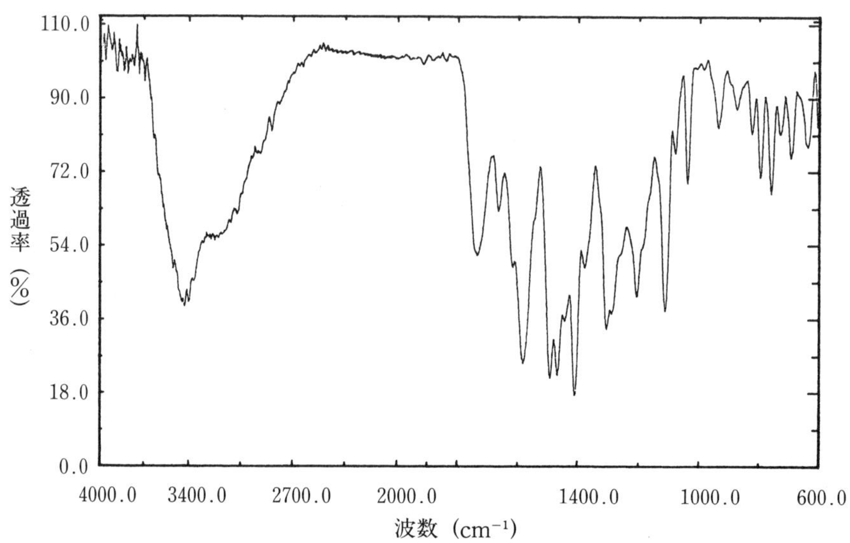

だいだい色206号の赤外吸収スペクトル

30．だいだい色207号

エリスロシン黄 NA
Erythrosine Yellowish NA

C.I. 45425

Acid Red 95

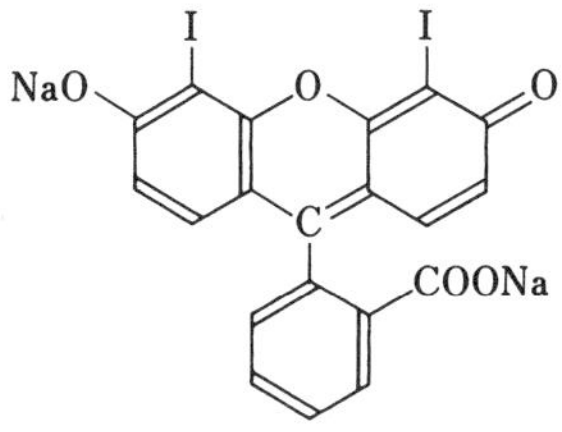

$C_{20}H_8I_2Na_2O_5$：628.06

本品は、定量するとき、9-(2-カルボキシフェニル)-6-ヒドロキシ-4,5-ジヨード-3H-キサンテン-3-オンのジナトリウム塩（$C_{20}H_8I_2Na_2O_5$：628.06）として 85.0% 以上 101.0% 以下を含む（注1）。

性　　状　本品は、黄赤色から褐色までの色の粒又は粉末である。

確認試験　（1）　本品の水溶液（1 → 1000）は、帯黄赤色を呈する。

（2）　本品 0.02 g に酢酸アンモニウム試液 200 mL を加えて溶かし、この液 5 mL を量り、酢酸アンモニウム試液を加えて 100 mL とした液は、吸光度測定法により試験を行うとき、波長 507 nm 以上 511 nm 以下に吸収の極大を有する。

（3）　本品の水溶液（1 → 1000）2 μL を試料溶液とし、フラビアン酸標準溶液 2 μL を標準溶液とし、1-ブタノール/エタノール(95)/アンモニア試液(希)混液（6：2：3）を展開溶媒として薄層クロマトグラフ法第2法により試験を行うとき、当該試料溶液から得た主たるスポットは、帯黄赤色を呈し、当該標準溶液から得た主たるスポットに対する Rs 値は、約1.1である（注2）。

（4）　炎色反応試験法により試験を行うとき、炎は、黄色を呈する

純度試験　（1）　溶状　本品 0.01 g に水 100 mL を加えて溶かすとき、この液は、澄明である。

（2）　不溶物　不溶物試験法第1法により試験を行うとき、その限度は、1.0% 以下である（注3）。

（3）　可溶物　可溶物試験法第3法の（a）及び（b）により試験を行うとき、その限度は、0.5% 以下である（注4）。

（4）　塩化物及び硫酸塩　塩化物試験法及び硫酸塩試験法により試験を行うとき、それぞれの限度の合計は、3.0% 以下である（注5）。

（5） ヒ素 ヒ素試験法により試験を行うとき、その限度は、2 ppm以下である（注6）。

（6） 亜鉛 本品を原子吸光光度法の前処理法（1）により処理し、試料溶液調製法（1）により調製したものを試料溶液とし、亜鉛標準原液（原子吸光光度法用）2 mLを正確に量り、薄めた塩酸（1 → 4）を加えて10 mLとし、この液1 mLを正確に量り、原子吸光光度法の前処理法（1）により処理し、試料溶液調製法（1）により調製したものを比較液として原子吸光光度法により比較試験を行うとき、その限度は、200 ppm以下である（注7）。

（7） 重金属 重金属試験法により試験を行うとき、その限度は、20 ppm以下である。

乾燥減量 10.0％ 以下（1 g、105℃、6時間）

定 量 法 本品約0.02 gを精密に量り、酢酸アンモニウム試液を加えて溶かし、正確に200 mLとする。この液5 mLを正確に量り、酢酸アンモニウム試液を加えて正確に100 mLとし、これを試料溶液として、吸光度測定法により試験を行う。この場合において、吸収極大波長における吸光度の測定は509 nm付近について行うこととし、吸光係数は0.110とする（注8）。

〔注〕

（注1） CFRではジブロム体60～95％、トリブロム体35％以下及びテトラブロム体10％以下の混合物であり、合計として92％以上と規定している。

（注2） 本品については薄層クロマトグラフ用標準品が設定されていないため、フラビアン酸を比較標準品とした。なお、フラビアン酸のスポットの色調は黄色である。

（注3） CFRでは0.5％以下と規定している。

（注4） CFRでは可溶物の規定はないが、当該色素以外の特定の有機化合物等の限度を規定しており、旧省令ではエーテルエキスとして0.5％以下と規定していた。

（注5） CFRでは乾燥減量を加えた値として10％以下と規定している。

（注6） CFRではAsとして3 ppm以下と規定している。

（注7） 製造工程で縮合剤として塩化亜鉛を使用しているため、新たに亜鉛の項目を設定した。

（注8） 旧省令では試験方法として重量法を採用していた。

【解 説】

名 称 （別名）エリスロシン黄NA、（英名）Erythrosine Yellowish NA、（化学名）9-(2-カルボキシフェニル)-6-ヒドロキシ-4,5-ジヨード-3H-キサンテン-3-オンのジナトリウム塩、（FDA名）D&C Orange No. 11、（既存化学物質No.）5-1480、（CI No.）45425、Acid Red 95、（CAS No.）33239-19-9。

来 歴 1875年にNoeltingにより発見され、日本では昭和41年8月31日にだいだい色207

号として許可され現在に至る。米国では、D&C Orange No. 11として使用されてきたが、1981年4月28日に永久許可された。

製　法　レゾルシン（1,3-ベンゼンジオール）と無水フタル酸を、塩化亜鉛触媒で縮合しフルオレセイン（黄色201号）とする。さらにヨウ素化してジヨードフルオレセイン（だいだい色206号）とした後に、水酸化ナトリウムを加えてナトリウム塩として製する。ただし、ヨウ素化の際トリヨード及びテトラヨード体への反応もあるため、それらの存在もある。

2× レゾルシン ＋ 無水フタル酸 —縮合 $ZnCl_2$→ フルオレセイン（黄色201号）

フルオレセイン ＋ I_2 → ジヨードフルオレセイン（だいだい色206号）

ジヨードフルオレセイン —NaOH→ だいだい色207号

性　状　水によく溶け、自然光では蛍光はない。エタノール、グリセリンに溶け、油脂には溶けない。塩酸を加えると褐黄色の沈殿を生じ、水酸化ナトリウム溶液（1 → 5）には赤色の沈殿を生じるが水で希釈すると溶ける。硫酸を加えると褐黄色に溶け、水で希釈すると褐黄色の沈殿を生じる。水溶液の色は光に対して不安定である。

用　途　すべての化粧品に使用できるが、口紅等に比較的繁用される。

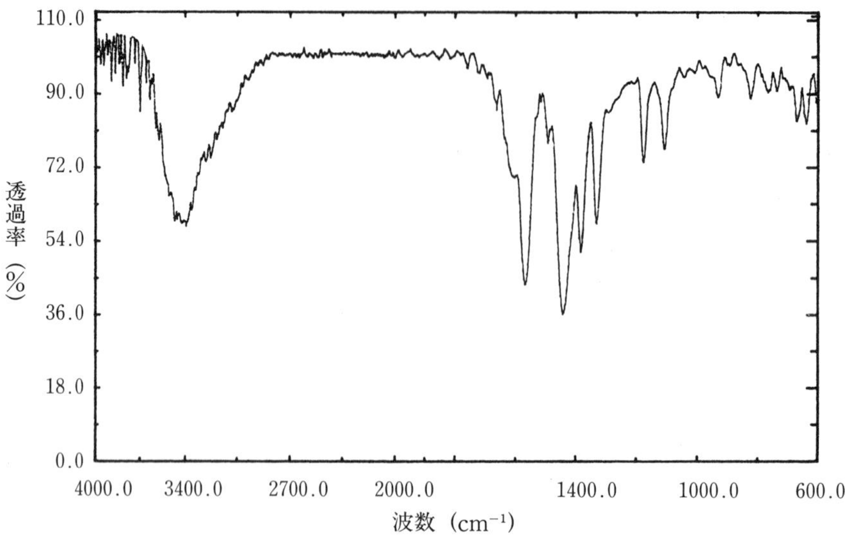

だいだい色207号の赤外吸収スペクトル

31. 黄色201号

フルオレセイン

Fluorescein

C.I. 45350：1

Acid Yellow 73

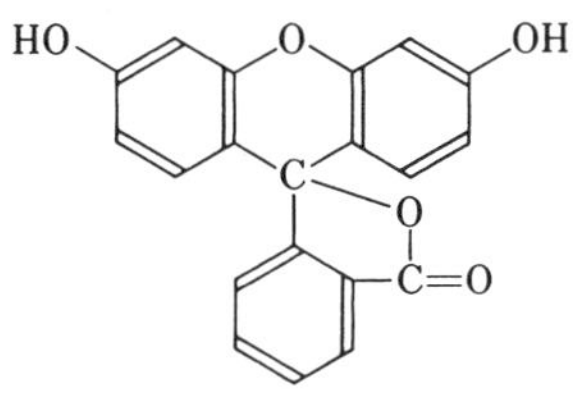

$C_{20}H_{12}O_5$：332.31

本品は、定量するとき、3',6'-ジヒドロキシスピロ[イソベンゾフラン-1(3H),9'-[9H]キサンテン]-3-オン（$C_{20}H_{12}O_5$：332.31）として 90.0% 以上 101.0% 以下を含む（注1）。

性　　状　本品は、黄褐色から赤褐色までの色の粒又は粉末である。

確認試験　（1）　本品のエタノール（95）溶液（1 → 1000）は、黄色を呈し、緑色の蛍光を発する。

（2）　本品 0.02 g に水酸化ナトリウム試液（希）50 mL を加えて溶かし、酢酸アンモニウム試液を加えて 200 mL とする。この液 4 mL を量り、酢酸アンモニウム試液を加えて 100 mL とした液は、吸光度測定法により試験を行うとき、波長 488 nm 以上 492 nm 以下に吸収の極大を有する。

（3）　本品の水酸化ナトリウム試液（希）の溶液（1 → 1000）2 μL を試料溶液とし、黄色201号標準品の水酸化ナトリウム（希）の溶液（1 → 1000）2 μL を標準溶液とし、1-ブタノール/エタノール（95）/アンモニア試液（希）混液（6：2：3）を展開溶媒として薄層クロマトグラフ法第1法により試験を行うとき、当該試料溶液から得た主たるスポットは、黄色を呈し、当該標準溶液から得た主たるスポットと等しい Rf 値を示す。

純度試験　（1）　溶状　本品 0.01 g にエタノール（95）100 mL を加えて溶かすとき、この液は、澄明である。

（2）　不溶物　不溶物試験法第1法により試験を行うとき、その限度は、0.5% 以下である。この場合において、熱湯に代えて水酸化ナトリウム溶液（1 → 100）又は薄めたアンモニア水（28）（1 → 15）を用いる（注2）。

（3）　可溶物　可溶物試験法第4法により試験を行うとき、その限度は、0.5% 以下で

ある。

（4）　塩化物及び硫酸塩　塩化物試験法及び硫酸塩試験法により試験を行うとき、それぞれの限度の合計は、5.0% 以下である（注3）。

（5）　ヒ素　ヒ素試験法により試験を行うとき、その限度は、2 ppm 以下である（注4）。

（6）　亜鉛　本品を原子吸光光度法の前処理法（1）により処理し、試料溶液調製法（1）により調製したものを試料溶液とし、亜鉛標準原液（原子吸光光度法用）2 mL を正確に量り、薄めた塩酸（1 → 4）を加えて 10 mL とし、この液 1 mL を正確に量り、原子吸光光度法の前処理法（1）により処理し、試料溶液調製法（1）により調製したものを比較液として原子吸光光度法により比較試験を行うとき、その限度は、200 ppm 以下である（注5）。

（7）　重金属　重金属試験法により試験を行うとき、その限度は、20 ppm 以下である。

乾燥減量　5.0% 以下（1 g、105℃、6時間）

定 量 法　本品約 0.02 g を精密に量り、水酸化ナトリウム試液（希）16 mL を加え、必要に応じて加温しながら溶かし、更に水酸化ナトリウム試液（希）を加えて正確に 200 mL とする。この液 2 mL を正確に量り、水を加えて正確に 50 mL とし、これを試料溶液として、吸光度測定法により試験を行う。この場合において、吸収極大波長における吸光度の測定は 489 nm 付近について行うこととし、吸光係数は0.247とする（注6）。

〔注〕

（注1）　CFR では 94% 以上と規定している。

（注2）　CFR ではアルカリ溶液に対する不溶物として規定している。

（注3）　CFR では 6 % 以下と規定している。

（注4）　CFR では As として 3 ppm と規定している。

（注5）　製造工程で縮合剤として塩化亜鉛を使用しているため、新たに亜鉛の項目を設定した。

（注6）　改良した吸光度測定法であるが、省令の方法は次の通りである。

定 量 法　質量法第2法により試験を行う。この場合において、係数は、1.000とする。

【解　説】

名　称　（別名）フルオレセイン、（英名）Fluorescein、（化学名）3',6'-ジヒドロキシスピロ［イソベンゾフラン-1(3H),9'-[9H]キサンテン］-3-オン、（FDA 名）D&C Yellow No. 7、（既存化学物質 No.）5-1416、（CI No.）45350：1、Acid Yellow 73、（CAS No.）518-45-6、2321-07-5。

来　歴　1871年に Baeyer により発見され、日本では昭和31年7月30日に黄色201号として許可され現在に至る。米国では、D&C Yellow No. 7として使用されてきたが、1976年12月20日に永久許可された。

製　法　レゾルシン（1,3-ベンゼンジオール）と無水フタル酸を塩化亜鉛触媒で縮合した後、脱亜鉛の精製工程を経て製する。

2×レゾルシン ＋ 無水フタル酸 →（縮合、$ZnCl_2$）→ フルオレセイン（黄色 201 号）

性　状　水にわずかに溶け、エタノールにはよく溶け、蛍光を有する。油脂には溶けない。アルカリ溶液は強い蛍光を有し、性状は黄色202号の(1)と同じである。硫酸を加えると黄色に溶け、かすかな蛍光を有し、水で希釈すると黄色となり、次いで黄色の沈殿を生じる。光に対してはエタノール溶液は不安定である。

用　途　すべての化粧品に使用できるが、浴用化粧品に比較的繁用される。

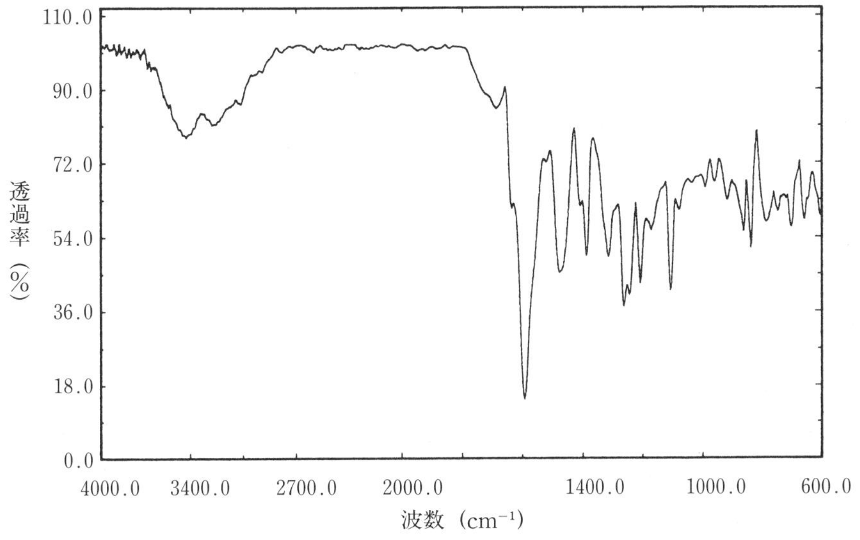

黄色201号の赤外吸収スペクトル

32. 黄色202号の（1）

ウラニン

Uranine

C.I. 45350

Acid Yellow 73

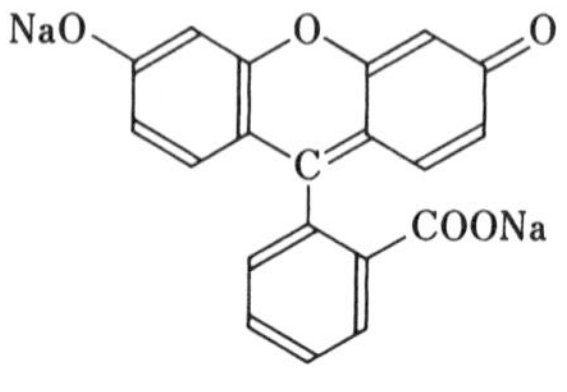

$C_{20}H_{10}Na_2O_5$：376.27

本品は、定量するとき、9-(2-カルボキシフェニル)-6-ヒドロキシ-3H-キサンテン-3-オンのジナトリウム塩（$C_{20}H_{10}Na_2O_5$：376.27）として 75.0% 以上 101.0% 以下を含む（注1）。

性　状　本品は、黄褐色の粒又は粉末である。

確認試験　（1）　本品の水溶液（1 → 1000）は、黄赤色を呈し、緑色の蛍光を発する。

（2）　本品 0.02 g に酢酸アンモニウム試液 200 mL を加えて溶かし、この液 5 mL を量り、酢酸アンモニウム試液を加えて 100 mL とした液は、吸光度測定法により試験を行うとき、波長 487 nm 以上 491 nm 以下に吸収の極大を有する。

（3）　本品の水溶液（1 → 1000）2 μL を試料溶液とし、フラビアン酸標準溶液 2 μL を標準溶液とし、試料溶液調製後直ちに、1-ブタノール/エタノール(95)/アンモニア試液（希）混液（6：2：3）を展開溶媒として薄層クロマトグラフ法第2法により試験を行うとき、当該試料溶液から得た主たるスポットは、黄色を呈し、当該標準溶液から得た主たるスポットに対する Rs 値は、約0.8である（注2）。

（4）　炎色反応試験法により試験を行うとき、炎は、黄色を呈する。

純度試験　（1）　溶状　本品 0.01 g に水 100 mL を加えて溶かすとき、この液は、澄明である。

（2）　不溶物　不溶物試験法第1法により試験を行うとき、その限度は、0.5% 以下である（注3）。

（3）　可溶物　可溶物試験法第4法により試験を行うとき、その限度は、0.5% 以下である。

（4）　塩化物及び硫酸塩　塩化物試験法及び硫酸塩試験法により試験を行うとき、それぞれの限度の合計は、10.0% 以下である（注4）。

（5） ヒ素　ヒ素試験法により試験を行うとき、その限度は、2 ppm以下である（注5）。

（6） 亜鉛　本品を原子吸光光度法の前処理法(1)により処理し、試料溶液調製法(1)により調製したものを試料溶液とし、亜鉛標準原液(原子吸光光度法用) 2 mLを正確に量り、薄めた塩酸（1 → 4）を加えて 10 mLとし、この液 1 mLを正確に量り、原子吸光光度法の前処理法(1)により処理し、試料溶液調製法(1)により調製したものを比較液として原子吸光光度法により比較試験を行うとき、その限度は、200 ppm以下である（注6）。

（7） 重金属　重金属試験法により試験を行うとき、その限度は、20 ppm以下である。

乾燥減量　15.0% 以下（1 g、105℃、6時間）

定 量 法　本品約 0.02 gを精密に量り、水酸化ナトリウム試液（希）16 mLを加え、必要に応じて加温しながら溶かし、更に水酸化ナトリウム試液（希）を加えて正確に 200 mLとする。この液 2 mLを正確に量り、水を加えて正確に 50 mLとし、これを試料溶液として、吸光度測定法により試験を行う。この場合において、吸収極大波長における吸光度の測定は 489 nm付近について行うこととし、吸光係数は0.228とする（注7）。

〔注〕

（注1） CFRでは 85% 以上と規定している。

（注2） 本品については薄層クロマトグラフ用標準品が設定されていないため、フラビアン酸を比較標準品とした。なお、フラビアン酸のスポットの色調は黄色である。

（注3） CFRでは、アルカリ溶液に対する不溶物として 0.3% 以下と規定している。

（注4） CFRでは可溶物の規定はないが、当該色素以外の特定の有機化合物等の限度を規定している。

（注5） CFRではAsとして 3 ppm以下と規定している。

（注6） 製造工程で縮合剤として塩化亜鉛を使用するため、新たに亜鉛の項目を設定した。

（注7） 改良した吸光度測定法であるが、省令の方法は次の通りである。

定 量 法　質量法第1法により試験を行う。この場合において、係数は、1.133とする。

なお、旧省令では試験方法として三塩化チタン法を採用していた。

【解　説】

名　称　(別名) ウラニン、(英名) Uranine、(化学名) 9-(2-カルボキシフェニル)-6-ヒドロキシ-3H-キサンテン-3-オンのジナトリウム塩、(FDA名) D&C Yellow No. 8、(既存化学物質No.) 5-1416、(CI No.) 45350、Acid Yellow 73、(CAS No.) 518-47-8。

来　歴　1871年にBaeyerにより発見され、日本では昭和31年7月30日に黄色202号の(1)として許可され現在に至る。米国では、D&C Yellow No. 8として使用されてきたが、1976

年12月20日に永久許可された。

製　法　レゾルシン（1,3-ベンゼンジオール）と無水フタル酸を塩化亜鉛触媒で縮合し、フルオレセイン（黄色201号）とした後、水酸化ナトリウムを加えナトリウム塩として製する。

2 × レゾルシン ＋ 無水フタル酸 —縮合 $ZnCl_2$→ フルオレセイン（黄色201号）

フルオレセイン —NaOH→ 黄色202号の（1）

性　状　水によく溶け、強い蛍光を有する。エタノールに溶けて蛍光を有し、グリセリンに溶ける。油脂には溶けない。塩酸を加えると褐黄色の沈殿を生じる。水酸化ナトリウム溶液（1 → 5）では沈殿を生じるが、水で希釈すると溶ける。硫酸を加えると黄色に溶け、かすかな蛍光を有し、水で希釈すると黄色となり、次いで黄色の沈殿を生じる。水溶液の色は光に対して不安定である。

用　途　すべての化粧品に使用できるが、シャンプー・リンス・石けん・浴用化粧品に繁用される。

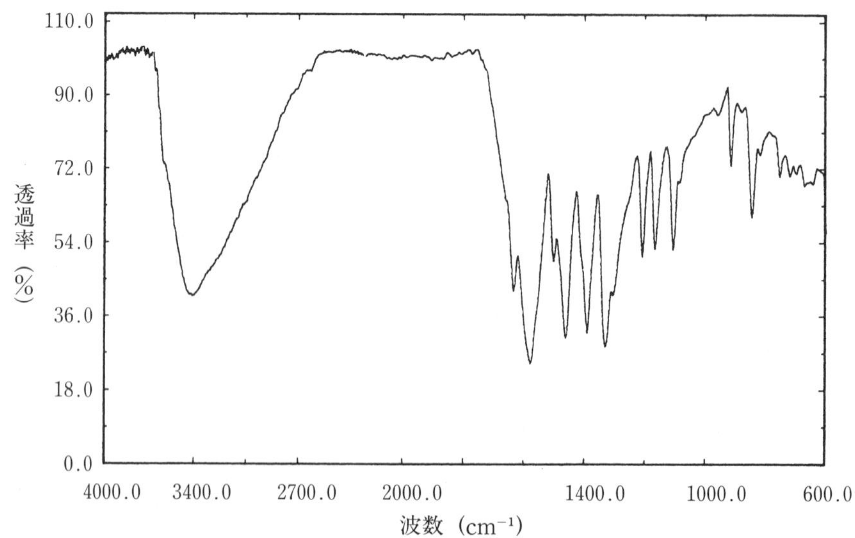

黄色202号の（1）の赤外吸収スペクトル

33. 黄色202号の(2)

ウラニンK

Uranine K

C.I. 45350

Acid Yellow 73

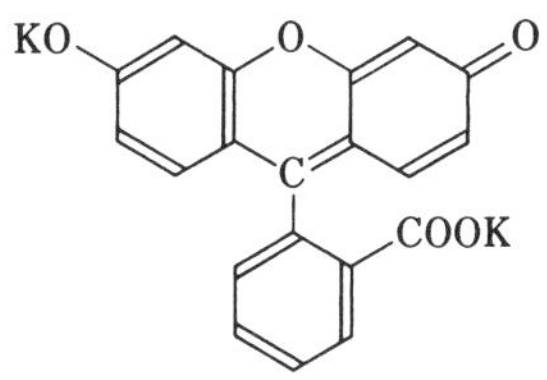

$C_{20}H_{10}K_2O_5$：408.49

本品は、定量するとき、9-(2-カルボキシフェニル)-6-ヒドロキシ-3H-キサンテン-3-オンのジカリウム塩 ($C_{20}H_{10}K_2O_5$：408.49) として 75.0% 以上 101.0% 以下を含む。

性　　状　本品は、黄褐色の粒又は粉末である。

確認試験　(1)　本品の水溶液 (1 → 1000) は、黄赤色を呈し、緑色の蛍光を発する。

(2)　本品 0.02 g に酢酸アンモニウム試液 200 mL を加えて溶かし、この液 5 mL を量り、酢酸アンモニウム試液を加えて 100 mL とした液は、吸光度測定法により試験を行うとき、波長 487 nm 以上 491 nm 以下に吸収の極大を有する。

(3)　本品の水溶液 (1 → 1000) 2 μL を試料溶液とし、フラビアン酸標準溶液 2 μL を標準溶液とし、試料溶液調製後直ちに、1-ブタノール/エタノール(95)/アンモニア試液(希)混液(6：2：3)を展開溶媒として薄層クロマトグラフ法第2法により試験を行うとき、当該試料溶液から得た主たるスポットは、黄色を呈し、当該標準溶液から得た主たるスポットに対する Rs 値は、約0.8である(注1)。

(4)　炎色反応試験法により試験を行うとき、炎は、淡紫色を呈する。

純度試験　(1)　溶状　本品 0.01 g に水 100 mL を加えて溶かすとき、この液は、澄明である。

(2)　不溶物　不溶物試験法第1法により試験を行うとき、その限度は、0.5% 以下である。

(3)　可溶物　可溶物試験法第4法により試験を行うとき、その限度は、0.5% 以下である。

(4)　塩化物及び硫酸塩　塩化物試験法及び硫酸塩試験法により試験を行うとき、それぞれの限度の合計は、10.0% 以下である。

(5)　ヒ素　ヒ素試験法により試験を行うとき、その限度は、2 ppm 以下である。

（6）　亜鉛　本品を原子吸光光度法の前処理法(1)により処理し、試料溶液調製法(1)により調製したものを試料溶液とし、亜鉛標準原液(原子吸光光度法用) 2 mL を正確に量り、薄めた塩酸（1 → 4）を加えて 10 mL とし、この液 1 mL を正確に量り、原子吸光光度法の前処理法(1)により処理し、試料溶液調製法(1)により調製したものを比較液として原子吸光光度法により比較試験を行うとき、その限度は、200 ppm 以下である（注2)。

（7）　重金属　重金属試験法により試験を行うとき、その限度は、20 ppm 以下である。

乾燥減量　15.0% 以下（1 g、105℃、6時間)

定 量 法　本品約 0.02 g を精密に量り、水酸化ナトリウム試液（希）16 mL を加え、必要に応じて加温しながら溶かし、更に水酸化ナトリウム試液（希）を加えて正確に 200 mL とする。この液 2 mL を正確に量り、水を加えて正確に 50 mL とし、これを試料溶液として、吸光度測定法により試験を行う。この場合において、吸収極大波長における吸光度の測定は 489 nm 付近について行うこととし、吸光係数は0.228とする（注3)。

〔注〕

(注1)　本品については薄層クロマトグラフ用標準品が設定されていないため、フラビアン酸を比較標準品とした。なお、フラビアン酸のスポットの色調は黄色である。

(注2)　製造工程で縮合剤として塩化亜鉛を使用しているため、新たに亜鉛の項目を設定した。

(注3)　改良した吸光度測定法であるが、省令の方法は次の通りである。

定 量 法　質量法第1法により試験を行う。この場合において、係数は、1.229とする。

なお、旧省令では試験方法として三塩化チタン法を採用していた。

【解　説】

名　称　(別名）ウラニン K、(英名）Uranine K、(化学名）9-(2-カルボキシフェニル)-6-ヒドロキシ-3H-キサンテン-3-オンのジカリウム塩、(既存化学物質 No.）5-1416、(CI No.) 45350、Acid Yellow 73、(CAS No.）6417-85-2。

来　歴　1871年に Baeyer により発見され、日本では昭和31年 7 月30日に黄色202号の（2）として許可され現在に至る。米国では、D&C Yellow No. 9として使用されていたが、1959年10月 6 日に使用が禁止された。

製　法　レゾルシン（1,3-ベンゼンジオール）と無水フタル酸を塩化亜鉛触媒で縮合し、フルオレセイン（黄色201号）とした後、水酸化カリウムを加えカリウム塩として製する。

2× レゾルシン ＋ 無水フタル酸 —縮合 $ZnCl_2$→ フルオレセイン（黄色201号）

—KOH→ 黄色202号の（2）

(性　状) 水によく溶け、強い蛍光を有する。エタノールに溶けて蛍光を有し、グリセリンに溶ける。油脂には溶けない。塩酸を加えると褐黄色の沈殿を生じる。水酸化ナトリウム溶液（1 → 5）には赤色の沈殿を生じるが、水で希釈すると溶ける。硫酸を加えると黄色に溶け、かすかな蛍光を有し、水で希釈すると黄色となり、次いで黄色の沈殿を生じる。水溶液の色は光に対して不安定である。

(用　途) すべての化粧品に使用できるが、整髪料・シャンプー・リンスに比較的繁用される。

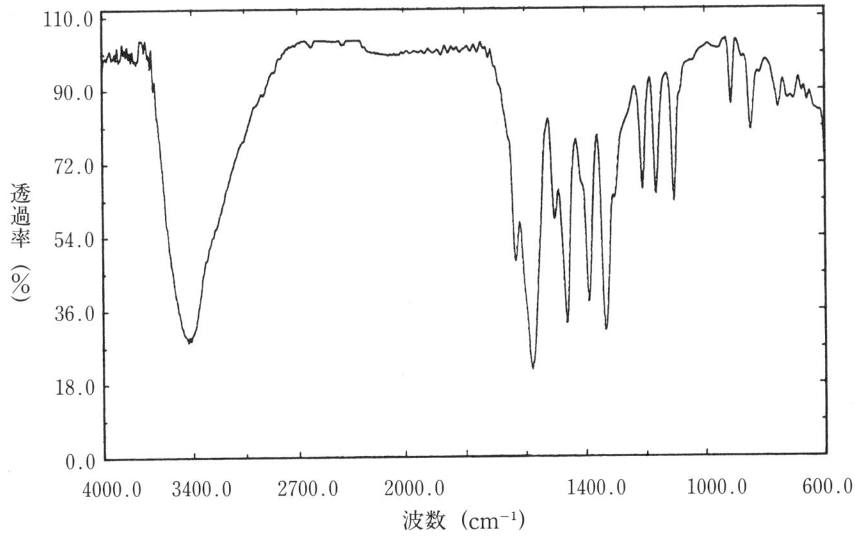

黄色202号の（2）の赤外吸収スペクトル

34．黄色203号

キノリンイエローWS

Quinoline Yellow WS

C.I. 47005

Acid Yellow 3

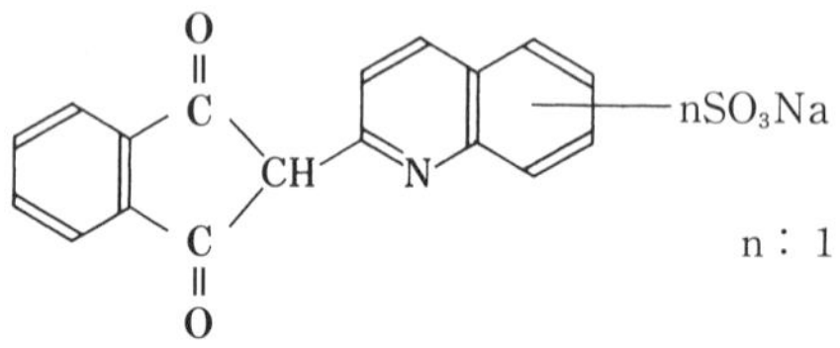

n：1又は2

$C_{18}H_{10}NNaO_5S$：375.33及び $C_{18}H_9NNa_2O_8S_2$：477.38

本品は、定量するとき、2-(1,3-ジオキソインダン-2-イル)キノリンモノスルホン酸及びジスルホン酸のナトリウム塩（$C_{18}H_{10}NNaO_5S$：375.33 及び $C_{18}H_9NNa_2O_8S_2$：477.38）として 85.0% 以上 101.0% 以下を含む（注1）。

性　　状　本品は、黄色から黄褐色までの色の粒又は粉末である。

確認試験　（1）　本品の水溶液（1 → 1000）は、黄色を呈する。

（2）　本品 0.02 g に酢酸アンモニウム試液/エタノール (95) 混液（1 ： 1）200 mL を加え、必要に応じて加温して溶かす。常温になるまで冷却後、この液 5 mL を量り、酢酸アンモニウム試液/エタノール (95) 混液（1 ： 1）を加えて 100 mL とした液は、吸光度測定法により試験を行うとき、波長 414 nm 以上 418 nm 以下及び 435 nm 以上 439 nm 以下に吸収の極大を有する（注2）。

（3）　本品の水溶液（1 → 1000）2 μL を試料溶液とし、フラビアン酸標準溶液 2 μL を標準溶液とし、1-ブタノール/エタノール (95)/アンモニア試液 (希) 混液（6 ： 2 ： 3）を展開溶媒として薄層クロマトグラフ法第2法により試験を行うとき、当該試料溶液から得た主たるスポットは、黄色を呈し、当該標準溶液から得た主たるスポットに対する Rs 値は、約0.9及び約1.3である（注3）。

純度試験　（1）　溶状　本品 0.01 g に水 100 mL を加えて溶かすとき、この液は、澄明である。

（2）　不溶物　不溶物試験法第1法により試験を行うとき、その限度は、0.3% 以下である（注4）。

（3）　可溶物　可溶物試験法第2法により試験を行うとき、その限度は、1.0% 以下である（注5）。

（4）　塩化物及び硫酸塩　塩化物試験法及び硫酸塩試験法により試験を行うとき、それそれの限度の合計は、10.0% 以下である（注6）。

(5) ヒ素　ヒ素試験法により試験を行うとき、その限度は、2 ppm 以下である（注7）。

(6) 亜鉛　本品を原子吸光光度法の前処理法(1)により処理し、試料溶液調製法(1)により調製したものを試料溶液とし、亜鉛標準原液(原子吸光光度法用) 2 mL を正確に量り、薄めた塩酸（1 → 4）を加えて 10 mL とし、この液 1 mL を正確に量り、原子吸光光度法の前処理法(1)により処理し、試料溶液調製法(1)により調製したものを比較液として原子吸光光度法により比較試験を行うとき、その限度は、200 ppm 以下である（注8）。

(7) 鉄　本品を原子吸光光度法の前処理法(1)により処理し、試料溶液調製法(1)により調製したものを試料溶液とし、鉄標準原液（原子吸光光度法用） 1 mL を正確に量り、薄めた塩酸(1 → 4)を加えて 10 mL とし、この液 5 mL を正確に量り、原子吸光光度法の前処理法(1)により処理し、試料溶液調製法(1)により調製したものを比較液として原子吸光光度法により比較試験を行うとき、その限度は、500 ppm 以下である（注9）。

(8) 重金属　重金属試験法により試験を行うとき、その限度は、20 ppm 以下である。

乾燥減量　10.0% 以下（1 g、105℃、6時間）

定量法　本品約 0.02 g を精密に量り、酢酸アンモニウム試液/エタノール (95) 混液（1：1）150 mL を加え、必要に応じて加温して溶かし、常温になるまで冷却後、酢酸アンモニウム試液/エタノール (95) 混液（1：1）を加えて正確に 200 mL とする。この液 5 mL を正確に量り、酢酸アンモニウム試液/エタノール (95) 混液（1：1）を加えて正確に 100 mL とし、これを試料溶液として、吸光度測定法により試験を行う。416 nm 付近の吸収極大波長において測定した吸光度を A_1、437 nm 付近の吸収極大波長において測定した吸光度を A_2 とする。この場合において、吸光係数 B は、次式によって求め、定量のための吸光度としては、A_1 を用いる（注10）。

$$B = 0.0734 + 1.338(A_1/A_2 - 1.0444)$$

〔注〕

(注1) CFR ではモノスルホン酸のナトリウム塩 75% 以上及びジスルホン酸のナトリウム塩 15% 以下の混合物であり、合計として 85% 以上と規定しており、旧省令では 75% 以上と規定していた。

(注2) 本品の可視部吸収スペクトルは、波長 416 nm 付近及び 437 nm 付近にピークがあり、それぞれの極大吸収波長を規定している。

(注3) 本品については薄層クロマトグラフ用標準品が設定されていないため、フラビアン酸を比較標準品とした。なお、フラビアン酸のスポットの色調は黄色である。

(注4) CFR では水及びクロロホルム不溶物として 0.2% 以下と規定している。

（注５）　CFRではジエチルエーテル可溶物として 2 ppm以下と規定しており、さらに、当該色素以外の特定の有機化合物等の限度を規定している。

（注６）　CFRでは乾燥減量を加えた値として 15% 以下と規定している。

（注７）　CFRではAsとして 3 ppm以下と規定している。

（注８）　製造工程で縮合剤として塩化亜鉛を使用するため、新たに亜鉛の項目を設定した。

（注９）　旧省令では鉄を規定していなかったが、原料に由来する鉄の混入の可能性があるので、新たに鉄の項目を設定した。

（注10）　モノスルホン酸のナトリウム塩及びジスルホン酸のナトリウム塩の混合物として定量できるように変更した。吸光係数Bの算出方法については、一般試験法「吸光度測定法」を参照。

【解　説】

名　称　（別名）キノリンイエローWS、（英名）Quinoline Yellow WS、（化学名）2-(1,3-ジオキソインダン-2-イル)キノリンモノスルホン酸及びジスルホン酸のナトリウム塩、（FDA名）D&C Yellow No. 10、（既存化学物質 No.）5-1393、（CI No.）47005、Acid Yellow 3、（CAS No.）8004-92-0。

来　歴　1882年にJacobsenにより発見され、日本では昭和31年７月30日に黄色203号として許可され現在に至る。米国では、D&C Yellow No. 10として使用されてきたが、1983年９月30日に永久許可された。

製　法　キナルジンと無水フタル酸を塩化亜鉛触媒で縮合し、キノリンイエローSS（黄色204号）とし、さらに発煙硫酸でスルホン化して製する。ただし、スルホン化の際にジスルホン酸及びモノスルホン酸のほかにトリスルホン酸もできる。

キナルジン ＋ 無水フタル酸 —縮合 $ZnCl_2$→ キノリンイエローSS（黄色204号）

キノリンイエローSS —1) $H_2SO_4(SO_3)$ 2) NaOH→ 黄色203号（nSO_3Na　n：１又は２）

性　状　水、グリセリンに溶ける。エタノールにはわずかに溶ける。油脂には溶けない。水溶液に塩酸を加えるといくぶん鮮やかな色になり、水酸化ナトリウム溶液（1 → 5）には赤黄色となる。硫酸を加えると暗赤黄色に溶け、水で希釈すると黄色となる。水溶液の色は光に安定である。

（用　途）すべての化粧品に使用でき汎用される。化粧品以外では、食器用洗剤に使用されている。

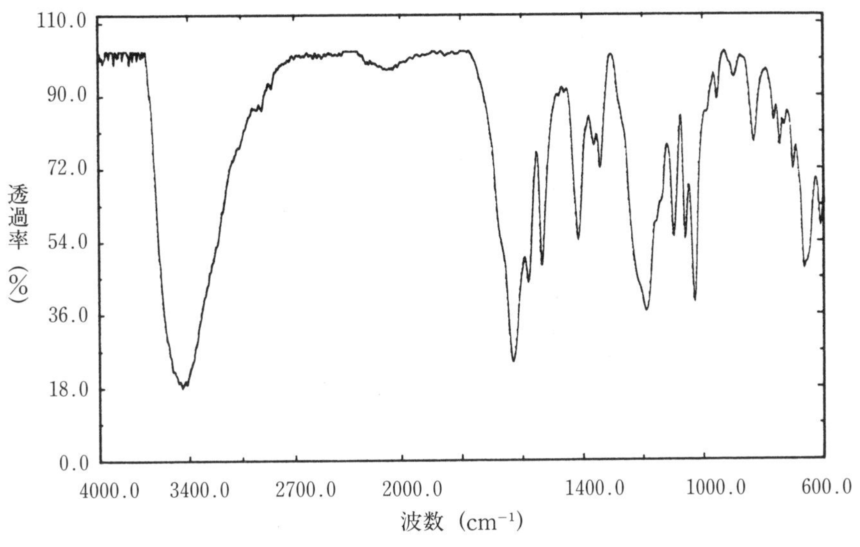

黄色203号の赤外吸収スペクトル

35. 黄色204号

キノリンイエローSS

Quinoline Yellow SS

C.I. 47000

Solvent Yellow 33

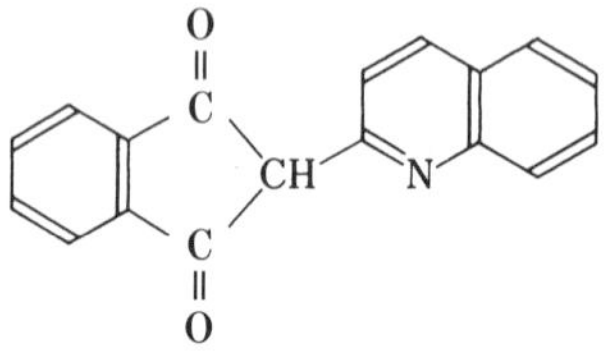

$C_{18}H_{11}NO_2$：273.29

本品は、定量するとき、2-(2-キノリル)-1,3-インダンジオン（$C_{18}H_{11}NO_2$：273.29）として 95.0% 以上 101.0% 以下を含む（注1）。

性　　状　本品は、黄色の粒又は粉末である。

確認試験　(1)　本品のクロロホルム溶液（1 → 1000）は、黄色を呈する。

(2)　本品 0.02 g にクロロホルム 200 mL を加えて溶かし、この液 5 mL を量り、クロロホルムを加えて 100 mL とした液は、吸光度測定法により試験を行うとき、波長 417 nm 以上 421 nm 以下及び 442 nm 以上 446 nm 以下に吸収の極大を有する（注2）。

(3)　本品のクロロホルム溶液（1 → 1000）2 μL を試料溶液とし、パラニトロアニリン標準溶液 2 μL を標準溶液とし、3-メチル-1-ブタノール/アセトン/酢酸(100)/水混液（4：1：1：1）を展開溶媒として薄層クロマトグラフ法第2法により試験を行うとき、当該試料溶液から得た主たるスポットは、黄色を呈し、当該標準溶液から得た主たるスポットに対する Rs 値は、約1.0である（注3）。

融　　点　235℃ 以上 240℃ 以下（注4）

純度試験　(1)　溶状　本品 0.01 g にクロロホルム 100 mL を加えて溶かすとき、この液は、澄明である。

(2)　不溶物　不溶物試験法第2法により試験を行うとき、その限度は、0.5% 以下である。この場合において、溶媒は、クロロホルムを用いる（注5）。

(3)　可溶物　可溶物試験法第6法により試験を行うとき、その限度は、1.0% 以下である（注6）。

(4)　ヒ素　ヒ素試験法により試験を行うとき、その限度は、2 ppm 以下である（注7）。

(5)　亜鉛　本品を原子吸光光度法の前処理法(1)により処理し、試料溶液調製法(1)により調製したものを試料溶液とし、亜鉛標準原液(原子吸光光度法用) 2 mL を正確に量り、薄めた塩酸（1 → 4）を加えて 10 mL とし、この液 1 mL を正確に量り、原子吸光光度法の前処理法(1)により処理し、試料溶液調製法(1)により調製したものを比較液として原子吸光光度法により比較試験を行うとき、その限度は、200 ppm 以下である（注8）。

(6)　鉄　本品を原子吸光光度法の前処理法(1)により処理し、試料溶液調製法(1)により調製したものを試料溶液とし、鉄標準原液（原子吸光光度法用） 1 mL を正確に量り、薄めた塩酸(1 → 4)を加えて 10 mL とし、この液 5 mL を正確に量り、原子吸光光度法の前処理法(1)により処理し、試料溶液調製法(1)により調製したものを比較液として原子吸光光度法により比較試験を行うとき、その限度は、500 ppm 以下である（注9）。

(7)　重金属　重金属試験法により試験を行うとき、その限度は、20 ppm 以下である。

乾燥減量　5.0% 以下（1 g、105℃、6時間）（注10）

強熱残分　0.3% 以下（1 g）

定 量 法　本品約 0.02 g を精密に量り、クロロホルムを加えて溶かし、正確に 200 mL とする。この液 5 mL を正確に量り、クロロホルムを加えて正確に 100 mL とし、これを試料溶液として、吸光度測定法により試験を行う。この場合において、吸収極大波長における吸光度の測定は 419 nm 付近について行うこととし、吸光係数は0.136とする（注11）。

〔注〕

（注1）　CFR では 96% 以上と規定している。

（注2）　本品の可視部吸収スペクトルは、419 nm 付近及び 444 nm 付近にピークがあり、それぞれの吸収極大波長を規定している。

（注3）　本品については薄層クロマトグラフ用標準品が設定されていないため、パラニトロアニリンを比較標準品とした。なお、パラニトロアニリンのスポットの色調は黄色である。

（注4）　旧省令では 235℃ 以上と規定していた。

（注5）　CFR ではエタノールに対する不溶物として 0.4% 以下と規定している。

（注6）　CFR では可溶物の規定はないが、当該色素以外の特定の有機化合物等の限度を規定している。

（注7）　CFR では As として 3 ppm 以下と規定している。

（注8）　製造工程で縮合剤として塩化亜鉛を使用しているため、新たに亜鉛の項目を設定した。

（注9）　旧省令では鉄を規定していなかったが、製造工程で使用されることから新たに設定した。

（注10）　CFR では 135℃ で 1% 以下と規定している。

（注11）　新たに測定溶媒及び測定波長を設定した。

【解　説】

名　称　（別名）キノリンイエローSS、（英名）Quinoline Yellow SS、（化学名）2-(2-キノリル)-1,3-インダンジオン、（FDA 名）D&C Yellow No. 11、（既存化学物質 No.）5-3048、（CI No.）47000、Solvent Yellow 33、（CAS No.）8003-22-3。

来　歴　1882年に Jacobsen により発見され、日本では昭和31年 7 月30日に黄色204号として許可され現在に至る。米国では、D&C Yellow No. 11として使用されてきたが、1976年12月20日に永久許可された。

製　法　キナルジンと無水フタル酸を 200℃ の高温下で塩化亜鉛を縮合剤として縮合して製する。

キナルジン ＋ 無水フタル酸 $\xrightarrow[ZnCl_2]{200^{\circ}C}$ 黄色204号

性　状　水には溶けない。グリセリンにはわずかに溶け、エタノール及び油脂には溶ける。クロロホルムによく溶ける。硫酸を加えると黄褐色に溶け、水を加えると黄色毛状の沈殿を生じる。エタノール溶液の色は光に対してやや弱い。

用　途　整髪料・シャンプー・リンス・マニキュア等に使用される。平成12年 9 月29日厚生省告示第331号において、黄色204号は、毛髪及び爪のみに使用される化粧品に限り配合できると規定された。

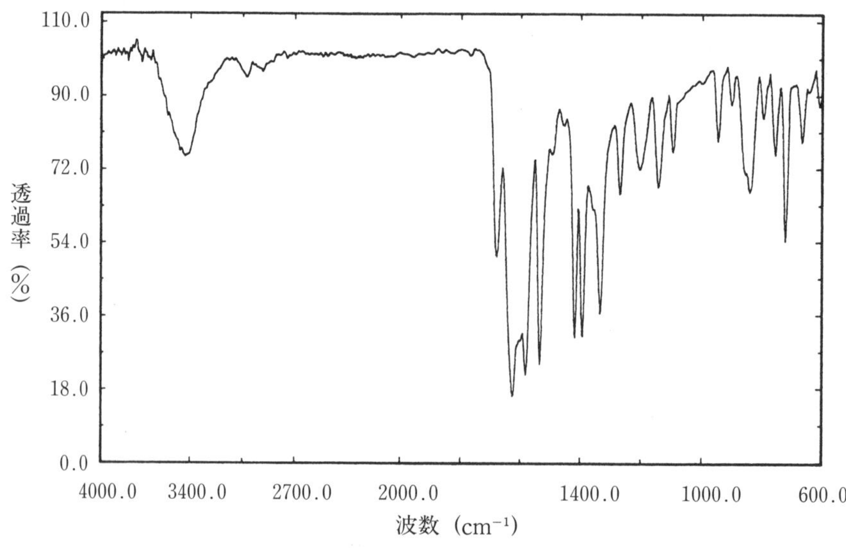

黄色204号の赤外吸収スペクトル

36. 黄色205号

ベンチジンイエローG
Benzidine Yellow G

C.I. 21090

Pigment Yellow 12

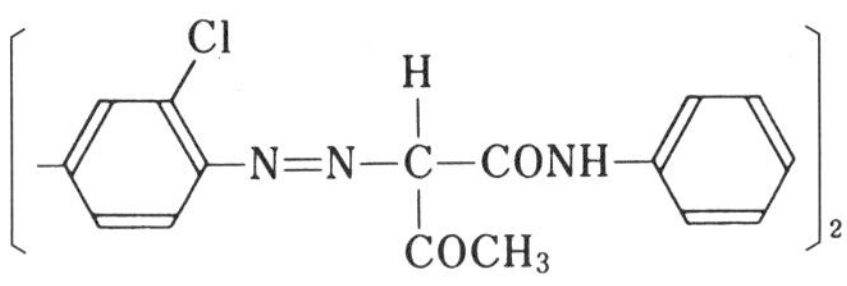

$C_{32}H_{26}Cl_2N_6O_4$：629.50

本品は、定量するとき、2,2'-[(3,3'-ジクロロ-1,1'-ビフェニル)-4,4'-ジイルビス(アゾ)]ビス[3-オキソブタンアニリド]（$C_{32}H_{26}Cl_2N_6O_4$：629.50）として 90.0% 以上 101.0% 以下を含む。

性　　状　本品は、黄色の粉末である。

確認試験　(1)　本品 0.01 g にクロロホルム 100 mL を加え、必要に応じて約 50℃ で加温して溶かすとき、この液は、黄色を呈する。

(2)　本品 0.01 g にクロロホルム 200 mL を加え、必要に応じて約 50℃ で加温して溶かす。常温になるまで冷却後、この液 10 mL を量り、クロロホルムを加えて 100 mL とした液は、吸光度測定法により試験を行うとき、波長 422 nm 以上 426 nm 以下に吸収の極大を有する。

(3)　本品 0.01 g にクロロホルム 100 mL を加え、必要に応じて約 50℃ で加温して溶かした液 5 μL を試料溶液とし、だいだい色403号標準溶液 2 μL を標準溶液とし、クロロホルムを展開溶媒として薄層クロマトグラフ法第２法により試験を行うとき、当該試料溶液から得た主たるスポットは、黄色を呈し、当該標準溶液から得た主たるスポットに対する Rs 値は、約1.0である（注1）。

純度試験　(1)　溶状　本品 0.01 g にクロロホルム 100 mL を加え、必要に応じて約 50℃ で加温して溶かすとき、この液は、澄明である。

(2)　可溶物　可溶物試験法第６法により試験を行うとき、その限度は、0.3% 以下である（注2）。

(4)　ヒ素　ヒ素試験法により試験を行うとき、その限度は、2 ppm 以下である。

(5)　重金属　重金属試験法により試験を行うとき、その限度は、20 ppm 以下である。

乾燥減量　5.0% 以下（1 g、105℃、6時間）

強熱残分　1.0% 以下（1 g）

定 量 法　本品約 0.01 g を精密に量り、クロロホルム 150 mL を加え、必要に応じて約 50℃ で加温して溶かし、常温になるまで冷却後、クロロホルムを加えて正確に 200 mL とする。この液 10 mL を正確に量り、クロロホルムを加えて正確に 100 mL とし、これを試料溶液として、吸光度測定法により試験を行う。この場合において、吸収極大波長における吸光度の測定は 424 nm 付近について行うこととし、吸光係数は0.120とする（注3）。

〔注〕

（注1）　本品については薄層クロマトグラフ用標準品が設定されていないため、だいだい色403号を比較標準品とした。なお、だいだい色403号のスポットの色調は橙色である。

（注2）　旧省令では可溶物のほか、テトラクロルエタン不溶性物質として 1.5% 以下と規定していた。

（注3）　旧省令では試験方法として有機結合窒素法を採用していた。

【解　説】

名　称　（別名）ベンチジンイエローG、（英名）Benzidine Yellow G、（化学名）2,2'-[(3,3'-ジクロロ-1,1'-ビフェニル)-4,4'-ジイルビス(アゾ)]ビス[3-オキソブダンアニリド]、（既存化学物質 No.）5-3156、（CI No.）21090、Pigment Yellow 12、（CAS No.）6358-85-6。

来　歴　1911年に Grieschim and Elektron により発見され、日本では昭和34年9月14日に黄色205号として許可され現在に至る。

製　法　3,3'-ジクロロベンチジンを亜硝酸ナトリウムと塩酸でジアゾ化し、アセトアセトアニリドと中性でカップリングして製する。

Cl　Cl

H_2N—(ベンゼン環)—(ベンゼン環)—NH_2

3,3′-ジクロロベンチジン

Cl　Cl

ジアゾ化 / $NaNO_2$, HCl → ClN=N—(ベンゼン環)—(ベンゼン環)—N=NCl ＋ (ベンゼン環)—$NHCOCH_2COCH_3$

アセトアセトアニリド

→ (ベンゼン環)—HNOC—C(H)($COCH_3$)—N=N—(ベンゼン環, Cl)—(ベンゼン環, Cl)—N=N—C(H)($COCH_3$)—CONH—(ベンゼン環)

黄色 205 号

性　状　水、水酸化ナトリウム溶液（1 → 10）には溶けない。トルエン、クロロホルムにわずかに溶ける。その他の有機溶媒及び油脂に溶けない。硫酸を加えると黄赤色に溶け、水を加えると黄褐色の沈殿を生じる。光に対して色は安定である。

用　途　すべての化粧品に使用できるが、アイシャドウ・ファンデーション・口紅・石けん等に繁用される。

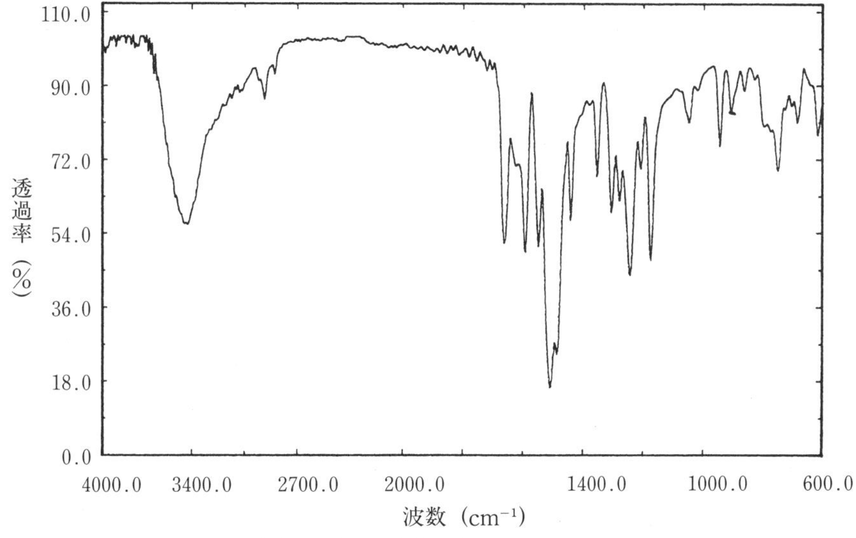

黄色205号の赤外吸収スペクトル

37. 緑色201号

アリザリンシアニングリーンF
Alizarine Cyanine Green F

C.I. 61570

Acid Green 25

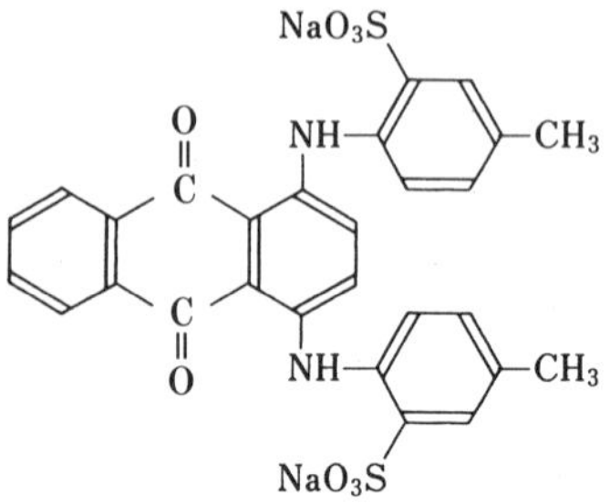

$C_{28}H_{20}N_2Na_2O_8S_2$：622.58

本品は、定量するとき、1,4-ビス(2-スルホ-*p*-トルイジノ)アントラキノンのジナトリウム塩 ($C_{28}H_{20}N_2Na_2O_8S_2$：622.58) として 70.0% 以上 101.0% 以下を含む (注1)。

性　　状　本品は、青緑色の粒又は粉末である。

確認試験　(1)　本品の水溶液 (1 → 2000) は、帯緑青色を呈する。

(2)　本品 0.02 g に酢酸アンモニウム試液 200 mL を加えて溶かし、この液 25 mL を量り、酢酸アンモニウム試液を加えて 100 mL とした液は、吸光度測定法により試験を行うとき、波長 605 nm 以上 609 nm 以下及び 640 nm 以上 644 nm 以下に吸収の極大を有する (注2)。

(3)　本品の水溶液 (1 → 2000) 2 μL を試料溶液とし、フラビアン酸標準溶液 2 μL を標準溶液とし、1-ブタノール/エタノール(95)/アンモニア試液(希)混液 (6：2：3) を展開溶媒として薄層クロマトグラフ法第2法により試験を行うとき、当該試料溶液から得た主たるスポットは、帯緑青色を呈し、当該標準溶液から得た主たるスポットに対する Rs 値は、約1.1である (注3)。

純度試験　(1)　溶状　本品 0.01 g に水 200 mL を加えて溶かすとき、この液は、澄明である。

(2)　不溶物　不溶物試験法第1法により試験を行うとき、その限度は、0.4% 以下である (注4)。

(3)　可溶物　可溶物試験法第1法により試験を行うとき、その限度は、0.5% 以下である。

(4)　塩化物及び硫酸塩　塩化物試験法及び硫酸塩試験法により試験を行うとき、それぞれの限度の合計は、20.0% 以下である。

(5)　ヒ素　ヒ素試験法により試験を行うとき、その限度は、2 ppm 以下である (注

5)。

(6)　鉄　本品を原子吸光光度法の前処理法(1)により処理し、試料溶液調製法(1)により調製したものを試料溶液とし、鉄標準原液（原子吸光光度法用）1 mLを正確に量り、薄めた塩酸(1 → 4)を加えて10 mLとし、この液5 mLを正確に量り、原子吸光光度法の前処理法(1)により処理し、試料溶液調製法(1)により調製したものを比較液として原子吸光光度法により比較試験を行うとき、その限度は、500 ppm以下である（注6）。

(7)　重金属　重金属試験法により試験を行うとき、その限度は、20 ppm以下である。

乾燥減量　10.0％以下（1 g、105℃、6時間）

定量法　本品約0.02 gを精密に量り、酢酸アンモニウム試液を加えて溶かし、正確に200 mLとする。この液25 mLを正確に量り、酢酸アンモニウム試液を加えて正確に100 mLとし、これを試料溶液として、吸光度測定法により試験を行う。この場合において、吸収極大波長における吸光度の測定は642 nm付近について行うこととし、吸光係数は0.0228とする（注7）。

〔注〕

(注1)　CFRでは80％以上と規定している。

(注2)　本品の可視部吸収スペクトルは、607 nm付近及び642 nm付近にピークがあり、それぞれの吸収極大波長を規定している。

(注3)　本品については薄層クロマトグラフ用標準品が設定されていないため、フラビアン酸を比較標準品とした。なお、フラビアン酸のスポットの色調は黄色である。

(注4)　CFRでは水に対する不溶物として0.2％以下と規定している。

(注5)　CFRではAsとして3 ppm以下と規定している。

(注6)　旧省令では鉄を規定していなかったが、原料に由来する鉄の混入の可能性があるので、新たに鉄の項目を設定した。

(注7)　旧省令では試験方法として三塩化チタン法を採用していた。

【解　説】

名　称　（別名）アリザリンシアニングリーンF、（英名）Alizarine Cyanine Green F、（化学名）1,4-ビス-(2-スルホ-*p*-トルイジノ)-アントラキノンのジナトリウム塩、（FDA名）D&C Green No. 5、（既存化学物質No.）5-1741、（CI No.）61570、Acid Green 25、（CAS No.）4403-90-1。

来　歴　1894年にR.E. Schmidtにより発見され、日本では昭和31年7月30日に緑色201号として許可され現在に至る。米国では、D&C Green No. 5として使用されてきたが1982年7月7日に永久許可された。

製　法　1,4-ジクロロアントラキノン又はロイコキニザリンと*p*-トルイジンとを縮合させ緑色202号とし、これを硫酸でスルホン化して製する。

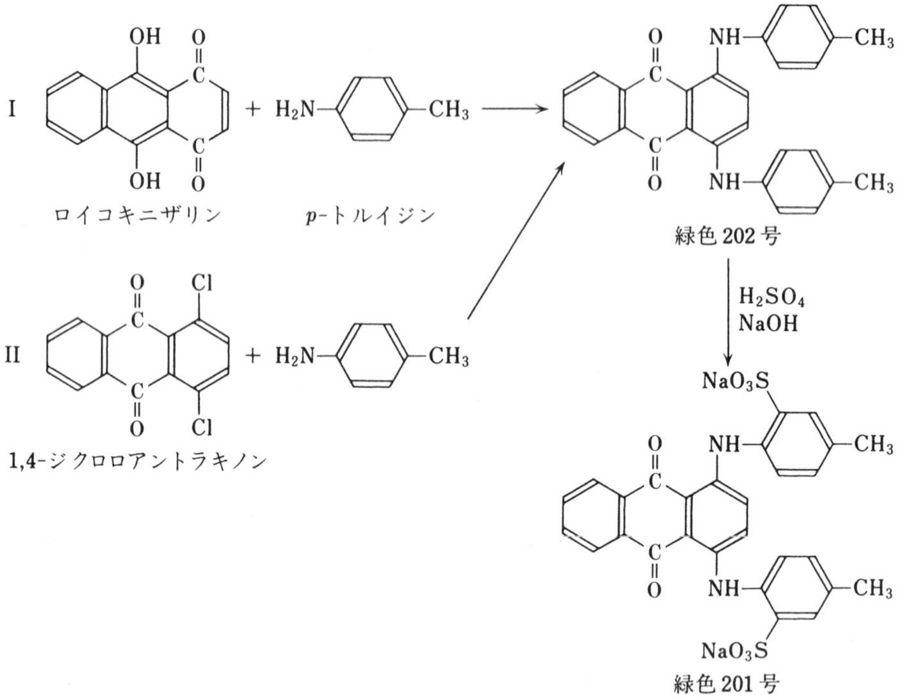

I　ロイコキニザリン + H_2N-C6H4-CH_3（*p*-トルイジン） → 緑色 202 号

II　1,4-ジクロロアントラキノン + H_2N-C6H4-CH_3 → 緑色 202 号

緑色 202 号 →（H_2SO_4, NaOH）→ 緑色 201 号

性　状　水、グリセリンに溶ける。エタノールにはわずかに溶ける。油脂には溶けない。水溶液に塩酸を加えると暗青色となり、次いで暗色沈殿を生じる。水酸化ナトリウム溶液（1 → 10）により暗青緑色沈殿を生じる。硫酸を加えると暗青緑色に溶け、水で希釈すると明るくなる。水溶液の色は光に安定である。

用　途　口腔用以外のすべての化粧品に使用できるが、整髪料・シャンプー・リンス・石けん・化粧水に繁用される。

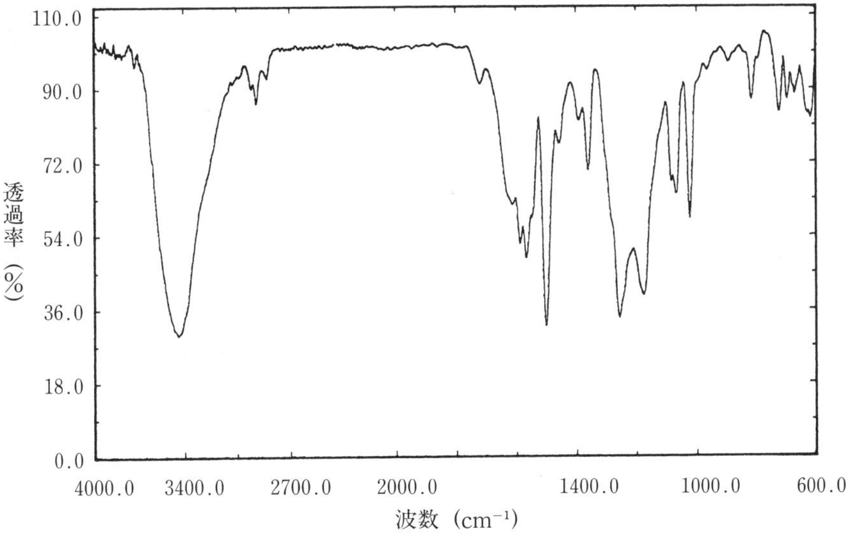

緑色201号の赤外吸収スペクトル

38．緑色202号

キニザリングリーンSS

Quinizarine Green SS

C.I. 61565

Solvent Green 3

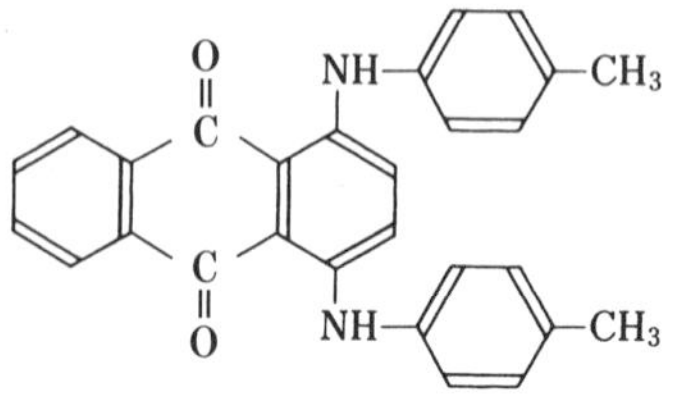

$C_{28}H_{22}N_2O_2$：418.49

本品は、定量するとき、1,4-ビス(*p*-トルイジノ)アントラキノン（$C_{28}H_{22}N_2O_2$：418.49）として 96.0％ 以上 101.0％ 以下を含む（注１）。

性　　状　本品は、青緑色から暗緑色までの色の粒又は粉末である。

確認試験　（1）　本品のクロロホルム溶液（1 → 1000）は、帯緑青色を呈す。

（2）　本品 0.02 g にクロロホルム 200 mL を加えて溶かし、この液 10 mL を量り、クロロホルムを加えて 100 mL とした液は、吸光度測定法により試験を行うとき、波長 606 nm 以上 610 nm 以下及び 645 nm 以上 649 nm 以下に吸収の極大を有する（注２）。

（3）　本品のクロロホルム溶液（1 → 2000） 2 μL を試料溶液とし、だいだい色403号標準溶液 2 μL を標準溶液とし、クロロホルム/1-ブタノール混液（16：1）を展開溶媒として薄層クロマトグラフ法第２法により試験を行うとき、当該試料溶液から得た主たるスポットは、帯緑青色を呈し、当該標準溶液から得た主たるスポットに対する Rs 値は、約1.1である（注３）。

融　　点　212℃ 以上 224℃ 以下（注４）

純度試験　（1）　溶状　本品 0.01 g にクロロホルム 100 mL を加えて溶かすとき、この液は、澄明である。

（2）　不溶物　不溶物試験法第２法により試験を行うとき、その限度は、1.5％ 以下である。この場合において、溶媒は、クロロホルムを用いる（注５）。

（3）　可溶物　可溶物試験法第６法により試験を行うとき、その限度は、1.0％ 以下である（注６）。

（4）　ヒ素　ヒ素試験法により試験を行うとき、その限度は、2 ppm 以下である（注７）。

（5）　鉄　本品を原子吸光光度法の前処理法(1)により処理し、試料溶液調製法(1)により調製したものを試料溶液とし、鉄標準原液（原子吸光光度法用）1 mLを正確に量り、薄めた塩酸（1 → 4）を加えて10 mLとし、この液5 mLを正確に量り、原子吸光光度法の前処理法(1)により処理し、試料溶液調製法(1)により調製したものを比較液として原子吸光光度法により比較試験を行うとき、その限度は、500 ppm以下である（注8）。

（6）　重金属　重金属試験法により試験を行うとき、その限度は、20 ppm以下である。

乾燥減量　10.0% 以下（1 g、105℃、6時間）（注9）

強熱残分　1.0% 以下（1 g）

定量法　本品約0.02 gを精密に量り、クロロホルムを加えて溶かし、正確に200 mLとする。この液10 mLを正確に量り、クロロホルムを加えて正確に100 mLとし、これを試料溶液として、吸光度測定法により試験を行う。この場合において、吸収極大波長における吸光度の測定は647 nm付近について行うこととし、吸光係数は0.0407とする（注10）。

〔注〕

（注1）　旧省令では90% 以上と規定していた。

（注2）　本品の可視部吸収スペクトルは、606 nm付近及び644 nm付近にピークがあり、それぞれの吸収極大波長を規定している。

（注3）　本品については薄層クロマトグラフ用標準品が設定されていないため、フラビアン酸を比較標準品とした。なお、フラビアン酸のスポットの色調は黄色である。

（注4）　旧省令では210℃ 以上と規定していた。

（注5）　CFRでは溶媒として四塩化炭素を採用している。

（注6）　CFRでは0.3% 以下と規定している。

（注7）　CFRではAsとして3 ppm以下と規定している。

（注8）　旧省令では鉄を規定していなかったが、原料に由来する鉄の混入の可能性があるので、新たに鉄の項目を設定した。

（注9）　CFRでは135℃、2.0% 以下と規定している。

（注10）　新たに測定溶媒及び測定波長を設定した。

【解　説】

名　称　(別名)キニザリングリーンSS、(英名)Quinizarine Green SS、(化学名)1,4-ビス(*p*-トルイジノ)アントラキノン、(FDA名) D&C Green No. 6、(既存化学物質No.) 5-3131、(CI No.) 61565、Solvent Green 3、(CAS No.) 128-80-3。

来　歴　1894年にR.E. Schmidtにより発見され、日本では昭和31年7月30日に緑色202号として許可され現在に至る。米国では、D&C Green No. 6として使用されてきたが、1981年3月27日に永久許可された。

製　法　1,4-ジクロロアントラキノン又はロイコキニザリンと *p*-トルイジンとを縮合して製する。

I　ロイコキニザリン + $H_2N-C_6H_4-CH_3$（*p*-トルイジン）→ 緑色202号

II　1,4-ジクロロアントラキノン + $H_2N-C_6H_4-CH_3$ → 緑色202号

性　状　水、グリセリンには溶けない。エタノールにわずかに溶ける。クロロホルムには溶け、油脂にはある程度溶ける。塩酸によって明るい色となり、次第に白色沈殿を生じ、アンモニア水によって変化しない。硫酸を加えると青色に溶け、水で希釈すると青緑色の沈殿を生じる。

用　途　すべての化粧品に使用できるが、整髪料・シャンプー・リンス・石けん・化粧水に比較的繁用される。

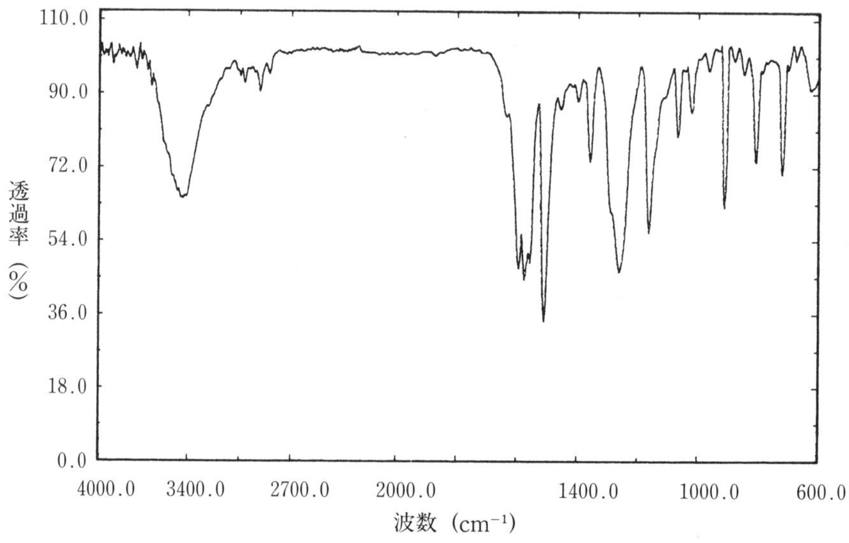

緑色202号の赤外吸収スペクトル

39. 緑色204号

ピラニンコンク

Pyranine Conc

C.I. 59040

Solvent Green 7

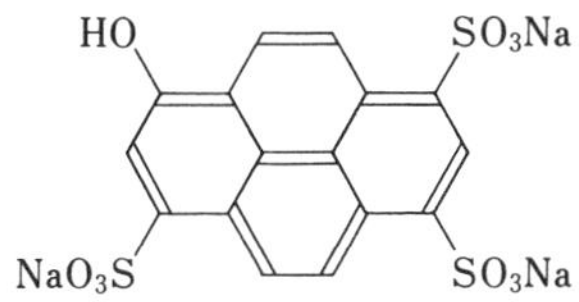

$C_{16}H_7Na_3O_{10}S_3$：524.39

本品は、定量するとき、8-ヒドロキシ-1,3,6-ピレントリスルホン酸のトリナトリウム塩（$C_{16}H_7Na_3O_{10}S_3$：524.39）として 65.0% 以上 101.0% 以下を含む。

性　　状　本品は、帯緑黄色の粒又は粉末である。

確認試験　(1)　本品の水溶液（1 → 1000）は、帯緑黄色を呈し、蛍光を発する。

(2)　本品 0.02 g に酢酸アンモニウム試液 200 mL を加えて溶かし、この液 10 mL を量り、酢酸アンモニウム試液を加えて 100 mL とした液は、吸光度測定法により試験を行うとき、波長 367 nm 以上 371 nm 以下及び 402 nm 以上 406 nm 以下に吸収の極大を有する（注１）。

(3)　本品の水溶液（1 → 1000）2 μL を試料溶液とし、フラビアン酸標準溶液 2 μL を標準溶液とし、1-ブタノール/アセトン/水混液（3 ： 1 ： 1）を展開溶媒として薄層クロマトグラフ法第２法により試験を行うとき、当該試料溶液から得た主たるスポットは、帯緑黄色を呈し、当該標準溶液から得た主たるスポットに対する Rs 値は、約0.8である（注２）。

純度試験　(1)　溶状　本品 0.01 g に水 100 mL を加えて溶かすとき、この液は、澄明である。

(2)　不溶物　不溶物試験法第１法により試験を行うとき、その限度は、0.5% 以下である（注３）。

(3)　可溶物　可溶物試験法第７法により試験を行うとき、その限度は、0.5% 以下である（注４）。

(4)　塩化物及び硫酸塩　塩化物試験法及び硫酸塩試験法により試験を行うとき、それぞれの限度の合計は、20.0% 以下である。

(5)　ヒ素　ヒ素試験法により試験を行うとき、その限度は、2 ppm 以下である（注

5）。

（6）　重金属　重金属試験法により試験を行うとき、その限度は、20 ppm 以下である。

乾燥減量　15.0％ 以下（1 g、105℃、6時間）（注6）

定 量 法　本品約 0.02 g を精密に量り、酢酸アンモニウム試液を加えて溶かし、正確に 200 mL とする。この液 10 mL を正確に量り、酢酸アンモニウム試液を加えて正確に 100 mL とし、これを試料溶液として、吸光度測定法により試験を行う。この場合において、吸収極大波長における吸光度の測定は 404 nm 付近について行うこととし、吸光係数は0.0500とする（注7）。

〔注〕

（注1）　本品の可視部吸収スペクトルは、369 nm 付近及び 404 nm 付近にピークがあり、それぞれの吸収極大波長を規定している。

（注2）　本品については薄層クロマトグラフ用標準品が設定されていないため、フラビアン酸を比較標準品とした。なお、フラビアン酸のスポットの色調は黄色である。

（注3）　CFR では 0.2％ 以下と規定している。

（注4）　CFR では可溶物の規定はないが、当該色素以外の特定の有機化合物等の限度を規定しており、旧省令ではクロロホルムエキスとして 0.5％ 以下と規定していた。

（注5）　CFR では As として 3 ppm 以下と規定している。

（注6）　CFR では 135℃ と規定している。

（注7）　旧省令では試験方法として有機結合イオウ法を採用していた。

【解　説】

名　称　（別名）ピラニンコンク、（英名）Pyranine Conc、（化学名）8-ヒドロキシ-1,3,6-ピレントリスルホン酸のトリナトリウム塩、（FDA 名）D&C Green No. 8、（既存化学物質 No.）9-2392、（CI No.）59040、Solvent Green 7、（CAS No.）6358-69-6。

来　歴　1939年に Tietze and Baeyer により発見され、日本では昭和41年8月31日に緑色204号として許可され現在に至る。米国では、D&C Green No. 8として使用されてきたが、1977年12月8日に永久許可された。

製　法　ピレンを発煙硫酸でスルホン化して、1,3,6,8-ピレンスルホン酸とした後、水酸化ナトリウム液中で加熱して8-ヒドロキシ-1,3,6-ピレンスルホン酸ナトリウムとし、これを精製して製する。ただし、スルホン化後アルカリ液中で OH 基ヒドロキシル化する。したがって、テトラスルホン酸等も残っている。

ピレン → 1,3,6,8-ピレンスルホン酸 → → 緑色 204 号

性　状　水によく溶け蛍光を有する。グリセリンにも溶け、エタノールにはわずかに溶ける。油脂には溶けない。水溶液の一滴をエタノール(95)に滴下すると紫色の蛍光を呈し、50％に希釈するときは青色となる。水溶液に硫酸を加えると青色の蛍光を呈し、次いで赤色から黄赤色になる。水溶液に塩酸を加えると青色の蛍光を呈する。水溶液に水酸化ナトリウム溶液（1 → 10）またはアンモニア水を加えると蛍光は鮮緑色から輝緑黄色と変わる。水溶液の色は光に対して不安定である。

用　途　口腔用以外のすべての化粧品に使用できるが、整髪料・シャンプー・リンス・石けんに繁用される。

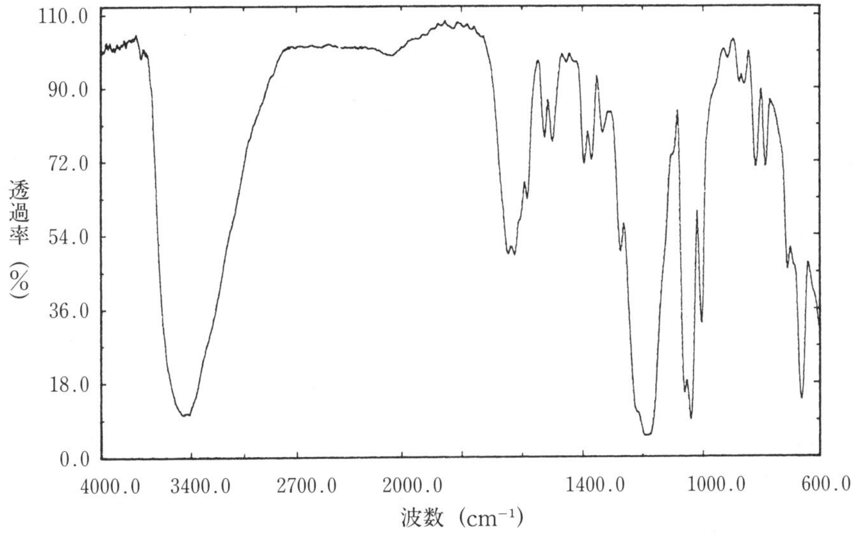

緑色204号の赤外吸収スペクトル

40．緑色205号

ライトグリーンSF黄
Light Green SF Yellowish

C.I. 42095

Acid Green 5

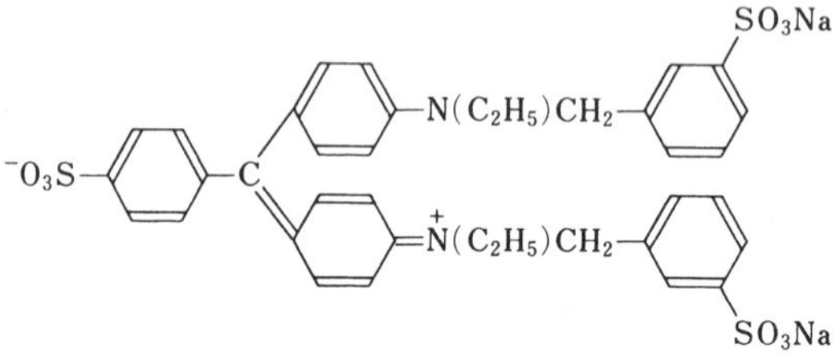

$$C_{37}H_{34}N_2Na_2O_9S_3：792.85$$

本品は、定量するとき、4-[α-[4-(N-エチル-3-スルホベンジルイミニオ)-2,5-シクロヘキサジエニリデン]-4-(N-エチル-3-スルホベンジルアミノ)ベンジル]ベンゼンスルホナートのジナトリウム塩 ($C_{37}H_{34}N_2Na_2O_9S_3$：792.85) として 85.0% 以上 101.0% 以下を含む（注１）。

性　　状　本品は、金属性の光沢を有する暗緑色の粒又は粉末である。

確認試験　(１)　本品の水溶液（1 → 1000）は、帯青緑色を呈する。

(２)　本品 0.02 g に酢酸アンモニウム試液 200 mL を加えて溶かし、この液 5 mL を量り、酢酸アンモニウム試液を加えて 100 mL とした液は、吸光度測定法により試験を行うとき、波長 629 nm 以上 633 nm 以下に吸収の極大を有する。

(３)　本品の水溶液（1 → 1000）2 μL を試料溶液とし、フラビアン酸標準溶液 2 μL を標準溶液とし、1-ブタノール/アセトン/水混液（３：１：１）を展開溶媒として薄層クロマトグラフ法第２法により試験を行うとき、当該試料溶液から得た主たるスポットは、帯青緑色を呈し、当該標準溶液から得た主たるスポットに対するRs値は、約0.8である（注２）。

純度試験　(１)　溶状　本品 0.01 g に水 100 mL を加えて溶かすとき、この液は、澄明である。

(２)　不溶物　不溶物試験法第１法により試験を行うとき、その限度は、0.5% 以下である。

(３)　可溶物　可溶物試験法第２法により試験を行うとき、その限度は、0.5% 以下である。

(４)　塩化物及び硫酸塩　塩化物試験法及び硫酸塩試験法により試験を行うとき、それぞれの限度の合計は、6.0% 以下である。

（5）　ヒ素　ヒ素試験法により試験を行うとき、その限度は、2 ppm以下である。

（6）　クロム　本品を原子吸光光度法の前処理法（3）により処理し、試料溶液調製法（3）により調製したものを試料溶液とし、クロム標準原液（原子吸光光度法用）1 mLを正確に量り、薄めた塩酸（1 → 4）を加えて100 mLとし、この液5 mLを正確に量り、原子吸光光度法の前処理法（3）により処理し、試料溶液調製法（3）により調製したものを比較液として原子吸光光度法により比較試験を行うとき、その限度は、50 ppm以下である（注3）。

（7）　マンガン　本品を原子吸光光度法の前処理法（3）により処理し、試料溶液調製法（2）により調製したものを試料溶液とし、マンガン標準原液（原子吸光光度法用）1 mLを正確に量り、薄めた塩酸（1 → 4）を加えて100 mLとし、この液5 mLを正確に量り、原子吸光光度法の前処理法（3）により処理し、試料溶液調製法（2）により調製したものを比較液として原子吸光光度法により比較試験を行うとき、その限度は、50 ppm以下である（注3）。

（8）　重金属　重金属試験法により試験を行うとき、その限度は、20 ppm以下である。

乾燥減量　10.0％ 以下（1 g、105℃、6時間）

定量法　本品約0.02 gを精密に量り、酢酸アンモニウム試液を加えて溶かし、正確に200 mLとする。この液5 mLを正確に量り、酢酸アンモニウム試液を加えて正確に100 mLとし、これを試料溶液として、吸光度測定法により試験を行う。この場合において、吸収極大波長における吸光度の測定は631 nm付近について行うこととし、吸光係数は0.0812とする（注4）。

〔注〕

（注1）　旧省令では82％ 以上と規定していた。

（注2）　本品については薄層クロマトグラフ用標準品が設定されていないため、フラビアン酸を比較標準品とした。なお、フラビアン酸のスポットの色調は黄色である。

（注3）　製造工程で重クロム酸塩または過マンガン酸塩が使用される場合があるため、新たにクロム及びマンガンの項目を設定した。

（注4）　旧省令では試験方法として三塩化チタン法を採用していた。

【解　説】

名　称　（別名）ライトグリーンSF黄、（英名）Light Green SF Yellowish、（化学名）4-[α-[4-(N-エチル-3-スルホベンジルイミニオ)-2,5-シクロヘキサジエニリデン]-4-(N-エチル-3-スルホベンジルアミノ)ベンジル]ベンゼンスルホナートのジナトリウム塩、（既存化学物質No.）5-4374、（CI No.）42095、Acid Green 5、（CAS No.）5141-20-8。

来　歴　1879年にKolerにより発見され、日本では昭和23年8月15日に緑色3号として許可され、昭和47年12月13日に緑色205号に変更され現在に至る。米国では、FD&C Green No. 2として使用されてきたが、1965年6月30日に使用が禁止された。

製　法　4-スルホベンズアルデヒドと α-(N-エチルアニリノ)トルエン-3-スルホン酸を縮合させロイコ体とし、これを重クロム酸塩などで酸化して製する。

HO_3S-C₆H₄-CHO ＋ C₆H₅-N(C_2H_5)CH_2-C₆H₄-SO_3H ⟶

4-スルホベンズアルデヒド　　α-(N-エチルアニリノ)トルエン-3-スルホン酸

ロイコ体

酸化

緑色205号

性　状　水、グリセリンに溶け、エタノールにはわずかに溶ける。油脂には溶けない。水溶液に塩酸を加えると褐緑色から淡緑褐色となり、水酸化ナトリウム溶液（1 → 10）を加えると淡緑色となる。硫酸を加えると暗黄赤色となり、水で希釈すると緑色となる。水溶液の色は光に対して極めて安定である。

用　途　口腔用以外のすべての化粧品に使用できるが、整髪料・シャンプー・リンス等に比較的繁用される。

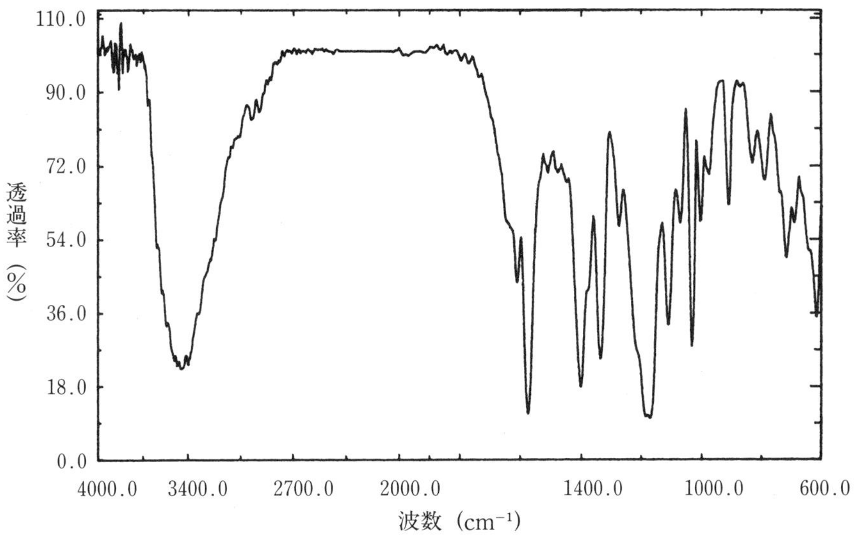

緑色205号の赤外吸収スペクトル

41．青色201号

インジゴ

Indigo

C.I. 73000

Vat Blue 1

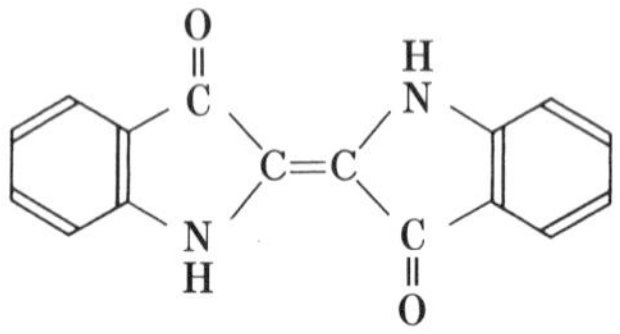

$C_{16}H_{10}N_2O_2$：262.26

本品は、定量するとき、インジゴチン（$C_{16}H_{10}N_2O_2$：262.26）として 95.0％ 以上 101.0％ 以下を含む。

性　　状　本品は、暗青色の粉末である。

確認試験　（1）　本品 0.01 g に硫酸 2 滴又は 3 滴を加えるとき、この液は、黄緑色を呈し、これを冷水 5 mL で薄めるとき、青色の沈殿を生じる。

（2）　本品を乾燥し、赤外吸収スペクトル測定法により試験を行うとき、本品のスペクトルは、次に掲げる本品の参照スペクトルと同一の波数に同一の強度の吸収を有する。

(次頁参照)

純度試験　（1）　可溶物　可溶物試験法第 6 法により試験を行うとき、その限度は、1.0％ 以下である。

（2）　ヒ素　ヒ素試験法により試験を行うとき、その限度は、2 ppm 以下である。

（3）　鉄　本品を原子吸光光度法の前処理法（1）により処理し、試料溶液調製法（1）により調製したものを試料溶液とし、鉄標準原液（原子吸光光度法用）1 mL を正確に量り、薄めた塩酸（1 → 4）を加えて 10 mL とし、この液 5 mL を正確に量り、原子吸光光度法の前処理法（1）により処理し、試料溶液調製法（1）により調製したものを比較液として原子吸光光度法により比較試験を行うとき、その限度は 500 ppm 以下である（注 1）。

（4）　重金属　重金属試験法により試験を行うとき、その限度は、20 ppm 以下である。

乾燥減量　5.0％ 以下（1 g、105℃、6 時間）

強熱残分　2.0％ 以下（1 g）

定 量 法　質量法第 3 法により試験を行う。この場合において、係数は、1.000とする（注 2）。

青色201号

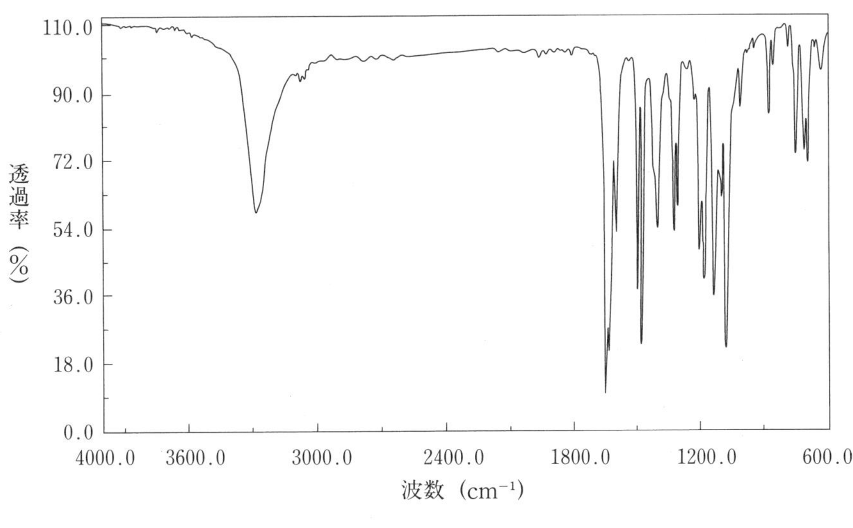

〔注〕

（注１）旧省令では鉄を規定していなかったが、製造工程で使用されることから新たに鉄の項目を設定した。

（注２）旧省令では試験方法として三塩化チタン法を採用していた。

【解　説】

名　称　（別名）インジゴ、（英名）Indigo、（化学名）インジゴチン、（既存化学物質 No.）5-2223、（CI No.）73000、Vat Blue 1、（CAS No.）482-89-3。

来　歴　1880年に Baeyer により発見され、日本では昭和31年７月30日に青色201号として許可され現在に至る。米国では、D&C Blue No. 6として使用されてきたが、1977年12月13日に使用が禁止された。

製　法　N-フェニルグリシン-K (Na) に水酸化ナトリウム、水酸化カリウム、ナトリウムアミドの混合物を融解してインドキシルをつくり、その水溶液に空気を通じて酸化して製する。

NH—CH_2COOK(Na)　$\xrightarrow[\text{Na, NH}_3]{\text{KOH, NaOH}}$　H N CH C OK(Na)

N-フェニルグリシン-K(Na)　　　インドキシル

$$\text{(indoxyl, OK(Na))} \xrightarrow{O_2} \text{青色201号}$$

青色 201 号

性　状　水、エタノール、グリセリン、油脂に溶けない。熱アニリンに紫青色に溶ける。ジクロルヒドリンに溶ける。塩酸、水酸化ナトリウム溶液（1 → 5）に溶けない。硝酸には黄色に溶ける。硫酸を加えると黄緑色に溶け、水で希釈すると青色沈殿を生じる。光に対して色は極めて安定である。

用　途　口腔用以外のすべての化粧品に使用できるが、口紅・アイシャドウに繁用される。

42. 青色202号

パテントブルーNA
Patent Blue NA

C.I. 42052

Acid Blue 5

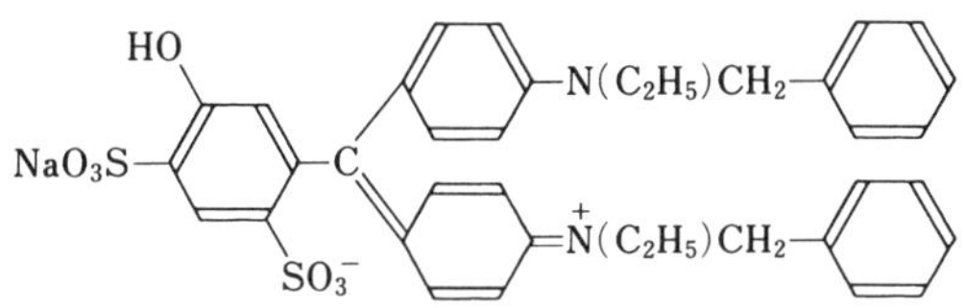

$C_{37}H_{35}N_2NaO_7S_2$：706.80

本品は、定量するとき、2-[α-[4-(N-エチルベンジルイミニオ)-2,5-シクロヘキサジエニリデン]-4-(N-エチルベンジルアミノ)ベンジル]-4-ヒドロキシ-5-スルホベンゼンスルホナートのモノナトリウム塩（$C_{37}H_{35}N_2NaO_7S_2$：706.80）として 80.0% 以上 101.0% 以下を含む（注1）。

性　　状　本品は、金属性の光沢を有する帯赤青色の粒又は粉末である。

確認試験　(1)　本品の水溶液（1 → 1000）は、青色を呈する。

(2)　本品 0.02 g に酢酸アンモニウム試液 200 mL を加えて溶かし、この液 5 mL を量り、酢酸アンモニウム試液を加えて 100 mL とした液は、吸光度測定法により試験を行うとき、波長 633 nm 以上 637 nm 以下に吸収の極大を有する。

(3)　本品の水溶液（1 → 2000）2 μL を試料溶液とし、フラビアン酸標準溶液 2 μL を標準溶液とし、1-ブタノール/エタノール(95)/アンモニア試液(希)混液（6：2：3）を展開溶媒として薄層クロマトグラフ法第2法により試験を行うとき、当該試料溶液から得た主たるスポットは、青色を呈し、当該標準溶液から得た主たるスポットに対する Rs 値は、約0.9である（注2）。

(4)　炎色反応試験法により試験を行うとき、炎は、黄色を呈する。

純度試験　(1)　溶状　本品 0.01 g に水 100 mL を加えて溶かすとき、この液は、澄明である。

(2)　不溶物　不溶物試験法第1法により試験を行うとき、その限度は、1.0% 以下である。

(3)　可溶物　可溶物試験法第2法により試験を行うとき、その限度は、1.0% 以下である。

(4)　塩化物及び硫酸塩　塩化物試験法及び硫酸塩試験法により試験を行うとき、それ

ぞれの限度の合計は、10.0% 以下である（注3）。

（5）　ヒ素　ヒ素試験法により試験を行うとき、その限度は、2 ppm 以下である。

（6）　クロム　本品を原子吸光光度法の前処理法（3）により処理し、試料溶液調製法（3）により調製したものを試料溶液とし、クロム標準原液（原子吸光光度法用）1 mL を正確に量り、薄めた塩酸（1 → 4）を加えて 100 mL とし、この液 5 mL を正確に量り、原子吸光光度法の前処理法（3）により処理し、試料溶液調製法（3）により調製したものを比較液として原子吸光光度法により比較試験を行うとき、その限度は、50 ppm 以下である（注4）。

（7）　マンガン　本品を、原子吸光光度法の前処理法（3）により処理し、試料溶液調製法（2）により調製したものを試料溶液とし、マンガン標準原液（原子吸光光度法用）1 mL を正確に量り、薄めた塩酸（1 → 4）を加えて 100 mL とし、この液 5 mL を正確に量り、原子吸光光度法の前処理法（3）により処理し、試料溶液調製法（2）により調製したものを比較液として原子吸光光度法により比較試験を行うとき、その限度は、50 ppm 以下である（注4）。

（8）　重金属　重金属試験法により試験を行うとき、その限度は、20 ppm 以下である。

乾燥減量　10.0% 以下（1 g、105℃、6時間）（注5）

定 量 法　本品約 0.02 g を精密に量り、酢酸アンモニウム試液を加えて溶かし、正確に 200 mL とする。この液 5 mL を正確に量り、酢酸アンモニウム試液を加えて正確に 100 mL とし、これを試料溶液として、吸光度測定法により試験を行う。この場合において、吸収極大波長における吸光度の測定は、635 nm 付近について行うこととし、吸光係数は0.138とする（注6）。

〔注〕

（注1）　旧省令では 70% 以上と規定していた。

（注2）　本品については薄層クロマトグラフ用標準品が設定されていないため、フラビアン酸を比較標準品とした。なお、フラビアン酸のスポットの色調は黄色である。

（注3）　旧省令では 15% 以下と規定していた。

（注4）　製造工程で重クロム酸塩または過マンガン酸塩が使用される場合があるため、新たにクロムとマンガンの項目を設定した。

（注5）　旧省令では 15% 以下と規定していた。

（注6）　旧省令では試験方法として三塩化チタン法を採用していた。

【解　説】

名　　称　（別名）パテントブルーNA、（英名）Patent Blue NA、（化学名）2-[α-[4-(N-エチルベンジルイミニオ)-2,5-シクロヘキサジエニリデン]-4-(N-エチルベンジルアミノ)ベンジル]-4-ヒドロキシ-5-スルホベンゼンスルホナートのモノナトリウム塩、（既存化学物質 No.）5-4337、（CI No.）42052、Acid Blue 5、（CAS No.）6417-61-4。

来　歴　1888年に Hermann により発見され、日本では昭和31年 7 月30日に青色202号として許可され現在に至る。米国では、D&C Blue No. 7として使用されてきたが、1965年 4 月 8 日に使用が禁止された。

製　法　3-ヒドロキシベンズアルデヒド-4,6-ジスルホン酸と N-エチル-N-ベンジルアニリンを縮合してロイコ体とし、重クロム酸塩、過酸化鉛等で酸化して、水酸化ナトリウムで中和して製する。ただし、原料である3-ヒドロキシベンズアルデヒド-4,6-ジスルホン酸が市場にないため、これを製造するのは現状では困難である。

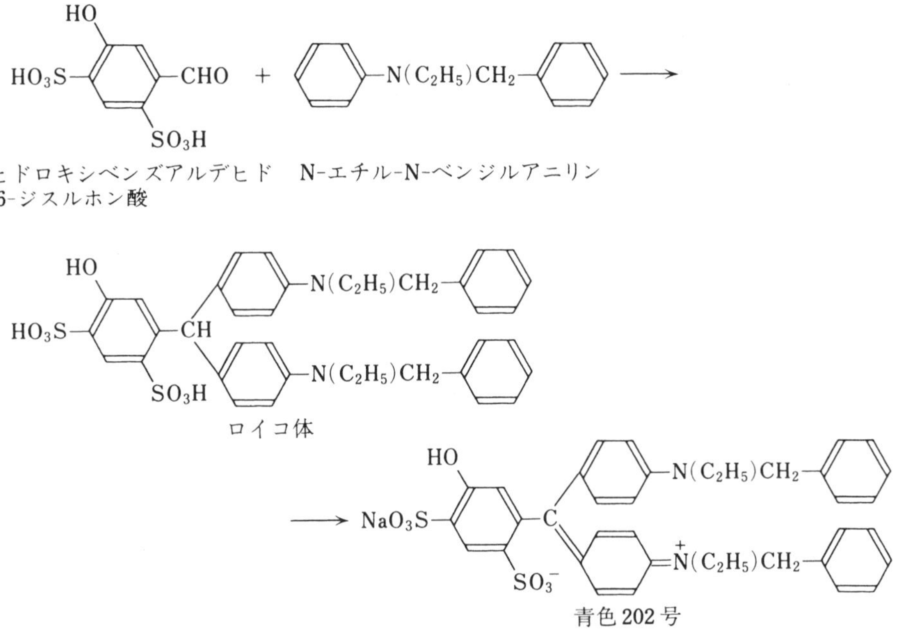

HO / HO_3S / CHO / SO_3H + N(C_2H_5)CH_2 →

3-ヒドロキシベンズアルデヒド-4,6-ジスルホン酸　　N-エチル-N-ベンジルアニリン

HO / HO_3S / CH / SO_3H / N(C_2H_5)CH_2 / N(C_2H_5)CH_2

ロイコ体

→ HO / NaO_3S / C / SO_3^- / N(C_2H_5)CH_2 / $\overset{+}{N}$(C_2H_5)CH_2

青色 202 号

性　状　水、グリセリンに溶け、エタノールに少し溶ける。油脂には溶けない。水溶液に塩酸を加えると黄色となり沈殿を生じる。アルカリには冷時変化しないが、加熱すると紫色となり沈殿を生じる。硫酸を加えると黄色に溶け、水で希釈すると緑色になり次いで青色となる。水溶液の色は光に対してやや安定である。

用　途　すべての化粧品に使用できるが、整髪料・シャンプー・リンス・化粧水・石けんに繁用される。

43. 青色203号

パテントブルーCA

Patent Blue CA

C.I. 42052

Acid Blue 5

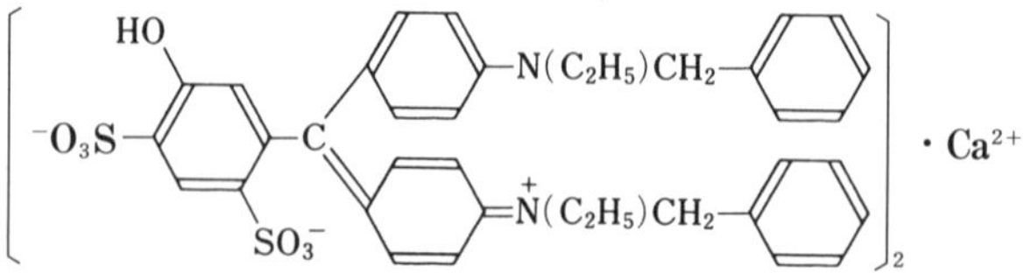

$C_{74}H_{70}CaN_4O_{14}S_4$：1407.70

本品は、定量するとき、2-[α-[4-(N-エチルベンジルイミニオ)-2,5-シクロヘキサジエニリデン]-4-(N-エチルベンジルアミノ)ベンジル]-4-ヒドロキシ-5-スルホベンゼンスルホナートのカルシウム塩（$C_{74}H_{70}CaN_4O_{14}S_4$：1407.70）として 80.0% 以上 101.0% 以下を含む（注1）。

性　　状　本品は、金属性の光沢を有する帯赤青色の粒又は粉末である。

確認試験　(1)　本品の水溶液（1 → 1000）は、青色を呈する。

(2)　本品 0.02 g に酢酸アンモニウム試液 200 mL を加えて溶かし、この液 5 mL を量り、酢酸アンモニウム試液を加えて 100 mL とした液は、吸光度測定法により試験を行うとき、波長 633 nm 以上 637 nm 以下に吸収の極大を有する。

(3)　本品の水溶液（1 → 2000）2 μL を試料溶液とし、フラビアン酸標準溶液 2 μL を標準溶液とし、1-ブタノール/エタノール(95)/アンモニア試液(希)混液（6：2：3）を展開溶媒として薄層クロマトグラフ法第2法により試験を行うとき、当該試料溶液から得た主たるスポットは、青色を呈し、当該標準溶液から得た主たるスポットに対する Rs 値は、約0.9である（注2）。

(4)　炎色反応試験法により試験を行うとき、炎は、黄赤色を呈する。

純度試験　(1)　溶状　本品 0.01 g に水 100 mL を加えて溶かすとき、この液は、澄明である。

(2)　不溶物　不溶物試験法第1法により試験を行うとき、その限度は、1.0% 以下である。

(3)　可溶物　可溶物試験法第2法により試験を行うとき、その限度は、1.0% 以下である。

(4)　塩化物及び硫酸塩　塩化物試験法及び硫酸塩試験法により試験を行うとき、それ

ぞれの限度の合計は、10.0% 以下である（注3）。

（5） ヒ素　ヒ素試験法により試験を行うとき、その限度は、2 ppm以下である。

（6） クロム　本品を原子吸光光度法の前処理法(3)により処理し、試料溶液調製法(3)により調製したものを試料溶液とし、クロム標準原液(原子吸光光度法用) 1 mLを正確に量り、薄めた塩酸（1 → 4）を加えて 100 mLとし、この液 5 mLを正確に量り、原子吸光光度法の前処理法(3)により処理し、試料溶液調製法(3)により調製したものを比較液として原子吸光光度法により比較試験を行うとき、その限度は、50 ppm以下である（注4）。

（7） マンガン　本品を原子吸光光度法の前処理法(3)により処理し、試料溶液調製法(2)により調製したものを試料溶液とし、マンガン標準原液（原子吸光光度法用）1 mLを正確に量り、薄めた塩酸(1 → 4)を加えて 100 mLとし、この液 5 mLを正確に量り、原子吸光光度法の前処理法(3)により処理し、試料溶液調製法(2)により調製したものを比較液として原子吸光光度法により比較試験を行うとき、その限度は、50 ppm以下である（注4）。

（8） 重金属　重金属試験法により試験を行うとき、その限度は、20 ppm以下である。

乾燥減量　10.0% 以下（1 g、105℃、6時間）（注5）

定量法　本品約 0.02 gを精密に量り、酢酸アンモニウム試液を加えて溶かし、正確に 200 mLとする。この液 5 mLを正確に量り、酢酸アンモニウム試液を加えて正確に 100 mLとし、これを試料溶液として、吸光度測定法により試験を行う。この場合において、吸収極大波長における吸光度の測定は 635 nm付近について行うこととし、吸光係数は0.130とする（注6）。

〔注〕

（注1） 旧省令では 70% 以上と規定していた。

（注2） 本品については薄層クロマトグラフ用標準品が設定されていないため、フラビアン酸を比較標準品とした。なお、フラビアン酸のスポットの色調は黄色である。

（注3） 旧省令では 15% 以下と規定していた。

（注4） 製造工程で重クロム酸塩または過マンガン酸塩が使用される場合があるため、新たにクロムとマンガンの項目を設定した。

（注5） 旧省令では 15% 以下と規定していた。

（注6） 旧省令では試験方法として三塩化チタン法を採用していた。

【解　説】

名　称　(別名) パテントブルーCA、(英名) Patent Blue CA、(化学名) 2-[α-[4-(N-エチルベンジルイミニオ)-2,5-シクロヘキサジエニリデン]-4-(N-エチルベンジルアミノ)ベンジル]-4-ヒドロキシ-5-スルホベンゼンスルホナートのカルシウム塩、(既存化学物質 No.) 5-4337、(CI No.) 42052、Acid Blue 5、(CAS No.) 3374-30-9。

来歴 1888年にHermannにより発見され、日本では昭和31年7月30日に青色203号として許可され現在に至る。米国では、D&C Blue No. 8として使用されていたが、1960年10月12日に使用が禁止された。

製法 3-ヒドロキシベンズアルデヒド-4,6-ジスルホン酸とN-エチル-N-ベンジルアニリンを縮合してロイコ体とし、重クロム酸塩、過酸化鉛等で酸化した後、水酸化カルシウムを加え、カルシウム塩として製する。ただし、原料である3-ヒドロキシベンズアルデヒド-4,6-ジスルホン酸が市場にないため、これを製造するのは現状では困難である。

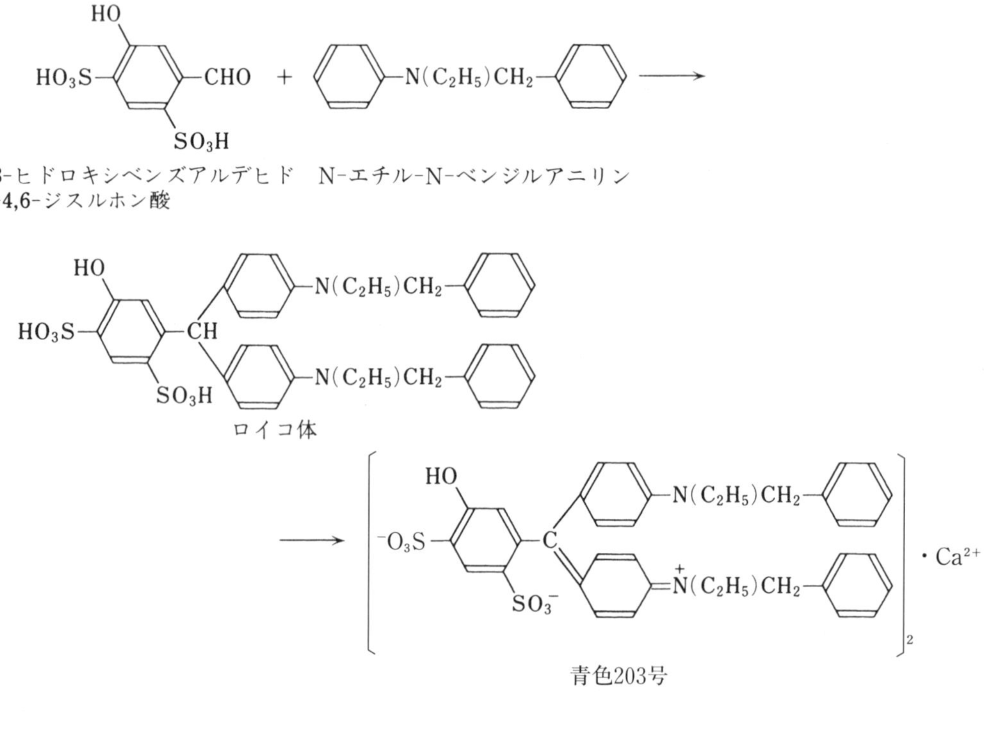

HO, HO_3S, CHO, SO_3H ＋ $N(C_2H_5)CH_2$ ⟶

3-ヒドロキシベンズアルデヒド-4,6-ジスルホン酸　N-エチル-N-ベンジルアニリン

HO, HO_3S, CH, SO_3H, $N(C_2H_5)CH_2$, $N(C_2H_5)CH_2$

ロイコ体

⟶ $[\ ^{-}O_3S$, HO, C, SO_3^-, $N(C_2H_5)CH_2$, $\overset{+}{N}(C_2H_5)CH_2\ ]_2 \cdot Ca^{2+}$

青色203号

性状 水、グリセリンに溶け、エタノールに少し溶ける。油脂には溶けない。水溶液に塩酸を加えると黄色となり沈殿を生じる。アルカリには冷時変化しないが、加熱すると紫色となり沈殿を生じる。硫酸を加えると黄色に溶け、水で希釈すると緑色になり次いで青色となる。水溶液の色は光に対してやや安定である。

用途 すべての化粧品に使用できるが、整髪料・シャンプー・リンス・化粧水・石けんに比較的繁用される。

44. 青色204号

カルバンスレンブルー

Carbanthrene Blue

C.I. 69825

Vat Blue 6

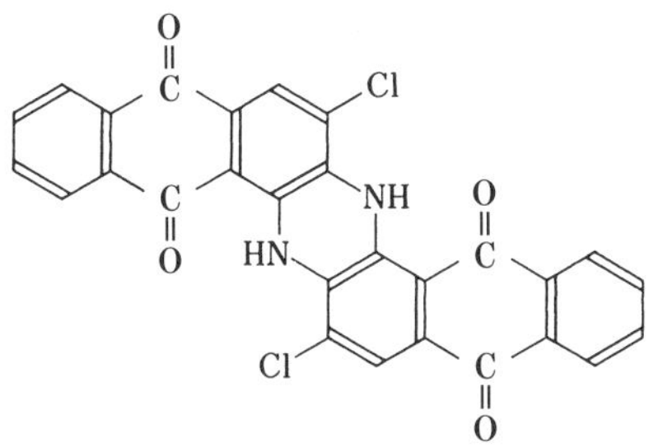

$C_{28}H_{12}Cl_2N_2O_4$：511.31

本品は、定量するとき、3,3'-ジクロロインダンスレン（$C_{28}H_{12}Cl_2N_2O_4$：511.31）として 90.0% 以上 101.0% 以下を含む。

性　　状　本品は、青色の粉末である。

確認試験　（1）　本品 0.01 g に硫酸 2 滴又は 3 滴を加えるとき、この液は、暗黄色を呈し、これを冷水 5 mL で薄めるとき、青色の沈殿を生じる。

（2）　本品を乾燥し、赤外吸収スペクトル測定法により試験を行うとき、本品のスペクトルは、次に掲げる本品の参照スペクトルと同一の波数に同一の強度の吸収を有する。

(次頁参照)

純度試験　（1）　可溶物　可溶物試験法第 6 法により試験を行うとき、その限度は、1.0% 以下である。

（2）　ヒ素　ヒ素試験法により試験を行うとき、その限度は、2 ppm 以下である。

（3）　鉄　本品を原子吸光光度法の前処理法（1）により処理し、試料溶液調製法（1）により調製したものを試料溶液とし、鉄標準原液（原子吸光光度法用）1 mL を正確に量り、薄めた塩酸（1 → 4）を加えて 10 mL とし、この液 5 mL を正確に量り、原子吸光光度法の前処理法（1）により処理し、試料溶液調製法（1）により調製したものを比較液として原子吸光光度法により比較試験を行うとき、その限度は、500 ppm 以下である（注 1）。

（4）　重金属　重金属試験法により試験を行うとき、その限度は、20 ppm 以下である。

乾燥減量　10.0% 以下（1 g、105℃、6 時間）

強熱残分　1.0% 以下（1 g）

定 量 法　質量法第 3 法により試験を行う。この場合においては、係数は、1.000とする（注 2）。

青色204号

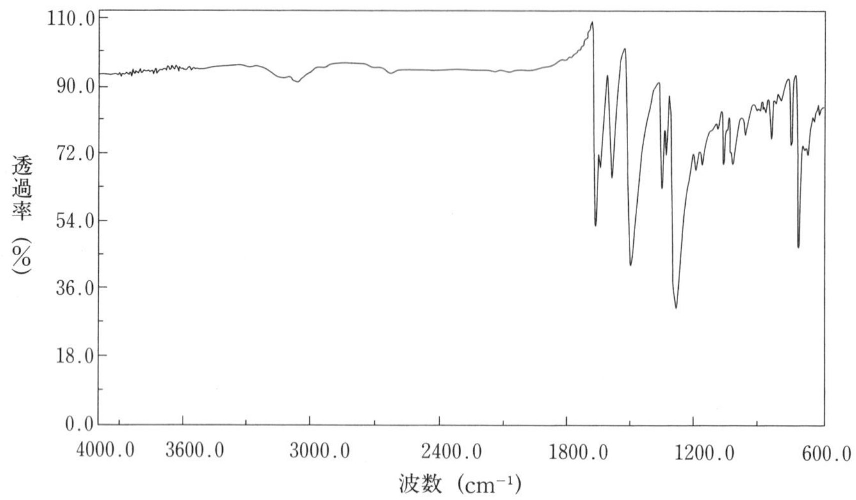

〔注〕

（注１）　旧省令では鉄を規定していなかったが、製造工程で使用されることから新たに鉄の項目を設定した。

（注２）　旧省令では試験方法として有機結合窒素法を採用していた。

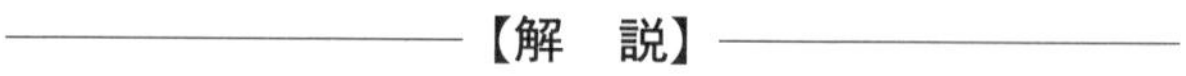

【解　説】

名　　称　（別名）カルバンスレンブルー、（英名）Carbanthrene Blue、（化学名）3,3'-ジクロロインダンスレン、（既存化学物質 No.）5-2230、（CI No.）69825、Vat Blue 6、（CAS No.）130-20-1。

来　　歴　1903年に R. Bohn により発見され、日本では昭和31年７月30日に青色204号として許可され現在に至る。米国では、D&C Blue No. 9として使用されてきたが、1963年１月12日に使用が禁止された。

製　　法　本品は2-アミノアントラキノンに水酸化カリウムを加え縮合を行い、インダンスレンを製する。これを硫酸に溶解し、二酸化マンガンを酸化剤として塩素により塩素化し製する。

2-アミノアントラキノン $\xrightarrow{KOH}$ → インダンスレン $\xrightarrow[H_2SO_4]{Cl_2}$ 青色 204 号

（性　状）水、グリセリン、エタノール、塩酸、水酸化ナトリウムに溶けない。1-クロロナフタリンにわずかに溶ける。油脂には溶けない。硫酸を加えるとき暗黄色に溶け、水で希釈すると青色沈殿を生じる。光に対して色は極めて安定である。

（用　途）すべての化粧品に使用されるが、アイシャドウ等に多く使用される。

45. 青色205号

アルファズリンFG
Alphazurine FG

C.I. 42090

Acid Blue 9

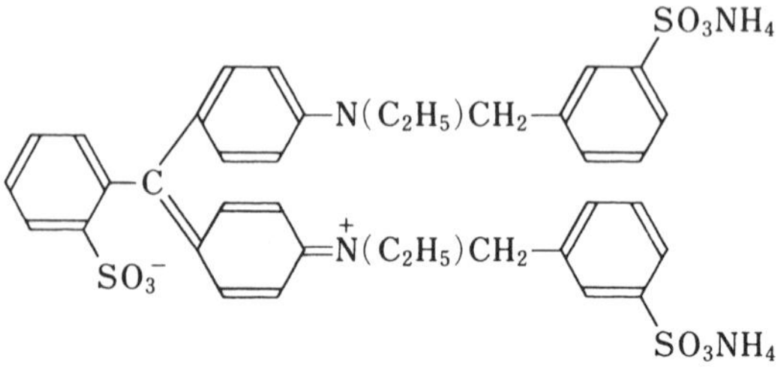

SO_3NH_4
$N(C_2H_5)CH_2$
C
SO_3^-
$\overset{+}{N}(C_2H_5)CH_2$
SO_3NH_4

$C_{37}H_{42}N_4O_9S_3$：782.95

本品は、定量するとき、2-[α-[4-(N-エチル-3-スルホベンジルイミニオ)-2,5-シクロヘキサジエニリデン]-4-(N-エチル-3-スルホベンジルアミノ)ベンジル]ベンゼンスルホナートのジアンモニウム塩($C_{37}H_{42}N_4O_9S_3$：782.95)として 85.0% 以上 101.0% 以下を含む（注1)。

性　　状　本品は、帯緑青色の粒又は粉末である。

確認試験　(1)　本品の水溶液（1 → 1000）は、青色を呈する。

(2)　本品 0.02 g に酢酸アンモニウム試液 200 mL を加えて溶かし、この液 4 mL を量り、酢酸アンモニウム試液を加えて 100 mL とした液は、吸光度測定法により試験を行うとき、波長 627 nm 以上 631 nm 以下に吸収の極大を有する。

(3)　本品の水溶液（1 → 1000）2 μL を試料溶液とし、フラビアン酸標準溶液 2 μL を標準溶液とし、1-ブタノール/アセトン/水混液（3：1：1）を展開溶媒として薄層クロマトグラフ法第2法により試験を行うとき、当該試料溶液から得た主たるスポットは、青色を呈し、当該標準溶液から得た主たるスポットに対する Rs 値は、約0.8 である（注2)。

(4)　本品 1 g に水 20 mL を加えて溶かし、これに水酸化ナトリウム試液 20 mL を加え、加熱するとき、発生するガスは、潤したリトマス紙を青変する。

純度試験　(1)　溶状　本品 0.01 g に水 100 mL を加えて溶かすとき、この液は、澄明である。

(2)　不溶物　不溶物試験法第1法により試験を行うとき、その限度は、0.5% 以下である（注3)。

(3)　可溶物　可溶物試験法第2法により試験を行うとき、その限度は、0.5% 以下である（注4)。

(4) 塩化物及び硫酸塩　塩化物試験法及び硫酸塩試験法により試験を行うとき、それぞれの限度の合計は、5.0% 以下である（注5）。

(5) ヒ素　ヒ素試験法により試験を行うとき、その限度は、2 ppm 以下である（注6）。

(6) クロム　本品を原子吸光光度法の前処理法(3)により処理し、試料溶液調製法(3)により調製したものを試料溶液とし、クロム標準原液(原子吸光光度法用) 1 mL を正確に量り、薄めた塩酸（1 → 4）を加えて 100 mL とし、この液 5 mL を正確に量り、原子吸光光度法の前処理法(3)により処理し、試料溶液調製法(3)により調製したものを比較液として原子吸光光度法により比較試験を行うとき、その限度は、50 ppm 以下である（注7）。

(7) マンガン　本品を原子吸光光度法の前処理法(3)により処理し、試料溶液調製法(2)により調製したものを試料溶液とし、マンガン標準原液（原子吸光光度法用） 1 mL を正確に量り、薄めた塩酸(1 → 4)を加えて 100 mL とし、この液 5 mL を正確に量り、原子吸光光度法の前処理法(3)により処理し、試料溶液調製法(2)により調製したものを比較液として原子吸光光度法により比較試験を行うとき、その限度は、50 ppm 以下である（注7）。

(8) 重金属　重金属試験法により試験を行うとき、その限度は、20 ppm 以下である。

乾燥減量　10.0% 以下（1 g、105℃、6時間）

定 量 法　本品約 0.02 g を精密に量り、酢酸アンモニウム試液を加えて溶かし、正確に 200 mL とする。この液 4 mL を正確に量り、酢酸アンモニウム試液を加えて正確に 100 mL とし、これを試料溶液として、吸光度測定法により試験を行う。この場合において、吸収極大波長における吸光度の測定は 629 nm 付近について行うこととし、吸光係数は0.151とする（注8）。

〔注〕

(注1) 旧省令では 82% 以上と規定していた。

(注2) 本品については薄層クロマトグラフ用標準品が設定されていないため、フラビアン酸を比較標準品とした。なお、フラビアン酸のスポットの色調は黄色である。

(注3) CFR では 0.2% 以下と規定しており、旧省令では水不溶性物質として 1% 以下と規定していた。

(注4) CFR では可溶物の規定はないが、当該色素以外の特定の有機化合物等の限度を規定しており、旧省令ではエーテルエキスとして規定していた。

(注5) CFR では乾燥減量を加えた値として 15% 以下と規定している。

(注6) CFR では As として 3 ppm 以下と規定している。

(注7) 製造工程で重クロム酸塩または過マンガン酸塩が使用される場合があるため、新たにクロムとマンガンの項目を設定した。

（注８）　旧省令では試験方法として三塩化チタン法を採用していた。

【解　説】

名　称　（別名）アルファズリン FG、（英名）Alphazurine FG、（化学名）2-[α-[4-(N-エチル-3-スルホベンジルイミニオ)-2,5-シクロヘキサジエニリデン]-4-(N-エチル-3-スルホベンジルアミノ)ベンジル]ベンゼンスルホナートのジアンモニウム塩、（FDA 名）D&C Blue No. 4、（既存化学物質 No.）5-1632、（CI No.）42090、Acid Blue 9、（CAS No.）2650-18-2。

来　歴　1896年に Sandmeyer により発見され、日本では昭和41年８月31日に青色205号として許可され現在に至る。米国では、D&C Blue No. 4として使用されており、1977年１月３日に永久許可された。

製　法　ベンズアルデヒド-2-スルホン酸とα-(N-エチルアニリノ)トルエン-3-スルホン酸を縮合し、ロイコ体としこれを重クロム酸塩もしくは過マンガン酸塩で酸化した後、水酸化アンモニウムを加え、アンモニウム塩として製する。

SO_3H (ベンズアルデヒド-2-スルホン酸) —CHO ＋ 2 × —$N(C_2H_5)CH_2$— (SO_3H) ⟶

ベンズアルデヒド-2-スルホン酸

α-(N-エチルアニリノ)トルエン-3-スルホン酸

—CH (SO_3H)，—$N(C_2H_5)CH_2$—（SO_3H）×2 $\xrightarrow{\text{酸化}}$

ロイコ体

SO_3^-，C，—$N(C_2H_5)CH_2$—（SO_2H），$=\overset{+}{N}(C_2H_5)CH_2$—（$SO_3H$） $\xrightarrow{NH_4OH}$

青色 205 号

性　状　水、グリセリン、エタノールに溶ける。油脂には溶けない。水溶液に塩酸を加えると初めに緑色になるが、過剰に加えると黄緑色になる。アルカリには変化しないが、加熱すると紫色に変わる。硫酸を加えると黄色に溶け、水で希釈すると緑色となる。水溶液の色は光にやや安定である。

用　途　すべての化粧品に使用できるが、整髪料・シャンプー・リンス・石けん等に比較的繁用される。

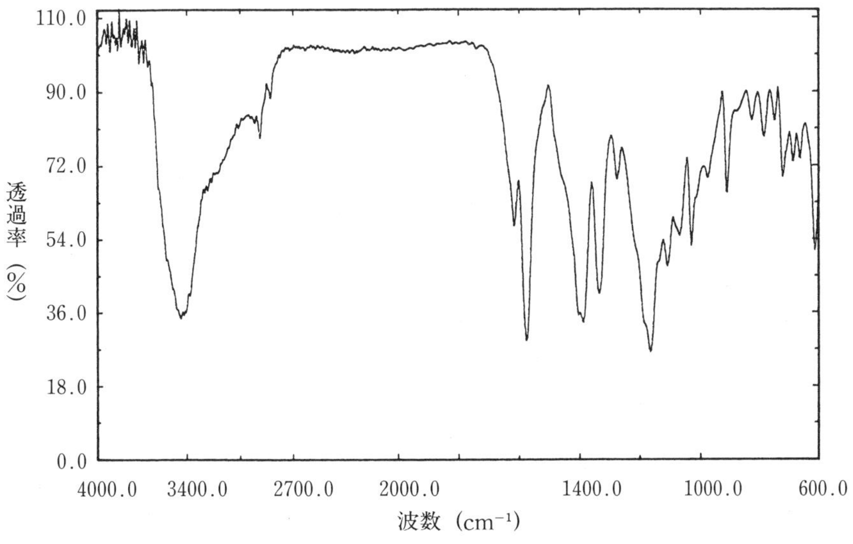

青色205号の赤外吸収スペクトル

46. 褐色201号

レゾルシンブラウン

Rezorcin Brown

C.I. 20170

Acid Orange 24

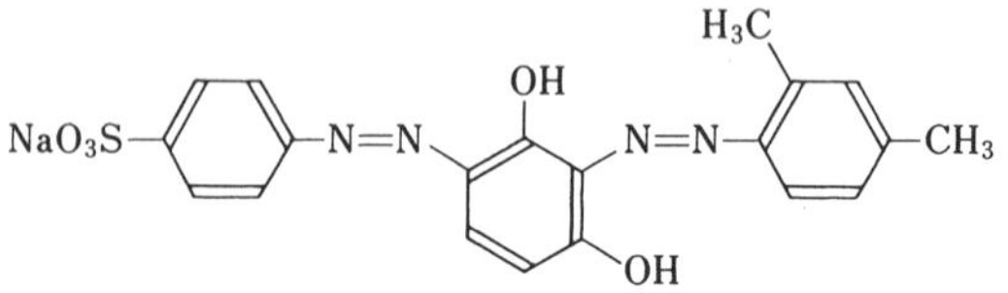

$C_{20}H_{17}N_4NaO_5S$：448.43

本品は、定量するとき、4-(4-スルホフェニルアゾ)-2-(2,4-キシリルアゾ)-1,3-ベンゼンジオールのモノナトリウム塩（$C_{20}H_{17}N_4NaO_5S$：448.43）として 75.0% 以上 101.0% 以下を含む（注1）。

性　　状　本品は、褐色の粒又は粉末である。

確認試験　(1)　本品の水溶液（1 → 1000）は、暗黄赤色を呈する。

(2)　本品 0.02 g に酢酸アンモニウム試液 200 mL を加えて溶かし、この液 5 mL を量り、酢酸アンモニウム試液を加えて 100 mL とした液は、吸光度測定法により試験を行うとき、波長 424 nm 以上 430 nm 以下に吸収の極大を有する。

(3)　本品の水溶液（1 → 1000）2 μL を試料溶液とし、フラビアン酸標準溶液 2 μL を標準溶液とし、1-ブタノール/エタノール(95)/アンモニア試液（希）混液（6：2：3）を展開溶媒として薄層クロマトグラフ法第2法により試験を行うとき、当該試料溶液から得た主たるスポットは、暗黄赤色を呈し、当該標準溶液から得た主たるスポットに対する Rs 値は、約1.4である（注2）。

純度試験　(1)　溶状　本品 0.01 g に水 100 mL を加えて溶かすとき、この液は、澄明である。

(2)　不溶物　不溶物試験法第1法により試験を行うとき、その限度は、0.5% 以下である（注3）。

(3)　可溶物　可溶物試験法第1法により試験を行うとき、その限度は、1.0% 以下である（注4）。

(4)　塩化物及び硫酸塩　塩化物試験法及び硫酸塩試験法により試験を行うとき、それぞれの限度の合計は、15.0% 以下である（注5）。

(5)　ヒ素　ヒ素試験法により試験を行うとき、その限度は、2 ppm 以下である（注

6)。

(6)　重金属　重金属試験法により試験を行うとき、その限度は、20 ppm 以下である。

乾燥減量　10.0% 以下(1 g、105℃、6時間)

定 量 法　本品約 0.02 g を精密に量り、酢酸アンモニウム試液を加えて溶かし、正確に 200 mL とする。この液 5 mL を正確に量り、酢酸アンモニウム試液を加えて正確に 100 mL とし、これを試料溶液として、吸光度測定法により試験を行う。この場合において、吸収極大波長における吸光度の測定は 427 nm 付近について行うこととし、吸光係数は0.0972とする(注7)。

〔注〕

(注1)　CFR では4-((5-((ジアルキルフェニル)アゾ)-2,4-ジヒドロキシフェニル)アゾ)ベンゼンスルホン酸のナトリウム塩の混合物として 84% 以上と規定している。

(注2)　本品については薄層クロマトグラフ用標準品が設定されていないため、フラビアン酸を比較標準品とした。なお、フラビアン酸のスポットの色調は黄色である。

(注3)　CFR では水に対する不溶物として 0.2% 以下と規定している。

(注4)　CFR では可溶物の規定はないが、当該色素以外の特定の有機化合物等の限度を規定している。

(注5)　CFR ではスルファニル酸及びナトリウム塩として 0.2% 以下と規定しており、また、塩化物及び硫酸塩に乾燥減量を加えた値として 16% 以下と規定している。

(注6)　CFR では As として 3 ppm 以下と規定している。

(注7)　旧省令では試験方法として三塩化チタン法を採用していた。

【解　説】

(名　称)　(別名) レゾルシンブラウン、(英名) Resorcin Brown、(化学名) 4-(4-スルホフェニルアゾ)-2-(2,4-キシリルアゾ)-1,3-ベンゼンジオールのモノナトリウム塩、(FDA 名) D&C Brown No. 1、(既存化学物質 No.) 5-1460、(CI No.) 20170、Acid Orange 24、(CAS No.) 1320-07-6。

(来　歴)　1881年に O. Wallach により発見され、日本では昭和31年7月30日に褐色201号として許可され現在に至る。米国では、D&C Brown No. 1として使用されてきたが、1976年12月27日に永久許可された。

(製　法)　スルファニル酸 (4-アミノベンゼン-1-スルホン酸) を亜硝酸ナトリウムと塩酸でジアゾ化し、アルカリ性でレゾルシン (1,3-ベンゼンジオール) とカップリングする。次いで *m*-キシリジン (4-アミノ-1,3-キシレン) を亜硝酸ナトリウムと塩酸でジアゾ化し、これを先のカップリング液に加えて二次カップリングして製する。

ただし、二次カップリングの際、*m*-キシリジン(4-アミノ-1,3-キシレン)が1，3位及び2，4

位に当然カップリングされるため、位置を特定する必要がない。

HO_3S—〔ベンゼン環〕—NH_2 —ジアゾ化／$NaNO_2$, HCl→ $^{-}O_3S$—〔ベンゼン環〕—$\overset{+}{N}{\equiv}N$

スルファニル酸

H_3C—〔ベンゼン環〕—NH_2（CH_3） —ジアゾ化／$NaNO_2$, HCl→ H_3C—〔ベンゼン環〕—$N{=}NCl$（CH_3）

$^{-}O_3S$—〔ベンゼン環〕—$\overset{+}{N}{\equiv}N$ ＋ H_3C—〔ベンゼン環〕—$N{=}NCl$（CH_3） ＋ HO—〔ベンゼン環〕—OH

レゾルシン

—NaOH→ NaO_3S—〔ベンゼン環〕—$N{=}N$—〔ベンゼン環（OH, OH）〕—$N{=}N$—〔ベンゼン環〕—CH_3（H_3C）

褐色201号

性　状　水、グリセリンには溶けるが、エタノールにはわずかに溶ける。油脂には溶けない。水溶液は塩酸で変化しないが、アルカリには暗色化し、多量のアルカリには赤色化する。硫酸を加えると黄赤色に溶け、水で希釈すると金黄色となる。水溶液の色は光に対してやや安定である。

用　途　すべての化粧品に使用できるが、整髪料・シャンプー・リンス等に比較的繁用される。

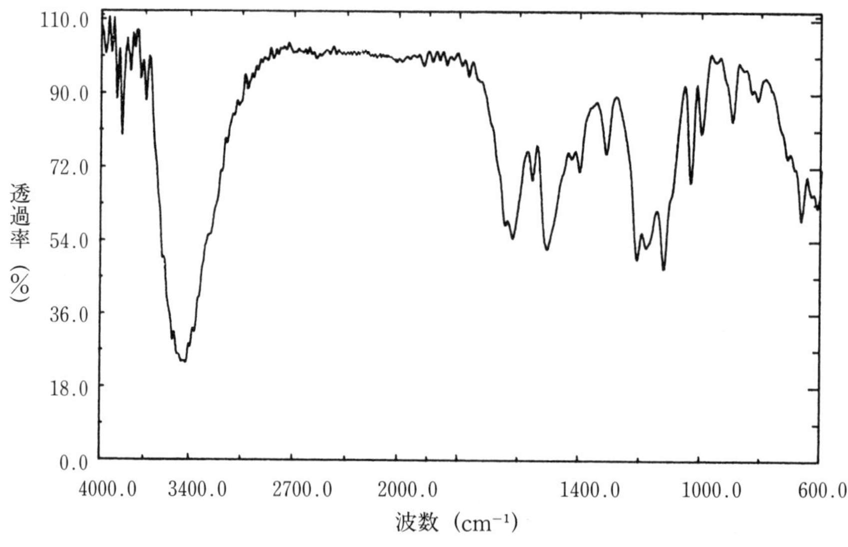

褐色201号の赤外吸収スペクトル

47. 紫色201号

アリズリンパープルSS
Alizurine Purple SS

C.I. 60725

Solvent Violet 13

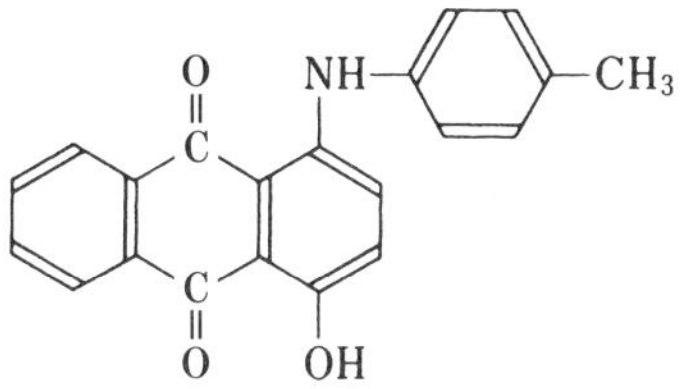

$C_{21}H_{15}NO_3$：329.35

本品は、定量するとき、1-ヒドロキシ-4-(*p*-トルイジノ) アントラキノン ($C_{21}H_{15}NO_3$：329.35) として 96.0% 以上 101.0% 以下を含む。

性　　状　本品は、帯青暗紫色の粒又は粉末である。

確認試験　(1)　本品のクロロホルム溶液 (1 → 1000) は、帯赤青色を呈する。

(2)　本品 0.05 g にクロロホルム 200 mL を加えて溶かし、この液 4 mL を量り、クロロホルムを加えて 100 mL とした液は、吸光度測定法により試験を行うとき、波長 584 nm 以上 590 nm 以下に吸収の極大を有する。

(3)　本品のクロロホルム溶液(1 → 1000) 2 μL を試料溶液とし、だいだい色403号標準溶液 2 μL を標準溶液とし、クロロホルム/1-ブタノール混液 (16：1) を展開溶媒として薄層クロマトグラフ法第2法により試験を行うとき、当該試料溶液から得た主たるスポットは、帯赤青色を呈し、当該標準溶液から得た主たるスポットに対する Rs 値は、約1.1である (注1)。

融　　点　185℃ 以上 192℃ 以下 (注2)

純度試験　(1)　溶状　本品 0.01 g にクロロホルム 100 mL を加えて溶かすとき、この液は、澄明である。

(2)　不溶物　不溶物試験法第2法により試験を行うとき、その限度は、1.5% 以下である。この場合において、溶媒は、クロロホルムを用いる (注3)。

(3)　可溶物　可溶物試験法第6法により試験を行うとき、その限度は、0.5% 以下である (注4)。

(4)　ヒ素　ヒ素試験法により試験を行うとき、その限度は、2 ppm 以下である (注5)。

(5)　鉄　本品を原子吸光光度法の前処理法(1)により処理し、試料溶液調製法(1)により調製したものを試料溶液とし、鉄標準原液（原子吸光光度法用）1 mL を正確に量り、薄めた塩酸（1 → 4）を加えて 10 mL とし、この液 5 mL を正確に量り、原子吸光光度法の前処理法（1）により処理し、試料溶液調製法（1）により調製したものを比較液として原子吸光光度法により比較試験を行うとき、その限度は、500 ppm 以下である（注6）。

（6）　重金属　重金属試験法により試験を行うとき、その限度は、20 ppm 以下である。

乾燥減量　2.0% 以下（1 g、105℃、6時間）

強熱残分　1.0% 以下（1 g）

定 量 法　本品約 0.05 g を精密に量り、クロロホルムを加えて溶かし、正確に 200 mL とする。この液 4 mL を正確に量り、クロロホルムを加えて正確に 100 mL とし、これを試料溶液として、吸光度測定法により試験を行う。この場合において、吸収極大波長における吸光度の測定は 587 nm 付近について行うこととし、吸光係数は0.0369とする（注7）。

〔注〕

（注1）　本品については薄層クロマトグラフ用標準品が設定されていないため、フラビアン酸を比較標準品とした。なお、フラビアン酸のスポットの色調は黄色である。

（注2）　旧省令では 185℃ 以上と規定していた。

（注3）　CFR では四塩化炭素不溶物と水不溶物を合わせて 0.5% 以下と規定しており、旧省令では四塩化炭素不溶性物質として 1.5% 以下と規定していた。

（注4）　CFR では可溶物の規定はないが、当該色素以外の特定の有機化合物等の限度を規定している。

（注5）　CFR では As として 3 ppm 以下と規定している。

（注6）　旧省令では鉄を規定していなかったが、原料に由来する鉄の混入の可能性があるので、新たに鉄の項目を設定した。

（注7）　新たに測定溶媒及び測定波長を設定した。

【解　説】

（名　称）（別名）アリズリンパープル SS、（英名）Alizurine Purple SS、（化学名）1-ヒドロキシ-4-(*p*-トルイジノ)アントラキノン、（FDA 名）D&C Violet No. 2、（既存化学物質 No.）5-3110、（CI No.）60725、Solvent Violet 13、（CAS No.）81-48-1。

（来　歴）1894年に R.E. Schmid により発見され、日本では昭和41年 8 月31日に紫色201号として許可され現在に至る。米国では、D&C Violet No. 2として使用されてきたが、1976年12月20日に永久許可された。

（製　法）1-ブロモ-4-ヒドロキシアントラキノンと *p*-トルイジンを縮合して製する。

1-ブロモ-4-ヒドロキシアントラキノン　＋　p-トルイジン　→　紫色 201 号

(性　状) 水、グリセリンには溶けない。エタノールにはわずかに溶け、クロロホルムにはよく溶け、油脂にも溶ける。塩酸（希）、水酸化ナトリウム溶液（1 → 10）には溶けない。硫酸を加えると暗緑色に溶け、水で希釈すると黄赤色となり、次いで帯赤青色の沈殿を生じる。エタノール溶液の色は光に対してやや安定である。

(用　途) すべての化粧品に使用できるが、シャンプー・リンス・マニキュア等に比較的繁用される。

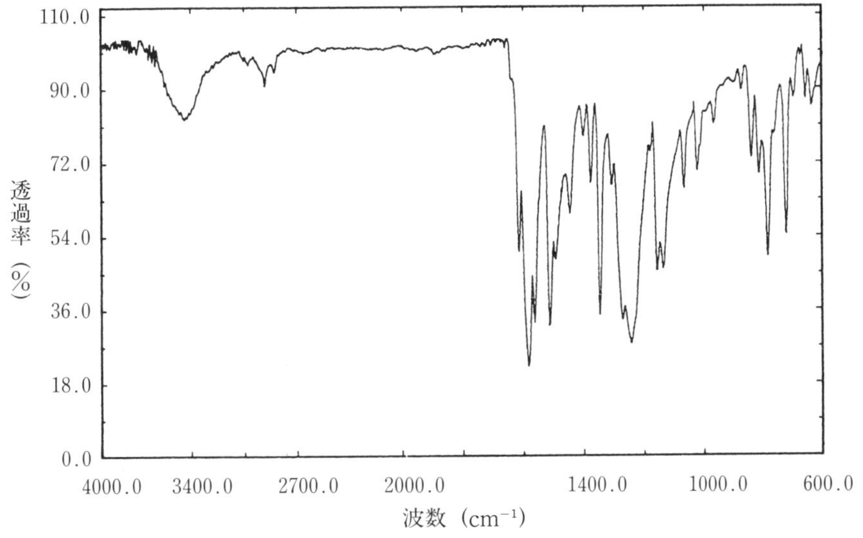

紫色201号の赤外吸収スペクトル

48．
19、21から24まで、28、30、32から34まで、37、39、40、45及び46に掲げるもののアルミニウムレーキ

本品は、定量するとき、それぞれ19、21から24まで、28、30、32から34まで、37、39、40、45及び46に掲げる色素原体として表示量の 90.0％ 以上 110.0％ 以下を含む（注1）。

性　　状　本品は、それぞれ19、21から24まで、28、30、32から34まで、37、39、40、45及び46に掲げる色素原体の色の明度を上げた粉末である（注2）。

確認試験　（1）　本品は、レーキ試験法の色素の確認試験（1）の吸光度測定法により試験を行うとき、それぞれ19、21から24まで、28、30、32から34まで、37、39、40、45及び46に掲げる色素原体と同一の吸収極大波長を、レーキ試験法の確認試験（1）の薄層クロマトグラフ法第1法又は第2法により試験を行うとき、試料溶液から得た主たるスポットはそれぞれ19、21から24まで、28、30、32から34まで、37、39、40、45及び46に掲げる色素原体の各確認試験の項に記載された色を呈し、確認試験の項に記載された標準溶液から得た主たるスポットと等しい Rf 値を示すか、又は各確認試験の項に記載された Rs 値を示す（注3）。

（2）　レーキ試験法の確認試験（2）の（a）により試験を行うとき、沈殿は、溶けない（注4）。

純度試験　（1）　塩酸及びアンモニア不溶物　レーキ試験法の純度試験（1）の塩酸及びアンモニア不溶物試験法により試験を行うとき、その限度は、0.5％ 以下である。

（2）　水溶性塩化物及び水溶性硫酸塩　レーキ試験法の純度試験（2）の水溶性塩化物試験法及び水溶性硫酸塩試験法により試験を行うとき、それぞれの限度の合計は、2.0％以下である。

（3）　ヒ素　レーキ試験法の純度試験（5）のヒ素試験法により試験を行うとき、その限度は、2 ppm 以下である。

（4） 重金属 レーキ試験法の純度試験（6）の重金属試験法により試験を行うとき、その限度は、亜鉛にあっては 500 ppm 以下、鉄にあっては 500 ppm 以下、その他の重金属にあっては 20 ppm 以下である。

定 量 法 本品約 0.1 g を精密に量り、水酸化ナトリウム試液（希）16 mL を加え、必要に応じて加温しながら溶かし、更に水酸化ナトリウム試液（希）を加えて正確に 20 mL とし、必要に応じてろ過する。この液 2 mL を正確に量り、それぞれ19、21から24まで、28、30、32から34まで、37、39、40、45及び46に掲げる当該色素原体の定量法で用いる希釈液を加えて正確に 50 mL とする。これを試料溶液として、それぞれ19、21から24まで、28、30、32から34まで、37、39、40、45及び46に掲げる当該色素原体の定量法に準じて試験を行う。この場合において、当該試料溶液の濃度が適当でないと認められるときは、当該希釈液による希釈率を調整する（注5）。

〔注〕

（注1） レーキには色素原体の含有量規定がないため、表示量を基準としている。

（注2） 使用された母体に吸着等により不溶性となり、透過光より反射光が多くなるため、一般的に明度が上昇する。

（注3） 確認試験法中吸収極大波長は、水酸化ナトリウム試液で溶出するが、希釈するとき、酢酸アンモニウム試液を使用するので、吸収極大波長は誤差範囲内である。

（注4） アルミニウムレーキに使用されている母体は、塩基性アルミニウムであるため、溶解する。

（注5） 本法は試料溶液の調製が改良された方法になっているが、省令の方法は次の通りである。

定 量 法 本品約 0.02 g 以上 0.1 g 以下を精密に量り、水酸化ナトリウム試液（希）2.5 mL を加え、必要に応じて加温し、かくはんし、遠心分離を行い、上澄み液を採取する操作を 4 回繰り返す。これらの操作により得られた上澄み液を合わせ、薄めた塩酸（1 → 20）で中和し、当該色素原体の定量法で用いる希釈液を加えて正確に 200 mL とし、必要に応じてろ過し、これを試料溶液として、それぞれ19、21から24まで、28、30、32から34まで、37、39、40、45及び46に掲げる色素原体の定量法に準じて試験を行う。この場合において、当該試料溶液の濃度が適当でないと認められるときは、本品の量を調整する。

【解 説】

（名 称） 色素原体の名称にアルミニウムレーキを付す。C.I. No は、同一番号である。

（来 歴） 昭和41年省令30号にてレーキとして許可された。

米国では、承認を受けた色素原体を使用し、アルミナ、ブランフィックス*1、グロスホワイト*2、クレイ、酸化チタン、亜鉛華、タルク、ロジン、安息香酸アルミニウム、炭酸カルシウム等を母体として、ナトリウム、カリウム、アルミニウム、バリウム、カルシウム、ストロンチウム及びジルコニウムを結合剤として結合、吸着、分散し、不溶性の顔料としたものを、レーキとして許可している。

EUでは、アルミニウム塩と米国と同じレーキとが個々の品目で許可されている。

注*1　ブランフィックス……硫酸バリウムの沈殿の水懸濁液
　*2　グロスホワイト………水酸化アルミニウムと硫酸バリウムの共沈の水懸濁液

（製　法）硫酸アルミニウム、塩化アルミニウムなどのアルミニウム塩の水溶液に、水酸化ナトリウム、または炭酸ナトリウムなどのアルカリを作用させ、色素原体の水溶液を加えて吸着させ、ろ過、乾燥、粉砕したものである。硫酸塩を含むものは色素の吸着率が悪い。アルミニウムレーキの母体は塩基性アルミニウムであり、その構造は $Al(OH)_3 \cdot 3H_2O \cdot Al(OH)_2 \cdot O \cdot SO_3H$ または $Al_2O_3 \cdot O \cdot 3SO_3 \cdot 3H_2O$ あるいは〔$Al_{2+n}(OH)_{3n}$〕LX_m、（X：Cl、NO_3、SO_4など、Lは色素本体を表わす）などの一般式で表される。

（性　状）水、エタノールにわずかに溶ける。油脂には溶けない。酸、アルカリには溶解する。

（用　途）口腔用以外のすべての化粧品に使用できる。

49.
28、34及び42並びに第一部の品目の４、７、８及び10に掲げるもののバリウムレーキ

本品は、定量するとき、それぞれ１、28、34及び42並びに第一部の品目の４、７、８及び10に掲げる色素原体として、表示量の 90.0% 以上 110.0% 以下を含む(注１、６)。

性　　状　本品は、それぞれ１、28、34及び42並びに第一部の品目の４、７、８及び10に掲げる色素原体の色の明度を上げた粉末である（注２、６)。

確認試験　(１)　本品は、レーキ試験法の確認試験(１)の吸光度測定法により試験を行うとき、それぞれ１、28、34及び42並びに第一部の品目の４、７、８及び10に掲げる色素原体と同一の吸収極大波長を、レーキ試験法の確認試験(１)の薄層クロマトグラフ法第１法又は第２法により試験を行うとき、試料溶液から得た主たるスポットはそれぞれ１、28、34及び42並びに第一部の品目の４、７、８及び10に掲げる色素原体の各確認試験の項に記載された色を呈し、確認試験の項に記載された標準溶液から得た主たるスポットと等しい Rf 値を示すか、又は各確認試験の項に記載された Rs 値を示す(注３、６)。

(２)　レーキ試験法の確認試験(２)の(b)により試験を行うとき、沈殿は、溶けない(注４)。

純度試験　(１)　水溶性塩化物及び水溶性硫酸塩　レーキ試験法の純度試験(２)の水溶性塩化物試験法及び水溶性硫酸塩試験法により試験を行うとき、それぞれの限度の合計は、2.0% 以下である。

(２)　水溶性バリウム　レーキ試験法の純度試験(３)の水溶性バリウム試験法により試験を行うとき、混濁又は沈殿は、生じない。

(３)　ヒ素　レーキ試験法の純度試験(５)のヒ素試験法により試験を行うとき、その限度は、２ ppm 以下である。

(４)　重金属　レーキ試験法の純度試験(６)の重金属試験法により試験を行うとき、そ

の限度は、亜鉛にあっては 500 ppm 以下、鉄にあっては 500 ppm 以下、その他の重金属にあっては 20 ppm 以下である。

定量法 本品約 0.1 g を精密に量り、水酸化ナトリウム試液(希) 16 mL を加え、必要に応じて加温しながら溶かし、更に水酸化ナトリウム試液(希)を加えて正確に 20 mL とし、必要に応じてろ過する。この液 2 mL を正確に量り、それぞれ28、34、及び42並びに第一部の品目の 4 、 7 、 8 及び10に掲げる色素原体の定量法で用いる希釈液を加えて正確に 50 mL とし、必要に応じてろ過する。これを試料溶液として、それぞれ28、34、及び42並びに第一部の品目の 4 、 7 、 8 及び10に掲げる色素原体の定量法に準じて試験を行う。この場合において、当該試料溶液の濃度が適当でないと認められるときは、当該希釈液による希釈率を調整する(注 5)。

ただし 1 に掲げるもののバリウムレーキについては、本品約 0.02 g を精密に量り、エタノール(酸性希)を加えて溶かし、正確に 200 mL とし、必要に応じてろ過する。この液 10 mL を正確に量り、エタノール(酸性希)を加えて正確に 100 mL とし、必要に応じてろ過し、これを試料溶液として、色素原体の定量法に準じて試験を行う。この場合において、当該試料溶液の濃度が適当でないと認められるときは、当該希釈液による希釈率を調整する(注 6)。

〔注〕

(注 1) レーキには色素原体の含有量規定がないため、表示量を基準としている。

(注 2) 使用された母体に吸着等により不溶性となり、透過光より反射光が多くなるため、一般的に明度が上昇する。

(注 3) 確認試験法中吸収極大波長は、水酸化ナトリウム試液で溶出するが希釈するとき、酢酸アンモニウム試液を使用するので、吸収極大波長は誤差範囲内である。

(注 4) 母体に硫酸バリウムが使用されていることが多いので、アルカリ融解法を用いた。

(注 5) 本法は試料溶液の調製が改良された方法になっているが、省令の方法は次の通りである。

定量法 本品約 0.02 g 以上 0.1 g 以下を精密に量り、水酸化ナトリウム試液(希) 2.5 mL を加え、必要に応じて加温し、かくはんし、遠心分離を行い、上澄み液を採取する操作を 4 回繰り返す。これらの操作により得られた上澄み液を合わせ、薄めた塩酸(1 → 20)で中和し、当該色素原体の定量法で用いる希釈液を加えて正確に 200 mL とし、必要に応じてろ過し、これを試料溶液として、それぞれ28、34及び42並びに第一部の品目の 4 、 7 、 8 及び10に掲げる色素原体の定量法に準じて試験を行う。この場合において、当該試料溶液の濃度が適当でないと認められるときは、本品の量を調整する。

(注 6) 省令では品目 1 は許可されていないが、本品は国際的に広く使用されており、参考のため試験法を記載した。

【解　説】

名　称　色素原体の名称にバリウムレーキを付す。C.I. No は、同一番号である。

来　歴　昭和47年厚生省令55号にてバリウムレーキとして許可された。

米国では、承認を受けた色素原体を使用し、アルミナ、ブランフィックス*1、グロスホワイト*2、クレイ、酸化チタン、亜鉛華、タルク、ロジン、安息香酸アルミ、炭酸カルシウム等を母体として、ナトリウム、カリウム、アルミニウム、バリウム、カルシウム、ストロンチウム及びジルコニウムを結合剤として結合、吸着、分散し、不溶性の顔料としたものを、レーキとして許可している。

EU では、バリウム塩と米国と同じバリウムレーキとが個々の品目で許可されている。

注*1　ブランフィックス……硫酸バリウムの沈殿の水懸濁液
　*2　グロスホワイト………水酸化アルミニウムと硫酸バリウムの共沈の水懸濁液

製　法　色素母体の水溶液に塩化バリウム溶液を加えて直接バリウム塩とする場合と、硫酸アルミニウムに塩化バリウムを加えて硫酸バリウムをつくり、これに吸着あるいは硫酸バリウム生成時に色素を共存下で吸着させる場合等がある。

性　状　水、エタノールにわずかに溶ける。油脂には溶けない。アルカリには溶出する。アルミニウムレーキより被覆力が少し強い。

用　途　口腔用以外のすべての化粧品に使用できる。

50．

28、34及び40並びに第一部の品目の７、８及び10に掲げるもののジルコニウムレーキ

本品は、定量するとき、それぞれ28、34及び40並びに第一部の品目の７、８及び10に掲げる色素原体として、表示量の 90.0％ 以上 110.0％ 以下を含む（注１）。

性　　状　本品は、それぞれ28、34及び40並びに第一部の品目の７、８及び10に掲げる色素原体の色の明度を上げた粉末である（注２）。

確認試験　（１）　本品は、レーキ試験法の確認試験（１）の吸光度測定法により試験を行うとき、それぞれ28、34及び40並びに第一部の品目の７、８及び10に掲げる色素原体と同一の吸収極大波長を、レーキ試験法の確認試験（１）の薄層クロマトグラフ法第１法又は第２法により試験を行うとき、試料溶液から得られた主たるスポットはそれぞれ28、34及び40並びに第一部の品目の７、８及び10に掲げる色素原体の各確認試験の項に記載された色を呈し、確認試験の項に記載された標準溶液から得た主たるスポットと等しい Rf 値を示すか、又は各確認試験の項に記載された Rs 値を示す（注３）。

（２）　レーキ試験法の確認試験（２）の（ｃ）の①により試験を行うとき、液は、橙赤色から褐色までの色を呈する（注４）。

（３）　レーキ試験法の確認試験（２）の（ｃ）の②により試験を行うとき、白色の沈殿を生じる（注４）。

純度試験　（１）　水溶性塩化物及び水溶性硫酸塩　レーキ試験法の純度試験（２）の水溶性塩化物試験法及び水溶性硫酸塩試験法により試験を行うとき、それぞれの限度の合計は、2.0％ 以下である。

（２）　水溶性ジルコニウム　レーキ試験法の純度試験（４）の水溶性ジルコニウム試験法により試験を行うとき、混濁又は沈殿は、生じない。

（３）　ヒ素　レーキ試験法の純度試験（５）のヒ素試験法により試験を行うとき、その限度は、２ ppm 以下である。

（4）　重金属　レーキ試験法の純度試験（6）の重金属試験法により試験を行うとき、その限度は、亜鉛にあっては 500 ppm 以下、鉄にあっては 500 ppm 以下、その他の重金属にあっては 20 ppm 以下である。

定 量 法　本品約 0.1 g を精密に量り、水酸化ナトリウム試液（希）16 mL を加え、必要に応じて加温しながら溶かし、更に水酸化ナトリウム試液（希）を加えて正確に 20 mL とし、必要に応じてろ過する。この液 2 mL を正確に量り、28、34及び40並びに第一部の品目の７、８及び10に掲げる色素原体の定量法で用いる希釈液を加えて正確に 50 mL とし、必要に応じてろ過する。これを試料溶液とし、それぞれ28、34及び40並びに第一部の品目の７、８及び10に掲げる色素原体の定量法に準じて試験を行う。この場合において、当該試料溶液の濃度が適当でないと認められるときは、当該希釈液による希釈率を調整する（注５）。

〔注〕

（注１）　レーキには色素原体の含有量規定がないため、表示量を基準としている。

（注２）　使用された母体に吸着等により不溶性となり、透過光より反射光が多くなるため、一般的に明度が上昇する。

（注３）　確認試験法中吸収極大波長は、水酸化ナトリウム試液で溶出するが希釈するとき、酢酸アンモニウム試液を使用するので、吸収極大波長は誤差範囲内である。

（注４）　母体は酸化ジルコニウム、ケイ酸ジルコニウム、水酸化ジルコニウムが想定されるが、前処理によって酸化ジルコニウムとし、これよりジルコニウムの確認をする。

（注５）　本法は試料溶液の調製が改良された方法になっているが、省令の方法は次の通りである。

定 量 法　本品約 0.02 g 以上 0.1 g 以下を精密に量り、水酸化ナトリウム試液（希）2.5 mL を加え、必要に応じて加温し、かくはんし、遠心分離を行い、上澄み液を採取する操作を４回繰り返す。これらの操作により得られた上澄み液を合わせ、薄めた塩酸（1 → 20）で中和し、当該色素原体の定量法で用いる希釈液を加えて正確に 200 mL とし、必要に応じてろ過し、これを試料溶液として、それぞれ28、34及び40並びに第一部の品目の７、８及び10に掲げる色素原体の定量法に準じて試験を行う。この場合において、当該試料溶液の濃度が適当でないと認められるときは、本品の量を調整する。

【解　説】

名　称　色素原体の名称の後にジルコニウムレーキを付す。C.I. No は、同一番号である。

来　歴　昭和47年厚生省令第55号にてジルコニウムレーキとして許可された。

米国では、承認を受けた色素原体を使用し、アルミナ、ブランフィックス*[1]、グロスホワイト*[2]、クレイ、酸化チタン、亜鉛華、タルク、ロジン、安息香酸アルミ、炭酸カルシウム等を母体として、ナトリウム、カリウム、アルミニウム、バリウム、カルシウム、ストロンチウム及びジルコニウムを結合剤として結合、吸着、分散し、不溶性の顔料としたものを、レーキとして許可している。

EUでは、ジルコニウム塩と米国と同じジルコニウムレーキが個々の品目で許可されている。

注*1　ブランフィックス……硫酸バリウムの沈殿の水懸濁液

*2　グロスホワイト………水酸化アルミニウムと硫酸バリウムの共沈の水懸濁液

製　法　(1)　色素母体の水溶液に塩化ジルコニウムの水溶液を加えて直接ジルコニウム塩とする。

(2)　酸化ジルコニウム等の母体の分散に色素原体を加えて色素を溶解した後、塩化ジルコニウム溶液を加えてレーキ化及び吸着させてレーキとする。

性　状　水、エタノール(95)にわずかに溶ける。油脂には溶けない。アルカリには溶出する。アルミニウムレーキ及びバリウムレーキより耐水性は強い。

用　途　口腔用以外の化粧品に使用できる。

第三部

(粘膜に使用されることがない外用医薬品、外用医薬部外品、化粧品に使用できるもの)

品目

1. 赤色401号

ビオラミンR
Violamine R

C.I. 45190

Acid Violet 9

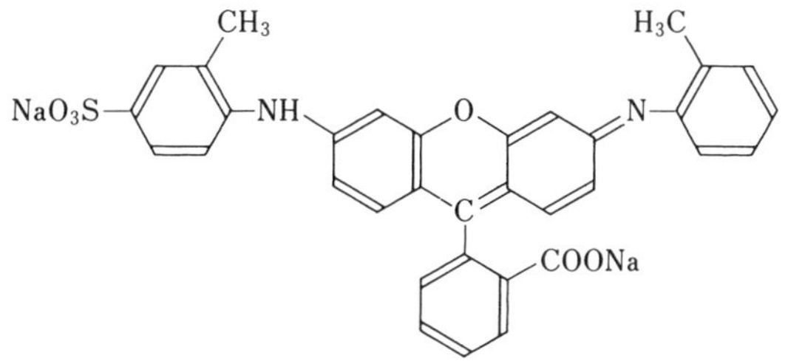

$C_{34}H_{24}N_2Na_2O_6S$：634.61

本品は、定量するとき、9-(2-カルボキシフェニル)-6-(4-スルホ-*o*-トルイジノ)-N-(*o*-トリル)-3H-キサンテン-3-イミンのジナトリウム塩($C_{34}H_{24}N_2Na_2O_6S$：634.61)として 85.0% 以上 101.0% 以下を含む（注1）。

性　　状　本品は、赤紫色の粒又は粉末である。

確認試験　（1）本品の水溶液（1 → 1000）は、帯青赤色を呈する。

（2）本品 0.02 g に酢酸アンモニウム試液 200 mL を加えて溶かし、この液 5 mL を量り、酢酸アンモニウム試液を加えて 100 mL とした液は、吸光度測定法により試験を行うとき、波長 527 nm 以上 531 nm 以下に吸収の極大を有する。

（3）本品の水溶液（1 → 4000）2 μL を試料溶液とし、フラビアン酸標準溶液 2 μL を標準溶液とし、1-ブタノール/エタノール(95)/アンモニア試液(希)混液（6：2：3）を展開溶媒として薄層クロマトグラフ法第2法により試験を行うとき、当該試料溶液から得た主たるスポットは、帯青赤色を呈し、当該標準溶液から得た主たるスポットに対する Rs 値は、約1.3である（注2）。

純度試験　（1）溶状　本品 0.01 g に水 100 mL を加えて溶かすとき、この液は、澄明である。

（2）不溶物　不溶物試験法第1法により試験を行うとき、その限度は、1.0% 以下である。この場合において、熱湯に代えてエタノール（希）を用いる。

（3）可溶物　可溶物試験法第1法により試験を行うとき、その限度は、1.0% 以下である。

（4）塩化物及び硫酸塩　塩化物試験法及び硫酸塩試験法により試験を行うとき、それぞれの限度の合計は、10.0% 以下である（注3）。

（5）ヒ素　ヒ素試験法により試験を行うとき、その限度は、2 ppm 以下である。

（6） 亜鉛　本品を原子吸光光度法の前処理法(1)により処理し、試料溶液調製法(1)により調製したものを試料溶液とし、亜鉛標準原液（原子吸光光度法用） 2 mL を正確に量り、薄めた塩酸(1 → 4)を加えて 10 mL とし、この液 1 mL を正確に量り、原子吸光光度法の前処理法(1)により処理し、試料溶液調製法(1)により調製したものを比較液として原子吸光光度法により比較試験を行うとき、その限度は、200 ppm 以下である（注4）。

（7） 重金属　重金属試験法により試験を行うとき、その限度は、20 ppm 以下である。

乾燥減量　10.0% 以下（1 g、105℃、6時間）

定 量 法　本品約 0.02 g を精密に量り、酢酸アンモニウム試液を加えて溶かし、正確に 200 mL とする。この液 5 mL を正確に量り、酢酸アンモニウム試液を加えて正確に 100 mL とし、これを試料溶液として、吸光度測定法により試験を行う。この場合において、吸収極大波長における吸光度の測定は 529 nm 付近について行うこととし、吸光係数は0.0929とする（注5）。

〔注〕

(注1) 旧省令では 75% 以上と規定していた。

(注2) 本品については薄層クロマトグラフ用標準品が設定されていないため、フラビアン酸を比較標準品とした。なお、フラビアン酸のスポットの色調は黄色である。

(注3) 旧省令では 15% 以下と規定していた。

(注4) 製造工程で縮合剤として塩化亜鉛を使用するため、新たに亜鉛の項目を設定した。

(注5) 旧省令では試験方法として三塩化チタン法を採用していた。

【解　説】

名　称　(別名) ビオラミンR、(英名) Violamine R、(化学名) 9-(2-カルボキシフェニル)-6-(4-スルホ-*o*-トルイジノ)-N-(*o*-トリル)-3H-キサンテン-3-イミンのジナトリウム塩、(既存化学物質 No.) 5-4328、(CI No.) 45190、Acid Violet 9、(CAS No.) 6252-76-2。

来　歴　1884年に Boedeker により発見され、日本では昭和31年7月30日に赤色401号として許可され現在に至る。米国では、Ext. D&C Red No. 3として使用されていたが、1963年1月12日に使用が禁止された。

製　法　*o*-トルイジンと3',6'-ジクロルフルオラン(3',6'-ジクロロスピロ[イソベンゾフラン-1(3H),9'-[9H]キサンテン]-3-オン)とを縮合して、その後スルホン化して製する。ただし、スルホン化の際、未スルホン化体、ジスルホン化体の存在もある。

(性　状) 水、グリセリン、エタノールに溶ける。油脂には溶けない。水溶液は蛍光を帯びない。水溶液に塩酸を加えると青色の沈殿を生じる。硫酸を加えると帯黄赤色に溶け、水で希釈すると赤紫色となる。水溶液の色は光に対してやや安定である。

(用　途) 粘膜に適用することのない化粧品に使用できるが、整髪料・シャンプー・リンス・化粧水・石けん・クリーム・乳液に繁用される。

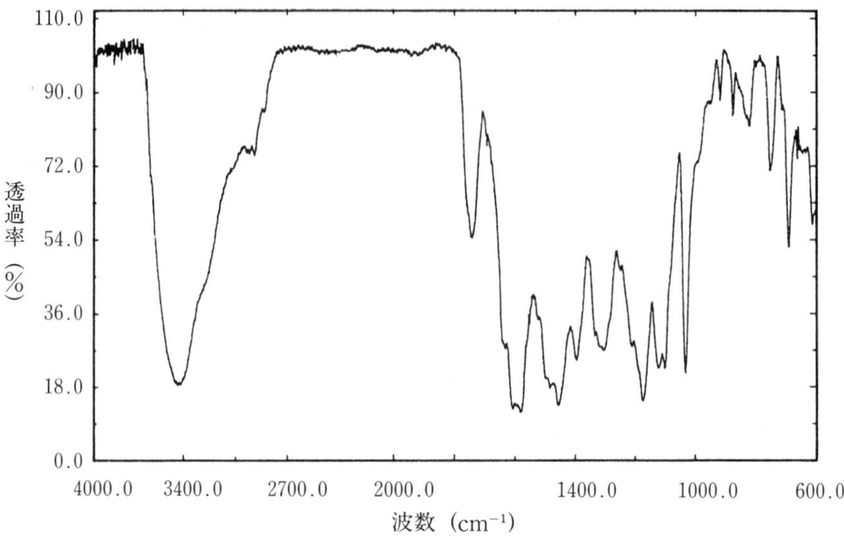

赤色401号の赤外吸収スペクトル

2. 赤色404号

ブリリアントファストスカーレット

Brilliant Fast Scarlet

C.I. 12315

Pigment Red 22

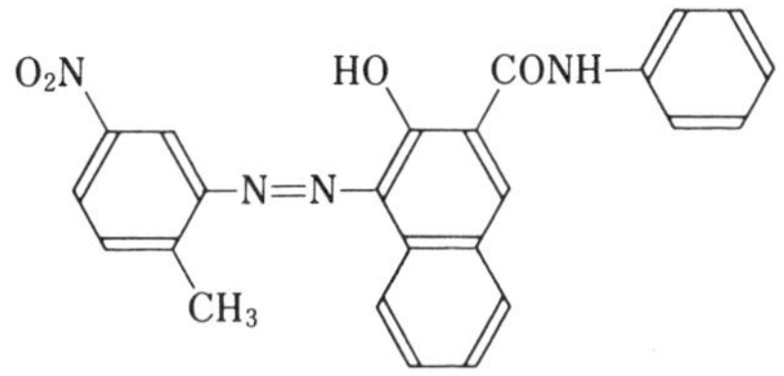

$C_{24}H_{18}N_4O_4$：426.42

本品は、定量するとき、4-(5-ニトロ-*o*-トリルアゾ)-3-ヒドロキシ-2-ナフトエ酸アニリド（$C_{24}H_{18}N_4O_4$：426.42）として 90.0% 以上 101.0% 以下を含む。

性　　状　本品は、赤色の粉末である。

確認試験　(1)　本品 0.1 g にクロロホルム 100 mL を加え、必要に応じて約 50℃ で加温して溶かすとき、この液は、黄赤色を呈する。

(2)　本品 0.02 g にクロホルム 200 mL を加え、必要に応じて約 50℃ で加温して溶かす。常温になるまで冷却後、この液 10 mL を量り、クロロホルムを加えて 100 mL とした液は、吸光度測定法により試験を行うとき、波長 493 nm 以上 497 nm 以下及び 516 nm 以上 520 nm 以下に吸収の極大を有する（注１）。

(3)　本品 0.1 g にクロロホルム 100 mL を加え、必要に応じて約 50℃ で加温して溶かした液 2 μL を試料溶液とし、だいだい色403号標準溶液 2 μL を標準溶液とし、クロロホルム/1-ブタノール混液（16：1）を展開溶媒として薄層クロマトグラフ法第2法により試験を行うとき、当該試料溶液から得た主たるスポットは、黄赤色を呈し、当該標準溶液から得た主たるスポットに対する Rs 値は、約0.9である（注２）。

純度試験　(1)　溶状　本品 0.01 g にクロロホルム 100 mL を加え、必要に応じて約 50℃ で加温して溶かすとき、この液は、澄明である。

(2)　可溶物　可溶物試験法第１法及び第６法により試験を行うとき、その限度は、3.0% 以下及び 0.3% 以下である（注３）。

(3)　ヒ素　ヒ素試験法により試験を行うとき、その限度は、2 ppm 以下である。

(4)　重金属　重金属試験法により試験を行うとき、その限度は、20 ppm 以下である。

乾燥減量　5.0% 以下（1 g、105℃、6時間）

強熱残分　1.0% 以下（1 g）

定量法　本品約 0.02 g を精密に量り、クロロホルム 150 mL を加え、必要に応じて約 50℃ で加温して溶かし、常温になるまで冷却後、クロロホルムを加えて正確に 200 mL とする。この液 10 mL を正確に量り、クロロホルムを加えて正確に 100 mL とし、これを試料溶液として、吸光度測定法により試験を行う。この場合において、吸収極大波長における吸光度の測定は 518 nm 付近について行うこととし、吸光係数は 0.0553とする（注４）。

〔注〕

（注１） 本品の可視部吸収スペクトルは、495 nm 付近及び 518 nm 付近にピークがあり、それぞれの吸収極大波長を規定している。

（注２） 本品については薄層クロマトグラフ用標準品が設定されていないため、だいだい色403号を比較標準品とした。なお、だいだい色403号のスポットの色調は橙色である。

（注３） 旧省令では水可溶性物質として 0.3% 以下、また、エーテルエキスとして 5% 以下と規定していた。

（注４） 旧省令では試験方法として三塩化チタン法を採用していた。

【解　説】

名　称　(別名) ブリリアントファストスカーレット、(英名) Brilliant Fast Scarlet、(化学名) 4-(5-ニトロ-*o*-トリルアゾ)-3-ヒドロキシ-2-ナフトエ酸アニリド、(既存化学物質 No.) 5-3224、(CI No.) 12315、Pigment Red 22、(CAS No.) 6448-95-9。

来　歴　1911年に A. Winther、A. Lasca and A. Zitcher により発見され、日本では昭和34年９月14日に赤色404号として許可され現在に至る。

製　法　5-ニトロ-*o*-トルイジンを亜硝酸ナトリウムと塩酸でジアゾ化し、水酸化ナトリウム液中でナフトール AS (3-ヒドロキシ-2-ナフトエ酸アニリド) とカップリングして製する。このためニトロ基は４位でなく、５位である。

NH_2 / O_2N / CH_3　—ジアゾ化 / $NaNO_2$, HCl→　O_2N / N=NCl / CH_3

5-ニトロ-*o*-トルイジン

O_2N / N=NCl / CH_3　+　OH / CONH—

ナフトール AS

→　O_2N / N=N / HO / CONH— / CH_3

赤色 **404** 号

(性　状) 水、グリセリンに溶けない。エタノールにわずかに溶ける。クロロホルムには溶け、油脂にはわずかに溶ける。水酸化ナトリウム溶液(1 → 10)で濃赤色となる。硫酸を加えると紫紅色に溶け、水で希釈しても変わらない。色は光に対して安定である。

(用　途) 粘膜に適用することのない化粧品に使用できるが、整髪料・シャンプー・リンス等に比較的繁用される。

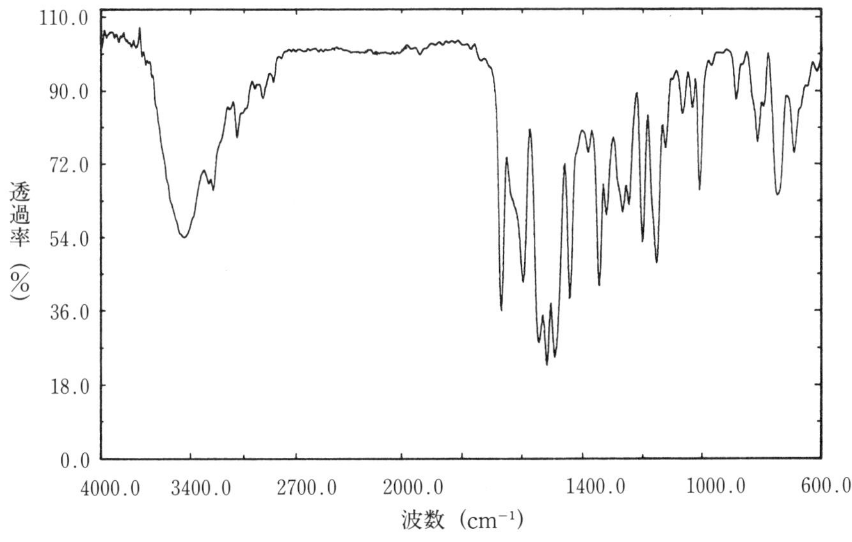

赤色404号の赤外吸収スペクトル

3. 赤色405号

パーマネントレッド F5R
Permanent Red F5R

C.I. 15865

Pigment Red 48

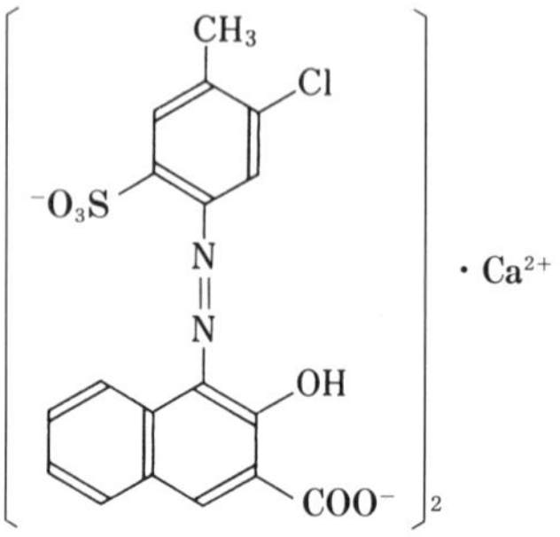

$C_{18}H_{11}CaClN_2O_6S$：458.89

本品は、定量するとき、4-(5-クロロ-2-スルホ-*p*-トリルアゾ)-3-ヒドロキシ-2-ナフトエ酸のカルシウム塩($C_{18}H_{11}CaClN_2O_6S$：458.89)として 85.0% 以上 101.0% 以下を含む。

性　　状　本品は、赤色の粉末である。

確認試験　(1)　本品 0.1 g にエタノール（酸性希）100 mL を加え、必要に応じて加温して溶かすとき、この液は、黄赤色を呈する。

(2)　本品 0.02 g にエタノール(酸性希) 200 mL を加え、必要に応じて加温して溶かす。常温になるまで冷却後、この液 10 mL を量り、エタノール(酸性希)を加えて 100 mL とした液は、吸光度測定法により試験を行うとき、波長 512 nm 以上 516 nm 以下に吸収の極大を有する。

(3)　本品 0.1 g にエタノール（酸性希）100 mL を加え、必要に応じて加温して溶かした液 2 μL を試料溶液とし、フラビアン酸標準溶液 2 μL を標準溶液とし、1-ブタノール/エタノール (95)/アンモニア試液（希）混液（6：2：3）を展開溶媒として薄層クロマトグラフ法第2法により試験を行うとき、当該試料溶液から得た主たるスポットは、黄赤色を呈し、当該標準溶液から得た主たるスポットに対する Rs 値は、約 0.9である（注1）。

純度試験　(1)　溶状　本品 0.01 g にエタノール(酸性希) 100 mL を加え、必要に応じて加温して溶かすとき、この液は、澄明である。

(2)　可溶物　可溶物試験法第1法及び第6法により試験を行うとき、その限度は、1.0% 以下及び 1.5% 以下である（注2)。

(3)　塩化物及び硫酸塩　塩化物試験法及び硫酸塩試験法により試験を行うとき、それ

それの限度の合計は、5.0% 以下である。

（4） ヒ素　ヒ素試験法により試験を行うとき、その限度は、2 ppm 以下である。

（5） 重金属　重金属試験法により試験を行うとき、その限度は、20 ppm 以下である。

乾燥減量　5.0% 以下（1 g、105℃、6時間）

定量法　本品約 0.02 g を精密に量り、エタノール(酸性希) 150 mL を加え、必要に応じて加温して溶かし、常温になるまで冷却後、エタノール(酸性希)を加えて正確に 200 mL とする。この液 10 mL を正確に量り、エタノール(酸性希)を加えて正確に 100 mL とし、これを試料溶液として、吸光度測定法により試験を行う。この場合において、吸収極大波長における吸光度の測定は 514 nm 付近について行うこととし、吸光係数は 0.0430とする（注3）。

〔注〕

（注1） 本品については薄層クロマトグラフ用標準品が設定されていないため、フラビアン酸を比較標準品とした。なお、フラビアン酸のスポットの色調は黄色である。

（注2） 旧省令では水可溶性物質として 1.5% 以下、また、エーテルエキスとして 3% 以下と規定していた。

（注3） 旧省令では試験方法として有機結合窒素法を採用していた。

【解　説】

名　称　(別名)パーマネントレッド F5R、(英名) Permanent Red F5R、(化学名) 4-(5-クロロ-2-スルホ-*p*-トリルアゾ)-3-ヒドロキシ-2-ナフトエ酸のカルシウム塩、(既存化学物質 No.) 5-3234、(CI No.) 15865、Pigment Red 48、(CAS No.) 7023-61-2。

来　歴　日本では昭和34年9月14日に赤色405号として許可され現在に至る。

製　法　CS 酸（2-クロロ-*p*-トルイジン-5-スルホン酸）を亜硝酸ナトリウムと塩酸でジアゾ化し、アルカリ性で BON 酸（3-ヒドロキシ-2-ナフトエ酸）とカップリングさせた後、生じた色素をろ取した後、水に分散し、塩化カルシウムでカルシウム塩として製する。

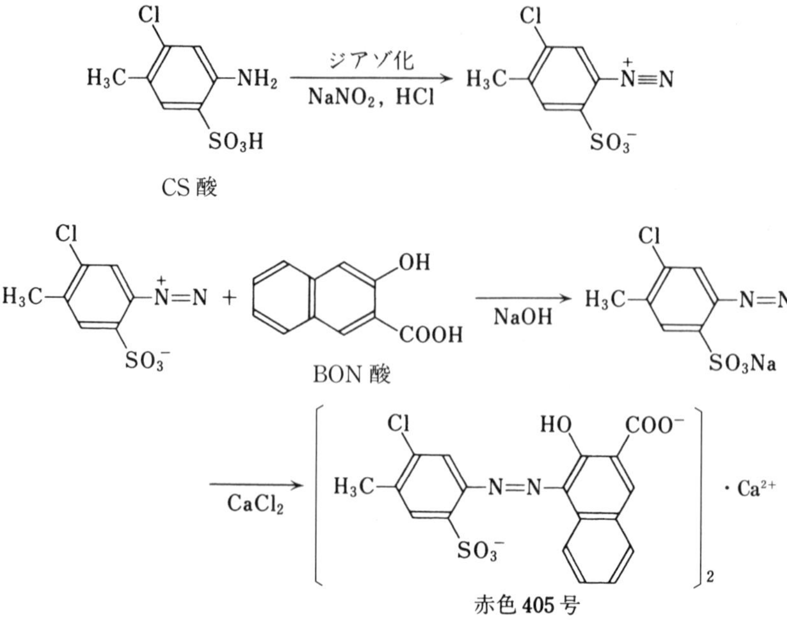

ジアゾ化
$NaNO_2$, HCl

CS 酸

BON 酸

NaOH

$CaCl_2$

赤色 405 号

性　状　水、グリセリン、グリコール、油脂に溶けない。エタノール(酸性希)に溶ける。石油エーテル、トルエン、クロロホルムに溶けない。水酸化ナトリウム溶液(1 → 10)、エタノールにはわずかに溶ける。硫酸を加えるとき濃赤紫色に溶け、水で希釈すると沈殿を生じる。色は光に対して安定である。

用　途　粘膜に適用することのない化粧品に使用できるが、マニキュア等に比較的繁用される。

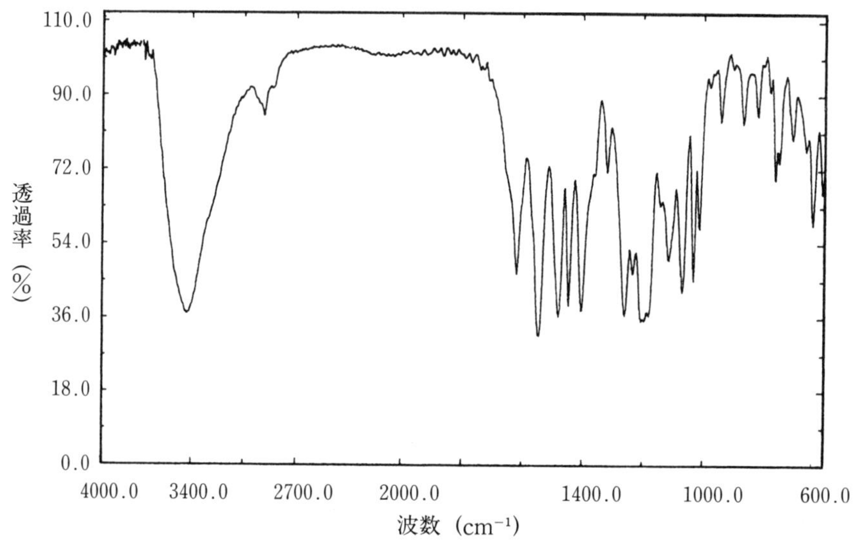

赤色405号の赤外吸収スペクトル

4. 赤色501号

スカーレットレッド NF
Scarlet Red NF

C.I. 26105

Solvent Red 24

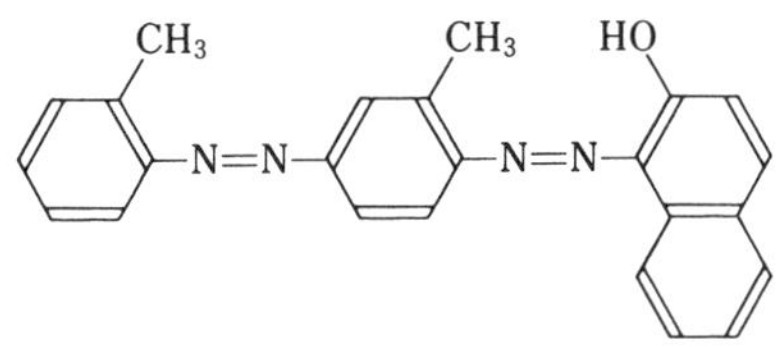

$C_{24}H_{20}N_4O$：380.44

本品は、定量するとき、4-[4-(*o*-トリルアゾ)-*o*-トリルアゾ]-2-ナフトール ($C_{24}H_{20}N_4O$：380.44) として 95.0% 以上 101.0% 以下を含む（注１）。

性　　状　本品は、暗褐色の粒又は粉末である。

確認試験　(1)　本品のクロロホルム溶液（1 → 1000）は、赤色を呈する。

(2)　本品 0.02 g にクロロホルム 200 mL を加えて溶かし、この液 5 mL を量り、クロロホルムを加えて 100 mL とした液は、吸光度測定法により試験を行うとき、波長 520 nm 以上 526 nm 以下に吸収の極大を有する。

(3)　本品のクロロホルム溶液(1 → 2000) 2 μL を試料溶液とし、だいだい色403号標準溶液 2 μL を標準溶液とし、クロロホルム/1,2-ジクロロエタン混液 (2：1) を展開溶媒として薄層クロマトグラフ法第２法により試験を行うとき、当該試料溶液から得た主たるスポットは、赤色を呈し、当該標準溶液から得た主たるスポットに対する Rs 値は、約1.0である（注２）。

(4)　本品 0.01 g にエタノール(95) 3 mL 及び塩酸２滴を加えて煮沸するとき、この液は、濃赤色を呈し、これに塩酸(希) 5 mL 及び亜鉛粉末 0.5 g を加えて、加熱するとき、赤色は、消える。

融　　点　183℃ 以上 190℃ 以下（注３）

純度試験　(1)　溶状　本品 0.01 g にクロロホルム 100 mL を加えて溶かすとき、この液は、澄明である。

(2)　可溶物　可溶物試験法第６法により試験を行うとき、その限度は、0.5% 以下である（注４）。

(3)　ヒ素　ヒ素試験法により試験を行うとき、その限度は、2 ppm 以下である。

(4)　重金属　重金属試験法により試験を行うとき、その限度は、20 ppm 以下である。

乾燥減量　2.5％ 以下（1 g、105℃、6時間）

強熱残分　1.0％ 以下（1 g）

定 量 法　本品約 0.02 g を精密に量り、クロロホルムを加えて溶かし、正確に 200 mL とする。この液 5 mL を正確に量り、クロロホルムを加えて正確に 100 mL とし、これを試料溶液として、吸光度測定法により試験を行う。この場合において、吸収極大波長における吸光度の測定は 523 nm 付近について行うこととし、吸光係数は0.0872とする（注5）。

〔注〕

（注1）　旧省令では 85％ 以上と規定していた。

（注2）　本品については薄層クロマトグラフ用標準品が設定されていないため、だいだい色403号を比較標準品とした。なお、だいだい色403号のスポットの色調は橙色である。

（注3）　旧省令では 186℃ 以上と規定していた。

（注4）　旧省令では水可溶性物質として 1％ 以下と規定していた。

（注5）　旧省令では試験方法として有機結合窒素法を採用していた。

【解　説】

名　　称　（別名）スカーレットレッド NF、（英名）Scarlet Red NF、（化学名）4-[4-(*o*-トリルアゾ)-*o*-トリルアゾ]-2-ナフトール、（既存化学物質 No.）5-3088、（CI No.）26105、Solvent Red 24、（CAS No.）85-83-6。

来　　歴　1877年に Kochler により発見され、日本では昭和31年7月30日に赤色501号として許可され現在に至る。

製　　法　*o*-トルイジンを亜硝酸ナトリウムと塩酸でジアゾ化し、*o*-トルイジンとカップリングさせ、4-*o*-トルイジンアゾ-*o*-トルイジンとする。これをまた同様にしてジアゾ化し、メタノール液中で2-ナフトールとカップリングして製する。

CH_3　NH_2　ジアゾ化　$NaNO_2$, HCl　CH_3　N=NCl　＋　CH_3　NH_2

o-トルイジン　　*o*-トルイジン

→　CH_3　N=N　CH_3　NH_2　ジアゾ化　$NaNO_2$, HCl　CH_3　N=N　CH_3　N=NCl

4-*o*-トルイルアゾ-*o*-トルイジン

CH_3 CH_3 OH

—N=N— —N=NCl ＋

2-ナフトール

CH_3 CH_3 HO

$\xrightarrow{\text{NaOH}}$ —N=N— —N=N—

赤色 501 号

性　状 水には溶けない。グリセリン、エタノール、エーテル、アセトンにわずかに溶ける。クロロホルムに溶ける。ワセリン、パラフィンには加温すると溶ける。エタノール（酸性希）を加えると濃赤色となる。硫酸を加えると青緑色に溶け、水で希釈すると青色、次いで紫赤色、さらに黄赤色と変化する。エタノール溶液の色は光に安定である。

用　途 粘膜に適用することのない化粧品に使用できるが、マニキュア等に比較的繁用される。

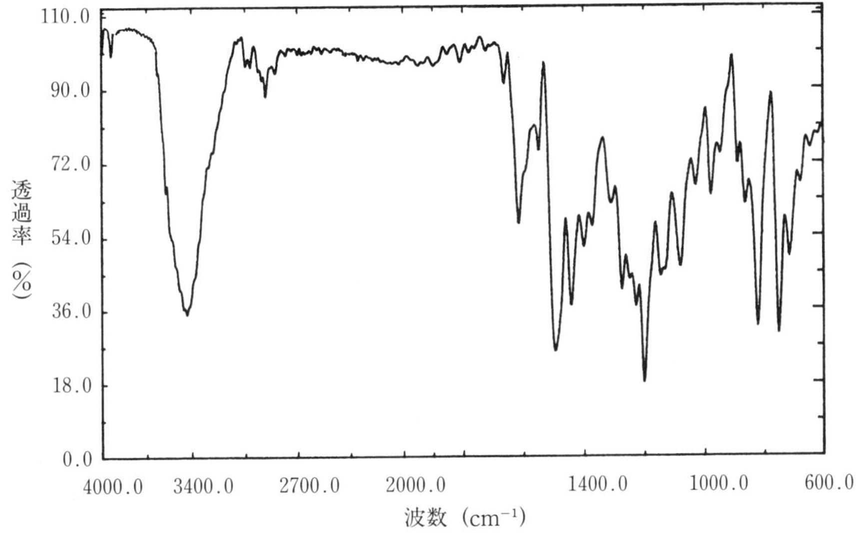

赤色501号の赤外吸収スペクトル

5．赤色502号

ポンソー3R

Ponceau 3R

C.I. 16155

Food Red 6

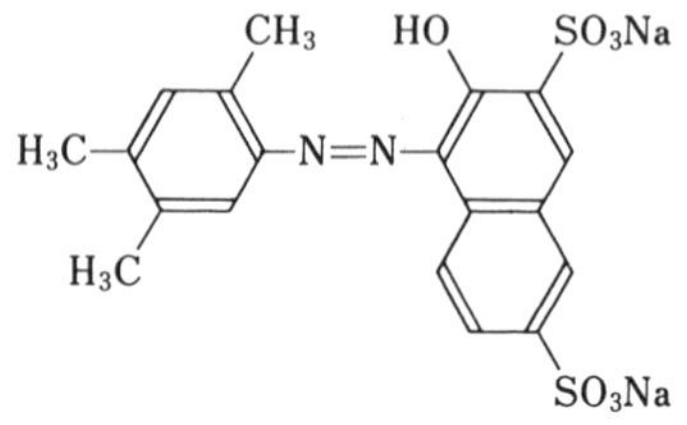

$C_{19}H_{16}N_2Na_2O_7S_2$：494.45

本品は、定量するとき、1-(2,4,5-トリメチルフェニルアゾ)-2-ナフトール-3,6-ジスルホン酸のジナトリウム塩（$C_{19}H_{16}N_2Na_2O_7S_2$：494.45）として 85.0% 以上 101.0% 以下を含む。

性　　状　本品は、帯黄赤色から赤褐色までの色の粒又は粉末である。

確認試験　(1)　本品の水溶液（1 → 1000）は、赤色を呈する。

(2)　本品 0.02 g に酢酸アンモニウム試液 200 mL を加えて溶かし、この液 10 mL を量り、酢酸アンモニウム試液を加えて 100 mL とした液は、吸光度測定法により試験を行うとき、波長 507 nm 以上 511 nm 以下に吸収の極大を有する。

(3)　本品の水溶液（1 → 1000）2 μL を試料溶液とし、赤色502号標準品の水溶液（1 → 1000）2 μL を標準溶液とし、1-ブタノール/エタノール（95）/薄めた酢酸（100）（3 → 100）混液（6：2：3）を展開溶媒として薄層クロマトグラフ法第1法により試験を行うとき、当該試料溶液から得た主たるスポットは、赤色を呈し、当該標準溶液から得た主たるスポットと等しい Rf 値を示す。

(4)　本品を乾燥し、赤外吸収スペクトル測定法により試験を行うとき、本品のスペクトルは、次に掲げる本品の参照スペクトルと同一の波数に同一の強度の吸収を有する。(次頁参照)

純度試験　(1)　溶状　本品 0.01 g に水 100 mL を加えて溶かすとき、この液は、澄明である。

(2)　不溶物　不溶物試験法第1法により試験を行うとき、その限度は、0.5% 以下である。

(3)　可溶物　可溶物試験法第2法により試験を行うとき、その限度は、0.5% 以下である。

（4） 塩化物及び硫酸塩　塩化物試験法及び硫酸塩試験法により試験を行うとき、それぞれの限度の合計は、6.0% 以下である。

（5） ヒ素　ヒ素試験法により試験を行うとき、その限度は、2 ppm 以下である。

（6） 重金属　重金属試験法により試験を行うとき、その限度は、20 ppm 以下である。

乾燥減量　10.0% 以下（1 g、105℃、6時間）

定量法　本品約 0.02 g を精密に量り、酢酸アンモニウム試液を加えて溶かし、正確に 200 mL とする。この液 10 mL を正確に量り、酢酸アンモニウム試液を加えて正確に 100 mL とし、これを試料溶液として、吸光度測定法により試験を行う。この場合において、吸収極大波長における吸光度の測定は 509 nm 付近について行うこととし、吸光係数は0.0508とする（注1）。

赤色502号

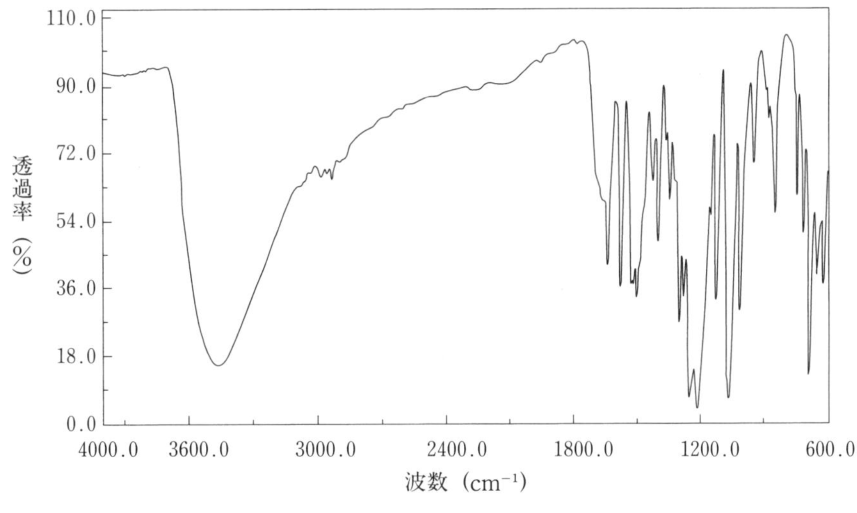

〔注〕

（注1） 旧省令では試験方法として三塩化チタン法を採用していた。

【解　説】

名　称　（別名）ポンソー3R、（英名）Ponceau 3R、（化学名）1-(2,4,5-トリメチルフェニルアゾ)-2-ナフトール-3,6-ジスルホン酸のジナトリウム塩、（既存化学物質 No.）9-2395、（CI No.）16155、Food Red 6、（CAS No.）3564-09-8。

来　歴　1878年に H. Baum により発見され、日本では昭和23年8月15日に赤色1号として許可され、昭和41年8月31日に赤色502号に変更され現在に至る。米国では、D&C Red No.1 として使用されてきたが、1959年5月14日に使用が禁止された。

製　法　プソイドクメンを硝酸でニトロ化し、6-ニトロプソイドクメンとし、鉄粉還元でプソイドクミジンとする。これを亜硝酸ナトリウムと塩酸でジアゾ化し、アルカリ性でＲ酸（3-ヒドロキシ-2,7-ジスルホン酸ナフタレン）とカップリングして製する。

プソイドクメン $\xrightarrow{HNO_3}$ 6-ニトロプソイドクメン $\xrightarrow{還元}$ プソイドクミジン

$\xrightarrow[NaNO_2,\ HCl]{ジアゾ化}$ H_3C, H_3C, CH_3, $-N{=}NCl$

$-N{=}NCl$ ＋ Ｒ酸 (NaO_3S, OH, SO_3Na)

$\longrightarrow$ 赤色 502 号 ($-N{=}N-$, HO, SO_3Na, SO_3Na)

性　状　水、グリセリンに溶ける。エタノールにわずかに溶け、油脂には溶けない。水溶液に塩酸を加えても色は変わらないが、水酸化ナトリウム溶液（1 → 5）を加えると沈殿を生じる。硫酸を加えると鮮赤色に溶け、水で希釈しても変わらない。水溶液の色は光に安定である。

用　途　粘膜に適用することのない化粧品に使用できるが、整髪料・シャンプー・リンス等に比較的繁用される。

6. 赤色503号

ポンソーR

Ponceau R

C.I. 16150

Acid Red 26

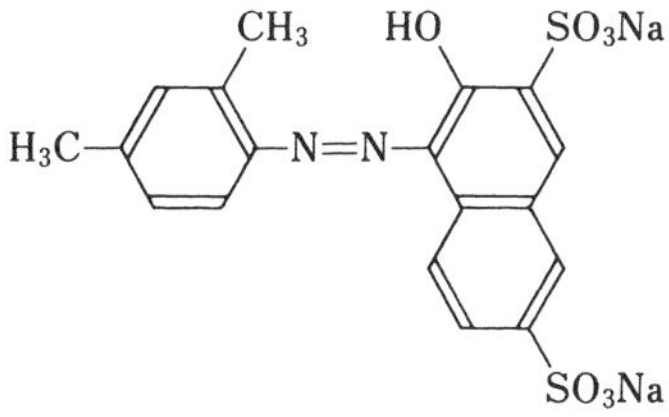

$C_{18}H_{14}N_2Na_2O_7S_2$：480.42

本品は、定量するとき、1-(2,4-キシリルアゾ)-2-ナフトール-3,6-ジスルホン酸のジナトリウム塩（$C_{18}H_{14}N_2Na_2O_7S_2$：480.42）として 85.0% 以上 101.0% 以下を含む。

性　　状　本品は、赤色の粒又は粉末である。

確認試験　(1)　本品の水溶液（1 → 1000）は、赤色を呈する。

(2)　本品 0.02 g に酢酸アンモニウム試液 200 mL を加えて溶かし、この液 10 mL を量り、酢酸アンモニウム試液を加えて 100 mL とした液は、吸光度測定法により試験を行うとき、波長 503 nm 以上 507 nm 以下に吸収の極大を有する。

(3)　本品の水溶液（1 → 1000）2 μL を試料溶液とし、赤色503号標準品の水溶液（1 → 1000）2 μL を標準溶液とし、1-ブタノール/エタノール (95)/薄めた酢酸 (100)（3 → 100）混液（6：2：3）を展開溶媒として薄層クロマトグラフ法第1法により試験を行うとき、当該試料溶液から得た主たるスポットは、赤色を呈し、当該標準溶液から得た主たるスポットと等しい Rf 値を示す。

純度試験　(1)　溶状　本品 0.01 g に水 100 mL を加えて溶かすとき、この液は、澄明である。

(2)　不溶物　不溶物試験法第1法により試験を行うとき、その限度は、0.5% 以下である。

(3)　可溶物　可溶物試験法第2法により試験を行うとき、その限度は、0.5% 以下である。

(4)　塩化物及び硫酸塩　塩化物試験法及び硫酸塩試験法により試験を行うとき、それぞれの限度の合計は、6.0% 以下である。

(5)　ヒ素　ヒ素試験法により試験を行うとき、その限度は、2 ppm 以下である。

(6)　重金属　重金属試験法により試験を行うとき、その限度は、20 ppm 以下である。

乾燥減量　10.0% 以下（1 g、105℃、6時間）

定 量 法　本品約 0.02 g を精密に量り、酢酸アンモニウム試液を加えて溶かし、正確に 200 mL とする。この液 10 mL を正確に量り、酢酸アンモニウム試液を加えて正確に 100 mL とし、これを試料溶液として、吸光度測定法により試験を行う。この場合において、吸収極大波長における吸光度の測定は 505 nm 付近について行うこととし、吸光係数は0.0491とする（注1）。

〔注〕

（注1）　旧省令では試験方法として三塩化チタン法を採用していた。

【解　説】

名　称　（別名）ポンソーR、（英名）Ponceau R、（化学名）1-(2,4-キシリルアゾ)-2-ナフトール-3,6-ジスルホン酸のジナトリウム塩、（既存化学物質 No.）5-1496、（CI No.）16150、Acid Red 26、（CAS No.）3761-53-3。

来　歴　1878年に H. Baum により発見され、日本では昭和23年8月15日に赤色101号として許可され、昭和41年8月31日に赤色503号に変更され現在に至る。米国では、D&C Red No. 5として使用されてきたが、1965年6月30日に使用が禁止された。

製　法　2,4-キシリジンを亜硝酸ナトリウムと塩酸でジアゾ化し、アルカリ性でR酸（3-ヒドロキシ-2,7-ジスルホン酸ナフタレン）とカップリングして製する。

2,4-キシリジン（H_3C–$C_6H_3(CH_3)$–NH_2）　—ジアゾ化（$NaNO_2$, HCl）→　H_3C–$C_6H_3(CH_3)$–N=NCl

H_3C–$C_6H_3(CH_3)$–N=NCl ＋ R酸（OH, NaO_3S, SO_3Na）

→ 赤色503号（H_3C–$C_6H_3(CH_3)$–N=N–ナフタレン（HO, SO_3Na, SO_3Na））

性　状　水、グリセリンに溶ける。エタノールにわずかに溶け、油脂には溶けない。水溶液に塩酸を加えても色は変わらないが、水酸化ナトリウム溶液(1 → 10)を加えると暗色化する。硫酸を加えると赤色に溶け、水を加えると赤色沈殿を生じる。水溶液の色は光に対して安定である。

用　途　粘膜に適用することのない化粧品に使用できるが、整髪料・シャンプー・リンス等に比較的繁用される。

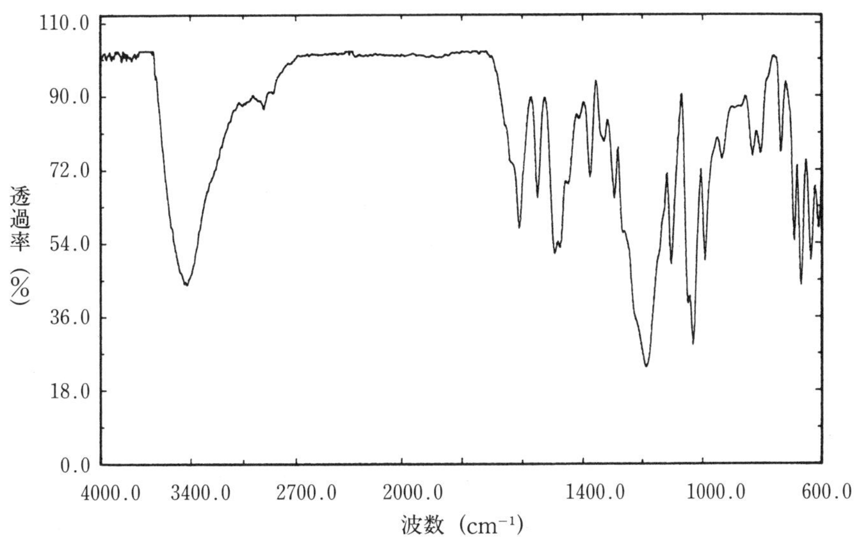

赤色503号の赤外吸収スペクトル

7．赤色504号

ポンソーSX
Ponceau SX

C.I. 14700

Food Red 1

NaO_3S / H_3C / CH_3 / N=N / OH / SO_3Na

$C_{18}H_{14}N_2Na_2O_7S_2$：480.42

本品は、定量するとき、2-(5-スルホ-2,4-キシリルアゾ)-1-ナフトール-4-スルホン酸のジナトリウム塩 ($C_{18}H_{14}N_2Na_2O_7S_2$：480.42) として 85.0% 以上 101.0% 以下を含む（注1）。

性　　状　本品は、赤色の粒又は粉末である。

確認試験　(1)　本品の水溶液（1 → 1000）は、赤色を呈する。

(2)　本品 0.02 g に酢酸アンモニウム試液 200 mL を加えて溶かし、この液 10 mL を量り、酢酸アンモニウム試液を加えて 100 mL とした液は、吸光度測定法により試験を行うとき、波長 500 nm 以上 504 nm 以下に吸収の極大を有する。

(3)　本品の水溶液(1 → 1000) 2 μL を試料溶液とし、赤色504号標準品の水溶液(1 → 1000) 2 μL を標準溶液とし、1-ブタノール/エタノール (95)/薄めた酢酸 (100)(3 → 100) 混液 (6：2：3) を展開溶媒として薄層クロマトグラフ法第1法により試験を行うとき、当該試料溶液から得た主たるスポットは、赤色を呈し、当該標準溶液から得た主たるスポットと等しい Rf 値を示す。

純度試験　(1)　溶状　本品 0.01 g に水 100 mL を加えて溶かすとき、この液は、澄明である。

(2)　不溶物　不溶物試験法第1法により試験を行うとき、その限度は、0.5% 以下である（注2）。

(3)　可溶物　可溶物試験法第2法により試験を行うとき、その限度は、0.5% 以下である（注3）。

(4)　塩化物及び硫酸塩　塩化物試験法及び硫酸塩試験法により試験を行うとき、それぞれの限度の合計は、5.0% 以下である（注4）。

(5)　ヒ素　ヒ素試験法により試験を行うとき、その限度は、2 ppm 以下である（注

5)。

(6) 重金属 重金属試験法により試験を行うとき、その限度は、20 ppm 以下である(注6)。

乾燥減量 10.0% 以下(1 g、105℃、6時間)

定 量 法 本品約 0.02 g を精密に量り、酢酸アンモニウム試液を加えて溶かし、正確に 200 mL とする。この液 10 mL を正確に量り、酢酸アンモニウム試液を加えて正確に 100 mL とし、これを試料溶液として、吸光度測定法により試験を行う。この場合において、吸収極大波長における吸光度の測定は 502 nm 付近について行うこととし、吸光係数は0.0534とする(注7)。

〔注〕

(注1) CFR では 87% 以上と規定している。

(注2) CFR では水に対する不溶物として 0.2% 以下と規定している。

(注3) CFR では可溶物の規定はないが、当該色素以外の特定の有機化合物等の限度を規定している。

(注4) CFR では乾燥減量を加えた値として 13% 以下と規定している。

(注5) CFR では As として 3 ppm 以下と規定している。

(注6) CFR では Pb として 10 ppm 以下と規定している。

(注7) 旧省令では試験方法として三塩化チタン法を採用していた。

【解 説】

名 称 (別名) ポンソーSX、(英名) Ponceau SX、(化学名) 2-(5-スルホ-2,4-キシリルアゾ)-1-ナフトール-4-スルホン酸のジナトリウム塩、(FDA 名) FD&C Red No. 4、(既存化学物質 No.) 5-5227、(CI No.) 14700、Food Red 1、(CAS No.) 4548-53-2。

来 歴 1886年に W. Jenkinson により発見され、日本では昭和23年8月15日に赤色4号として許可され、昭和41年8月31日に赤色504号に変更され現在に至る。米国では、FD&C Red No. 4として使用されてきたが、1976年9月23日に永久許可された。

製 法 2,4-キシリジンを硫酸でスルホン化して得た2,4-キシリジン-5-スルホン酸を亜硝酸ナトリウムと塩酸でジアゾ化し、NW 酸(1-ナフトール-4-スルホン酸)とアルカリ性でカップリングして製する。

ジアゾ化

$NaNO_2$, HCl

2,4-キシリジン-5-スルホン酸

NaOH

NW酸

赤色504号

(性　状) 水、グリセリンに溶ける。エタノールにわずかに溶け、油脂には溶けない。水溶液を酸性にするとわずかに沈殿を生じ、アルカリ性にすると黄赤色となる。硫酸を加えると鮮赤色に溶け、水で希釈すると沈殿を生じ、液は赤色である。水溶液の色は光に対して安定である。

(用　途) 粘膜に適用することのない化粧品に使用できるが、整髪料・シャンプー・リンス・石けん・化粧水・クリーム・乳液に繁用される。

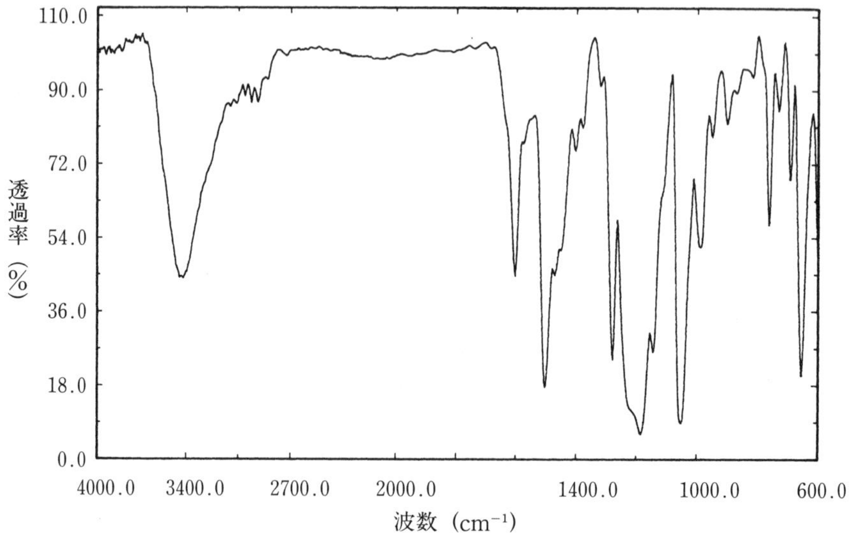

赤色504号の赤外吸収スペクトル

8. 赤色505号

オイルレッドXO

Oil Red XO

C.I. 12140

Solvent Orange 7

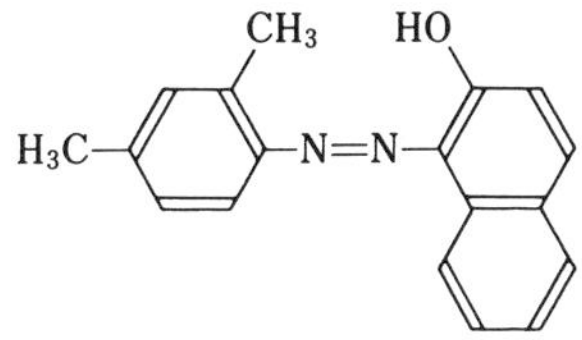

$C_{18}H_{16}N_2O$：276.33

本品は、定量するとき、1-(2,4-キシリルアゾ)-2-ナフトール（$C_{18}H_{16}N_2O$：276.33）として97.0% 以上 101.0% 以下を含む。

性　　状　本品は、赤褐色の粒又は粉末である。

確認試験　(1)　本品のクロロホルム溶液（1 → 1000）は、赤色を呈する。

(2)　本品 0.02 g にクロロホルム 200 mL を加えて溶かし、この液 10 mL を量り、クロロホルムを加えて 100 mL とした液は、吸光度測定法により試験を行うとき、波長 496 nm 以上 500 nm 以下に吸収の極大を有する。

(3)　本品のクロロホルム溶液(1 → 1000) 2 μL を試料溶液とし、赤色505号標準品のクロロホルム溶液(1 → 1000) 2 μL を標準溶液とし、クロロホルム/1-ブタノール混液（16：1）を展開溶媒として薄層クロマトグラフ法第1法により試験を行うとき、当該試料溶液から得た主たるスポットは、赤色を呈し、当該標準溶液から得た主たるスポットと等しいRf値を示す。

純度試験　(1)　溶状　本品 0.01 g にクロロホルム 100 mL を加えて溶かすとき、この液は、澄明である。

(2)　不溶物　不溶物試験法第2法により試験を行うとき、その限度は、0.5% 以下である。この場合において、溶媒は、クロロホルムを用いる。

(3)　可溶物　可溶物試験法第6法により試験を行うとき、その限度は、0.5% 以下である。

(4)　ヒ素　ヒ素試験法により試験を行うとき、その限度は、2 ppm 以下である。

(5)　重金属　重金属試験法により試験を行うとき、その限度は、20 ppm 以下である。

乾燥減量　0.5% 以下（1 g、105℃、6時間）

強熱残分　0.3% 以下（1 g）

定量法　本品約 0.02 g を精密に量り、クロロホルムを加えて溶かし、正確に 200 mL とする。この液 10 mL を正確に量り、クロロホルムを加えて正確に 100 mL とし、これを試料溶液として、吸光度測定法により試験を行う。この場合において、吸収極大波長における吸光度の測定は 498 nm 付近について行うこととし、吸光係数は0.0670とする（注1）。

〔注〕

（注1）　旧省令では試験方法として三塩化チタン法を採用していた。

【解　説】

名　称　（別名）オイルレッド XO、（英名）Oil Red XO、（化学名）1-(2,4-キシリルアゾ)-2-ナフトール、（既存化学物質 No.）5-3068、（CI No.）12140、Solvent Orange 7、（CAS No.）3118-97-6。

来　歴　1883年に J.M. Tedder により発見され、日本では昭和23年８月15日に赤色５号として許可され、昭和41年８月31日に赤色505号に変更され現在に至る。米国では、FD&C Red No. 32として使用されてきたが、1955年11月16日に Ext. D&C Red No. 14に変更され、さらに1963年１月12日に使用が禁止された。

製　法　2,4-キシリジンを亜硝酸ナトリウムと塩酸でジアゾ化し、メタノール液中で2-ナフトールとアルカリ性でカップリングして製する。

H_3C–(CH_3)–NH_2 —ジアゾ化 / $NaNO_2$, HCl→ H_3C–(CH_3)–N=NCl

2,4-キシリジン

H_3C–(CH_3)–N=NCl ＋ 2-ナフトール（OH） —NaOH→ H_3C–(CH_3)–N=N–(HO)ナフタレン

赤色505号

性　状　水に溶けない。グリセリン、エタノールにはわずかに溶ける。クロロホルム、油脂に溶ける。エタノール溶液に塩酸を加えても変化しない。水酸化ナトリウム溶液（1 → 5）を加えると赤色になる。硫酸を加えると赤紫色に溶け、水で希釈すると黄赤色の沈殿を生じる。エタノール溶液の色は光に対して安定である。

用　途　粘膜に適用することのない化粧品に使用できるが、整髪料・シャンプー・リンスに比較的繁用される。

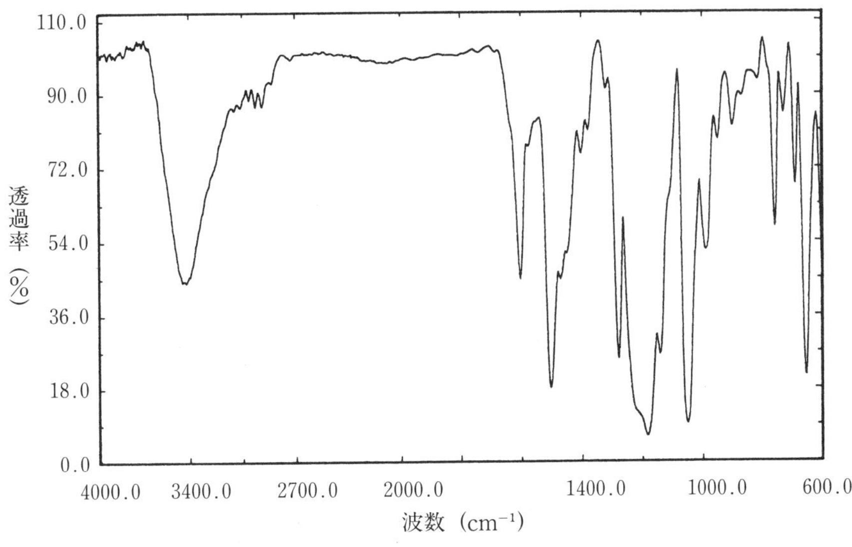

赤色505号の赤外吸収スペクトル

9．赤色506号

ファストレッドＳ

Fast Red S

C.I. 15620

Acid Red 88

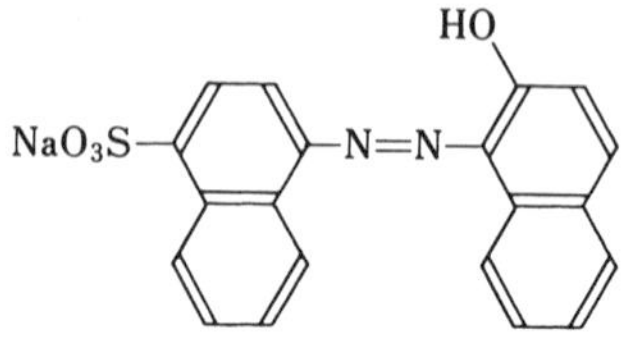

$C_{20}H_{13}N_2NaO_4S$：400.38

本品は、定量するとき、4-(2-ヒドロキシ-1-ナフチルアゾ)-1-ナフタレンスルホン酸のモノナトリウム塩($C_{20}H_{13}N_2NaO_4S$：400.38)として 90.0% 以上 101.0% 以下を含む。

性　　状　本品は、帯褐赤色の粒又は粉末である。

確認試験　(1)　本品の水溶液（1 → 1000）は、赤色を呈する。

(2)　本品 0.02 g に薄めたエタノール(95)（1 → 5）200 mL を加えて溶かし、この液 10 mL を量り、薄めたエタノール(95)（1 → 5）を加えて 100 mL とした液は、吸光度測定法により試験を行うとき、波長 511 nm 以上 515 nm 以下に吸収の極大を有する。

(3)　本品の水溶液（1 → 1000）2 μL を試料溶液とし、赤色506号標準品の水溶液（1 → 1000）2 μL を標準溶液とし、1-ブタノール/エタノール (95)/薄めた酢酸 (100)（3 → 100）混液（6：2：3）を展開溶媒として薄層クロマトグラフ法第1法により試験を行うとき、当該試料溶液から得た主たるスポットは、赤色を呈し、当該標準溶液から得た主たるスポットと等しい Rf 値を示す。

純度試験　(1)　溶状　本品 0.01 g に水 100 mL を加えて溶かすとき、この液は、澄明である。

(2)　不溶物　不溶物試験法第1法により試験を行うとき、その限度は、0.5% 以下である（注1）。

(3)　可溶物　可溶物試験法第2法により試験を行うとき、その限度は、0.5% 以下である（注2）。

(4)　塩化物及び硫酸塩　塩化物試験法及び硫酸塩試験法により試験を行うとき、それぞれの限度の合計は、5.0% 以下である。

（5） ヒ素　ヒ素試験法により試験を行うとき、その限度は、2 ppm以下である。

（6） 重金属　重金属試験法により試験を行うとき、その限度は、20 ppm以下である。

乾燥減量　5.0% 以下（1 g、105℃、6時間）

定 量 法　本品約 0.02 gを精密に量り、薄めたエタノール(95)（1 → 5）を加えて溶かし、正確に 200 mL とする。この液 10 mL を正確に量り、薄めたエタノール(95)（1 → 5）を加えて正確に 100 mL とし、これを試料溶液として、吸光度測定法により試験を行う。この場合において、吸収極大波長における吸光度の測定は 513 nm付近について行うこととし、吸光係数は0.0555とする（注3）。

〔注〕

（注1） 旧省令では水不溶性物質として 1% 以下と規定していた。

（注2） 旧省令ではエーテルエキスとして 0.5% 以下と規定していた。

（注3） 旧省令では試験方法として三塩化チタン法を採用していた。

【解　説】

(名　称) (別名) ファストレッドS、(英名) Fast Red S、(化学名) 4-(2-ヒドロキシ-1-ナフチルアゾ)-1-ナフタレンスルホン酸のモノナトリウム塩、(既存化学物質 No.) 5-1512、(CI No.) 15620、Acid Red 88、(CAS No.) 1658-56-6。

(来　歴) 1877年に H. Caro and Z. Roussin により発見され、日本では昭和41年8月31日に赤色506号として許可され現在に至る。米国では、Ext. D&C Red No. 8として使用されてきたが、1967年6月30日に使用が禁止された。

(製　法) ナフチオン酸を亜硝酸ナトリウムと塩酸でジアゾ化し、メタノール液中で2-ナフトールとアルカリ性でカップリングして製する。

ナフチオン酸 (HO_3S–C$_{10}$H$_6$–NH_2) —ジアゾ化 ($NaNO_2$, HCl)→ $^{-}O_3S$–C$_{10}$H$_6$–$\overset{+}{N}\equiv N$

$^{-}O_3S$–C$_{10}$H$_6$–$\overset{+}{N}\equiv N$ ＋ 2-ナフトール (OH) —NaOH→ NaO_3S–C$_{10}$H$_6$–N=N–(HO)C$_{10}$H$_6$

赤色506号

(性　状) 水に少し溶け、熱湯にはかなり溶ける。グリセリンに溶け、エタノールにわずかに溶け、油脂には溶けない。硝酸にわずかに溶け赤色溶液となり、アルカリには赤褐色溶液になる。

硫酸を加えると青紫色に溶け、水で希釈すると黄褐色の沈殿を生じる。水溶液の色は光に安定である。

用　途　粘膜に適用することのない化粧品に使用できるが、ファンデーションに比較的繁用される。

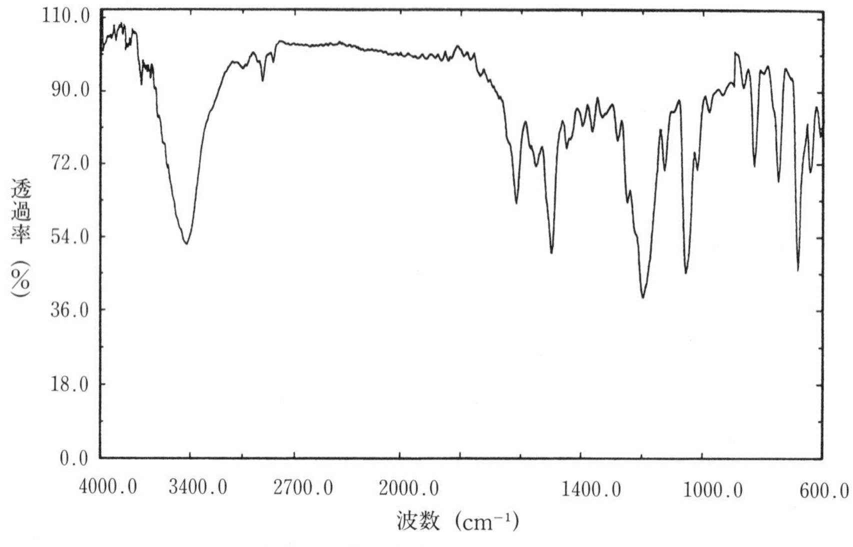

赤色506号の赤外吸収スペクトル

10. だいだい色401号

ハンサオレンジ

Hanza Orange

C.I. 11725

Pigment Orange 1

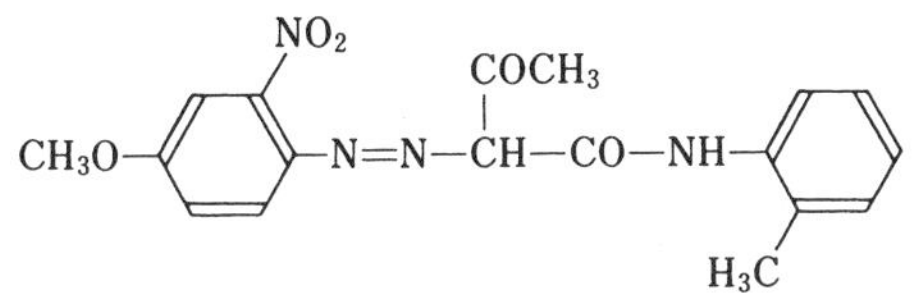

$C_{18}H_{18}N_4O_5$：370.36

本品は、定量するとき、N-(*o*-トリル)-2-(2-ニトロ-*p*-トリルアゾ)-3-オキソブタンアミド（$C_{18}H_{18}N_4O_5$：370.36）として 85.0% 以上 101.0% 以下を含む。

性　　状　本品は、黄赤色の粉末である。

確認試験　(1)　本品 0.1 g にクロロホルム 100 mL を加え、必要に応じて約 50℃ で加温して溶かすとき、この液は、帯赤黄色を呈する。

(2)　本品 0.02 g にクロロホルム 200 mL を加え、必要に応じて約 50℃ で加温して溶かす。常温になるまで冷却後、この液 10 mL を量り、クロロホルムを加えて 100 mL とした液は、吸光度測定法により試験を行うとき、波長 360 nm 以上 364 nm 以下及び 430 nm 以上 434 nm 以下に吸収の極大を有する（注1）。

(3)　本品 0.1 g にクロロホルム 100 mL を加え、必要に応じて約 50℃ で加温して溶かした液 2 μL を試料溶液とし、だいだい色403号標準溶液 2 μL を標準溶液とし、クロロホルムを展開溶媒として薄層クロマトグラフ法第2法により試験を行うとき、当該試料溶液から得た主たるスポットは、帯赤黄色を呈し、当該標準溶液から得た主たるスポットに対する Rs 値は、約0.8である（注2）。

融　　点　210℃ 以上 217℃ 以下（注3）

純度試験　(1)　溶状　本品 0.01 g にクロロホルム 100 mL を加え、必要に応じて約 50℃ で加温して溶かすとき、この液は、澄明である。

(2)　可溶物　可溶物試験法第1法により試験を行うとき、その限度は、1.0% 以下である。

(3)　ヒ素　ヒ素試験法により試験を行うとき、その限度は、2 ppm 以下である。

(4)　重金属　重金属試験法により試験を行うとき、その限度は、20 ppm 以下である。

乾燥減量　10.0% 以下（1 g、105℃、6時間）

強熱残分　1.0% 以下（1 g）

定 量 法　本品約 0.02 g を精密に量り、クロロホルム 150 mL を加え、必要に応じて約 50℃ で加温して溶かし、常温になるまで冷却後、クロロホルムを加えて正確に 200 mL とする。この液 10 mL を正確に量り、クロロホルムを加えて正確に 100 mL とし、これを試料溶液として、吸光度測定法により試験を行う。この場合において、吸収極大波長における吸光度の測定は 432 nm 付近について行うこととし、吸光係数は0.0495とする。

〔注〕

（注1）　本品の可視部吸収スペクトルは、362 nm 付近及び 432 nm 付近にピークがあり、それぞれの吸収極大波長を規定している。

（注2）　本品については薄層クロマトグラフ用標準品が設定されていないため、だいだい色403号を比較標準品とした。なお、だいだい色403号のスポットの色調は橙色である。

（注3）　旧省令では 210℃ 以上と規定していた。

【解　説】

名　称　(別名)ハンサオレンジ、(英名)Hanza Orenge、(化学名)N-(*o*-トリル)-2-(2-ニトロ-*p*-トリルアゾ)-3-オキソブタンアミド、(既存化学物質 No.) 5-3190、(CI No.) 11725、Pigment Orange 1、(CAS No.) 6371-96-6。

来　歴　1926年に H. Wagner and Z. Roussin により発見され、日本では昭和31年7月30日にだいだい色401号として許可され現在に至る。米国では、Ext. D&C Orange No. 1として使用されてきたが、1963年1月12日に使用が禁止された。

製　法　2-ニトロ-*p*-アニシジンを亜硝酸ナトリウムと塩酸でジアゾ化し、*o*-アセトアセトトルイダイトと中性でカップリングして製する。

NO_2

CH_3O–(ベンゼン環)–NH_2 —ジアゾ化 / $NaNO_2$, HCl→ CH_3O–(ベンゼン環)–N=NCl

2-ニトロ-*p*-アニシジン

CH_3O–(ベンゼン環, NO_2)–N=NCl ＋ CH_3COCH_2CONH–(ベンゼン環, H_3C)

o-アセトアセトトルイダイド
（アセト酢酸-*o*-トルイダイド）

⟶ CH_3O–(ベンゼン環, NO_2)–N=N–CH($COCH_3$)–CO–NH–(ベンゼン環, H_3C)

だいだい色 401 号

性　状　水、希酸、塩酸には溶けない。アセトン、酢酸にわずかに溶け、エタノール、エーテルに少し溶ける。クロロホルムに少し溶け、グリセリンにわずかに溶け、水で希釈すると黄赤色の沈殿を生じる。光に対して色は安定である。

用　途　粘膜に適用することのない化粧品に使用できるが、ファンデーションに比較的繁用される。

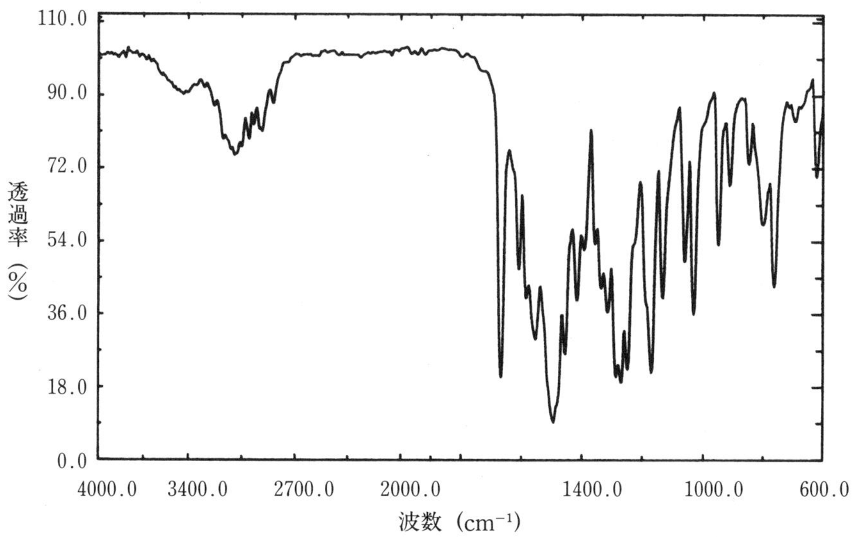

だいだい色401号の赤外吸収スペクトル

11. だいだい色402号

オレンジⅠ

Orange I

C.I. 14600

Acid Orange 20

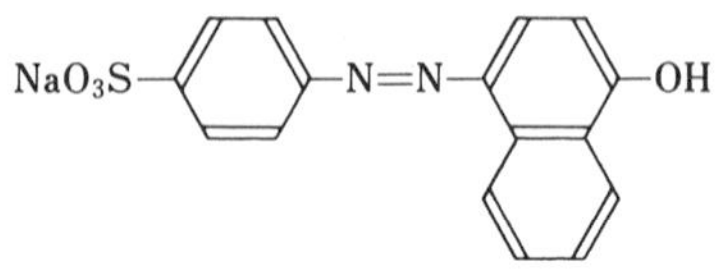

NaO_3S–(ベンゼン環)–N=N–(ナフタレン環)–OH

$C_{16}H_{11}N_2NaO_4S$：350.32

本品は、定量するとき、4-(*p*-スルホフェニルアゾ)-1-ナフトールのモノナトリウム塩($C_{16}H_{11}N_2NaO_4S$：350.32) として 85.0% 以上 101.0% 以下を含む。

性　　状　本品は、赤褐色の粒又は粉末である。

確認試験　(1)　本品の水溶液 (1 → 1000) は、黄赤色を呈する。

(2)　本品 0.02 g に酢酸アンモニウム試液 200 mL を加えて溶かし、その 5 mL を量り、酢酸アンモニウム試液を加えて 100 mL とした液は、吸光度測定法により試験を行うとき、波長 474 nm 以上 478 nm 以下に吸収の極大を有する。

(3)　本品の水溶液(1 → 1000) 2 μL を試料溶液とし、だいだい色402号標準品の水溶液 (1 → 1000) 2 μL を標準溶液とし、1-ブタノール/エタノール (95)/薄めた酢酸 (100) (3 → 100) 混液 (6 : 2 : 3) を展開溶媒として薄層クロマトグラフ法第1法により試験を行うとき、当該試料溶液から得た主たるスポットは、黄赤色を呈し、当該標準溶液から得た主たるスポットと等しい Rf 値を示す。

純度試験　(1)　溶状　本品 0.01 g に水 100 mL を加えて溶かすとき、この液は、澄明である。

(2)　不溶物　不溶物試験法第1法により試験を行うとき、その限度は、0.5% 以下である。

(3)　可溶物　可溶物試験法第2法により試験を行うとき、その限度は、1.0% 以下である。

(4)　塩化物及び硫酸塩　塩化物試験法及び硫酸塩試験法により試験を行うとき、それぞれの限度の合計は、4.0% 以下である。

(5)　ヒ素　ヒ素試験法により試験を行うとき、その限度は、2 ppm 以下である。

(6)　重金属　重金属試験法により試験を行うとき、その限度は、20 ppm 以下である。

乾燥減量　10.0％ 以下（1 g、105℃、6時間）

定 量 法　本品約 0.02 g を精密に量り、酢酸アンモニウム試液を加えて溶かし、正確に 200 mL とする。その 5 mL を正確に量り、酢酸アンモニウム試液を加えて正確に 100 mL とし、これを試料溶液として、吸光度測定法により試験を行う。この場合において、吸収極大波長における吸光度の測定は 476 nm 付近について行うこととし、吸光係数は 0.0921とする（注1）。

〔注〕

（注1）　旧省令では試験方法として三塩化チタン法を採用していた。

【解　説】

(名　称)　(別名) オレンジⅠ、(英名) Orange Ⅰ、(化学名) 4-(*p*-スルホフェニルアゾ)-1-ナフトールのモノナトリウム塩、(既存化学物質 No.) 5-4274、(CI No.) 14600、Acid Orange 20、(CAS No.) 523-44-4。

(来　歴)　1876年に P. Griesse により発見され、日本では昭和23年8月15日にだいだい色1号として許可されたが、昭和41年8月31日にだいだい色402号に変更され現在に至る。米国では、Ext. D&C Orange No. 3として使用されてきたが、1967年6月30日に使用が禁止された。

(製　法)　スルファニル酸を亜硝酸ナトリウムと塩酸でジアゾ化し、水酸化ナトリウム溶液（1 → 10）中で1-ナフトールとカップリングして製する。

HO_3S–C₆H₄–NH_2 →（ジアゾ化；$NaNO_2$, HCl）→ $^{-}O_3S$–C₆H₄–$\overset{+}{N}\equiv N$

スルファニル酸

$^{-}O_3S$–C₆H₄–$\overset{+}{N}\equiv N$ ＋ 1-ナフトール（OH）→（NaOH）→ NaO_3S–C₆H₄–N＝N–C₁₀H₆–OH

1-ナフトール

だいだい色 402 号

(性　状)　水、グリセリン、エタノールに溶ける。油脂には溶けない。水溶液に塩酸を加えると褐色の沈殿を生じ、水酸化ナトリウム溶液（1 → 10）を加えると鮮赤色に変わる。アルカリの存在には鋭敏である。硫酸を加えると紫赤色に溶け、水で希釈すると赤褐色の沈殿を生じる。水溶液の色は光に対してやや不安定である。

(用　途)　粘膜に適用することのない化粧品に使用できるが、整髪料・シャンプー・リンスに比較的繁用される。

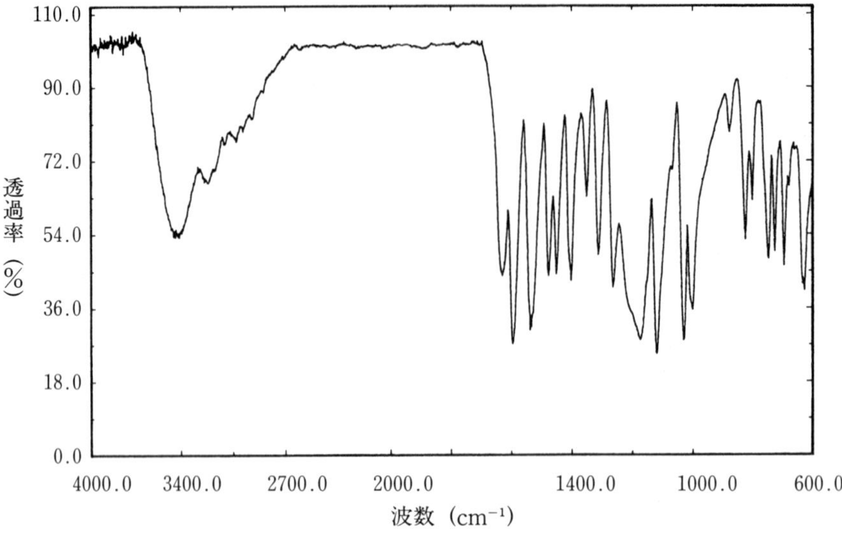

だいだい色402号の赤外吸収スペクトル

12．だいだい色403号

オレンジSS

Orange SS

C.I. 12100

Solvent Orange 2

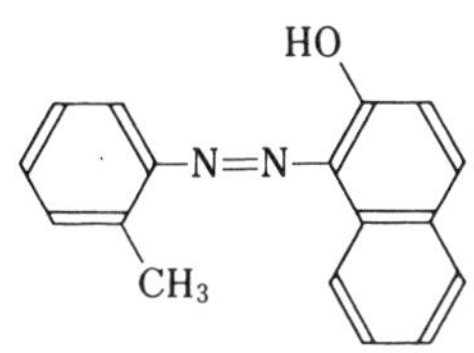

$C_{17}H_{14}N_2O$：262.31

本品は、定量するとき、1-(*o*-トリルアゾ)-2-ナフトール ($C_{17}H_{14}N_2O$：262.31) として 98.0% 以上 101.0% 以下を含む。

性　　状　本品は、黄赤色の粒又は粉末である。

確認試験　(1)　本品のクロロホルム溶液 (1 → 1000) は、黄赤色を呈する。

(2)　本品 0.02 g にクロロホルム 200 mL を加えて溶かし、この液10mL を量り、クロロホルムを加えて 100 mL とした液は、吸光度測定法により試験を行うとき、波長 488 nm 以上 494 nm 以下に吸収の極大を有する。

(3)　本品のクロロホルム溶液(1 → 2000) 2 μL を試料溶液とし、だいだい色403号標準品のクロロホルム溶液(1 → 2000) 2 μL を標準溶液とし、クロロホルム/1,2-ジクロロエタン混液 (2：1) を展開溶媒として薄層クロマトグラフ法第1法により試験を行うとき、当該試料溶液から得た主たるスポットは、黄赤色を呈し、当該標準溶液から得た主たるスポットと等しい Rf 値を示す。

融　　点　128℃ 以上 132℃ 以下

純度試験　(1)　溶状　本品 0.01 g にクロロホルム 100 mL を加えて溶かすとき、この液は、澄明である。

(2)　不溶物　不溶物試験法第2法により試験を行うとき、その限度は、0.5% 以下である。この場合において、溶媒は、クロロホルムを用いる。

(3)　可溶物　可溶物試験法第6法により試験を行うとき、その限度は、1.0% 以下である。

(4)　ヒ素　ヒ素試験法により試験を行うとき、その限度は、2 ppm 以下である。

(5)　重金属　重金属試験法により試験を行うとき、その限度は、20 ppm 以下である。

乾燥減量　0.5% 以下 (1 g、105℃、6時間) (注1)

強熱残分　0.3% 以下（1 g）

定 量 法　本品約 0.02 g を精密に量り、クロロホルムを加えて溶かし、正確に 200 mL とする。この液 10 mL を正確に量り、クロロホルムを加えて正確に 100 mL とし、これを試料溶液として、吸光度測定法により試験を行う。この場合において、吸収極大波長における吸光度の測定は 491 nm 付近について行うこととし、吸光係数は0.0711とする（注2）。

〔注〕

（注1）　旧省令では 100℃ にて 0.5% 以下と規定していた。

（注2）　旧省令では試験方法として三塩化チタン法を採用していた。

【解　説】

名　　称　（別名）オレンジSS、（英名）Orange SS、（化学名）1-(*o*-トリルアゾ)-2-ナフトール、（既存化学物質 No.）5-3065、（CI No.）12100、Solvent Orange 2、（CAS No.）2646-17-5。

来　　歴　1878年に Z. Koussin and A. Poirrier により発見され、日本では昭和23年8月15日にだいだい色2号として許可され、昭和41年8月31日にだいだい色403号に変更され現在に至る。米国では、Ext. D&C Orange No. 4として使用されてきたが、1963年1月12日に使用が禁止された。

製　　法　*o*-トルイジンを亜硝酸ナトリウムと塩酸でジアゾ化し、水酸化ナトリウム溶液（1 → 10）中で2-ナフトールとカップリングして製する。

o-トルイジン（2-CH_3-C_6H_4-NH_2） —ジアゾ化（$NaNO_2$, HCl）→ 2-CH_3-C_6H_4-N=NCl

2-CH_3-C_6H_4-N=NCl ＋ 2-ナフトール（OH） —NaOH→ だいだい色403号（2-CH_3-C_6H_4-N=N-（2-HO-1-ナフチル））

性　　状　水に溶けない。グリセリン、エタノールにわずかに溶ける。クロロホルム、油脂に溶ける。エタノール溶液に塩酸またはアンモニア水(28)を加えても変化しない。硫酸を加えると暗赤色に溶け、水で希釈すると赤色の沈殿を生じる。エタノール溶液の色は光に対して不安定である。

用　　途　粘膜に適用することのない化粧品に使用できるが、マニキュアに比較的繁用される。

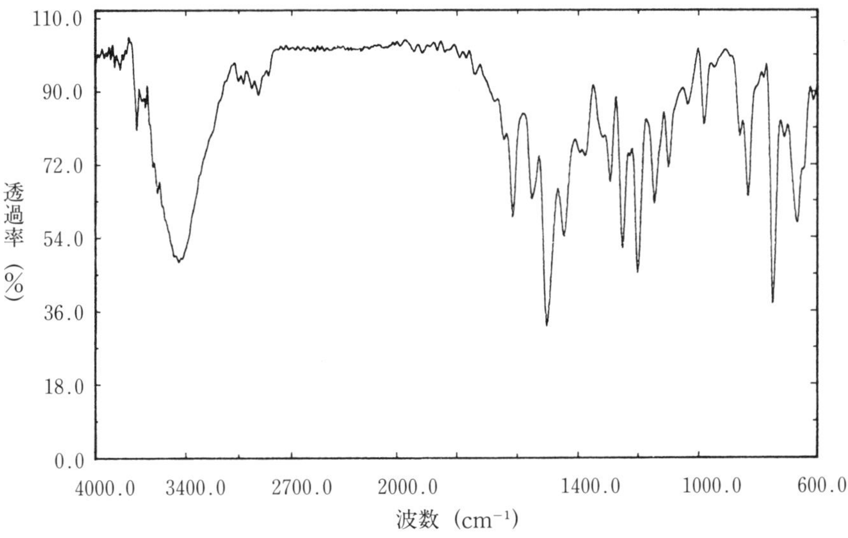

だいだい色403号の赤外吸収スペクトル

13. 黄色401号

ハンサイエロー

Hanza Yellow

C.I. 11680

Pigment Yellow 1

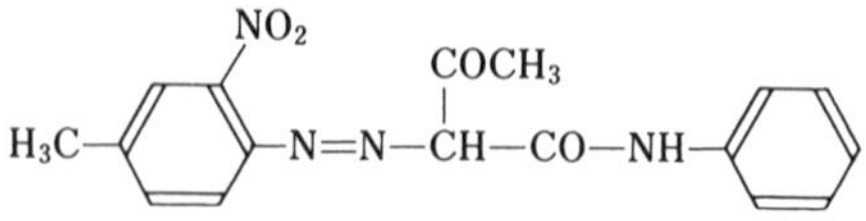

NO_2

$COCH_3$

H_3C—N=N—CH—CO—NH—

$C_{17}H_{16}N_4O_4$：340.33

本品は、定量するとき、N-フェニル-2-(2-ニトロ-*p*-トリルアゾ)-3-オキソブタンアミド（$C_{17}H_{16}N_4O_4$：340.33）として 96.0% 以上 101.0% 以下を含む。

性　状　本品は、黄色の粉末である。

確認試験　（1）　本品 0.1 g にクロロホルム 100 mL を加え、必要に応じて約 50℃ で加温して溶かすとき、この液は、黄色を呈する。

（2）　本品 0.02 g にクロロホルム 200 mL を加え、必要に応じて 50℃ で加温して溶かす。常温になるまで冷却後、この液 10 mL を量り、クロロホルムを加えて 100 mL とした液は、吸光度測定法により試験を行うとき、波長 410 nm 以上 414 nm 以下に吸収の極大を有する。

（3）　本品 0.1 g にクロロホルム 100 mL を加え、必要に応じて約 50℃ に加温して溶かした液 2 μL を試料溶液とし、黄色401号標準品 0.1 g にクロロホルム 100 mL を加え、必要に応じて約 50℃ で加温して溶かした液 2 μL を標準溶液とし、クロロホルムを展開溶媒として薄層クロマトグラフ法第 1 法により試験を行うとき、当該試料溶液から得た主たるスポットは、黄色を呈し、当該標準溶液から得た主たるスポットと等しい Rf 値を示す。

融　点　250℃ 以上

純度試験　（1）　溶状　本品 0.01 g にクロロホルム 100 mL を加え、必要に応じて約 50℃ で加温して溶かすとき、この液は、澄明である。

（2）　可溶物　可溶物試験法第 1 法により試験を行うとき、その限度は、1.0% 以下である。

（3）　ヒ素　ヒ素試験法により試験を行うとき、その限度は、2 ppm 以下である。

（4）　重金属　重金属試験法により試験を行うとき、その限度は、20 ppm 以下である。

乾燥減量　4.0% 以下（1 g、105℃、6時間）

強熱残分　1.0% 以下（1 g）

定 量 法　本品約 0.02 g を精密に量り、クロロホルム 150 mL を加え、必要に応じて約 50℃ で加温して溶かし、常温になるまで冷却後、クロロホルムを加えて正確に 200 mL とする。この液 10 mL を正確に量り、クロロホルムを加えて正確に 100 mL とし、これを試料溶液として、吸光度測定法により試験を行う。この場合において、吸収極大波長における吸光度の測定は 412 nm 付近について行うこととし、吸光係数は0.0650とする（注1）。

〔注〕

（注1）　新たに測定溶媒及び測定波長を設定した。

【解　説】

（名　称）（別名）ハンサイエロー、（英名）Hanza Yellow、（化学名）N-フェニル-2-(2-ニトロ-*p*-トリルアゾ)-3-オキソブタンアミド、（既存化学物質 No.）5-3149、（CI No.）11680、Pigment Yellow 1、（CAS No.）2512-29-0。

（来　歴）1909年に H. Wagner により発見され、日本では昭和31年7月30日に黄色401号として許可され現在に至る。米国では、Ext. D&C Yellow No. 5として使用されてきたが、1963年1月12日に使用が禁止された。

（製　法）*m*-ニトロ-*p*-トルイジンを亜硝酸ナトリウムと塩酸でジアゾ化し、アセト酢酸アニライドと中性でカップリングして製する。

性　状　水および塩酸(希)には溶けない。水酸化カリウム・エタノール試液*には溶ける。トルエン、キシレンに溶け、酢酸(100)、アセトン、エタノールにわずかに溶ける。硫酸を加えると黄色に溶け、水で希釈すると黄色の沈殿を生じる。光に対して色は安定である。

*水酸化カリウム・エタノール試液
水酸化カリウム 10 gをエタノール (95) に溶かし、100 mLとする。用時製する。

用　途　粘膜に適用することのない化粧品に使用できるが、ファンデーション・アイシャドウ・石けんに繁用される。

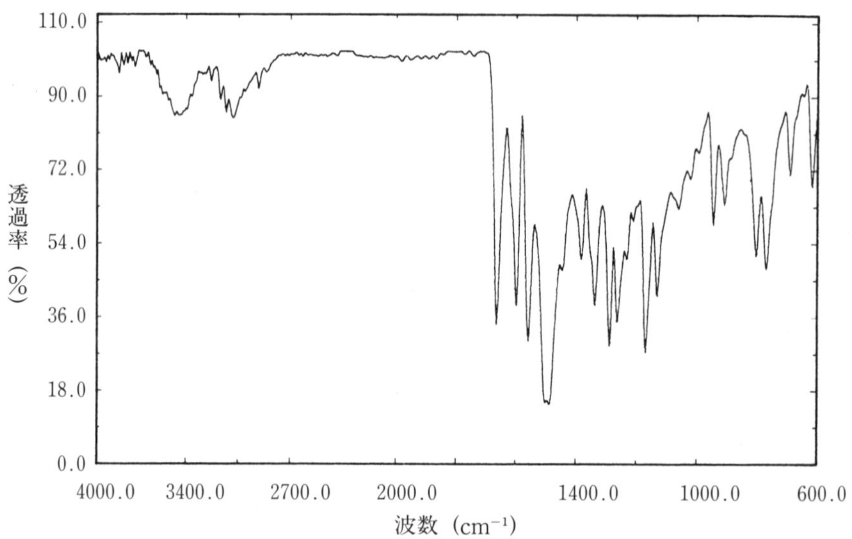

黄色401号の赤外吸収スペクトル

14. 黄色402号

ポーライエロー5G

Polar Yellow 5G

C.I. 18950

Acid Yellow 40

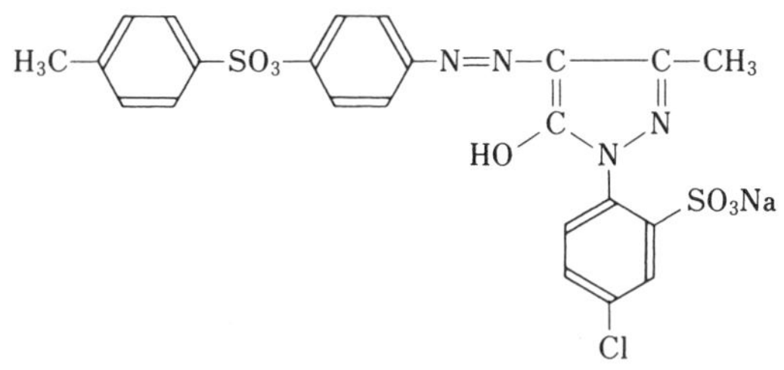

$C_{23}H_{18}ClN_4NaO_7S_2$：584.99

本品は、定量するとき、1-(4-クロロ-2-スルホフェニル)-3-メチル-4-[4-(*p*-トリルスルホニル)フェニルアゾ]-5-ピラゾロンのナトリウム塩($C_{23}H_{18}ClN_4NaO_7S_2$：584.99)として 85.0% 以上 101.0% 以下を含む。

性　　状　本品は、帯褐黄色の粒又は粉末である。

確認試験　(1)　本品の水溶液(1 → 1000)は、黄色を呈する。

(2)　本品 0.02 g に酢酸アンモニウム試液 200 mL を加えて溶かし、この液 20 mL を量り、酢酸アンモニウム試液を加えて 100 mL とした液は、吸光度測定法により試験を行うとき、波長 402 nm 以上 408 nm 以下に吸収の極大を有する。

(3)　本品の水溶液(1 → 1000) 2 μL を試料溶液とし、フラビアン酸標準溶液 2 μL を標準溶液とし、1-ブタノール/エタノール(95)/アンモニア試液(希)混液(6：2：3)を展開溶媒として薄層クロマトグラフ法第2法により試験を行うとき、当該試料溶液から得た主たるスポットは、黄色を呈し、当該標準溶液から得た主たるスポットに対する Rs 値は、約1.5である(注1)。

純度試験　(1)　溶状　本品 0.01 g に水 100 mL を加えて溶かすとき、この液は、澄明である。

(2)　不溶物　不溶物試験法第1法により試験を行うとき、その限度は、0.3% 以下である。

(3)　可溶物　可溶物試験法第1法により試験を行うとき、その限度は、1.0% 以下である(注2)。

(4)　塩化物及び硫酸塩　塩化物試験法及び硫酸塩試験法により試験を行うとき、それぞれの限度の合計は、5.0% 以下である。

(5)　ヒ素　ヒ素試験法により試験を行うとき、その限度は、2 ppm 以下である。

（6） 重金属　重金属試験法により試験を行うとき、その限度は、20 ppm 以下である。

乾燥減量　10.0% 以下（1 g、105℃、6時間）

定 量 法　本品約 0.02 g を精密に量り、酢酸アンモニウム試液を加えて溶かし、正確に 200 mL とする。この液 20 mL を正確に量り、酢酸アンモニウム試液を加えて正確に 100 mL とし、これを試料溶液として、吸光度測定法により試験を行う。この場合において、吸収極大波長における吸光度の測定は 405 nm 付近について行うこととし、吸光係数は0.0330とする（注3）。

〔注〕

（注1） 本品については薄層クロマトグラフ用標準品が設定されていないため、フラビアン酸を比較標準品とした。なお、フラビアン酸のスポットの色調は黄色である。

（注2） 旧省令ではエーテルエキスとして 3％ 以下と規定していた。

（注3） 旧省令では試験方法として三塩化チタン法を採用していた。

【解　説】

名　称　（別名）ポーライエロー5G、（英名）Polar Yellow 5G、（化学名）1-(4-クロロ-2-スルホフェニル)-3-メチル-4-[4-(*p*-トリルスルホニル)-フェニルアゾ]-5-ピラゾロンのナトリウム塩、（既存化学物質 No.）5-1407、（CI No.）18950、Acid Yellow 40、（CAS No.）6372-96-9。

来　歴　1912年に B. Richard により発見され、日本では昭和34年 9 月14日に黄色402号として許可され現在に至る。米国では、Ext. D&C Yellow No. 4として使用されていたが、1960年10月12日に使用が禁止された。

製　法　*p*-アミノフェノールを亜硝酸ナトリウムと塩酸でジアゾ化し、1-(4-クロル-2-スルホフェニル)-3-メチル-5-ピラゾロンとカップリングさせた後、ソーダ灰アルカリ中で *p*-トルエンスルホニルクロライドと反応して製する。

HO–⟨benzene⟩–NH_2 —ジアゾ化 / $NaNO_2$, HCl→ HO–⟨benzene⟩–N=NCl

p-アミノフェノール

HO–⟨benzene⟩–N=NCl ＋ 1-(4-クロル-2-スルホフェニル)-3-メチル-5-ピラゾロン (H_2C–C(CH_3)=N–N(Ar)–C(=O), Ar = 2-SO_3H-4-Cl-phenyl) —NaOH→ HO–⟨benzene⟩–N=N–C=C(CH_3)–N=N... (HO–C, N–Ar, Ar = 2-SO_3Na-4-Cl-phenyl)

1-(4-クロル-2-スルホフェニル)
-3-メチル-5-ピラゾロン

HO–C₆H₄–N=N–C———C–CH₃ / HO–C, N, N–(SO₃Na, Cl–C₆H₃) ＋ H_3C–C₆H₄–SO_2Cl

p-トルエンスルホニル
クロライド

⟶ H_3C–C₆H₄–SO_3–C₆H₄–N=N–C———C–CH₃ / HO–C, N, N–(SO₃Na, Cl–C₆H₃)

黄色 402 号

（性　状）水、グリセリン、エタノールに溶ける。油脂には溶けない。水溶液に水酸化ナトリウム溶液（1 → 100）を加えても変化はない。硫酸を加えると黄色に溶け、水で希釈しても黄色のままである。水溶液の色は光に対して安定である。

（用　途）粘膜に適用することのない化粧品に使用できるが、整髪料・シャンプー・リンスに比較的繁用される。

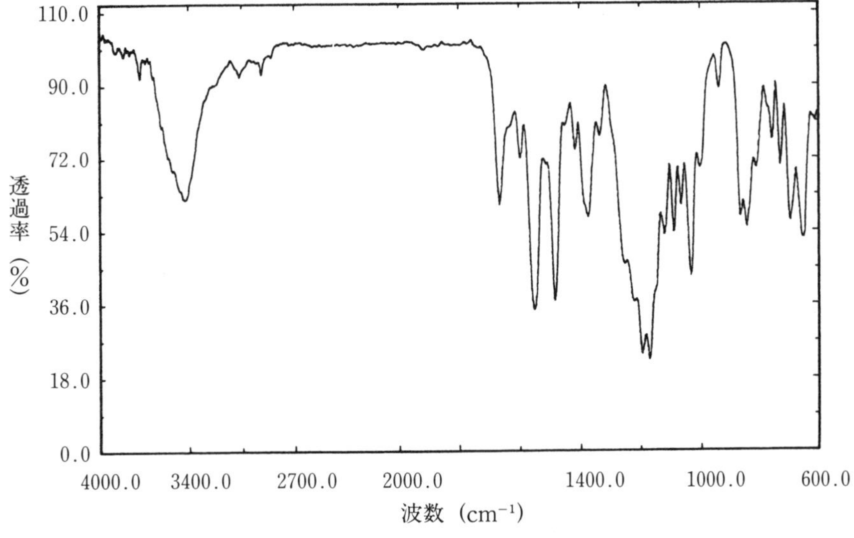

黄色402号の赤外吸収スペクトル

15. 黄色403号の（1）

ナフトールイエローS
Naphthol Yellow S

C.I. 10316

Acid Yellow 1

ONa
NaO_3S　NO_2
NO_2

$C_{10}H_4N_2Na_2O_8S$：358.19

本品は、定量するとき、2,4-ジニトロ-1-ナフトール-7-スルホン酸のジナトリウム塩（$C_{10}H_4N_2Na_2O_8S$：358.19）として 85.0% 以上 101.0% 以下を含む。

性　　状　本品は、黄色から帯赤黄色までの色の粒又は粉末である。

確認試験　（1）　本品の水溶液（1 → 1000）は、黄色を呈する。

（2）　本品 0.02 g に酢酸アンモニウム試液 200 mL を加えて溶かし、この液 10 mL を量り、酢酸アンモニウム試液を加えて 100 mL とした液は、吸光度測定法により試験を行うとき、波長 390 nm 以上 394 nm 以下及び 426 nm 以上 430 nm 以下に吸収の極大を有する（注1）。

（3）　本品の水溶液（1 → 1000）2 μL を試料溶液とし、黄色403号の（1）標準品の水溶液（1 → 1000）2 μL を標準溶液とし、1-ブタノール/エタノール(95)/アンモニア試液（希）混液（6：2：3）を展開溶媒として薄層クロマトグラフ法第1法により試験を行うとき、当該試料溶液から得た主たるスポットは、黄色を呈し、当該標準溶液から得た主たるスポットと等しい Rf 値を示す。

（4）　本品を乾燥し、赤外吸収スペクトル測定法により試験を行うとき、本品のスペクトルは、次に掲げる本品の参照スペクトルと同一の波数に同一の強度の吸収を有する。（次頁参照）

（5）　炎色反応試験法により試験を行うとき、炎は、黄色を呈する。

純度試験　（1）　溶状　本品 0.01 g に水 100 mL を加えて溶かすとき、この液は、澄明である。

（2）　不溶物　不溶物試験法第1法により試験を行うとき、その限度は、0.2% 以下である。

（3）　可溶物　可溶物試験法第2法により試験を行うとき、その限度は、0.5% 以下で

ある（注2）。

（4） 塩化物及び硫酸塩 塩化物試験法及び硫酸塩試験法により試験を行うとき、それぞれの限度の合計は、5.0% 以下である（注3）。

（5） ヒ素 ヒ素試験法により試験を行うとき、その限度は、2 ppm 以下である（注4）。

（6） 重金属 重金属試験法により試験を行うとき、その限度は、20 ppm 以下である。

乾燥減量 10.0% 以下（1 g、105℃、6時間）

定 量 法 本品約 0.02 g を精密に量り、酢酸アンモニウム試液を加えて溶かし、正確に 200 mL とする。この液 10 mL を正確に量り、酢酸アンモニウム試液を加えて正確に 100 mL とし、これを試料溶液として、吸光度測定法により試験を行う。この場合において、吸収極大波長における吸光度測定は 428 nm 付近について行うこととし、吸光係数は0.0496とする（注5）。

黄色403号の（1）

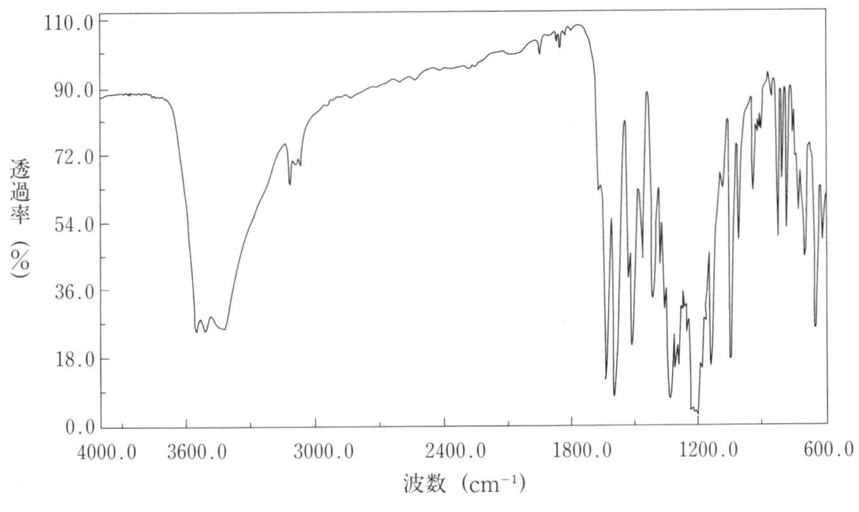

〔注〕

（注1） 本品の可視部吸収スペクトルは、392 nm 付近及び 428 nm 付近にピークがあり、それぞれの吸収極大波長を規定している。

（注2） CFR では可溶物の規定はないが、当該色素以外の特定の有機化合物等の限度を規定している。

（注3） CFR では乾燥減量を加えた値として 15% 以下と規定している。

（注4） CFR では As として 3 ppm 以下と規定している。

（注5） 旧省令では試験方法として三塩化チタン法を採用していた。

【解　説】

名　称 （別名）ナフトールイエローS、（英名）Naphthol Yellow S、（化学名）2,4-ジニトロ-1-ナフトール-7-スルホン酸のジナトリウム塩、（FDA名）Ext. D&C Yellow No. 7、（既存化学物質No.）5-1392、（CI No.）10316、Acid Yellow 1、（CAS No.）846-70-8。

来　歴 1879年にErfinderにより発見され、日本では昭和23年8月15日に黄色1号の（1）として許可され、昭和41年8月31日に黄色403号の（1）に変更され現在に至る。米国では、Ext. D&C Yellow No. 7として使用され、1976年12月27日に永久許可された。

製　法 1-ナフトールを発煙硫酸または硫酸でスルホン化して1-ナフトール-2,4,7-トリスルホン酸とし、次いで硝酸を加えて1-ナフトール-2,4-ジニトロ-7-スルホン酸とする。これをろ別、食塩水洗浄・中和精製工程を経て製する。

OH
SO_3
HO_3S OH SO_3H
SO_3H
HNO_3
HO_3S OH NO_2
NO_2
1-ナフトール
1-ナフトール-2,4,7-トリスルホン酸
1-ナフトール-2,4-ジニトロ-7-スルホン酸

HO_3S OH NO_2
NO_2
NaOH
NaO_3S ONa NO_2
NO_2
黄色403号の(1)

性　状 水、グリセリンに溶ける。エタノールにわずかに溶け、油脂には溶けない。水溶液を弱アルカリ性としても変わらないが、塩酸を加えると淡色となる。強アルカリ性では沈殿を生じる。硫酸を加えると黄色に溶け、水で希釈すると淡黄色となる。水溶液の色は光に対してやや安定である。

用　途 粘膜に適用することのない化粧品に使用できる。整髪料・シャンプー・リンス・石けん・化粧水・クリーム・乳液に繁用される。

16. 黄色404号

イエローAB

Yellow AB

C.I. 11380

Solvent Yellow 5

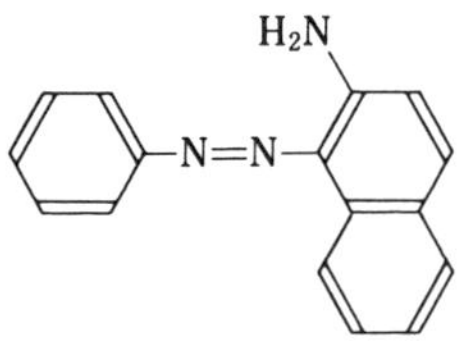

$C_{16}H_{13}N_3$：247.30

本品は、定量するとき、1-フェニルアゾ-2-ナフチルアミン（$C_{16}H_{13}N_3$：247.30）として 99.0% 以上 101.0% 以下を含む。

性　　状　本品は、黄赤色から暗黄赤色までの色の粒又は粉末である。

確認試験　(1)　本品のクロロホルム溶液（1 → 1000）は、帯赤黄色を呈する。

(2)　本品 0.02 g にクロロホルム 200 mL を加えて溶かし、この液 10 mL を量り、クロロホルムを加えて 100 mL とした液は、吸光度測定法により試験を行うとき、波長 434 nm 以上 438 nm 以下に吸収の極大を有する。

(3)　本品のクロロホルム溶液（1 → 1000） 2 μL を試料溶液とし、黄色404号標準品のクロロホルム溶液（1 → 1000） 2 μL を標準溶液とし、3-メチル-1-ブタノール/アセトン/酢酸（100）/水混液（4：1：1：1）を展開溶媒として薄層クロマトグラフ法第1法により試験を行うとき、当該試料溶液から得た主たるスポットは、帯赤黄色を呈し、当該標準溶液から得た主たるスポットと等しい Rf 値を示す。

融　　点　99℃ 以上 104℃ 以下

純度試験　(1)　溶状　本品 0.01 g にクロロホルム 100 mL を加えて溶かすとき、この液は、澄明である。

(2)　不溶物　不溶物試験法第2法により試験を行うとき、その限度は、0.5% 以下である。この場合において、溶媒は、クロロホルムを用いる。

(3)　可溶物　可溶物試験法第1法により試験を行うとき、その限度は、0.3% 以下である。この場合において、溶媒は、水を用いる。

(4)　ヒ素　ヒ素試験法により試験を行うとき、その限度は、 2 ppm 以下である。

(5)　重金属　重金属試験法により試験を行うとき、その限度は、20 ppm 以下である。

乾燥減量　0.2% 以下（1 g、80℃、6時間）

強熱残分　1.0% 以下（1 g）

定 量 法　本品約 0.02 g を精密に量り、クロロホルムを加えて溶かし、正確に 200 mL とする。この液 10 mL を正確に量り、クロロホルムを加えて正確に 100 mL とし、これを試料溶液として、吸光度測定法により試験を行う。この場合において、吸収極大波長における吸光度の測定は 436 nm 付近について行うこととし、吸光係数は0.0539とする（注1）。

〔注〕

（注1）旧省令では試験方法として三塩化チタン法を採用していた。

【解　説】

名　称　（別名）イエローAB、（英名）Yellow AB、（化学名）1-フェニルアゾ-2-ナフチルアミン、（既存化学物質 No.）9-2390、（CI No.）11380、Solvent Yellow 5、（CAS No.）85-84-7。

来　歴　1885年に T.A. Lowson により発見され、日本では、昭和23年8月15日に黄色2号として許可され、昭和41年8月31日に黄色404号に変更され現在に至る。米国では、FD&C Yellow No. 3から Ext. D&C Yellow No. 9に変更され使用されてきたが、1960年10月12日に使用が禁止された。

製　法　アニリンを亜硝酸ナトリウムと塩酸でジアゾ化し、2-ナフチルアミンとカップリングして製する。ただし、原料である2-ナフチルアミンが特定化学物質等障害予防規則により規制されているため、これらの製造は困難である。

アニリン（C_6H_5–NH_2）—ジアゾ化（$NaNO_2$, HCl）→ C_6H_5–N=NCl

C_6H_5–N=NCl ＋ 2-ナフチルアミン（NH_2）→ C_6H_5–N=N–（H_2N ナフタレン）

黄色404号

性　状　水に溶けない。クロロホルム、エタノール及び油脂に溶ける。エタノール溶液に水酸化ナトリウム液を加えても変化しないが、塩酸を加えると液は赤味を増す。硫酸を加えると青紫色に溶け、水で希釈すると黄赤色の沈殿を生じる。エタノール溶液の色は光に対して不安定である。

用　途　昭和45年5月以降、日本化粧品工業連合会では化粧品への使用を自主規制している。

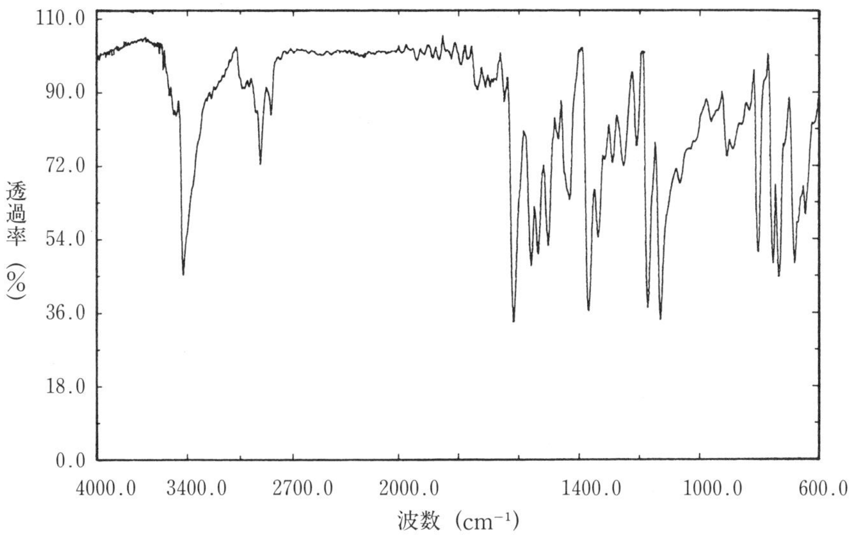

黄色404号の赤外吸収スペクトル

17．黄色405号

イエローOB

Yellow OB

C.I. 11390

Solvent Yellow 6

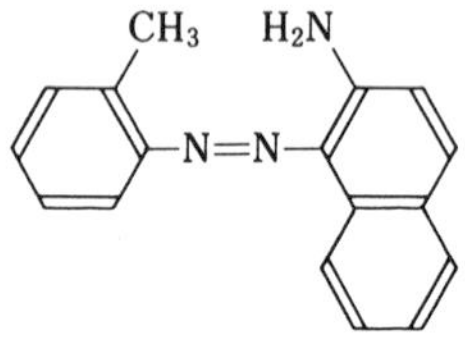

$C_{17}H_{15}N_3$：261.32

本品は、定量するとき、1-(*o*-トリルアゾ)-2-ナフチルアミン($C_{17}H_{15}N_3$：261.32)として 99.0% 以上 101.0% 以下を含む。

性　　状　本品は、黄赤色の粒又は粉末である。

確認試験　(1)　本品のクロロホルム溶液（1 → 1000）は、帯赤黄色を呈する。

(2)　本品 0.02 g にクロロホルム 200 mL を加えて溶かし、この液 10 mL を量り、クロロホルムを加えて 100 mL とした液は、吸光度測定法により試験を行うとき、波長 436 nm 以上 440 nm 以下に吸収の極大を有する。

(3)　本品のクロロホルム溶液(1 → 1000) 2 μL を試料溶液とし、黄色405号標準品のクロロホルム溶液(1 → 1000) 2 μL を標準溶液とし、3-メチル-1-ブタノール/アセトン/酢酸 (100)/水混液（4：1：1：1）を展開溶媒として薄層クロマトグラフ法第１法により試験を行うとき、当該試料溶液から得た主たるスポットは、帯赤黄色を呈し、当該標準液から得た主たるスポットと等しい Rf 値を示す。

融　　点　120℃ 以上 126℃ 以下

純度試験　(1)　溶状　本品 0.01 g にクロロホルム 100 mL を加えて溶かすとき、この液は、澄明である。

(2)　不溶物　不溶物試験法第２法により試験を行うとき、その限度は、0.5% 以下である。この場合において、溶媒は、クロロホルムを用いる。

(3)　可溶物　可溶物試験法第１法により試験を行うとき、その限度は、0.3% 以下である。この場合において、溶媒は、水を用いる。

(4)　ヒ素　ヒ素試験法により試験を行うとき、その限度は、２ ppm 以下である。

(5)　重金属　重金属試験法により試験を行うとき、その限度は、20 ppm 以下である。

乾燥減量　0.2% 以下（1 g、80℃、６時間）（注１）

強熱残分　1.0% 以下（1 g）

定 量 法　本品約 0.02 g を精密に量り、クロロホルムを加えて溶かし、正確に 200 mL とする。この液 10 mL を正確に量り、クロロホルムを加えて正確に 100 mL とし、これを試料溶液として、吸光度測定法により試験を行う。この場合において、吸収極大波長における吸光度の測定は 438 nm 付近について行うこととし、吸光係数は0.0546とする（注2）。

〔注〕

（注1）　105℃ で行った場合、本品が融解するため、80℃ とした。

（注2）　旧省令では試験方法として三塩化チタン法を採用していた。

【解　説】

名　称　（別名）イエローOB、（英名）Yellow OB、（化学名）1-(*o*-トリルアゾ)-2-ナフチルアミン、(既存化学物質 No.) 9-2391、(CI No.) 11390、Solvent Yellow 6、(CAS No.) 131-79-3。

来　歴　1905年に P. Kruss により発見され、日本では昭和23年 8 月15日に黄色 3 号として許可され、昭和41年 8 月31日に黄色405号に変更され現在に至る。米国では、FD&C Yellow No. 4から Ext. D&C Yellow No. 10に変更され使用されてきが、1960年10月12日に使用が禁止された。

製　法　*o*-トルイジンを亜硫酸ナトリウムと塩酸でジアゾ化し、2-ナフチルアミンとカップリングして製する。ただし、原料である2-ナフチルアミンは特定化学物質等障害予防規則に載っているため、入手できない。

CH_3 / NH_2 —ジアゾ化 ($NaNO_2$, HCl)→ CH_3 / $N{=}NCl$

CH_3 / $N{=}NCl$ ＋ NH_2（2-ナフチルアミン）→ CH_3 H_2N / $N{=}N$

2-ナフチルアミン

黄色 405 号

性　状　水に溶けない。クロロホルム、エタノール及び油脂に溶ける。エタノール溶液に水酸化ナトリウム試液を加えても変化しないが、塩酸を加えると液は赤味を増す。硫酸を加えると赤紫色に溶け、水で希釈すると暗黄赤色の沈殿を生じる。エタノール溶液の色は光に対して不安定である。

用　途　昭和45年 5 月以降、日本化粧品工業連合会では化粧品への使用を自主規制している。

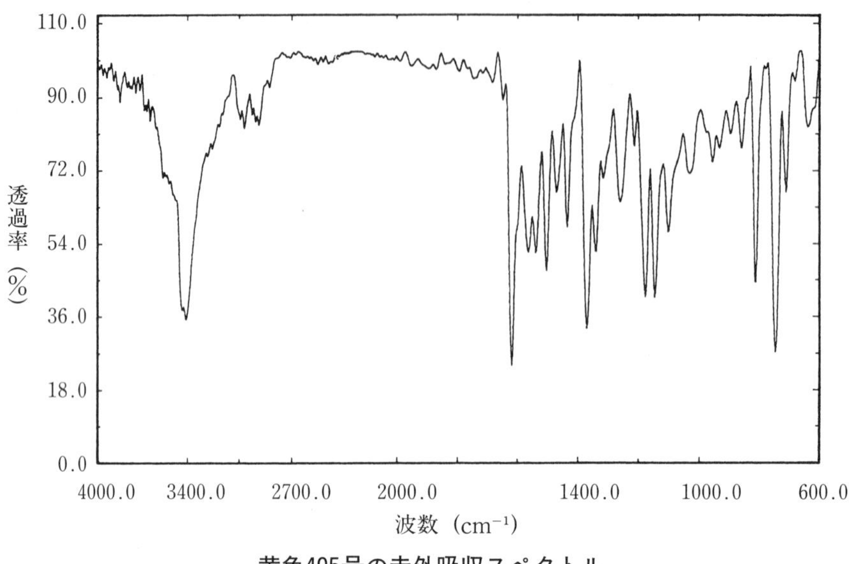

黄色405号の赤外吸収スペクトル

18．黄色406号

メタニルイエロー
Metanil Yellow

C.I. 13065

Acid Yellow 36

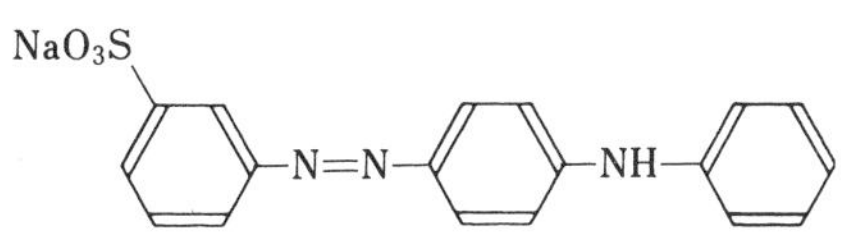

$C_{18}H_{14}N_3NaO_3S$：375.38

本品は、定量するとき、4-(3-スルホフェニルアゾ)ジフェニルアミンのモノナトリウム塩（$C_{18}H_{14}N_3NaO_3S$：375.38）として 85.0% 以上 101.0% 以下を含む。

性　　状　本品は、黄色の粒又は粉末である。

確認試験　(1)　本品の水溶液（1 → 1000）は、黄色を呈する。

(2)　本品 0.02 g に酢酸アンモニウム試液 200 mL を加えて溶かし、この液10mL を量り、酢酸アンモニウム試液を加えて 100 mL とした液は、吸光度測定法により試験を行うとき、波長 433 nm 以上 439 nm 以下に吸収の極大を有する。

(3)　本品の水溶液（1 → 1000）2 μL を試料溶液とし、フラビアン酸標準溶液 2 μL を標準溶液とし、1-ブタノール/エタノール(95)/アンモニア試液(希)混液（6：2：3）を展開溶媒として薄層クロマトグラフ法第2法により試験を行うとき、当該試料溶液から得た主たるスポットは、黄色を呈し、当該標準溶液から得た主たるスポットに対する Rs 値は、約1.4である（注1）。

純度試験　(1)　溶状　本品 0.01 g に水 100 mL を加えて溶かすとき、この液は、澄明である。

(2)　不溶物　不溶物試験法第1法により試験を行うとき、その限度は、0.5% 以下である（注2）。

(3)　可溶物　可溶物試験法第7法により試験を行うとき、その限度は、1.0% 以下である。

(4)　塩化物及び硫酸塩　塩化物試験法及び硫酸塩試験法により試験を行うとき、それぞれの限度の合計は、7.0% 以下である。

(5)　ヒ素　ヒ素試験法により試験を行うとき、その限度は、2 ppm 以下である。

(6)　重金属　重金属試験法により試験を行うとき、その限度は、20 ppm 以下である。

乾燥減量　10.0％ 以下（1 g、80℃、6時間）（注3）

定 量 法　本品約 0.02 g を精密に量り、酢酸アンモニウム試液を加えて溶かし、正確に 200 mL とする。この液 10 mL を正確に量り、酢酸アンモニウム試液を加えて正確に 100 mL とし、これを試料溶液として、吸光度測定法により試験を行う。この場合において、吸収極大波長における吸光度の測定は 436 nm 付近について行うこととし、吸光係数は0.0625とする（注4）。

〔注〕

（注1）　本品については薄層クロマトグラフ用標準品が設定されていないため、フラビアン酸を比較標準品とした。なお、フラビアン酸のスポットの色調は黄色である。

（注2）　旧省令では水不溶性物質として 1％ 以下と規定していた。

（注3）　105℃ で行った場合、本品が融解するため、80℃ とした。

（注4）　旧省令では試験方法として三塩化チタン法を採用していた。

【解　説】

名　称　（別名）メタニルイエロー、（英名）Metanil Yellow、（化学名）4-(3-スルホフェニルアゾ）ジフェニルアミンのモノナトリウム塩、（既存化学物質 No.）5-1405、（CI No.）13065、Acid Yellow 36、（CAS No.）587-98-4。

来　歴　1879年に C. Rumpff により発見され、日本では昭和41年 8 月31日に黄色406号として許可され現在に至る。米国では、Ext. D&C Yellow No. 1として使用されてきたが、1977年12月13日に使用が禁止された。

製　法　メタニル酸（*m*-アミノベンゼンスルホン酸）を亜硝酸ナトリウムと塩酸でジアゾ化し、メタノール液中でジフェニルアミンとカップリングして製する。

性　状　水、グリセリン、エタノールに溶ける。油脂には溶けない。エーテルにはかなり溶ける。アセトンにはわずかに溶ける。硝酸には青緑溶液となり黄赤色に変わる。硫酸を加えると紫色に溶け、水で希釈すると赤紫色となる。水溶液の色は光に対してやや安定である。

(用　途) 粘膜に適用することのない化粧品に使用できるが、整髪料・シャンプー・リンス・石けんに比較的繁用される。

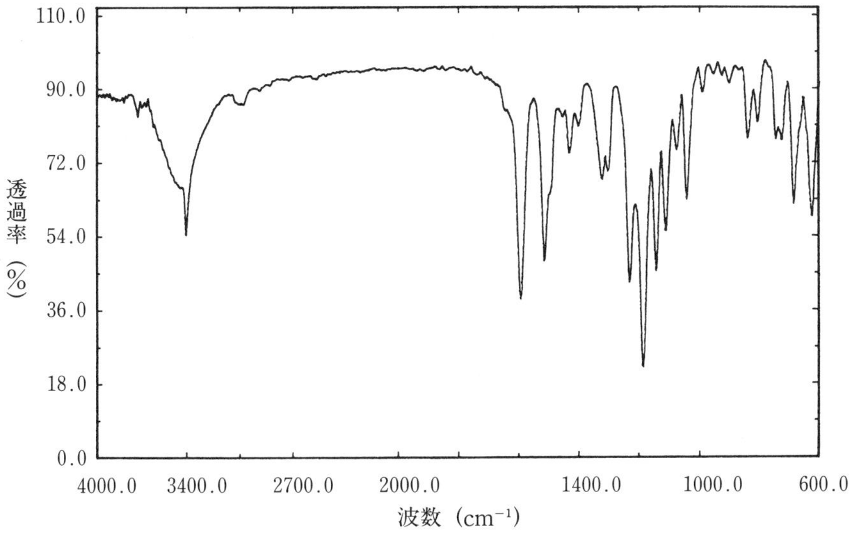

黄色406号の赤外吸収スペクトル

19. 黄色407号

ファストライトイエロー3G

Fast Light Yellow 3G

C.I. 18820

Acid Yellow 11

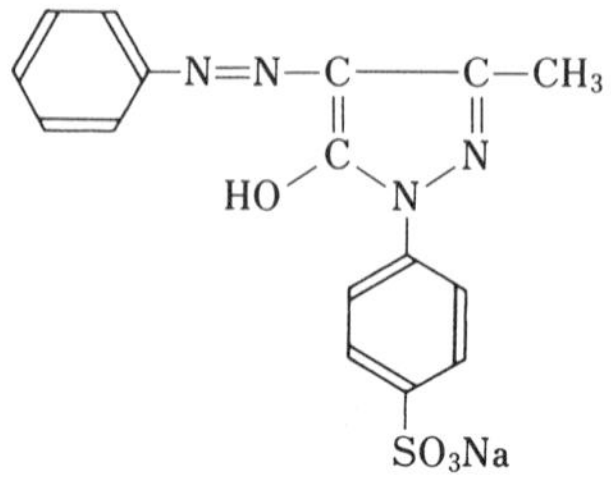

$C_{16}H_{13}N_4NaO_4S$：380.35

本品は、定量するとき、3-メチル-4-フェニルアゾ-1-(4-スルホフェニル)-5-ピラゾロンのモノナトリウム塩($C_{16}H_{13}N_4NaO_4S$：380.35)として 85.0% 以上 101.0% 以下を含む。

性　　状　本品は、帯褐黄色の粒又は粉末である。

確認試験　(1)　本品の水溶液（1 → 1000）は、黄色を呈する。

(2)　本品 0.02 g に酢酸アンモニウム試液 200 mL を加えて溶かし、この液 10 mL を量り、酢酸アンモニウム試液を加えて 100 mL とした液は、吸光度測定法により試験を行うとき、波長 391 nm 以上 395 nm 以下に吸収の極大を有する。

(3)　本品の水溶液（1 → 1000）2 μL を試料溶液とし、フラビアン酸標準溶液 2 μL を標準溶液とし、1-ブタノール/エタノール(95)/アンモニア試液(希)混液（6：2：3）を展開溶媒として薄層クロマトグラフ法第2法により試験を行うとき、当該試料溶液から得た主たるスポットは、黄色を呈し、当該標準溶液から得た主たるスポットに対する Rs 値は、約1.3である（注1）。

純度試験　(1)　溶状　本品 0.01 g に水 100 mL を加えて溶かすとき、この液は、澄明である。

(2)　不溶物　不溶物試験法第1法により試験を行うとき、その限度は、0.5% 以下である（注2）。

(3)　可溶物　可溶物試験法第2法により試験を行うとき、その限度は、0.5% 以下である。

(4)　塩化物及び硫酸塩　塩化物試験法及び硫酸塩試験法により試験を行うとき、それぞれの限度の合計は、6.0% 以下である。

(5)　ヒ素　ヒ素試験法により試験を行うとき、その限度は、2 ppm 以下である。

（6） 重金属 重金属試験法により試験を行うとき、その限度は、20 ppm以下である。

乾燥減量 10.0% 以下（1 g、80℃、6時間）（注3）

定 量 法 本品約 0.02 g を精密に量り、酢酸アンモニウム試液を加えて溶かし、正確に 200 mL とする。この液 10 mL を正確に量り、酢酸アンモニウム試液を加えて正確に 100 mL とし、これを試料溶液として、吸光度測定法により試験を行う。この場合において、吸収極大波長における吸光度の測定は 393 nm 付近について行うこととし、吸光係数は0.0581とする。

〔注〕

（注1） 本品については薄層クロマトグラフ用標準品が設定されていないため、フラビアン酸を比較標準品とした。なお、フラビアン酸のスポットの色調は黄色である。

（注2） 旧省令ではエーテルエキスとして 0.5% 以下と規定していた。

（注3） 105℃ で行った場合、本品が融解するため、80℃ とした。

【解 説】

（名 称） （別名）ファストライトイエロー3G、（英名）Fast Light Yellow 3G、（化学名）3-メチル-4フェニルアゾ-1-(4-スルホフェニル)-5-ピラゾロンのモノナトリウム塩、(既存化学物質 No.) 5-1397、(CI No.) 18820、Acid Yellow 11、(CAS No.) 6359-82-6。

（来 歴） 1892年にC. Mollenhoffにより発見され、日本では昭和41年8月31日に黄色407号として許可され現在に至る。米国では、Ext. D&C Yellow No. 3として使用されてきたが、1967年6月30日に使用が禁止された。

（製 法） アニリンを亜硝酸ナトリウムと塩酸でジアゾ化し、3-メチル-1-(*p*-スルホフェニル)-5-ピラゾロンとカップリングして製する。

$C_6H_5NH_2$ (アニリン) —ジアゾ化 ($NaNO_2$, HCl)→ $C_6H_5N{=}NCl$

$C_6H_5N{=}NCl$ ＋ 3-メチル-1-(*p*-スルホフェニル)-5-ピラゾロン —NaOH→ 黄色407号

3-メチル-1-(*p*-スルホフェニル)
-5-ピラゾロン

黄色 407 号

性　状　水、グリセリンに溶け、エタノールにはわずかに溶ける。油脂には溶けない。硝酸に黄色になり、塩酸(希)、アルカリに溶けて黄色溶液となる。硫酸を加えると黄色に溶け、水で希釈すると黄色となる。水溶液の色は光に対して安定である。

用　途　粘膜に適用することのない化粧品に使用できるが、整髪料・シャンプー・リンス・石けん等に比較的繁用される。

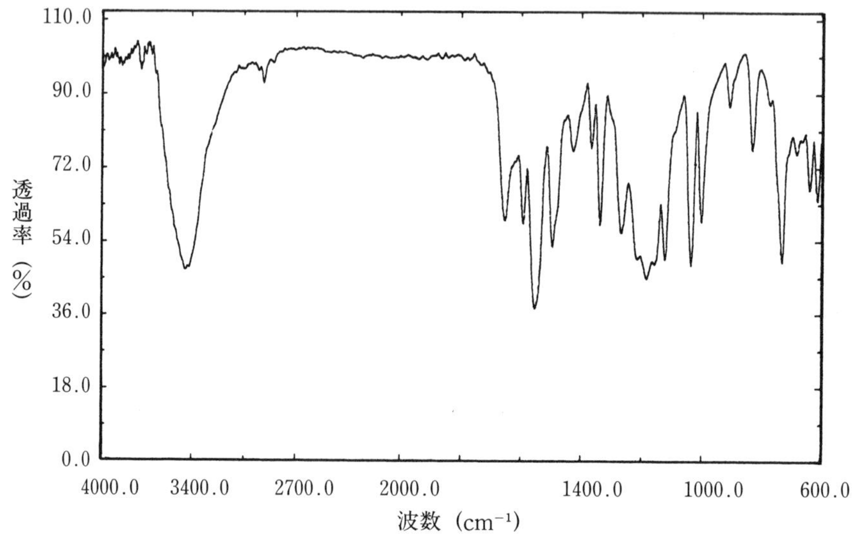

黄色407号の赤外吸収スペクトル

20. 緑色401号

ナフトールグリーンＢ
Naphthol Green B

C.I. 10020

Acid Green 1

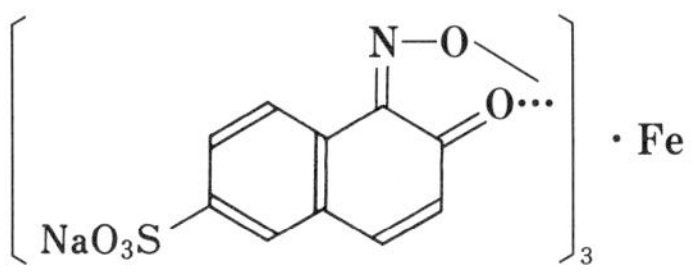

$C_{30}H_{15}FeN_3Na_3O_{15}S_3$：878.46

本品は、定量するとき、5-イソニトロソ-6-オキソ-5,6-ジヒドロ-2-ナフタレンスルホン酸ナトリウムの鉄塩（$C_{30}H_{15}FeN_3Na_3O_{15}S_3$：878.46）として 85.0% 以上 101.0% 以下を含む（注１）。

性　　状　本品は、暗緑色から帯青緑色までの色の粒又は粉末である。

確認試験　(1)　本品の水溶液（1 → 1000）は、緑色を呈する。

(2)　本品 0.02 g に酢酸アンモニウム試液 200 mL を加えて溶かし、この液 25 mL を量り、酢酸アンモニウム試液を加えて 100 mL とした液は、吸光度測定法により試験を行うとき、波長 711 nm 以上 717 nm 以下に吸収の極大を有する。

(3)　本品の水溶液（1 → 1000）2 μL を試料溶液とし、フラビアン酸標準溶液 2 μL を標準溶液とし、1-ブタノール/エタノール(95)/アンモニア試液(希)混液（6：2：3）を展開溶媒として薄層クロマトグラフ法第２法により試験を行うとき、当該試料溶液から得た主たるスポットは、緑色を呈し、当該標準溶液から得た主たるスポットに対する Rs 値は、約0.8である（注２）。

純度試験　(1)　溶状　本品 0.01 g に水 100 mL を加えて溶かすとき、この液は、澄明である。

(2)　不溶物　不溶物試験法第１法により試験を行うとき、その限度は、0.5% 以下である。

(3)　可溶物　可溶物試験法第２法により試験を行うとき、その限度は、0.5% 以下である。

(4)　塩化物及び硫酸塩　塩化物試験法及び硫酸塩試験法により試験を行うとき、それぞれの限度の合計は、10.0% 以下である。

(5)　ヒ素　ヒ素試験法により試験を行うとき、その限度は、2 ppm 以下である。ただし、操作法の試料溶液の操作のうち、薄めた塩酸（1 → 2） 5 mL 及びヨウ化カリウム試液 5 mL を加える操作の際、L-アスコルビン酸約 1 g を追加する。なお、試料溶液が褐色に着色しているときは、L-アスコルビン酸を液の色が淡黄色となるまで適宜増量する。

（6） 重金属　重金属試験法により試験を行うとき、その限度は、20 ppm 以下である。

乾燥減量　10.0% 以下（1 g、105℃、6時間）（注3）

定 量 法　本品約 0.02 g を精密に量り、酢酸アンモニウム試液を加えて溶かし、正確に 200 mL とする。この液 25 mL を正確に量り、酢酸アンモニウム試液を加えて正確に 100 mL とし、これを試料溶液として、吸光度測定法により試験を行う。この場合において、吸収極大波長における吸光度の測定は 714 nm 付近について行うこととし、吸光係数は0.0227とする（注4）。

〔注〕

（注1） 旧省令では 80% 以上と規定していた。

（注2） 本品については薄層クロマトグラフ用標準品が設定されていないため、フラビアン酸を比較標準品とした。なお、フラビアン酸のスポットの色調は黄色である。

（注3） 旧省令では乾燥温度を 100℃ と規定していた。

（注4） 旧省令では試験方法として三塩化チタン法を採用していた。

【解　説】

名　称　（別名）ナフトールグリーン B、（英名）Naphthol Green B、（化学名）5-イソニトロソ-6-オキソ-5,6-ジヒドロ-2-ナフタレンスルホン酸ナトリウムの鉄塩、（既存化学物質 No.）5-4373、（CI No.）10020、Acid Green 1、（CAS No.）19381-50-1。

来　歴　1883年に M. Hoffmann により発見され、日本では昭和31年 7 月30日に緑色401号として許可され現在に至る。米国では、Ext. D&C Green No. 1として使用されてきたが、1977年11月29日に使用が禁止された。

製　法　シェファー酸（2-ナフトール-6-スルホン酸）を亜硝酸でニトロソ化して1-ニトロソ-2-ナフトール-6-スルホン酸とした後、塩化第二鉄を加えて製する。

NaO_3S / OH　シェファー酸　—ニトロソ化→　NO / OH / NaO_3S　1-ニトロソ-2-ナフトール-6-スルホン酸

NO / OH / NaO_3S　—$FeCl_3$→　[N—O / O… / NaO_3S]$_3$ · Fe　緑色 401 号

(性　状) 水、グリセリンに溶け、エタノールにわずかに溶ける。油脂には溶けない。水溶液に酸を加えると黄色になり、水酸化ナトリウム溶液（1 → 5）を加えると青緑色となる。硫酸を加えると黄褐色に溶け、水で希釈すると黄色となり、次いで紺青色の沈殿を生じる。水溶液の色は光に対して安定である。

(用　途) 粘膜に適用することのない化粧品に使用できるが、整髪料・シャンプー・リンス・石けん等に比較的繁用される。

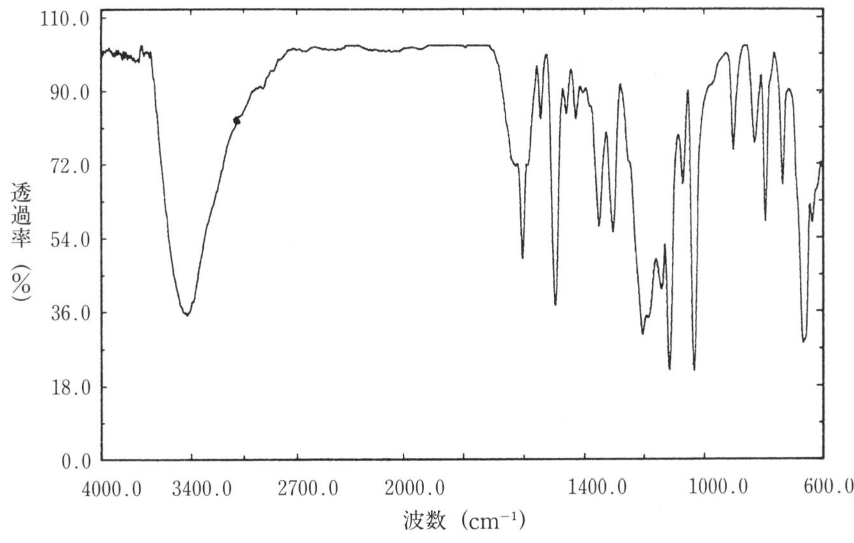

緑色401号の赤外吸収スペクトル

21. 緑色402号

ギネアグリーンB

Guinea Green B

C.I. 42085

Acid Green 3

$C_{37}H_{35}N_2NaO_6S_2$：690.80

本品は、定量するとき、3-[N-エチル-[4-[α-フェニル-4-(N-エチル-3-スルホベンジルアミノ)ベンジリデン]-2,5-シクロヘキサジエニルイミニオ]メチル]ベンゼンスルホナートのモノナトリウム塩（$C_{37}H_{35}N_2NaO_6S_2$：690.80）として 85.0% 以上 101.0% 以下を含む。

性　　状　本品は、金属性の光沢を有する暗紫色の粒又は粉末である。

確認試験　（1）　本品の水溶液（1 → 1000）は、緑色を呈する。

（2）　本品 0.02 g に酢酸アンモニウム試液 200 mL を加えて溶かし、この液 5 mL を量り、酢酸アンモニウム試液を加えて 100 mL とした液は、吸光度測定法により試験を行うとき、波長 617 nm 以上 621 nm 以下に吸収の極大を有する。

（3）　本品の水溶液（1 → 1000）2 μL を試料溶液とし、緑色402号標準品の水溶液（1 → 1000）2 μL を標準溶液とし、1-ブタノール/アセトン/水混液（3：1：1）を展開溶媒として薄層クロマトグラフ法第1法により試験を行うとき、当該試料溶液から得た主たるスポットは、緑色を呈し、当該標準溶液から得た主たるスポットと等しい Rf 値を示す。

（4）　本品を乾燥し、赤外吸収スペクトル測定法により試験を行うとき、本品のスペクトルは、次に掲げる本品の参照スペクトルと同一の波数に同一の強度の吸収を有する。(次々頁参照)

純度試験　（1）　溶状　本品 0.01 g に水 100 mL を加えて溶かすとき、この液は、澄明である。

（2）　不溶物　不溶物試験法第1法により試験を行うとき、その限度は、0.3% 以下である。

（3）　可溶物　可溶物試験法第1法により試験を行うとき、その限度は、0.5% 以下で

ある。

（4）　塩化物及び硫酸塩　塩化物試験法及び硫酸塩試験法により試験を行うとき、それぞれの限度の合計は、4.0% 以下である。

（5）　ヒ素　ヒ素試験法により試験を行うとき、その限度は、2 ppm 以下である。

（6）　クロム　本品を原子吸光光度法の前処理法(3)により処理し、試料溶液調製法(3)により調製したものを試料溶液とし、クロム標準原液(原子吸光光度法用) 1 mL を正確に量り、薄めた塩酸（1 → 4）を加えて 100 mL とし、この液 5 mL を正確に量り、原子吸光光度法の前処理法(3)により処理し、試料溶液調製法(3)により調製したものを比較液として原子吸光光度法により比較試験を行うとき、その限度は、50 ppm 以下である（注1）。

（7）　マンガン　本品を原子吸光光度法の前処理法(3)により処理し、試料溶液調製法(2)により調製したものを試料溶液とし、マンガン標準原液（原子吸光光度法用）1 mL を正確に量り、薄めた塩酸(1 → 4)を加えて 100 mL とし、この液 5 mL を正確に量り、原子吸光光度法の前処理法(3)により処理し、試料溶液調製法(2)により調製したものを比較液として原子吸光光度法により比較試験を行うとき、その限度は、50 ppm 以下である（注1）。

（8）　重金属　重金属試験法により試験を行うとき、その限度は、20 ppm 以下である。

乾燥減量　10.0% 以下（1 g、105℃、6時間）

定 量 法　本品約 0.02 g を精密に量り、酢酸アンモニウム試液を加えて溶かし、正確に 200 mL とする。この液 5 mL を正確に量り、酢酸アンモニウム試液を加えて正確に 100 mL とし、これを試料溶液として、吸光度測定法により試験を行う。この場合において、吸収極大波長における吸光度の測定は 619 nm 付近について行うこととし、吸光係数は0.121とする（注2）。

緑色402号

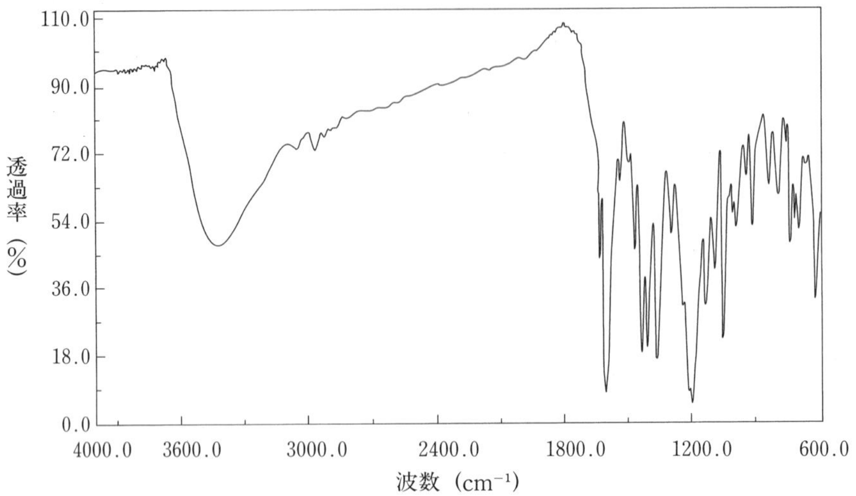

〔注〕

（注1）　製造工程で重クロム酸塩または過マンガン酸塩が使用される場合があるため、新たにクロム及びマンガンの項目を設定した。

（注2）　旧省令では試験方法として三塩化チタン法を採用していた。

【解　説】

名　称　(別名)ギネアグリーン B、(英名)Guinea Green B、(化学名)3-[N-エチル-[4-[α-フェニル-4-(N-エチル-3-スルホベンジルアミノ)ベンジリデン]-2,5-シクロヘキサジエニルイミニオ]メチル]ベンゼンスルホナートのモノナトリウム塩、(既存化学物質 No.)5-1734、(CI No.) 42085、Acid Green 3、(CAS No.) 4680-78-8。

来　歴　1883年に Schltz and Streng により発見され、日本では昭和23年８月15日に緑色１号として許可され、昭和42年１月23日に緑色402号に変更され現在に至る。米国では、FD&C Green No. 1として使用されてきたが、1965年６月30日に使用が禁止された。

製　法　ベンズアルデヒドと α-(N-エチルアニリノ)トルエン-3-スルホン酸とを縮合させロイコ体とし、これを重クロム酸塩または過マンガン酸塩で酸化して製する。ただし、α-(N-エチルアニリノ)トルエン-3-スルホン酸のスルホン基の位置が、２位、４位のものも存在する。

SO_3H

—CHO　+　2 ×　—$N(C_2H_5)CH_2$—

ベンズアルデヒド　　α-(N-エチルアニリノ)トルエン-3-スルホン酸

SO_3H

—$N(C_2H_5)CH_2$—

→　CH

—$N(C_2H_5)CH_2$—

SO_3H

ロイコ体

SO_3H

—$N(C_2H_5)CH_2$—

酸化→　C

=$\overset{+}{N}(C_2H_5)CH_2$—

SO_3^-

SO_3Na

—$N(C_2H_5)CH_2$—

→NaOH　C

=$\overset{+}{N}(C_2H_5)CH_2$—

SO_3^-

緑色 402 号

（性　状）水、グリセリン、エタノールに溶ける。油脂には溶けない。水溶液に塩酸を加えると赤褐色となり、水酸化ナトリウム溶液（1 → 10）を加えると淡緑色から無色となる。硫酸を加えると黄色に溶け、水で希釈すると黄赤色から緑色になる。水溶液の色は光に対して不安定である。

（用　途）粘膜に適用することのない化粧品に使用できるが、整髪料・シャンプー・リンス等に比較的繁用される。

22. 青色403号

スダンブルーB

Sudan Blue B

C.I. 61520

Solvent Blue 63

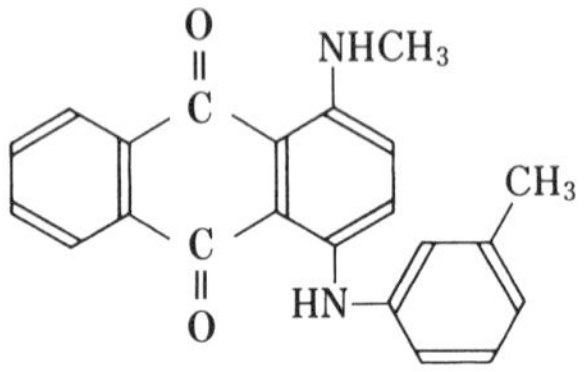

$C_{22}H_{18}N_2O_2$：342.39

本品は、定量するとき、1-メチルアミノ-4-(*m*-トルイジノ)アントラキノン（$C_{22}H_{18}N_2O_2$：342.39）として 95.0% 以上 101.0% 以下を含む。

性　　状　本品は、青色の粒又は粉末である。

確認試験　(1)　本品のクロロホルム溶液（1 → 1000）は、青色を呈する。

(2)　本品 0.02 g にクロロホルム 200 mL を加えて溶かし、この液 10 mL を量り、クロロホルムを加えて 100 mL とした液は、吸光度測定法により試験を行うとき、波長 600 nm 以上 606 nm 以下及び 644 nm 以上 650 nm 以下に吸収の極大を有する（注1）。

(3)　本品のクロロホルム溶液(1 → 1000) 2 μL を試料溶液とし、だいだい色403号標準溶液 2 μL を標準溶液とし、クロロホルム/1-ブタノール混液(16：1)を展開溶媒として薄層クロマトグラフ法第2法により試験を行うとき、当該試料溶液から得た主たるスポットは、青色を呈し、当該標準溶液から得た主たるスポットに対する Rs 値は、約1.0である（注2）。

純度試験　(1)　溶状　本品 0.01 g にエタノール(95) 100 mL を加えて溶かすとき、この液は、澄明である。

(2)　不溶物　不溶物試験法第2法により試験を行うとき、その限度は、0.5% 以下である。この場合において、溶媒は、クロロホルムを用いる（注3）。

(3)　可溶物　可溶物試験法第6法により試験を行うとき、その限度は、0.3% 以下である。

(4)　ヒ素　ヒ素試験法により試験を行うとき、その限度は、2 ppm 以下である。

(5)　鉄　本品を原子吸光光度法の前処理法(1)により処理し、試料溶液調製法(1)により調製したものを試料溶液とし、鉄標準原液（原子吸光光度法用） 1 mL を正確に量り、薄めた塩酸（1 → 4）を加えて 10 mL とし、この液 5 mL を正確に量り、原子吸光光度法の前処理法（1）により処理し、試料溶液調製法（1）により調製したものを比較液として、原子吸光光度法により比較試験を行うとき、その限度は、500 ppm 以下である（注4）。

（6）　重金属　重金属試験法により試験を行うとき、その限度は、20 ppm 以下である。

乾燥減量　1.0% 以下（1 g、105℃、6時間）（注5）

強熱残分　0.3% 以下（1 g）

定 量 法　本品約 0.02 g を精密に量り、クロロホルムを加えて溶かし、正確に 200 mL とする。この液 10 mL を正確に量り、クロロホルムを加えて正確に 100 mL とし、これを試料溶液として、吸光度測定法により試験を行う。この場合において、吸収極大波長における吸光度の測定は 647 nm 付近について行うこととし、吸光係数は0.0482とする（注6）。

〔注〕

（注1）　本品の可視部吸収スペクトルは、602 nm 付近及び 646 nm 付近にピークがあり、それぞれの吸収極大波長を規定している。

（注2）　本品については薄層クロマトグラフ用標準品が設定されていないため、だいだい色403号を比較標準品とした。なお、だいだい色403号のスポットの色調は橙色である。

（注3）　旧省令では溶媒に四塩化炭素を採用していた。

（注4）　旧省令では鉄を規定していなかったが、原料に由来する鉄の混入の可能性があるので、新たに鉄の項目を設定した。

（注5）　旧省令では 80℃ で 1％ 以下と規定していた。

（注6）　旧省令では試験方法として有機結合窒素法を採用していた。

【解　説】

（名　　称）　（別名）スダンブルーB、（英名）Sudan Blue B、（化学名）1-メチルアミノ-4-（*m*-トルイジノ）アントラキノン、（既存化学物質 No.）5-3125、（CI No.）61520、Solvent Blue 63、（CAS No.）6408-50-0。

（来　　歴）　1901年に R.E. Schmidt により発見され、日本では昭和34年 9 月14日に青色403号として許可され現在に至る。

（製　　法）　1-ブロム-4-メチルアミノアントラキノンと *m*-トルイジンとを縮合させて製する。ただし、*p*-トルイジンの縮合物もある。

1-ブロム-4-メチルアミノアントラキノン ＋ *m*-トルイジン ─→ 青色 403 号

(性　状) 水、水酸化ナトリウム溶液（1 → 10）に溶けない。トルエン、クロロホルム、エタノールに溶け、油脂に溶ける。硫酸を加えると褐色に溶け、水で希釈すると赤紫色となり、次いで青色沈殿を生じる。エタノール溶液の色は光に対してやや不安定である。

(用　途) 粘膜に適用することのない化粧品に使用できるが、整髪料・シャンプー・リンスに比較的繁用される。化粧品以外では、防虫マットに使用される。

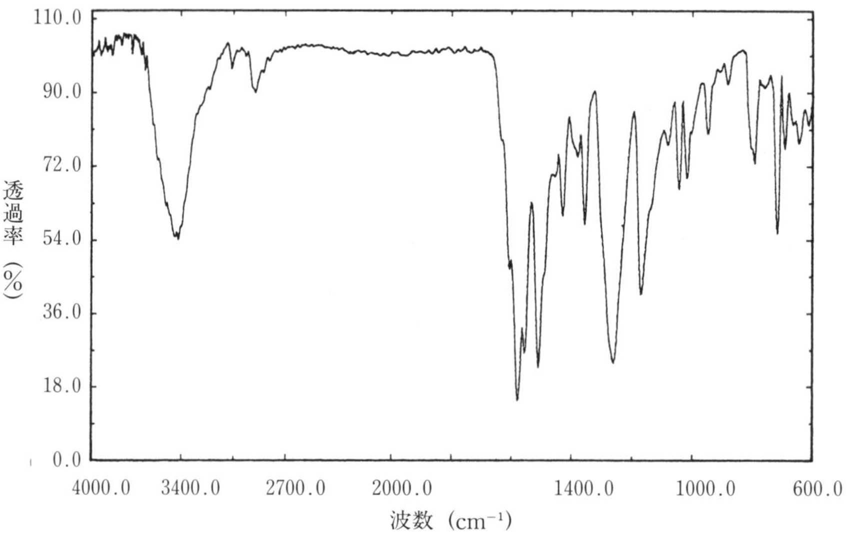

青色403号の赤外吸収スペクトル

23. 青色404号

フタロシアニンブルー
Phthalocyanine Blue

C.I. 74160

Pigment Blue 15

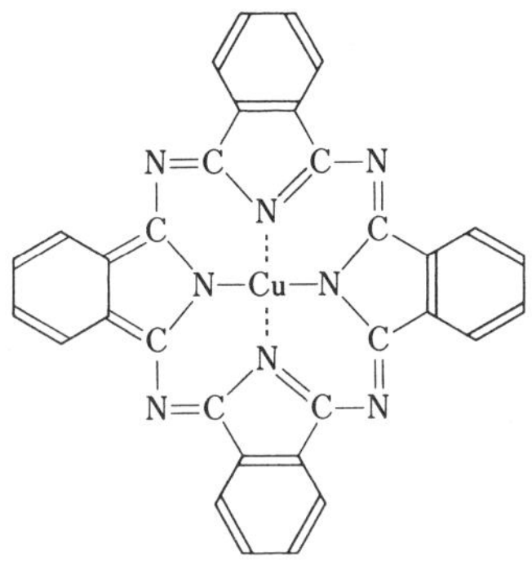

$C_{32}H_{16}CuN_8$：576.07

本品は、定量するとき、フタロシアニンの銅錯塩（$C_{32}H_{16}CuN_8$：576.07）として95.0％以上101.0％以下を含む。

性　　状　本品は、青色の粉末である。

確認試験　(1)　本品 0.01 g に硫酸 4 滴又は 5 滴を加えて溶かすとき、この液は、暗黄緑色を呈し、これを冷水で薄めるとき、青色の沈殿を生じる。

(2)　本品を乾燥し、赤外吸収スペクトル測定法により試験を行うとき、本品のスペクトルは、次に掲げる本品の参照スペクトルと同一の波数に同一の強度の吸収を有する。

(次頁参照)

純度試験　(1)　可溶物　可溶物試験法第 6 法により試験を行うとき、その限度は、0.3％以下である。

(2)　塩化物及び硫酸塩　塩化物試験法及び硫酸塩試験法により試験を行うとき、それぞれの限度の合計は、5.0％以下である。

(3)　ヒ素　ヒ素試験法により試験を行うとき、その限度は、2 ppm 以下である。

(4)　鉛　本品を原子吸光光度法の前処理法(2)により処理し、試料溶液調製法(4)により調製したものを試料溶液とし、鉛標準原液（原子吸光光度法用）2 mL を正確に量り、薄めた塩酸（1 → 4）を加えて 100 mL とし、この液 1 mL を正確に量り、原子吸光光度法の前処理法(2)により処理し、試料溶液調製法(4)により調製したものを比較液として原子吸光光度法により比較試験を行うとき、その限度は、20 ppm 以下である（注1）。

(5)　遊離銅　本品 2.0 g を 250 mL の共せん付き三角フラスコに量り、水 100 mL

を加えて時々強く振り混ぜ、2時間後に乾燥ろ紙（5種C）でろ過する。ろ液 50 mL を 100 mL の比色管に量り、これに用時調製した N, N-ジエチルジチオカルバミド酸ナトリウム三水和物溶液（1 → 1000）10 mL を加え、水を加えて 100 mL とし、これを試料溶液とする。硫酸銅（II）五水和物溶液（17 → 500000）50 mL を 100 mL の比色管に量り、これに上記の N, N-ジエチルジチオカルバミド酸ナトリウム三水和物溶液 10 mL を加え、常温になるまで冷却後、水を加えて 100 mL とし、これを比較液とする。試料溶液及び比較液について、白色の背景を用いて比色管の上部から観察するとき、試料溶液の色は、比較液の色より濃くない。

乾燥減量　5.0% 以下（1 g、105℃、6時間）

定 量 法　質量法第3法により試験を行う。この場合において、係数は、1.000とする（注2）。

青色404号

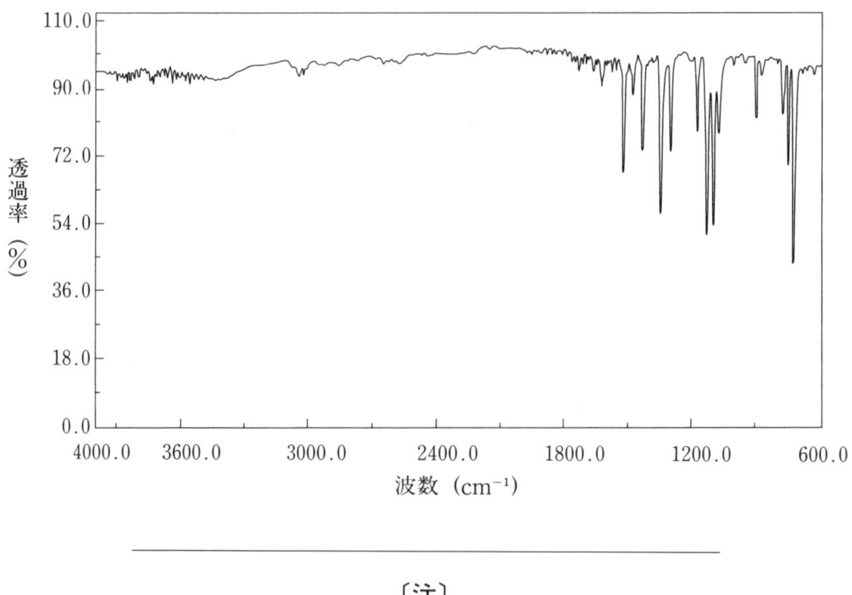

〔注〕

（注1）　本品は銅を含有するため原子吸光光度法を用いた鉛試験法を採用している。

（注2）　旧省令では試験方法として重量法を採用していた。

【解　説】

名　称　（別名）フタロシアニンブルー、（英名）Phthalocyanine Blue、（化学名）フタロシアニンの銅錯塩、（既存化学物質 No.）5-3299、（CI No.）74160、Pigment Blue 15、（CAS No.）147-14-8。

来　歴　1928年に Dantrige、Drescher and Thomas により発見され、日本では昭和34年

9月14日に青色404号として許可され現在に至る。

製　法　フタロジニトリルに塩化第一銅を加えてニトリルの融点まで加熱し発熱反応を誘発し製する。ただし、合成により α、β 型等の存在がある。

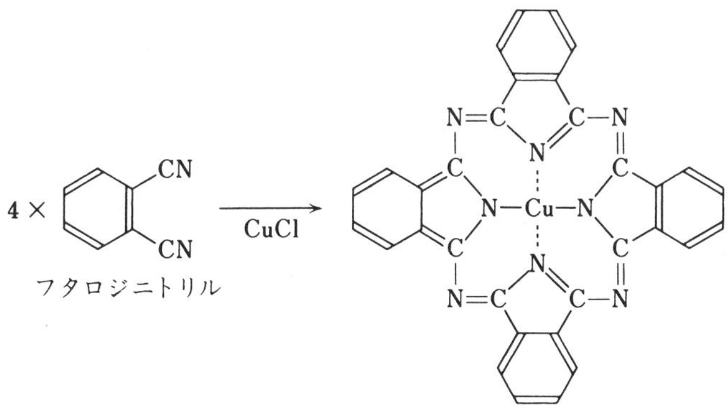

4 × フタロジニトリル $\xrightarrow{CuCl}$ 青色 404 号

性　状　水、グリセリン、エタノール、油脂に溶けない。硫酸を加えると黄緑色に溶け、水で希釈すると青色沈殿を生じる。光に対して色は極めて安定である。なお、結晶型の違いにより α、β 型等がある。

用　途　粘膜に適用することのない化粧品に使用できるが、ファンデーション・アイシャドウ・石けん等に繁用される。

24．紫色401号

アリズロールパープル
Alizurol Purple

C.I. 60730

Acid Violet 43

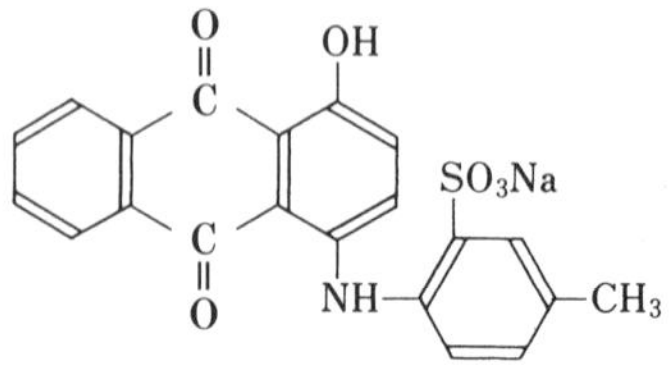

$C_{21}H_{14}NNaO_6S$：431.39

本品は、定量するとき、1-ヒドロキシ-4-(2-スルホ-*p*-トルイジノ)アントラキノンのモノナトリウム塩（$C_{21}H_{14}NNaO_6S$：431.39）として 80.0% 以上 101.0% 以下を含む。

性　　状　本品は、帯青暗紫色の粒又は粉末である。

確認試験　（1）　本品の水溶液（1 → 1000）は、紫色を呈する。

（2）　本品 0.02 g に酢酸アンモニウム試液 200 mL を加えて溶かし、この液 25 mL を量り、酢酸アンモニウム試液を加えて 100 mL とした液は、吸光度測定法により試験を行うとき、波長 567 nm 以上 573 nm 以下に吸収の極大を有する。

（3）　本品の水溶液（1 → 1000）2 μL を試料溶液とし、フラビアン酸標準溶液 2 μL を標準溶液とし、1-ブタノール/エタノール(95)/アンモニア試液(希)混液（6 ： 2 ： 3）を展開溶媒として薄層クロマトグラフ法第2法により試験を行うとき、当該試料溶液から得た主たるスポットは、紫色を呈し、当該標準溶液から得た主たるスポットに対する Rs 値は、約1.6である（注1）。

純度試験　（1）　溶状　本品 0.01 g に水 100 mL を加えて溶かすとき、この液は、澄明である。

（2）　不溶物　不溶物試験法第1法により試験を行うとき、その限度は、0.4% 以下である。この場合において、試料採取量は 1 g とし、熱湯に代えてエタノール（希）を用いる。

（3）　可溶物　可溶物試験法第1法により試験を行うとき、その限度は、1.0% 以下である（注2）。

（4）　塩化物及び硫酸塩　塩化物試験法及び硫酸塩試験法により試験を行うとき、それぞれの限度の合計は、15.0% 以下である（注3）。

（5）　ヒ素　ヒ素試験法により試験を行うとき、その限度は、2 ppm以下である（注4）。

（6）　鉄　本品を原子吸光光度法の前処理法（1）により処理し、試料溶液調製法（1）により調製したものを試料溶液とし、鉄標準原液（原子吸光光度法用）1 mLを正確に量り、薄めた塩酸（1 → 4）を加えて10 mLとし、この液5 mLを正確に量り、原子吸光光度法の前処理法（1）により処理し、試料溶液調製法（1）により調製したものを比較液として原子吸光光度法により比較試験を行うとき、その限度は、500 ppm以下である（注5）。

（7）　重金属　重金属試験法により試験を行うとき、その限度は、20 ppm以下である。

乾燥減量　10.0％以下（1 g、105℃、6時間）

定 量 法　本品約0.02 gを精密に量り、酢酸アンモニウム試液を加えて溶かし、正確に200 mLとする。この液25 mLを正確に量り、酢酸アンモニウム試液を加えて正確に100 mLとし、これを試料溶液として、吸光度測定法により試験を行う。この場合において、吸収極大波長における吸光度の測定は570 nm付近について行うこととし、吸光係数は0.0273とする（注6）。

〔注〕

（注1）　本品については薄層クロマトグラフ用標準品が設定されていないため、フラビアン酸を比較標準品とした。なお、フラビアン酸のスポットの色調は黄色である。

（注2）　CFRでは可溶物の規定はないが、当該色素以外の特定の有機化合物等の限度を規定している。

（注3）　CFRでは乾燥減量を加えた値として18％以下と規定している。

（注4）　CFRではAsとして3 ppm以下と規定している。

（注5）　旧省令では鉄を規定していなかったが、原料に由来する鉄の混入の可能性があるので、新たに鉄の項目を設定した。

（注6）　旧省令では試験方法として三塩化チタン法を採用していた。

【解　説】

名　　称　（別名）アリズロールパープル、（英名）Alizurol Purple、（化学名）1-ヒドロキシ-4-(2-スルホ-*p*-トルイジノ)アントラキノンのモノナトリウム塩、（FDA名）Ext. D&C Violet No. 2、（既存化学物質No.）5-1608、（CI No.）60730、Acid Violet 43、（CAS No.）4430-18-6。

来　　歴　1894年にR.E. Schmidtにより発見され、日本では昭和31年7月30日に紫色401号として許可され現在に至る。米国では、Ext. D&C Violet No. 2として使用されてきたが、1976年12月27日に永久許可された。

製　　法　紫色201号を硫酸でスルホン化して製する。

1-ブロモ-4-ヒドロキシアントラキノン　+　H_2N-(p-トルイジン)-CH_3　→　紫色201号

p-トルイジン

紫色201号

$\xrightarrow{H_2SO_4}$　紫色 401 号

（性　状）　水、グリセリンに溶ける。エタノールにはわずかに溶け、油脂には溶けない。水酸化ナトリウム溶液（1 → 100）、アセトンに溶けて深青色となる。硫酸を加えると青色に溶け、水で希釈すると帯赤青色の沈殿を生じる。水溶液の色は光に対して安定である。

（用　途）　粘膜に適用することのない化粧品に使用できるが、整髪料・シャンプー・リンス・化粧水・石けん等に繁用される。

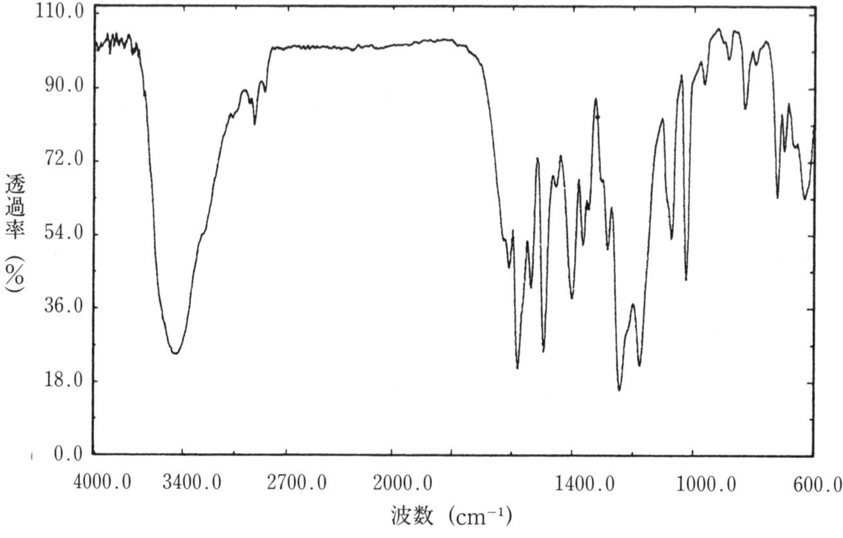

紫色401号の赤外吸収スペクトル

25. 黒色401号

ナフトールブルーブラック

Naphthol Blue Black

C.I. 20470

Acid Black 1

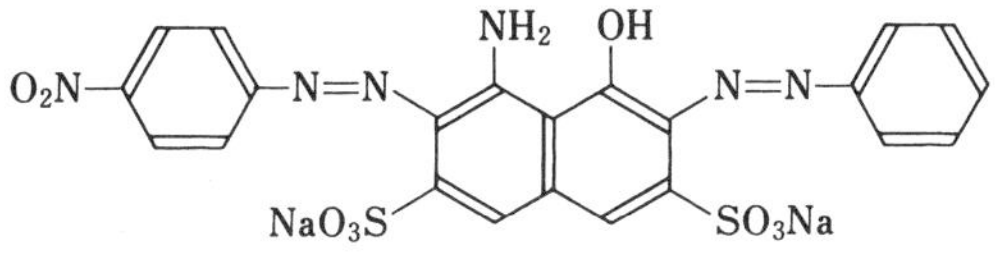

$C_{22}H_{14}N_6Na_2O_9S_2$：616.49

本品は、定量するとき、8-アミノ-7-(4-ニトロフェニルアゾ)-2-(フェニルアゾ)-1-ナフトール-3,6-ジスルホン酸のジナトリウム塩（$C_{22}H_{14}N_6Na_2O_9S_2$：616.49）として75.0% 以上101.0% 以下を含む。

性　　状　本品は、暗褐色の粒又は粉末である。

確認試験　（1）　本品の水溶液（1 → 1000）は、暗青色を呈する。

（2）　本品 0.02 g に酢酸アンモニウム試液 200 mL を加えて溶かし、この液 5 mL を量り、酢酸アンモニウム試液を加えて 100 mL とした液は、吸光度測定法により試験を行うとき、波長 616 nm 以上 620 nm 以下に吸収の極大を有する。

（3）　本品の水溶液（1 → 1000）2 μL を試料溶液とし、フラビアン酸標準溶液 2 μL を標準溶液とし、1-ブタノール/エタノール(95)/アンモニア試液(希)混液（6：2：3）を展開溶媒として薄層クロマトグラフ法第2法により試験を行うとき、当該試料溶液から得た主たるスポットは、暗青色を呈し、当該標準溶液から得た主たるスポットに対する Rs 値は、約0.9である（注1）。

（4）　本品を乾燥し、赤外吸収スペクトル測定法により試験を行うとき、本品のスペクトルは、次に掲げる本品の参照スペクトルと同一の波数に同一の強度の吸収を有する。

(次頁参照)

純度試験　（1）　溶状　本品 0.01 g に水 100 mL を加えて溶かすとき、この液は、澄明である。

（2）　不溶物　不溶物試験法第1法により試験を行うとき、その限度は、1.0% 以下である。

（3）　可溶物　可溶物試験法第1法により試験を行うとき、その限度は、1.0% 以下である。

（4） 塩化物及び硫酸塩　塩化物試験法及び硫酸塩試験法により試験を行うとき、それぞれの限度の合計は、15.0％ 以下である。

（5） ヒ素　ヒ素試験法により試験を行うとき、その限度は、2 ppm 以下である。

（6） 重金属　重金属試験法により試験を行うとき、その限度は、20 ppm 以下である。

乾燥減量　10.0％ 以下（1 g、105℃、6 時間）

定 量 法　本品約 0.02 g を精密に量り、酢酸アンモニウム試液を加えて溶かし、正確に 200 mL とする。この液 5 mL を正確に量り、酢酸アンモニウム試液を加えて正確に 100 mL とし、これを試料溶液として、吸光度測定法により試験を行う。この場合において、吸収極大波長における吸光度の測定は 618 nm 付近について行うこととし、吸光係数は0.0916とする（注2）。

黒色401号

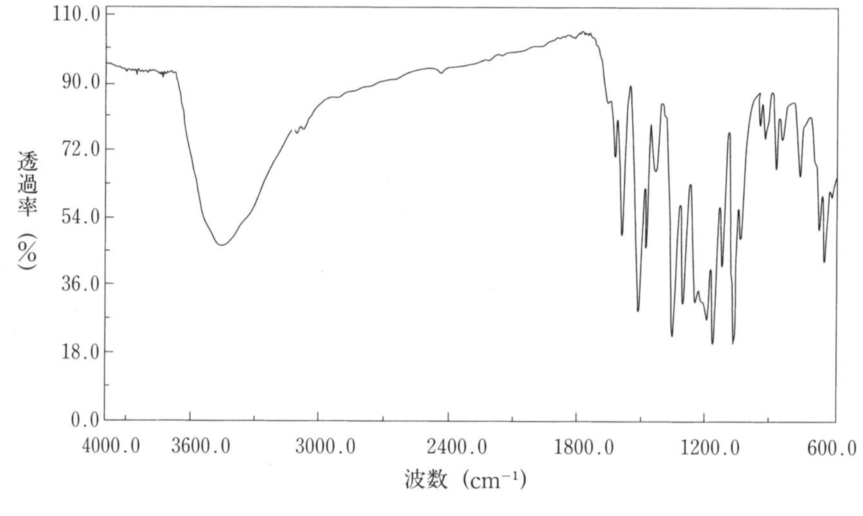

〔注〕

（注１） 本品については薄層クロマトグラフ用標準品が設定されていないため、フラビアン酸を比較標準品とした。なお、フラビアン酸のスポットの色調は黄色である。

（注２） 旧省令では試験方法として三塩化チタン法を採用していた。

【解　説】

（名　　称）（別名）ナフトールブルーブラック、（英名）Naphthol Blue Black、（化学名）8-アミノ-7-(4-ニトロフェニルアゾ)-2-(フェニルアゾ)-1-ナフトール-3,6-ジスルホン酸のジナトリウム塩、（既存化学物質 No.）5-1875、（CI No.）20470、Acid Black 1、（CAS No.）1064-48-8。

（来　　歴） 1891年に M. Hoffmann により発見され、日本では昭和31年 7 月30日に黒色201

号として許可され、昭和41年 8 月31日に黒色401号に変更され現在に至る。米国では、D&C Black No. 1として使用されてきたが、1965年 6 月30日に使用が禁止された。

製　法　(1)　*p*-ニトロアニリンを亜硝酸ナトリウムと塩酸でジアゾ化し、これにH酸(8-アミノ-1-ナフトール-3,6-ジスルホン酸) のナトリウム塩液を加えて酸性でカップリングする。カップリング終了後アルカリで中和し、さらにソーダ灰を加える。

(2)　アニリンを亜硝酸ナトリウムと塩酸でジアゾ化し、先のカップリング液に滴下して二次カップリングして製する。

NH_2　OH

HO_3S　SO_3H

H酸

O_2N-C6H4-NH_2 —ジアゾ化 / $NaNO_2$, HCl→ O_2N-C6H4-N=NCl —(1) 酸　性→

p-ニトロアニリン

O_2N-C6H4-N=N-（NH_2, OH, NaO_3S, SO_3Na）

C6H5-NH_2 —ジアゾ化 / $NaNO_2$, HCl→ C6H5-N=NCl —(2) アルカリ性→

アニリン

O_2N-C6H4-N=N-（NH_2, OH, NaO_3S, SO_3Na）-N=N-C6H5

黒色 401 号

性　状　水、グリセリンに溶ける。エタノールにはわずかに溶け、油脂には溶けない。水溶液に水酸化ナトリウム溶液 (1 → 10) を加えても変化はないが、多量の塩酸を加えると青緑色の沈殿を生じる。硫酸を加えると緑色に溶け、水で希釈すると青色沈殿を生じる。水溶液の色は光に対して安定である。

用　途　粘膜に適用することのない化粧品に使用できるが、整髪料・シャンプー・リンス・石けんに比較的繁用される。

26．
1、5から7まで、9、11、14、15、18、19、21、24及び25に掲げるもののアルミニウムレーキ

本品は、定量するとき、それぞれ1、5から7まで、9、11、14、15、18、19、21、24及び25に掲げる色素原体として、表示量の 90.0% 以上 110.0% 以下を含む（注1）。

性　状　本品は、それぞれ1、5から7まで、9、11、14、15、18、19、21、24及び25に掲げる色素原体の色の明度を上げた粉末である（注2）。

確認試験　（1）　本品は、レーキ試験法の確認試験(1)の吸光度測定法により試験を行うときはそれぞれ1、5から7まで、9、11、14、15、18、19、21、24及び25に掲げる色素原体と同一の吸収極大波長を、レーキ試験法の確認試験(1)の薄層クロマトグラフ法第1法又は第2法により試験を行うとき、試料溶液から得た主たるスポットはそれぞれ1、5から7まで、9、11、14、15、18、19、21、24及び25に掲げる色素原体の各確認試験の項に記載された色を呈し、確認試験の項に記載された標準溶液から得た主たるスポットと等しいRf値を示すか、又は各確認試験の項に記載されたRs値を示す（注3）。

（2）　レーキ試験法の確認試験(2)の(a)により試験を行うとき、沈殿は、溶けない(注4)。

純度試験　（1）　塩酸及びアンモニア不溶物　レーキ試験法の純度試験(1)の塩酸及びアンモニア不溶物試験法により試験を行うとき、その限度は、0.5% 以下である。

（2）　水溶性塩化物及び水溶性硫酸塩　レーキ試験法の純度試験(2)の水溶性塩化物試験法及び水溶性硫酸塩試験法により試験を行うとき、それぞれの限度の合計は、2.0% 以下である。

（3）　ヒ素　レーキ試験法の純度試験(5)のヒ素試験法により試験を行うとき、その限度は、2 ppm 以下である。

（4）　重金属　レーキ試験法の純度試験(6)の重金属試験法により試験を行うとき、そ

の限度は、亜鉛にあっては 500 ppm以下、鉄にあっては 500 ppm以下、その他の重金属にあっては 20 ppm以下である。

定 量 法 本品約 0.1 gを精密に量り、水酸化ナトリウム試液(希) 16 mLを加え、必要に応じて加温しながら溶かし、更に水酸化ナトリウム試液(希)を加えて正確に 20 mLとし、必要に応じてろ過する。この液 2 mLを正確に量り、それぞれ1、5から7まで、9、11、14、15、18、19、21、24及び25までに掲げる色素原体で用いる希釈液を加えて正確に 50 mLとし、必要に応じてろ過する。これを試料溶液として、それぞれ1、5から7まで、9、11、14、15、18、19、21、24及び25までに掲げる色素原体の定量法に準じて試験を行う。この場合において、当該試料溶液の濃度が適当でないと認められるときは、当該希釈液による希釈率を調整する(注5)。

〔注〕

(注1) レーキには色素原体の含有量規定がないため、表示量を基準としている。

(注2) 使用された母体に吸着等により不溶性となり、透過光より反射光が多くなるため、一般的に明度が上昇する。

(注3) 確認試験法中吸収極大波長は水酸化ナトリウム試液で溶出するが、希釈するとき、酢酸アンモニウム試液を使用するので、吸収極大波長は誤差範囲内である。

(注4) アルミニウムレーキに使用されている母体は、塩基性アルミニウムであるため、溶解する。

(注5) 本法は試料溶液の調製が改良された方法になっているが、省令の方法は次の通りである。

定 量 法 本品約 0.02 g以上 0.1 g以下を精密に量り、水酸化ナトリウム試液(希) 2.5 mLを加え、必要に応じて加温し、かくはんし、遠心分離を行い、上澄み液を採取する操作を4回繰り返す。これらの操作により得られた上澄み液を合わせ、薄めた塩酸(1 → 20)で中和し、当該色素原体の定量法で用いる希釈液を加えて正確に 200 mLとし、必要に応じてろ過し、これを試料溶液として、それぞれ1、5から7まで、9、11、14、15、18、19、21、24及び25に掲げる色素原体の定量法に準じて試験を行う。この場合において、当該試料溶液の濃度が適当でないと認められるときは、本品の量を調整する。

【解 説】

(名 称) 色素原体の名称にアルミニウムレーキを付す。CI No.は、同一番号である。

(来 歴) 昭和41年省令30号にてレーキとして許可された。

米国では、承認を受けた色素原体を使用し、アルミナ、ブランフィックス*[1]、グロスホワイト*[2]、クレイ、酸化チタン、亜鉛華、タルク、ロジン、安息香酸アルミ、炭酸カルシウム等を母体として、ナトリウム、カリウム、アルミニウム、バリウム、カルシウム、ストロンチウム及びジルコニウムを結合剤として結合、吸着、分散し、不溶性の顔料としたものを、レーキとして許可している。

EUでは、アルミニウム塩と米国と同じレーキとが個々の品目で許可されている。

注*1　ブランフィックス…硫酸バリウムの沈殿の水懸濁液
　*2　グロスホワイト……水酸化アルミニウムと硫酸バリウムの共沈の水懸濁液

（製　法）硫酸アルミニウム、塩化アルミニウムなどのアルミニウム塩の水溶液に、水酸化ナトリウムまたは炭酸ナトリウムなどのアルカリを作用させ、色素原体の水溶液を加えて吸着させ、ろ過、乾燥、粉砕したものである。硫酸塩を含むものは色素の吸着率が悪い。

アルミニウムレーキの母体は塩基性アルミニウムであり、その構造は、$Al(OH)_3 \cdot 3H_2O \cdot Al(OH)_2 \cdot O \cdot SO_3H$ または $Al_2O_3 \cdot O \cdot 3SO_3 \cdot 3H_2O$ あるいは $[Al_{2+n}(OH)_{3n}]LX_m$、(X：Cl、NO_3、SO_4 など、Lは色素本体を表す) などの一般式で表される。

（性　状）水、エタノール (95) にわずかに溶ける。油脂には溶けない。酸、アルカリには溶解する。

（用　途）粘膜に適用することのない化粧品に使用できる。

27.
11及び21に掲げるもののバリウムレーキ

本品は、定量するとき、それぞれ11及び21に掲げる色素原体として、表示量の 90.0% 以上 110.0% 以下を含む（注１）。

性　　状　本品は、それぞれ11及び21に掲げる色素原体の色の明度を上げた粉末である（注２）。

確認試験　(1)　本品は、レーキ試験法の確認試験(1)の吸光度測定法により試験を行うときはそれぞれ11及び21に掲げる色素原体と同一の吸収極大波長を、レーキ試験法の確認試験(1)の薄層クロマトグラフ法第１法により試験を行うとき、試料溶液から得られた主たるスポットはそれぞれ11及び21に掲げる色素原体の各確認試験の項に記載された色を呈し、当該色素の標準溶液から得た主たるスポットと等しい Rf 値を示す（注３）。

(2)　レーキ試験法の確認試験(2)の(b)により試験を行うとき、沈殿は、溶けない（注４）。

純度試験　(1)　水溶性塩化物及び水溶性硫酸塩　レーキ試験法の純度試験(2)の水溶性塩化物試験法及び水溶性硫酸塩試験法により試験を行うとき、それぞれの限度の合計は、2.0% 以下である。

(2)　水溶性バリウム　レーキ試験法の純度試験(3)の水溶性バリウム試験法により試験を行うとき、混濁又は沈殿は、生じない。

(3)　ヒ素　レーキ試験法の純度試験(5)のヒ素試験法により試験を行うとき、その限度は、２ ppm 以下である。

(4)　重金属　レーキ試験法の純度試験(6)の重金属試験法により試験を行うとき、その限度は、亜鉛にあっては 500 ppm 以下、鉄にあっては 500 ppm 以下、その他の重金属にあっては 20 ppm 以下である。

定 量 法　本品約 0.1 g を精密に量り、水酸化ナトリウム試液(希) 16 mL を加え、必要に応じて加温しながら溶かし、更に水酸化ナトリウム試液 (希) を加えて正確に 20 mL とし、必要に応じてろ過する。この液 2 mL を正確に量り、それぞれ11及び21に掲げる色素原体の定量法で用いる希釈液を加えて正確に 50 mL とし、必要に応じてろ過する。これを試料溶液として、それぞれ11及び21に掲げる色素原体の定量法に準じて試験を行う。この場合において、当該試料溶液の濃度が適当でないと認められるときは、当該希釈液による希釈率を調整する (注 5)。

〔注〕

(注 1)　レーキには色素原体の含有量規定がないため、表示量を基準としている。

(注 2)　使用された母体が吸着等により不溶性となり、透過光より反射光が多くなるため、一般的に明度が上昇する。

(注 3)　確認試験法中吸収極大波長は水酸化ナトリウム試液で溶出するが、希釈するとき、酢酸アンモニウム試液を使用するので、吸収極大波長は誤差範囲内である。

(注 4)　母体に硫酸バリウムが使用されていることが多いのでアルカリ融解法を用いた。

(注 5)　本法は試料溶液の調製が改良された方法になっているが、省令の方法は次の通りである。

定 量 法　本品約 0.02 g 以上 0.1 g 以下を精密に量り、水酸化ナトリウム試液(希) 2.5 mL を加え、必要に応じて加温し、かくはんし、遠心分離を行い、上澄み液を採取する操作を 4 回繰り返す。これらの操作により得られた上澄み液を合わせ、薄めた塩酸(1 → 20)で中和し、当該色素原体の定量法で用いる希釈液を加えて正確に 200 mL とし、必要に応じてろ過し、これを試料溶液として、それぞれ11及び21に掲げる色素原体の定量法に準じて試験を行う。この場合において、当該試料溶液の濃度が適当でないと認められるときは、本品の量を調整する。

【解　説】

名　称　色素原体の名称の後にバリウムレーキを付す。CI No.は、同一番号である。

来　歴　昭和47年厚生省令第55号にてバリウムレーキとして許可された。

米国では、承認を受けた色素原体を使用し、アルミナ、ブランフィックス*1、グロスホワイト*2、クレイ、酸化チタン、亜鉛華、タルク、ロジン、安息香酸アルミ、炭酸カルシウム等を母体として、ナトリウム、カリウム、アルミニウム、バリウム、カルシウム、ストロンチウム及びジルコニウムを結合剤として結合、吸着、分散し、不溶性の顔料としたものを、レーキとして許可している。

EU では、バリウム塩と米国と同じバリウムレーキとが個々の品目で許可されている。

注*1　ブランフィックス…硫酸バリウムの沈殿の水懸濁液

*2　グロスホワイト……水酸化アルミニウムと硫酸バリウムの共沈の水懸濁液

(製　法) (1) 色素母体の水溶液に塩化バリウム溶液を加えて直接バリウム塩とする。

(2) 硫酸アルミニウムに塩化バリウムを加えて硫酸バリウムを作り、これに吸着あるいは硫酸バリウム生成時に色素を共存下で吸着させる。

(性　状) 水、エタノールにわずかに溶ける。油脂には溶けない。アルカリには溶出する。アルミニウムレーキより被覆力が少し強い。

(用　途) 粘膜に適用することのない化粧品に使用できる。

一般試験法

1．塩化物試験法

塩化物試験法は、試料中に混在する塩化物の量を試験する方法であり、その量は塩化ナトリウム（NaCl）の量として質量百分率（%）で表す。

操 作 法

試料約 2 g を精密に量り、水約 100 mL を加えて溶かし、これに活性炭 10 g を加えて 2 分間から 3 分間程度穏やかに煮沸する。これを室温になるまで冷却し、薄めた硝酸（38 → 100）1 mL を加えて激しくかき混ぜた後、水を加えて正確に 200 mL とし、よく振り混ぜた後、乾燥ろ紙を用いてろ過する（注 1）。このろ液 50 mL を 250 mL の共栓フラスコに正確に量り、薄めた硝酸（38 → 100）約 2 mL を加え、0.1 mol/L 硝酸銀液 10 mL を正確に加え、ニトロベンゼン約 5 mL を加える。これを、塩化銀が析出するまで振り混ぜ、硫酸アンモニウム鉄（III）試液 1 mL を加え、過剰の硝酸銀を 0.1 mol/L チオシアン酸アンモニウム液で滴定する（注 2）。次いで、別に同様の方法で空試験を行い、次式により塩化物の量を求める。この場合において、塩化物の量が多いときは、0.1 mol/L 硝酸銀液を増量する。

$$\text{塩化物の量（\%）} = \frac{(a_0 - a) \times 0.00584}{\text{試料採取量（g）}} \times \frac{200 - b}{50} \times 100$$

a ：0.1 mol/L チオシアン酸アンモニウム液の消費量（mL）

a_0：空試験における 0.1 mol/L チオシアン酸アンモニウム液の消費量（mL）

b ：試料溶液の調製に用いた活性炭の同じ質量を量り、メスシリンダーに入れ、一定量の水を加えたときの活性炭の体積（mL）

〔注〕

（注 1） 試料によっては水に溶けないものもあるが差し支えない。また、活性炭の品質が悪いときはろ液が無色とならない。この場合には、活性炭をとり換えて行うか、さらに活性炭を追加して色素を完全に吸着させる。通常 2 g ずつ加えて脱色する状態を観察する。この場合、試料の脱色に用いたのと同量の活性炭について空試験を行う。

（注 2） 硫酸銀の溶液に、指示薬として鉄イオン（III）溶液少量を加え、チオシアン酸アンモニウムを滴下すると、チオシアン酸銀はチオシアン酸鉄(III)よりも溶解度が著しく小さいから、まずチオシアン酸銀が生成し、それが定量的に沈殿したのちに、いわゆるチオシアン酸鉄(III)、又はその錯塩が生じて赤褐色が現れる。この点が終末点である。チオシアン酸鉄(III)反応は非常に鋭敏であるから、赤色が認められる最小限度の濃さにとどめる。なお 25℃ を超えると退色しはじめるから、室温が高いときは、ビーカーの外部を水または氷で冷やしながら滴定する必要がある。

なお、実施上注意すべきことは、チオシアン酸銀は吸着性が強いために、沈殿が生成するとき、未反応の硝酸銀を吸着するので、当量点よりも早く変色し、終末点に達した観を呈するから、最初に呈色したときはげしく振り混ぜて、吸着した銀イオン(Ag^+)をチオシアン酸イオン(SCN^-)と正しく反応させる必要がある。その後、少量ずつチオシアン酸イオン (SCN^-) を加えながらそのたびごとにはげしく振りまぜ、約20秒のち脱色しないことを確かめ、その点を終末点とすれば正確な結果が得られる。

【解　説】

塩化物は、色素製造にあたり塩析、中和工程から混入する。

原　理

本法は Vohard 法の余剰滴定法である。

$$AgNO_3 + NaCl = AgCl + NaNO_3$$

$$AgNO_3 + NH_4CNS = AgCNS + NH_4NO_3$$

ニトロベンゼンは AgCl と SCN^- との接触を防ぐ。すなわち、$AgCl + NH_4SCN \rightleftarrows AgSCN + NH_4Cl$ の反応を防ぎ、終点を鋭敏にするために加える。水中に小滴が混濁していても滴定に差し支えない。

他の公定書との関連

塩化物試験法は、日局、粧原基、食添に記載されている。

日局、粧原基、食添はネスラー管を用いて、硝酸酸性の溶液中で硝酸銀を加えて生じる乾酪状の塩化銀 (AgCl) を検出する方法で、ここに生じる塩化銀の白濁の程度を0.01mol/L 塩酸を用いて調製した比較液の濁度と比較し、限度内であるか否かを判定している。

■参考文献

1）「第十四改正日本薬局方解説書」，廣川書店，2001.
2）「化粧品原料基準　第二版注解」，薬事日報社，1984.
3）「第七版食品添加物公定書解説書」，廣川書店，1997.
4）日本薬学会編：「衛生試験法・注解」，金原出版，1990.

塩化物試験法のある色素（規格値一覧は硫酸塩試験法の項 p.375参照）

赤色２号、赤色３号、赤色102号、赤色104号の(1)、赤色105号の(1)、赤色106号、黄色４号、黄色５号、緑色３号、青色１号、青色２号、赤色201号、赤色202号、赤色203号、赤色204号、赤色205号、赤色206号、赤色207号、赤色208号、赤色213号、赤色214号、赤色215号、赤色218号、赤色219号、赤色220号、赤色223号、赤色227号、赤色230号の(1)、赤色230号の(2)、赤色231号、赤色232号、だいだい色201号、だいだい色205号、だいだい色206号、だいだい色207号、黄色201号、黄色202号の(1)、黄色202号の(2)、黄色203号、緑色201号、緑色204号、緑色205号、青色202号、青色203号、青色205号、褐色201号、赤色401号、赤色405号、赤色502号、赤色503号、赤色504号、赤色506号、だいだい色402号、黄色402号、黄色403号の(1)、黄色406号、黄色407号、緑色401号、緑色402号、青色404号、紫色401号、黒色401号

塩化物試験法のない色素

赤色221号、赤色225号、赤色226号、赤色228号、だいだい色203号、だいだい色204号、黄色204号、黄色205号、緑色202号、青色201号、青色204号、紫色201号、赤色404号、赤色501号、赤色505号、だいだい色401号、だいだい色403号、黄色401号、黄色404号、黄色405号、青色403号

2．炎色反応試験法

炎色反応試験法は、試料を塩酸で潤して炎色反応を行い、その炎色を観察し、構造中に存在するカリウム塩、ナトリウム塩、カルシウム塩、バリウム塩又はストロンチウム塩を確認する方法である。

操 作 法

試料 0.1 g に塩酸 0.2 mL を加えてかゆ状とし、その少量を白金線の先端から約 5 mm の部分に付け、無色炎中に水平に保ってその炎色を観察する。この場合において、カリウム塩、ナトリウム塩、カルシウム塩、バリウム塩又はストロンチウム塩が呈する炎色は、それぞれ次に掲げるとおりである。

（1）　カリウム塩　淡紫色

（2）　ナトリウム塩　黄色

（3）　カルシウム塩　黄赤色

（4）　バリウム塩　黄緑色

（5）　ストロンチウム塩　深紅色

【解　説】

目　的

本試験法は、他の試験法では区別しにくい色素、例えば、黄色202号の(1)と黄色202号の(2)のように、塩の金属元素だけが異なる場合の確認試験として用いる。

原　理

アルカリ金属等の塩をブンゼンバーナーの無色炎の中に入れると、金属元素固有の色を示す。本試験は、この特性を利用して色素構造中の金属の定性を行う。

右に、炎色反応の模式図を示す。

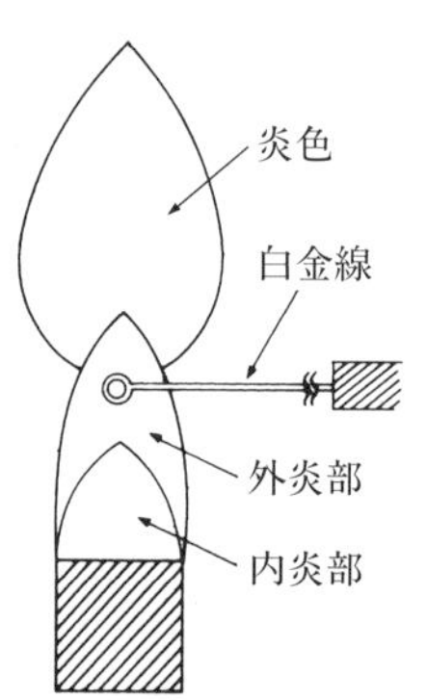

炎色反応の模式図

操作法

試験前に、白金線の先端部から試験を妨害する炎色が出ないことを以下の操作により確認する。時計皿または小試験管に少量の塩酸をとり、これに白金線の先端部を浸した後、水平に保って無色炎の中に差し入れる。このとき、無色炎が呈色すれば、再び塩酸で潤してから無色炎中で加熱する。ブンゼンバーナーの無色炎が呈色しなくなるまで、この操作を繰り返す。

操作上の注意

炎色反応とは通常約4秒間持続することをいうが、カルシウムの呈色は比較的短時間で終了するため注意が必要である。

なお、白金線の先端は、直線状のものよりもリング状のものの方が呈色させやすい。

また、ナトリウム塩中のカリウムを試験するときは、コバルトガラスを用いると、ナトリウムの炎色がコバルトガラスに吸収されるので、カリウムの紅紫色を観察することができる。

各元素の炎色反応による呈色は次のとおりである。

炎色反応による呈色

元素	直接	コバルトガラス使用の場合
ナトリウム	黄色	吸収されるため、色が見えない
カリウム	淡紫色	紅紫色
ストロンチウム	深紅色	紅紫色
カルシウム	黄赤色	淡緑色
バリウム	緑黄色	黄緑色

本試験法採用色素とその炎の色を以下に示す。

炎色反応試験法採用色素とその炎の色

色素名	炎の色	色素名	炎の色
青色1号	黄色	赤色220号	黄赤色
赤色104号の(1)	黄色	赤色230号の(1)	黄色
赤色105号の(1)	黄色	赤色230号の(2)	淡紫色
赤色201号	黄色	赤色231号	淡紫色
赤色202号	黄赤色	赤色232号	淡紫色
赤色203号	黄色	だいだい色207号	黄色
赤色204号	黄緑色	黄色202号の(1)	黄色
赤色205号	黄色	黄色202号の(2)	淡紫色
赤色206号	黄赤色	青色202号	黄色
赤色207号	黄緑色	青色203号	黄赤色
赤色208号	深紅色	黄色403号の(1)	黄色

■参考文献

1）「第七版食品添加物公定書解説書」，廣川書店，1996.

2）「第十四改正日本薬局方解説書」，廣川書店，2001.

3．可溶物試験法

可溶物試験法は、試料中に含まれる水又は有機溶媒に溶ける物質の量を試験する方法であり、その量は質量百分率（％）で表す。

装　置

次のいずれかの抽出器を用いる（図参照）。

（1）ソックスレー抽出器

（2）共通すり合わせ連続抽出器

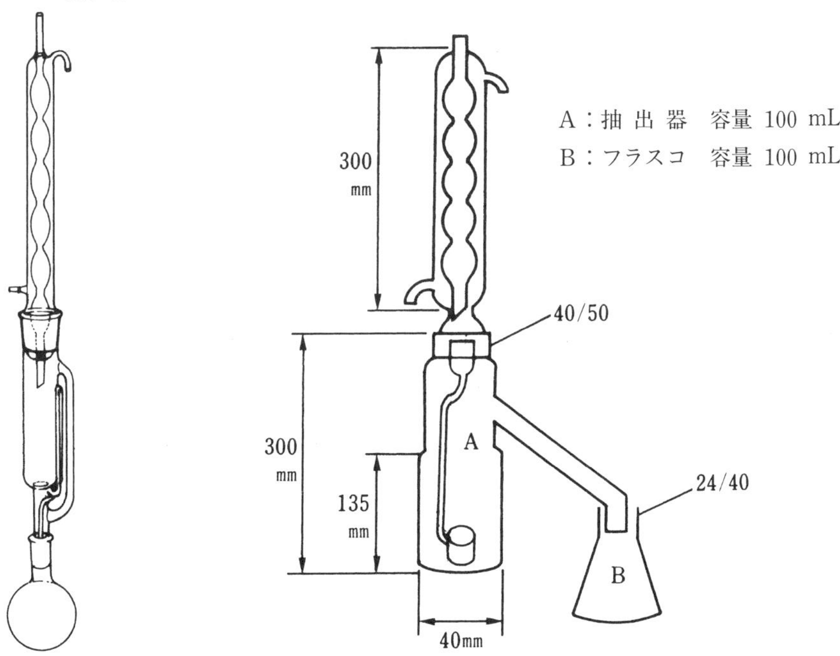

操 作 法

（1）第1法

試料約 5 g を円筒ろ紙に精密に量り、イソプロピルエーテル（抽出用）（注1）100 mL を加え、ソックスレー抽出器で2時間抽出する。抽出液を質量既知の蒸発皿（注2）

に移し、これに抽出器をイソプロピルエーテル（抽出用）10 mLで洗浄した洗液を合わせる。これを水浴上で加熱してイソプロピルエーテル(抽出用)を留去し(注3、4)、デシケーター（シリカゲル）中で恒量になるまで乾燥した後、その質量（W_1）を精密に量る。次いで抽出残留物にイソプロピルエーテル(抽出用) 100 mLを加え、ソックスレー抽出器で2時間抽出する。抽出液を質量既知の蒸発皿に移し、これに抽出器をイソプロピルエーテル（抽出用）10 mLで洗浄した洗液を合わせる。これを水浴上で加熱してイソプロピルエーテル（抽出用）を留去し、デシケーター（シリカゲル）中で恒量になるまで乾燥した後、その質量（W_2）を精密に量り、次式によりイソプロピルエーテル抽出分を求める。

$$\text{イソプロピルエーテル抽出分（\%）} = \frac{(W_1 - W_2)\ (\text{g})}{\text{試料採取量（g）}} \times 100$$

（2） 第2法

中性エーテル抽出分、アルカリ性エーテル抽出分及び酸性エーテル抽出分をそれぞれ求め、これらの総和をエーテル抽出分とする。

（a） 中性エーテル抽出分

試料約 5 gを精密に量り、水 200 mLを加えて溶かし分液ロートに移す。イソプロピルエーテル(抽出用) 100 mLを加え1分間よく振り混ぜた後、静置してイソプロピルエーテル層を分取する操作を3回繰り返す。これらの操作により得られた抽出液を合わせ、水層は別に保存する。抽出に用いた分液ロートをイソプロピルエーテル(抽出用) 10 mLで洗い、洗液を抽出液に合わせる。これに水 20 mLを加え、振り混ぜて洗浄する操作を、洗液が着色しなくなるまで繰り返し、洗液は別に保存する。この操作により得られたイソプロピルエーテル層をフラスコに移し、これに分液ロートをイソプロピルエーテル（抽出用）10 mLで洗浄した洗液を合わせる。これを留去して、約 50 mLとした後、質量既知の蒸発皿に移し、これにフラスコをイソプロピルエーテル（抽出用）10 mLで洗浄した洗液を合わせる。これを温湯の水浴上で穏やかに加温して乾固し、デシケーター（シリカゲル）中で恒量になるまで乾燥した後、質量を精密に量り、次式により中性エーテル抽出分を求める。

$$\text{中性エーテル抽出分（\%）} = \frac{\text{蒸発残留物（g）}}{\text{試料採取量（g）}} \times 100$$

（b） アルカリ性エーテル抽出分

（a）で別に保存した水層に別に保存した洗液を合わせ、これに水酸化ナトリウム溶液（1 → 10） 2 mLを加え、分液ロートに移す。イソプロピルエーテル(抽出用) 100 mLを加え1分間よく振り混ぜた後、静置してイソプロピルエーテル層を分取する操作を3回繰り返す。これらの操作により得られた抽出液を合わせ、水層は別に保存する。抽出に用いた分液ロートをイソプロピルエーテル（抽出用）10 mLで洗い、洗液を抽出液に合わせる。これに水酸化ナトリウム試液(希) 20 mLを加え、振り混ぜて洗浄する操作を、洗液が着色しなくなるまで繰り返し、洗液は別に保存する。この操作により得られたイソプロピルエーテル層をフラスコに移し、これに分液ロートをイソプロピルエーテル（抽出用）10 mL で洗浄した洗液を合わせる。これを留去して約 50 mL にした後、質量既知の蒸発皿に移し、これにフラスコをイソプロピルエーテル（抽出用）10 mL で洗浄した洗液を合わせる。これを温湯の水浴上で穏やかに加温して乾固し、デシケーター（シリカゲル）中で恒量になるまで乾燥した後、質量を精密に量り、次式によりアルカリ性エーテル抽出分を求める。

$$\text{アルカリ性エーテル抽出分（\%）} = \frac{\text{蒸発残留物（g）}}{\text{試料採取量（g）}} \times 100$$

（c）　酸性エーテル抽出分

（b）で別に保存した水層に別に保存した洗液を合わせ、これに薄めた塩酸（1 → 2）3 mL を加え、分液ロートに移す。イソプロピルエーテル（抽出用）100 mL を加え 1 分間よく振り混ぜた後、静置してイソプロピルエーテル層を分取する操作を 3 回繰り返す。これらの操作により得られた抽出液を合わせ、これに抽出に用いた分液ロートをイソプロピルエーテル（抽出用）10 mL で洗浄した洗液を合わせる。これに薄めた塩酸（1 → 200）20 mL を加え、振り混ぜて洗浄する操作を、水層が着色しなくなるまで繰り返す。この操作により得られたイソプロピルエーテル層をフラスコに移し、これに分液ロートをイソプロピルエーテル（抽出用）10 mL で洗浄した洗液を合わせる。これを留去して約 50 mL にした後、質量既知の蒸発皿に移し、これにフラスコをイソプロピルエーテル（抽出用）10 mL で洗浄した洗液を合わせる。これを温湯の水浴上で穏やかに加温して乾固し、デシケーター（シリカゲル）中で恒量になるまで乾燥した後、質量を精密に量り、次式により酸性エーテル抽出分を求める。

$$\text{酸性エーテル抽出分（\%）} = \frac{\text{蒸発残留物（g）}}{\text{試料採取量（g）}} \times 100$$

（3）　第 3 法

中性エーテル抽出分、アルカリ性エーテル抽出分及び酸性エーテル抽出分のうち、規格で規定する抽出分の和をもってエーテル抽出分とする。

（a）　中性エーテル抽出分

試料約 5 g を精密に量り、水 100 mL を加えて溶かし、共通すり合わせ連続抽出器の抽出器 A で抽出する。別にフラスコ B にイソプロピルエーテル（抽出用）100 mL を入れ、温湯の水浴上で加温しながら、5 時間抽出する。これらの操作により得られた抽出液を合わせ、これを分液ロートに移し、水層は別に保存する。抽出に用いたフラスコ B をイソプロピルエーテル（抽出用）10 mL で洗い、洗液を抽出液に合わせる。これに水 20 mL を加え、振り混ぜて洗浄する操作を、水層が着色しなくなるまで繰り返し、洗液は別に保存する。この操作により得られたイソプロピルエーテル層をフラスコに移し、これに分液ロートをイソプロピルエーテル（抽出用）10 mL で洗浄した洗液を合わせる。これを留去して約 50 mL にした後、質量既知の蒸発皿に移し、これにフラスコをイソプロピルエーテル（抽出用）10 mL で洗浄した洗液を合わせ、温湯の水浴上で穏やかに加温して乾固し、デシケーター（シリカゲル）中で恒量になるまで乾燥した後、質量を精密に量り、(2)の(a)に掲げる式により中性エーテル抽出分を求める。

(b)　アルカリ性エーテル抽出分

(a)の抽出器 A の中の水溶液に水酸化ナトリウム溶液（1 → 10）2 mL を加えて抽出する。別にフラスコ B にイソプロピルエーテル（抽出用）100 mL を入れ、温湯の水浴上で加温しながら、5時間抽出する。これらの操作により得られた抽出液を合わせ、これを分液ロートに移し、水層は別に保存する。抽出に用いたフラスコ B をイソプロピルエーテル（抽出用）10 mL で洗い、洗液を抽出液に合わせる。これに水酸化ナトリウム試液（希）20 mL を加え、振り混ぜて洗浄する操作を、水層が着色しなくなるまで繰り返し、洗液は別に保存する。この操作により得られたイソプロピルエーテル層をフラスコに移し、これに分液ロートをイソプロピルエーテル（抽出用）10 mL で洗浄した洗液を合わせる。これを留去して約 50 mL にした後、質量既知の蒸発皿に移し、これにフラスコをイソプロピルエーテル(抽出用) 10 mL で洗浄した洗液を合わせる。これを温湯の水浴上で穏やかに加温して乾固し、デシケーター（シリカゲル）中で恒量になるまで乾燥した後、質量を精密に量り、(2)の(b)に掲げる式によりアルカリ性エーテル抽出分を求める。

(c)　酸性エーテル抽出分

(b)の抽出器 A の中の水溶液に薄めた塩酸（1 → 2）3 mL を加えて抽出する。別にフラスコ B にイソプロピルエーテル（抽出用）100 mL を入れ、温湯の水浴上で加温しながら、5時間抽出する。これらの操作により得られた抽出液を合わせ、これを分液ロートに移し、これにフラスコ B をイソプロピルエーテル（抽出用）10 mL で洗浄した洗液を合わせる。これに薄めた塩酸(1 → 200) 20 mL を加え、振り混ぜて洗浄する操作を、水層が着色しなくなるまで繰り返す。この操作により得られたイソプロピルエーテル層をフラスコに移し、これに分液ロートをイソプロピルエーテル(抽出用) 10 mL で洗浄した洗液を合わせる。これを留去して約 50 mL にした後、質量既知の蒸発皿に移し、これにフラスコをイソプロピルエーテル（抽出用）10 mL で洗浄した洗液を合わせる。これを温湯の水浴上で穏やかに加温して乾固し、デシケーター（シリカゲル）中で恒量になるまで乾燥した後、質量を精密に量り、(2)の(c)に掲げる式により酸性エーテル抽出分を求める。

(4)　第4法

試料約 5 g を精密に量り、水酸化ナトリウム溶液(2 → 100) 100 mL を加えて溶かし、共通すり合わせ連続抽出器で抽出する。フラスコ B にイソプロピルエーテル(抽出用）100 mL を入れ、温湯の水浴上で加温しながら、5時間抽出する。これらの操作により得られた抽出液を合わせ、これを分液ロートに移し、これにフラスコ B をイソプロピルエーテル（抽出用）10 mL で洗浄した洗液を合わせる。これに水酸化ナトリウム試液（希）20 mL を加え、振り混ぜて洗浄する操作を、水層が着色しなくなるまで繰り返す。この操作により得られたイソプロピルエーテル層をフラスコに移し、これに分液ロートをイソプロピルエーテル（抽出用）10 mL で洗浄した洗液を合わせる。これを留去して約 50 mL にした後、質量既知の蒸発皿に移し、これにフラスコをイソプロピルエーテル（抽出用）10 mL で洗浄した洗液を合わせる。これを温湯の水浴上で穏やかに加温して乾固し、デシケーター（シリカゲル）中で恒量になるまで乾燥した後、質量を精密に量り、（2）の（b）に掲げる式によりアルカリ性エーテル抽出分を求める。

（5）　第5法

試料約 5 g を円筒ろ紙に精密に量り、アセトン 100 mL を加え、ソックスレー抽出器で2時間抽出する。抽出液を質量既知の蒸発皿に移し、これに抽出器をアセトン 10 mL で洗浄した洗液を合わせる。アセトンを留去し、デシケーター（シリカゲル）中で恒量になるまで乾燥した後、その質量（W_1）を精密に量る。次いで抽出残留物にアセトン 100 mL を加え、ソックスレー抽出器で2時間抽出する。抽出液を質量既知の蒸発皿に移し、これに抽出器をアセトン 10 mL で洗浄した洗液を合わせる。アセトンを留去し、デシケーター（シリカゲル）中で恒量になるまで乾燥した後、その質量（W_2）を精密に量り、次式によりアセトン抽出分を求める。

$$\text{アセトン抽出分}(\%) = \frac{(W_1 - W_2)\ (\text{g})}{\text{試料採取量}\ (\text{g})} \times 100$$

（6）　第6法

試料約 5 g を精密に量り、水約 190 mL を加え、激しく振り混ぜる。その後、2時間にわたり時々振り混ぜた後、水を加え正確に 200 mL とし、ろ紙を用いてろ過する。このろ液 100 mL を質量既知の蒸発皿（注5）に正確に量り、水浴上で乾固する。これを 105℃ で恒量になるまで乾燥し、デシケーター（硫酸）中で室温になるまで放冷した後、その質量を精密に量り、次式により水可溶分を求める。

$$\text{水可溶分}(\%) = \frac{\text{蒸発残留物}\ (\text{g}) \times 2}{\text{試料採取量}\ (\text{g})} \times 100$$

（7）　第7法

試料約 5 g を円筒ろ紙に精密に量り、クロロホルム 100 mL を加え、ソックスレー抽出器で6時間抽出する。抽出液を質量既知の蒸発皿に移し、これに抽出器をクロロホルム 30 mL で洗浄した洗液を合わせる。クロロホルムを留去し、デシケーター（シリカゲル）中で恒量になるまで乾燥した後、その質量（W_1）を精密に量る。次いで抽出残留物にクロロホルム 100 mL を加え、ソックスレー抽出器で6時間抽出する。抽出液を質量既知の蒸発皿に移し、これに抽出器をクロロホルム 30 mL で洗浄した洗液を合わせる。クロロホルムを留去し、デシケーター（シリカゲル）中で恒量になるまで乾燥した後、抽出物の質量（W_2）を精密に量り、次式によりクロロホルム抽出分を求める。

$$\text{クロロホルム抽出分（\%）} = \frac{(W_1 - W_2)\ (g)}{\text{試料採取量}\ (g)} \times 100$$

〔注〕

（注１）　抽出に用いるイソプロピルエーテルは、燃えやすく、また過酸化物を生じやすいため安定剤として、市販試薬はヒドロキノンなどを含んでいる。使用する際には、１Ｌのイソプロピルエーテルを水酸化ナトリウム溶液（３ → 100）100 mL で２回洗浄した後、100 mL の水で３回洗浄し、使用する。

（注２）　使用する蒸発皿は、デシケーター（シリカゲル）中で乾燥した後、秤量したものを用いる。水浴上で蒸発乾固した後、蒸発皿の外側の水分をろ紙などでふいてからデシケーター（シリカゲル）中で放冷した後、秤量し求める。

（注３）　イソプロピルエーテルは留去の際、沸騰させてはならない。

（注４）　水浴上で留去させるとき、ビーカー及び蒸発皿の容器の１／３以上に液を入れてはならない。

（注５）　第６法で用いる蒸発皿は、105℃ で１時間乾燥し、デシケーター（シリカゲル）中で放冷した後、秤量したものを用いる。

【解　説】

目　的

可溶物試験法とは、色素以外の成分を溶媒抽出物として規制するため、色素中のイソプロピルエーテル、アセトン、水、クロロホルム等に溶ける物質の量を測定する方法である。

原　理

本方法には以下の７法があり、タール系色素82品目について、方法及び規格値が設定されている。

第１法：本法は、主にアゾ系顔料に適用され、イソプロピルエーテルを加え、ソックスレー法により抽出分を求める方法である。

第２法：本法は、主にアゾ系染料に適用され、水溶液からの中性、アルカリ性及び酸性エーテル抽出分を分液ロートを用い抽出し、その総和をもってエーテル抽出分とする方法である。

第３法：本法は、主にキノイド型、アミノ型のキサンテン系色素に適用され、水溶液からの中性、アルカリ性及び酸性エーテル抽出分のうち、各条で規定する抽出分の和をもってエーテル抽出分とする方法である。ただし、抽出操作は連続抽出器で行う。

第４法：本法は、主にフェノール型のキサンテン系色素に適用され、水酸化ナトリウム溶液(２→100）のイソプロピルエーテル抽出分を連続抽出器を用い、求める方法である。

第５法：本法は、赤色226号にのみ適用され、アセトンを加えた、ソックスレー法により抽出分を求める方法である。

第６法：本法は、主にアゾ系油溶性染料、アントラキノン系色素及びアゾ系顔料の一部に適用され、水に可溶な物質の量を測定する方法である。

第７法：本法は、黄色406号及び緑色204号に適用され、クロロホルムを加え、ソックスレー法により抽出分を求める方法である。

使用器具

ソックスレー抽出器

共通すり合わせ連続抽出器

他の公定書との関連

本法は、AOACの方法に準拠している。第７法は、省令及びAOACでは抽出時間が16時間であるが、黄色406号を試料とし経時的に測定したところ、６時間後と16時間後の測定値にはほとんど差がないことから、抽出時間を６時間に設定した。

本法の第１法は、省令のエーテルエキスの定量法第１法に、第４法は、エーテルエキスの定量法第２法に、第６法は、水可溶性物質の定量法に、第７法は、クロロホルムエキスの定量法に準じている。

■参考文献

William Horwitz (ed.): Official Methods of Analysis of AOAC INTERNATIONAL (17th ed.) AOAC (Washinton), 2000.

可溶物試験法採用色素と規格値

色素名	方法	規格	色素名	方法	規格
赤色2号	第2法	1.0%以下	黄色202号の(1)	第4法	0.5%以下
赤色3号	第3法(a)、(b)	0.5%以下	黄色202号の(2)	第4法	0.5%以下
赤色102号	第2法	0.5%以下	黄色203号	第2法	1.0%以下
赤色104号の(1)	第3法(a)、(b)	1.0%以下	黄色204号	第6法	1.0%以下
赤色105号の(1)	第3法(a)、(b)	1.0%以下	黄色205号	第6法	0.3%以下
赤色106号	第2法	0.5%以下	緑色201号	第1法	0.5%以下
黄色4号	第2法	0.5%以下	緑色202号	第6法	1.0%以下
黄色5号	第2法	1.0%以下	緑色204号	第7法	0.5%以下
緑色3号	第2法	1.0%以下	緑色205号	第2法	0.5%以下
青色1号	第2法	0.5%以下	青色201号	第6法	1.0%以下
青色2号	第3法(a)、(b)、(c)	0.5%以下	青色202号	第2法	1.0%以下
赤色201号	第1法	0.5%以下	青色203号	第2法	1.0%以下
赤色202号	第1法	1.0%以下	青色204号	第6法	1.0%以下
赤色203号	第1法	0.5%以下	青色205号	第2法	0.5%以下
赤色204号	第1法	0.5%以下	褐色201号	第1法	1.0%以下
赤色205号	第1法	0.5%以下	紫色201号	第6法	0.5%以下
赤色206号	第1法	0.5%以下	赤色401号	第1法	1.0%以下
赤色207号	第1法	0.5%以下	赤色404号	第1法 第6法	3.0%以下、 0.3%以下
赤色208号	第1法	0.5%以下	赤色405号	第1法 第6法	1.0%以下、 1.5%以下
赤色213号	別法	1.0%以下	赤色501号	第6法	0.5%以下
赤色214号	第3法(a)、(b)	0.5%以下	赤色502号	第2法	0.5%以下
赤色215号	－	－	赤色503号	第2法	0.5%以下
赤色218号	第4法	0.5%以下	赤色504号	第2法	0.5%以下
赤色219号	第1法	1.0%以下	赤色505号	第6法	0.5%以下
赤色220号	第1法	0.5%以下	赤色506号	第2法	0.5%以下
赤色221号	第1法	1.0%以下	だいだい色401号	第1法	1.0%以下
赤色223号	第4法	0.5%以下	だいだい色402号	第2法	1.0%以下
赤色225号	第6法	0.5%以下	だいだい色403号	第6法	1.0%以下
赤色226号	第5法	3.0%以下	黄色401号	第1法	1.0%以下
赤色227号	第2法	0.5%以下	黄色402号	第1法	1.0%以下
赤色228号	第1法	1.0%以下	黄色403号の(1)	第2法	0.5%以下
赤色230号の(1)	第3法(a)、(b)	0.5%以下	黄色404号	第1法	0.3%以下
赤色230号の(2)	第3法(a)、(b)	1.0%以下	黄色405号	第1法	0.3%以下
赤色231号	第3法(a)、(b)	1.0%以下	黄色406号	第7法	1.0%以下
赤色232号	第3法(a)、(b)	1.0%以下	黄色407号	第2法	0.5%以下
だいだい色201号	第4法	0.5%以下	緑色401号	第2法	0.5%以下
だいだい色203号	第1法	3.0%以下	緑色402号	第1法	0.5%以下
だいだい色204号	第6法	0.3%以下	青色403号	第6法	0.3%以下
だいだい色205号	第2法	0.5%以下	青色404号	第6法	0.3%以下
だいだい色206号	第4法	0.5%以下	紫色401号	第1法	1.0%以下
だいだい色207号	第3法(a)、(b)	0.5%以下	黒色401号	第1法	1.0%以下
黄色201号	第4法	0.5%以下			

4．乾燥減量試験法

乾燥減量試験法は、試料をそれぞれの規格において規定する条件で乾燥し、その減量を測定する方法である。

装　置

恒温乾燥器（試料の規格において規定する温度にしようとするとき、当該温度から±2℃の範囲内に調節されるものに限る。）を用いる。

操作法

あらかじめ、はかりびん（注1）をそれぞれの試料の規格において規定する温度で30分間乾燥した後、デシケーター（シリカゲル）中で放冷し、質量を精密に量る。これに試料約1gを精密に量り（注2）、試料の層が5mm以下の厚さになるように広げる。これをそれぞれの試料の規格において規定する温度において6時間乾燥した後、デシケーター（シリカゲル）中で室温になるまで放冷し、その質量を精密に量り、次式により乾燥減量を求める。

$$\text{乾燥減量（\%）} = \frac{\text{減量（g）}}{\text{試料採取量（g）}} \times 100$$

〔注〕

（注1）　はかりびんは小さいものの方が秤量誤差は少ないが、試料の種類及び試料量によって適当な大きさのものを選ぶべきである。

（注2）　秤量するときは、手早く行う。試料を入れたデシケーターは常に天秤の側に置いておく。天秤の中には乾燥剤を入れておき、湿気を除くようにする。実験は数回の平均値を求める。また、はかりびんは直接入れないで、時計皿か適当な容器を下に置くようにする。

【解　説】

目　的

本試験法の目的は、乾燥という操作により蒸発する水分（結晶水、付着した水）、溶媒（再結晶に用いたもの、その他)、分解により生じた揮発性物質などの不純物の量を知ることである。この試験の主目的は水分であるので、以下、水分として説明する。

原　理

固体の内部にある水分が乾燥することにより、まず表面水分の蒸発が起こり、内部と表面との水分差が生じ、次に内部の水分が表面まで拡散して蒸発する。この拡散は物質の性質によって、液体(水)、あるいは気体（水蒸気）の場合がある。

他の公定書との関連

この試験法は、化粧品原料基準の一般試験法と同じである。

■参考文献

「化粧品原料基準　第二版注解II」，薬事日報社，1984.

乾燥減量試験法採用色素と規格値

色素名	方法	規格	色素名	方法	規格
赤色2号	1g、105℃、6時間	10.0%以下	黄色202号の(1)	1g、105℃、6時間	15.0%以下
赤色3号	1g、105℃、6時間	12.0%以下	黄色202号の(2)	1g、105℃、6時間	15.0%以下
赤色102号	1g、105℃、6時間	10.0%以下	黄色203号	1g、105℃、6時間	10.0%以下
赤色104号の(1)	1g、105℃、6時間	10.0%以下	黄色204号	1g、105℃、6時間	5.0%以下
赤色105号の(1)	1g、105℃、6時間	10.0%以下	黄色205号	1g、105℃、6時間	5.0%以下
赤色106号	1g、105℃、6時間	10.0%以下	緑色201号	1g、105℃、6時間	10.0%以下
黄色4号	1g、105℃、6時間	10.0%以下	緑色202号	1g、105℃、6時間	10.0%以下
黄色5号	1g、105℃、6時間	10.0%以下	緑色204号	1g、105℃、6時間	15.0%以下
緑色3号	1g、105℃、6時間	10.0%以下	緑色205号	1g、105℃、6時間	10.0%以下
青色1号	1g、105℃、6時間	10.0%以下	青色201号	1g、105℃、6時間	5.0%以下
青色2号	1g、105℃、6時間	10.0%以下	青色202号	1g、105℃、6時間	10.0%以下
赤色201号	1g、105℃、6時間	10.0%以下	青色203号	1g、105℃、6時間	10.0%以下
赤色202号	1g、105℃、6時間	8.0%以下	青色204号	1g、105℃、6時間	10.0%以下
赤色203号	1g、105℃、6時間	10.0%以下	青色205号	1g、105℃、6時間	10.0%以下
赤色204号	1g、105℃、6時間	8.0%以下	褐色201号	1g、105℃、6時間	10.0%以下
赤色205号	1g、105℃、6時間	5.0%以下	紫色201号	1g、105℃、6時間	2.0%以下
赤色206号	1g、105℃、6時間	5.0%以下	赤色401号	1g、105℃、6時間	10.0%以下
赤色207号	1g、105℃、6時間	8.0%以下	赤色404号	1g、105℃、6時間	5.0%以下
赤色208号	1g、105℃、6時間	5.0%以下	赤色405号	1g、105℃、6時間	5.0%以下
赤色213号	1g、80℃、6時間	5.0%以下	赤色501号	1g、105℃、6時間	2.5%以下
赤色214号	1g、80℃、6時間	5.0%以下	赤色502号	1g、105℃、6時間	10.0%以下
赤色215号	1g、80℃、6時間	5.0%以下	赤色503号	1g、105℃、6時間	10.0%以下
赤色218号	1g、105℃、6時間	5.0%以下	赤色504号	1g、105℃、6時間	10.0%以下
赤色219号	1g、105℃、6時間	5.0%以下	赤色505号	1g、105℃、6時間	0.5%以下
赤色220号	1g、105℃、6時間	8.0%以下	赤色506号	1g、105℃、6時間	5.0%以下
赤色221号	1g、105℃、6時間	2.0%以下	だいだい色401号	1g、105℃、6時間	10.0%以下
赤色223号	1g、105℃、6時間	7.0%以下	だいだい色402号	1g、105℃、6時間	10.0%以下
赤色225号	1g、105℃、6時間	5.0%以下	だいだい色403号	1g、105℃、6時間	0.5%以下
赤色226号	1g、105℃、6時間	5.0%以下	黄色401号	1g、105℃、6時間	4.0%以下
赤色227号	1g、105℃、6時間	6.0%以下	黄色402号	1g、105℃、6時間	10.0%以下
赤色228号	1g、105℃、6時間	5.0%以下	黄色403号の(1)	1g、105℃、6時間	10.0%以下
赤色230号の(1)	1g、105℃、6時間	10.0%以下	黄色404号	1g、80℃、6時間	0.2%以下
赤色230号の(2)	1g、105℃、6時間	10.0%以下	黄色405号	1g、80℃、6時間	0.2%以下
赤色231号	1g、105℃、6時間	10.0%以下	黄色406号	1g、80℃、6時間	10.0%以下
赤色232号	1g、105℃、6時間	10.0%以下	黄色407号	1g、80℃、6時間	10.0%以下
だいだい色201号	1g、105℃、6時間	5.0%以下	緑色401号	1g、105℃、6時間	10.0%以下
だいだい色203号	1g、105℃、6時間	5.0%以下	緑色402号	1g、105℃、6時間	10.0%以下
だいだい色204号	1g、105℃、6時間	5.0%以下	青色403号	1g、105℃、6時間	1.0%以下
だいだい色205号	1g、105℃、6時間	10.0%以下	青色404号	1g、105℃、6時間	5.0%以下
だいだい色206号	1g、105℃、6時間	5.0%以下	紫色401号	1g、105℃、6時間	10.0%以下
だいだい色207号	1g、105℃、6時間	10.0%以下	黒色401号	1g、105℃、6時間	10.0%以下
黄色201号	1g、105℃、6時間	5.0%以下			

5．吸光度測定法

吸光度測定法は、試料をそれぞれの規格において規定する溶媒に溶かし、吸収の極大の波長を測定することにより確認試験を行い、吸収の極大の波長における一定濃度の溶液の吸光度を測定することにより定量を行う方法である。

装　置

分光光度計を用いる。可視部の測定には、光源としてタングステンランプ又はハロゲンタングステンランプを用いる。可視部の吸収測定にはガラス製又は石英製の層長 1 cm のセルを用いる。

操 作 法

規格において規定する溶液について試験を行う。確認試験は、吸光度が0.2から0.7までの範囲にならない場合は、0.2から0.7までの範囲になるように、規格において規定する溶媒で調整する（注1）。定量は、規格において規定する吸収極大波長における吸光度(A) を測定し、次式により定量する（注2）（注3）。

$$色素含量(\%) = \frac{A}{B \times N} \times 100$$

B：それぞれの試料の規格において規定する吸光係数。この場合において、吸光係数とは、色素 1 mg を溶媒 1000 mL に溶かし、層長 1 cm のセルを用いて測定した吸光度をいう。

N：試料溶液中の試料濃度（ppm）

波長及び吸光度の校正

波長の読み取りは、波長校正用光学フィルターを用い、それぞれのフィルターに添付された試験成績書の試験条件において、試験成績書に示された基準値の波長付近における透過率を測定し、透過率が極小値を示すものについて行う。この場合において、波長の読み取りは、低圧水銀ランプの 253.65 nm、365.02 nm、435.84 nm 若しくは 546.07 nm 又は重水素放電管の 486.00 nm 若しくは 656.10 nm の輝線を用いて行うことができる。

吸光度の読み取りは、透過率校正用光学フィルターを用い、それぞれのフィルターに添付された試験成績書の試験条件において試験成績書に示された基準値の波長における透過率の読み取りを行う。この場合において、同一波長において透過率の異なる透過率校正用光学フィルターの複数枚を用い、透過率の直線性の確認を行うことが望ましい。

波長及び透過率校正用光学フィルター

波長校正用光学フィルターは、次に示すものを用いる。

フィルターの種類	波長校正範囲（nm）	品名(注)
波長校正用ネオジウム光学フィルター	400～750	JCRM001
波長校正用ホルミウム光学フィルター	250～600	JCRM002

透過率校正用光学フィルターは次に示すものを用いる。

フィルターの種類	校正透過率（%）	品名(注)
透過率用可視域光学フィルター	1	JCRM101
	10	JCRM110
	20	JCRM120
	30	JCRM130
	40	JCRM140
	50	JCRM150

(注)　財団法人日本品質保証機構から供給される光学フィルターの形式名

〔注〕

(注1)　希釈する場合には1ステップで行わず2ステップ以上で行うようにする。例えば1000倍に希釈するとき、0.5 mLをとって一挙に 500 mL とせず、5 mL を 250 mL に希釈し、さらにその 5 mL をとって 100 mL とする方が誤差は少ない。

(注2)　旧省令では、各条規格の定量法は三塩化チタン法によるものがほとんどであったが、改正後の省令では7品目を除いて吸光係数による吸光度測定法に変更された。なお、7品目の定量法は質量法である。

本試験法を確認試験に採用している色素名、波長、溶媒等を表1に、定量法に採用している色素名、波長、溶媒等を表2に掲げる。

(注3)　分光光度計の感度には各機器の間にバラツキが若干みられ、定量値にも影響することがある。そのため機器の調整には十分配慮する必要がある。

【解　説】

吸光度測定法とは、試料が一定の狭い波長範囲の光を吸収する度合を測定する方法である。物質の溶液の吸収スペクトルは、その物質の化学構造によって定まる。したがって、種々の波長における吸収を測定して物質の確認試験、定量試験等を行う。

単色光が、ある物質溶液を通過するとき、透過光の強さ（I）と入射光の強さ（I_0）との比を透過度（T）といい、透過度の逆数の常用対数を吸光度（A）という。

$$T = \frac{I}{I_0} \qquad A = \log\frac{I_0}{I} = -\log T$$

吸光度（A）は、溶液の濃度（c）及び液層の長さ（l）に比例する。

$$A = Kcl$$

l を 1 cm、c を 1％ 溶液に換算したときの吸光度を比吸光度（$E^{1\%}_{1\,\mathrm{cm}}$）、l を 1 cm、c を 1 mol/L の溶液に換算したときの吸光度を分子吸光係数（E）という。吸収の極大波長における分子吸光係数は、Emax で表す。

$E^{1\%}_{1\,\mathrm{cm}}$ 又は E を求める場合は、次の式による。

$$E^{1\%}_{1\,\mathrm{cm}} = \frac{a}{c(\%)\times l} \qquad E = \frac{a}{c(\mathrm{mol/L})\times l}$$

l：液層の長さ（cm）

a：測定で得た吸光度

$c(\%)$：試料溶液の濃度（w/v%）

$c(\mathrm{mol/L})$：試料溶液の濃度

操 作 法

セルは、ガラス製又は石英製を用いる。

確認試験においては、それぞれの規格において規定する溶媒を用いて、規定の濃度に溶解した試料溶液について可視部吸収極大波長を測定する。

定量法においては、分光光度計の波長目盛りをそれぞれの規格において規定する測定波長に合わせ、対照液を光路に入れ、調節して吸光度 0 に示すようにする。次に、測定すべき溶液を光路に入れかえて、このとき示す吸光度を読み取る。

吸光度測定は、規定の溶媒を用いた溶液について行う。また、溶液の濃度は、測定で得た吸光度が0.3～0.7の範囲となったものが適当で、溶液の吸光度がこれより高い値を示す場合は、適当な濃度まで溶媒で薄めた後、測定する。

他の公定書との関連

第七版食品添加物公定書において、食用色素の確認試験に吸光度測定法を用いている。また、食用赤色３号アルミニウムレーキの定量法に吸光度測定法を用いている。

■参考文献

1）「化粧品原料基準　第二版注解」，薬事日報社，1984.

2）「第七版食品添加物公定解説書」，廣川書店，1999.

3）「第十三改正日本薬局方解説書」，廣川書店，1996.

表１．吸光度測定法を確認試験に採用している色素

No.	色　素　名	波長 nm	溶　　媒	濃度 mg/L
1	赤色２号	518～524	酢酸アンモニウム試液	10
2	赤色３号	524～528	酢酸アンモニウム試液	5
3	赤色102号	506～510	酢酸アンモニウム試液	10
4	赤色104号の(1)	536～540	酢酸アンモニウム試液	5
5	赤色105号の(1)	547～551	酢酸アンモニウム試液	5
6	赤色106号	564～568	酢酸アンモニウム試液	3
7	黄色４号	426～430	酢酸アンモニウム試液	10
8	黄色５号	480～484	酢酸アンモニウム試液	10
9	緑色３号	622～626	酢酸アンモニウム試液	4
10	青色１号	628～632	酢酸アンモニウム試液	4
11	青色２号	608～612	酢酸アンモニウム試液	10
12	赤色201号	519～523	エタノール（酸性希）	10
13	赤色202号	519～523	エタノール（酸性希）	10
14	赤色203号	483～489	酢酸アンモニウム試液/エタノール(95)混液（1：1）	10
15	赤色204号	482～486	ジメチルスルホキシド/エチレングリコール混液(2：1)	10
16	赤色205号	491～497	エタノール（酸性希）	10
17	赤色206号	491～497	エタノール（酸性希）	10
18	赤色207号	491～497	エタノール（酸性希）	10
19	赤色208号	491～497	エタノール（酸性希）	10
20	赤色213号	552～556	酢酸アンモニウム試液	2
21	赤色214号	543～547	メタノール	2
22	赤色215号	543～547	メタノール	3
23	赤色218号	536～540	水酸化ナトリウム試液＋酢酸アンモニウム試液	5
24	赤色219号	407～411	ジメチルスルホキシド/エタノール(95)混液（1：1）	10
25	赤色220号	524～530	エタノール（酸性希）	10
26	赤色221号	511～515	クロロホルム	10
27	赤色223号	515～519	水酸化ナトリウム試液＋酢酸アンモニウム試液	4
28	赤色225号	511～515	クロロホルム	5
29	赤色226号	――	――	―
30	赤色227号	529～533	酢酸アンモニウム試液	10
31	赤色228号	484～488	クロロホルム	5
32	赤色230号の(1)	515～519	酢酸アンモニウム試液	5
33	赤色230号の(2)	515～519	酢酸アンモニウム試液	5
34	赤色231号	536～540	酢酸アンモニウム試液	5
35	赤色232号	547～551	酢酸アンモニウム試液	5
36	だいだい色201号	502～506	水酸化ナトリウム試液＋酢酸アンモニウム試液	4
37	だいだい色203号	478～482	クロロホルム	10
38	だいだい色204号	445～449	クロロホルム	5
39	だいだい色205号	482～486	酢酸アンモニウム試液	10
40	だいだい色206号	506～510	水酸化ナトリウム試液＋酢酸アンモニウム試液	5
41	だいだい色207号	507～511	酢酸アンモニウム試液	5
42	黄色201号	488～492	水酸化ナトリウム試液＋酢酸アンモニウム試液	4
43	黄色202号の(1)	487～491	酢酸アンモニウム試液	5
44	黄色202号の(2)	487～491	酢酸アンモニウム試液	5

No.	色　素　名	波長 nm	溶　　媒	濃度 mg/L
45	黄色203号	414～418 435～439	酢酸アンモニウム試液/エタノール(95)混液（1：1）	5
46	黄色204号	417～421 442～446	クロロホルム	5
47	黄色205号	422～426	クロロホルム	5
48	緑色201号	605～609 640～644	酢酸アンモニウム試液	25
49	緑色202号	606～610 645～649	クロロホルム	10
50	緑色204号	367～371 402～406	酢酸アンモニウム試液	10
51	緑色205号	629～633	酢酸アンモニウム試液	5
52	青色201号	——	———	—
53	青色202号	633～637	酢酸アンモニウム試液	5
54	青色203号	633～637	酢酸アンモニウム試液	5
55	青色204号	——	———	—
56	青色205号	627～631	酢酸アンモニウム試液	4
57	褐色201号	424～430	酢酸アンモニウム試液	5
58	紫色201号	584～590	クロロホルム	10
59	赤色401号	527～531	酢酸アンモニウム試液	5
60	赤色404号	493～497 516～520	クロロホルム	10
61	赤色405号	512～516	エタノール（酸性希）	10
62	赤色501号	520～526	クロロホルム	5
63	赤色502号	507～511	酢酸アンモニウム試液	10
64	赤色503号	503～507	酢酸アンモニウム試液	10
65	赤色504号	500～504	酢酸アンモニウム試液	10
66	赤色505号	496～500	クロロホルム	10
67	赤色506号	511～515	薄めたエタノール（99.5）（1 → 5）	10
68	だいだい色401号	360～364 430～434	クロロホルム	10
69	だいだい色402号	474～478	酢酸アンモニウム試液	5
70	だいだい色403号	488～494	クロロホルム	10
71	黄色401号	410～414	クロロホルム	10
72	黄色402号	402～408	酢酸アンモニウム試液	20
73	黄色403号の(1)	390～394 426～430	酢酸アンモニウム試液	10
74	黄色404号	434～438	クロロホルム	10
75	黄色405号	436～440	クロロホルム	10
76	黄色406号	433～439	酢酸アンモニウム試液	10
77	黄色407号	391～395	酢酸アンモニウム試液	10
78	緑色401号	711～717	酢酸アンモニウム試液	25
79	緑色402号	617～621	酢酸アンモニウム試液	5
80	青色403号	600～606 644～650	クロロホルム	10
81	青色404号	——	———	—
82	紫色401号	567～573	酢酸アンモニウム試液	25
83	黒色401号	616～620	酢酸アンモニウム試液	5

表２．吸光度測定法を定量法に採用している色素

No.	色　素　名	含量規格	溶　　媒	濃度 mg/L	波長 nm (付近)	吸光係数
1	赤色２号	85.0%以上	酢酸アンモニウム試液	10	521	0.0422
2	赤色３号	85.0%以上	酢酸アンモニウム試液	5	526	0.111
3	赤色102号	85.0%以上	酢酸アンモニウム試液	10	508	0.0401
4	赤色104号の(1)	85.0%以上	酢酸アンモニウム試液	5	538	0.130
5	赤色105号の(1)	85.0%以上	酢酸アンモニウム試液	5	549	0.106
6	赤色106号	85.0%以上	酢酸アンモニウム試液	3	566	0.207
7	黄色４号	85.0%以上	酢酸アンモニウム試液	10	428	0.0528
8	黄色５号	85.0%以上	酢酸アンモニウム試液	10	482	0.0547
9	緑色３号	85.0%以上	酢酸アンモニウム試液	4	624	0.173
10	青色１号	85.0%以上	酢酸アンモニウム試液	4	630	0.175
11	青色２号	85.0%以上	酢酸アンモニウム試液	10	610	0.0468
12	赤色201号	85.0%以上	エタノール（酸性希）	10	521	0.0604
13	赤色202号	85.0%以上	エタノール（酸性希）	10	521	0.0612
14	赤色203号	85.0%以上	酢酸アンモニウム試液/エタノール(95)混液（1：1）	10	486	0.0583
15	赤色204号	87.0%以上	ジメチルスルホキシド/エチレングリコール混液(2：1)	10	484	0.0414
16	赤色205号	90.0%以上	エタノール（酸性希）	10	494	0.0685
17	赤色206号	90.0%以上	エタノール（酸性希）	10	494	0.0708
18	赤色207号	90.0%以上	エタノール（酸性希）	10	494	0.0574
19	赤色208号	90.0%以上	エタノール（酸性希）	10	494	0.0661
20	赤色213号	95.0%以上	酢酸アンモニウム試液	2	554	0.244
21	赤色214号	92.0%以上	メタノール	2	545	0.247
22	赤色215号	90.0%以上	メタノール	3	545	0.163
23	赤色218号	90.0%以上	水酸化ナトリウム試液＋酢酸アンモニウム試液	5	538	0.138
24	赤色219号	90.0%以上	ジメチルスルホキシド/エタノール(95)混液（1：1）	10	409	0.0336
25	赤色220号	85.0%以上	エタノール（酸性希）	10	527	0.0641
26	赤色221号	95.0%以上	クロロホルム	10	513	0.0784
27	赤色223号	90.0%以上	水酸化ナトリウム試液＋酢酸アンモニウム試液	4	517	0.157
28	赤色225号	95.0%以上	クロロホルム	5	513	0.0966
29	赤色226号	90.0%以上	――	―	―	――
30	赤色227号	85.0%以上	酢酸アンモニウム試液	10	531	0.0723
31	赤色228号	90.0%以上	クロロホルム	5	486	0.0853
32	赤色230号の(1)	85.0%以上	酢酸アンモニウム試液	5	517	0.144
33	赤色230号の(2)	85.0%以上	酢酸アンモニウム試液	5	517	0.136
34	赤色231号	85.0%以上	酢酸アンモニウム試液	5	538	0.122
35	赤色232号	85.0%以上	酢酸アンモニウム試液	5	549	0.101
36	だいだい色201号	90.0%以上	水酸化ナトリウム試液＋酢酸アンモニウム試液	4	504	0.167
37	だいだい色203号	90.0%以上	クロロホルム	10	480	0.0778
38	だいだい色204号	90.0%以上	クロロホルム	5	447	0.104
39	だいだい色205号	85.0%以上	酢酸アンモニウム試液	10	484	0.0670
40	だいだい色206号	90.0%以上	水酸化ナトリウム試液＋酢酸アンモニウム試液	5	508	0.120
41	だいだい色207号	85.0%以上	酢酸アンモニウム試液	5	509	0.110
42	黄色201号	90.0%以上	水酸化ナトリウム試液＋水	4	489	0.247
43	黄色202号の(1)	75.0%以上	水酸化ナトリウム試液＋水	4	489	0.228
44	黄色202号の(2)	75.0%以上	水酸化ナトリウム試液＋水	4	489	0.228
45	黄色203号	85.0%以上	酢酸アンモニウム試液/エタノール(95)混液（1：1）	5	416 437	$0.0734+1.338\times(A_1/A_2-1.0444)$(*1)
46	黄色204号	95.0%以上	クロロホルム	5	419	0.136
47	黄色205号	90.0%以上	クロロホルム	5	424	0.120
48	緑色201号	70.0%以上	酢酸アンモニウム試液	25	642	0.0228
49	緑色202号	96.0%以上	クロロホルム	10	647	0.0407

50	緑色204号	65.0%以上	酢酸アンモニウム試液	10	404	0.0500
51	緑色205号	85.0%以上	酢酸アンモニウム試液(*2)	5	631	0.0812
52	青色201号	95.0%以上	――	―	―	――
53	青色202号	80.0%以上	酢酸アンモニウム試液	5	635	0.138
54	青色203号	80.0%以上	酢酸アンモニウム試液	5	635	0.130
55	青色204号	90.0%以上	――	―	―	――
56	青色205号	85.0%以上	酢酸アンモニウム試液	4	629	0.151
57	褐色201号	75.0%以上	酢酸アンモニウム試液	5	427	0.0972
58	紫色201号	96.0%以上	クロロホルム	10	587	0.0369
59	赤色401号	85.0%以上	酢酸アンモニウム試液	5	529	0.0929
60	赤色404号	90.0%以上	クロロホルム	10	518	0.0553
61	赤色405号	85.0%以上	エタノール（酸性希）	10	514	0.0430
62	赤色501号	95.0%以上	クロロホルム	5	523	0.0872
63	赤色502号	85.0%以上	酢酸アンモニウム試液	10	509	0.0508
64	赤色503号	85.0%以上	酢酸アンモニウム試液	10	505	0.0491
65	赤色504号	85.0%以上	酢酸アンモニウム試液	10	502	0.0534
66	赤色505号	97.0%以上	クロロホルム	10	498	0.0670
67	赤色506号	90.0%以上	薄めたエタノール（99.5）（1 → 5）	10	513	0.0555
68	だいだい色401号	85.0%以上	クロロホルム	10	432	0.0495
69	だいだい色402号	85.0%以上	酢酸アンモニウム試液	5	476	0.0921
70	だいだい色403号	98.0%以上	クロロホルム	10	491	0.0711
71	黄色401号	96.0%以上	クロロホルム	10	412	0.0650
72	黄色402号	85.0%以上	酢酸アンモニウム試液	20	405	0.0330
73	黄色403号の(1)	85.0%以上	酢酸アンモニウム試液	10	428	0.0496
74	黄色404号	99.0%以上	クロロホルム	10	436	0.0539
75	黄色405号	99.0%以上	クロロホルム	10	438	0.0546
76	黄色406号	85.0%以上	酢酸アンモニウム試液	10	436	0.0625
77	黄色407号	85.0%以上	酢酸アンモニウム試液	10	393	0.0581
78	緑色401号	85.0%以上	酢酸アンモニウム試液	25	714	0.0227
79	緑色402号	85.0%以上	酢酸アンモニウム試液	5	619	0.121
80	青色403号	95.0%以上	クロロホルム	10	647	0.0482
81	青色404号	95.0%以上	――	―	―	――
82	紫色401号	80.0%以上	酢酸アンモニウム試液	25	570	0.0273
83	黒色401号	75.0%以上	酢酸アンモニウム試液	5	618	0.0916

＊1）黄色203号の市販流通品は、モノナトリウム塩とジナトリウム塩の混合物で、その混合割合は一定ではない。そのため、他の色素のように標準品から求めた吸光係数は実用に適さない。

黄色203号を酢酸アンモニウム試液に溶かした試料溶液は、416 nmに1つのピークしか現れないが、酢酸アンモニウム試液/エタノール(95)混液（1：1）に溶かした場合は、416 nmと437 nmに2つのピークが現れる。モノナトリウム塩とジナトリウム塩の混合割合を変えた試料について、416 nmにおける吸光度A_1、437 nmにおける吸光度A_2を測定し、A_1/A_2を求めると次の表のとおりになる。

モノナトリウム塩(%)	ジナトリウム塩(%)	A_1/A_2	吸光係数
16.2	83.8	1.0444	0.0734（ジ塩が主として）
25.0	75.0	1.0505	――
50.0	50.0	1.0553	――
75.0	25.0	1.0589	――
87.6	12.4	1.0648	1.007（モノ塩が主として）

上記の結果から次のステップを経て吸光係数を求める。

・吸光度比A_1/A_2が1.0444から1.0648まで変化するのが対応し、吸光係数は0.0734から1.007に変化する。

・この吸光度比と吸光係数の比率が比例係数となる。すなわち、

$(1.007-0.0734)/(1.0648-1.0444)=0.0273/0.0204=1.338$

・従って、吸光係数は$0.0734+1.338(A_1/A_2-1.0444)$となる。

＊2）試料溶液調製直後は測定値が安定しないので、調製後2～5時間に測定する。

＊3）42、43、44は省令では質量法である。

6．強熱残分試験法

強熱残分試験法は、試料を強熱する場合において、揮発せずに残留する物質の量を測定し、試料中に含まれる無機物の量を試験する方法である。

操作法

白金製、石英製又は磁製のるつぼを恒量になるまで強熱し、デシケーター（シリカゲル）中で放冷した後、その質量を精密に量る（注1）。これに試料約 1 g を精密に量り、硫酸少量で潤し、徐々に加熱してなるべく低温でほとんど灰化又は揮散させた後、硫酸で潤し、徐々に加熱してなるべく低温で完全に灰化させ、恒量になるまで強熱する。これをデシケーター（シリカゲル）中で室温になるまで放冷（注2）した後、質量を精密に量り、次式により強熱残分を求める。

$$\text{強熱残分（\%）} = \frac{\text{残分（g）}}{\text{試料採取量（g）}} \times 100 \text{（注3）}$$

〔注〕

（注1）　るつぼはまず空で焼いた後、デシケーター（シリカゲル）中で放冷してからその風袋を求めておく。空焼きの条件は試料を焼く温度及び時間と同じにすればよいが、白金るつぼは熱伝導性がよいから、空焼きは15分で十分である。磁性あるいは石英製では30～40分間行う。ことに新しい磁性るつぼは、吸収した水分などを除くために、1回目は1時間くらい行うとよい。炎は全体を包まず底部を強熱するように調節する。電気炉ならば温度が一定のため恒量にするのが楽である。

（注2）　灰化が終わったならば熱い間にデシケーターに入れて放冷する。白金るつぼなら30分間、磁性るつぼならば1時間くらいで十分である。熱い間に秤量するのは悪いが、あまり長い時間放冷するのもよくない。

（注3）　強熱残分試験法を規格試験としたため、強熱残分の計算式を新たに設定した。

【解　説】

目　的

強熱残分試験法は、通例、有機物中に不純物として含まれる無機物の含量を知る目的で行うが、場合によっては、有機物中に構成成分として含まれる無機物または揮発性無機物中に含まれる不純物の量を測定するために行う。塩化物及び硫酸塩の純度試験の代替として新たに採用された赤色226号を含む、別表に示す21品目の色素については、水に不溶のため、硫酸塩試験法では硫酸塩の限度を測定することができず、FDA 規格では硫酸性灰分として規定されていることを考慮して、硫酸塩の限度を強熱残分で規定することにした。

原　理

強熱残分試験法は、試料を強熱するとき揮散せずに残留する無機物を測定する方法である。上記の方法によって残留する物質は、色素中の成分としてのアルカリ金属及びアルカリ土類金属、並びに不純物として色素中に混入しているアルカリ金属及びアルカリ土類金属の硫酸塩である。このほか、色素中に混在している重金属も酸化物などの形で残留することが考えられる。

試料に硫酸を加えて加熱するのは、残留物の揮発を防ぎ灰分を安定な硫酸塩とするためである。硫酸を入れて加熱すると、刺激性のSO_3の白煙が発生するので初めはドラフト中で徐々に加熱した後、450～550℃ に強熱する。加熱温度が高くなりすぎると生成した硫酸塩の分解が起こり、結果に誤差が生じるから注意しなければならない。したがって、バーナーで加熱するよりも電気炉を用いる方が適当である。バーナーで加熱するときは、るつぼの底のみを加熱するようにする。また、灰化が十分に行われていない場合は、炭素が残って黒色を帯びているから完全に灰化するまで加熱する。

他の公定書との関連

本法は、化粧品原料基準一般試験法の強熱残分試験法第１法と同じである。

■参考文献

「化粧品原料基準　第二版注解II」，薬事日報社，1984.

強熱残分試験法採用色素と規格値

No.	色　素　名	規格値	採取量
1	赤色221号	1.5%以下	1 g
2	赤色225号	1.0%以下	1 g
3	赤色226号	5.0%以下	1 g
4	赤色228号	1.0%以下	1 g
5	だいだい色203号	1.0%以下	1 g
6	だいだい色204号	1.0%以下	1 g
7	黄色204号	0.3%以下	1 g
8	黄色205号	1.0%以下	1 g
9	緑色202号	1.0%以下	1 g
10	青色201号	2.0%以下	1 g
11	青色204号	1.0%以下	1 g
12	紫色201号	1.0%以下	1 g
13	赤色404号	1.0%以下	1 g
14	赤色501号	1.0%以下	1 g
15	赤色505号	0.3%以下	1 g
16	だいだい色401号	1.0%以下	1 g
17	だいだい色403号	0.3%以下	1 g
18	黄色401号	1.0%以下	1 g
19	黄色404号	1.0%以下	1 g
20	黄色405号	1.0%以下	1 g
21	青色403号	0.3%以下	1 g

7．原子吸光光度法

原子吸光光度法は、光が原子蒸気層を通過するとき、基底状態の原子が特有の波長の光を吸収する現象を利用し、試料中の被検元素の量（濃度）を測定する方法である（注１）。

装　置

装置は、光源部、試料原子化部、分光部、測光部及び表示記録部からなるものを用いる。光源部には、中空陰極ランプ又は放電ランプ等を用いる（注２）。試料原子化部は、フレーム方式、電気加熱方式及び冷蒸気方式によるものとし、フレーム方式の場合は、試料原子化部はバーナー及びガス流量調節器からなるものとする。分光部には、回折格子又は干渉フィルターを用いる（注３）。測光部は、検出器及び信号処理系からなるものとする。表示記録部には、ディスプレイ、信号記録装置等を用いる（注４）。なお、バックグラウンドの補正法としては、連続スペクトル光源方式、ゼーマン方式、非共鳴近接線方式又は自己反転方式がある（注５）。

操 作 法

４において被検元素ごとに定める光源ランプを装てんし、測光部に通電する。当該光源ランプを点灯し、分光器を４において被検元素ごとに定める分析線波長に合わせた後、適当な電流値に設定する。

４において被検元素ごとに定める支燃性ガス及び可燃性ガスを用い、これらの混合ガスに点火してガス流量、圧力を調節し、溶媒をフレーム中に噴霧してゼロ点調整を行う（注６）。２に定める試料溶液調製法で調製した試料溶液をフレーム中に噴霧し、その吸光度を測定する（注７）。

１　前処理法（注８）

（１）　試料約 1 g をケルダールフラスコに精密に量り、硫酸 6 mL 及び硝酸 10 mL を加えて穏やかに加熱する。液の色が暗色に変わり始めたとき、硝酸 10 mL を追加し、白煙が発生するまで加熱する。この場合において、液の色が黄色にならないときは、室温まで冷却して硝酸 10 mL を追加し、白煙が発生するまで加熱する操作を繰り返す。液の色が黄色になった後、室温になるまで冷却して硝酸 5 mL 及び過塩素酸 3 mL を加え、液の色が無色又は淡黄色になるまで加熱する。これを室温になるまで冷却して飽和シュウ酸アンモニウム一水和物溶液 15 mL を加え、亜硫酸ガスの白煙が発生するまで加熱する。これを室温になるまで冷却し、水 20 mL を加え、沸騰するまで加熱した後、室温まで冷却し、水を加えて、正確に 50 mL とする。

（2） 試料約 1 g をケルダールフラスコに精密に量り、硝酸 5 mL を加え穏やかに加熱した後、硝酸/過塩素酸混液（1：1）3 mL を加え、乾固させないように注意しながら穏やかに加熱する。この場合において、乾固させると爆発するおそれがあり、加熱する操作は、十分な注意を払って行う。これを室温まで冷却した後、硝酸/過塩素酸混液（1：1）3 mL を追加し、乾固させないように注意しながら穏やかに加熱して濃縮する。室温になるまで冷却した後、水 20 mL 及び薄めた塩酸（1 → 10）20 mL を加えて10分間煮沸した後、ろ紙を用いてろ過し、ろ液に水を加えて正確に 50 mL とする。

（3） 試料約 1 g をケルダールフラスコに精密に量り、硝酸 5 mL を加え穏やかに加熱した後、硝酸/過塩素酸混液（1：1）3 mL を加え、乾固させないように注意しながら穏やかに加熱し濃縮する。乾固させると爆発するおそれがあるため、加熱する操作には十分に注意を払って行う。この場合において、液の色がほとんど無色澄明にならないときは、室温まで冷却して硝酸/過塩素酸混液（1：1）3 mL を追加し、乾固させないように注意しながら穏やかに加熱して濃縮する操作を繰り返す。液の色がほとんど無色澄明になった後、室温になるまで冷却して硝酸/過塩素酸混液（1：1）3 mL を加え、乾固させないように注意しながら穏やかに加熱して濃縮する操作を 3 回繰り返す。これを室温になるまで冷却し、水を加えて正確に 50 mL とする。

2　試料溶液調製法

（1） 前処理法（1）又は（2）で得られた溶液の 10 mL を 100 mL の分液ロートに正確に量り、ブロモチモールブルー試液 2 滴を指示薬として加え、薄めたアンモニア水(28)（1 → 2）を加えて中和した後、酢酸・酢酸ナトリウム緩衝液 10 mL を加え、pH 値が 6 になるよう調整する。これに酒石酸ナトリウムカリウム四水和物溶液（1 → 4）5 mL、飽和硫酸アンモニウム溶液 10 mL 及び N,N-ジエチルジチオカルバミド酸ナトリウム三水和物溶液（1 → 50）10 mL を加えた後、4-メチル-2-ペンタノン 10 mL を正確に加え、5 分間振り混ぜ、4-メチル-2-ペンタノン層を試料溶液とする。

（2） 前処理法（3）で得られた溶液の 25 mL を正確に量り、ブロモチモールブルー試液 2 滴を指示薬として加え、薄めたアンモニア水(28)（1 → 2）を加えて中和した後、水を加えて 50 mL とし、100 mL の分液ロートに移す。これに酢酸・酢酸ナトリウム緩衝液 10 mL 及び N,N-ジエチルジチオカルバミド酸ナトリウム三水和物溶液（1 → 50）10 mL を加えた後、4-メチル-2-ペンタノン 10 mL を正確に加え、5 分間振り混ぜ、4-メチル-2-ペンタノン層を試料溶液とする。

（3） 前処理法（3）で得られた溶液の 25 mL を正確に量り、薄めた硫酸（3 → 50）10 mL を加え、水を加えて約 50 mL にした後、過マンガン酸カリウム試液 2 滴又は 3 滴を加えて加熱する。この場合において、液の紫紅色が消失したときは、過マンガン酸カリウム試液を滴加し、加熱する操作を繰り返す。液の紫紅色が消えなくなった後ブロモチモールブルー試液2滴を指示薬として加え、薄めたアンモニア水(28)(1 → 2)を加えて中和した後、100 mL の分液ロートに移す。これに酢酸・酢酸ナトリウム緩衝液 10 mL 及び N,N-ジエチルジチオカルバミド酸ナトリウム三水和物溶液（1 → 50）10 mL を加えた後、4-メチル-2-ペンタノン 10 mL を加え、5分間振り混ぜ、4-メチル-2-ペンタノン層を試料溶液とする。

(4)　前処理法(2)で得られた溶液の 10 mL を 100 mL の分液ロートに正確に量り、アンモニア水(28)を加えて pH 値を8.5になるよう調整する。これにシアン化カリウム溶液（1 → 20）4 mL 及び N,N-ジエチルジチオカルバミド酸ナトリウム三水和物溶液(1 → 50）10 mL を加えた後、4-メチル-2-ペンタノン 10 mL を正確に加え、5分間振り混ぜ、4-メチル-2-ペンタノン層を試料溶液とする。

3　比較試験法（注9）

それぞれの試料の規格において指定された前処理法及び試料溶液調製法により、試料溶液を調製する。次に、被検元素の標準原液（原子吸光光度法用）をそれぞれの試料の規格において規定された量を正確に量り、試料溶液と同様の前処理法及び溶液調製法により、比較液を調製する。試料溶液及び比較液について、フレーム方式により被検元素の分析線波長で吸光度を測定し、試料溶液の吸光度が比較液の吸光度より大きくないときには、試料溶液中に含まれる被検元素の量は、規格における規格値よりも小さいことが確認される。

4　被検元素ごとの分析線波長、支燃性ガス、可燃性ガス及び光源ランプの組み合わせ

被検元素	分析線波長(nm)	支燃性ガス	可燃性ガス	光源ランプ
Zn	213.9	air	C_2H_2	亜鉛中空陰極ランプ
Cr	357.9	air	C_2H_2	クロム中空陰極ランプ
Fe	248.3	air	C_2H_2	鉄中空陰極ランプ
Pb	283.3	air	C_2H_2	鉛中空陰極ランプ
Mn	279.5	air	C_2H_2	マンガン中空陰極ランプ

〔注〕

(注1)　原子吸光光度法は、測定試料中の目的元素を基底状態の原子に解離させ、これに光源ランプの同じ元素から放射される特有波長の光をあて、この放射光を基底状態の原子が吸収する度合いを測定し、目的元素を定量する分析法である。

(注2)　光源としては、中空陰極ランプ hollow cathode lamp が用いられている。このほか金属または金属ハロゲン化物を石英管中に封入し、高周波誘導で原子を励起させるランプ(As、Sb、Se、Te など）や石英管に数 mmHg の水銀蒸気を封入した低圧水銀ランプ（Hg 分析）もある。中空陰極ランプには、一元素型ランプと多元素複合型ランプがある。

（注3）　原子吸光光度計の分光部には、日局12では回折格子またはプリズムが用いられていたが、日局13ではプリズムに代わって干渉フィルターが用いられることになったので最新の方法を用いている。

（注4）　測光部は、光エネルギーの吸収強度を測定するもので、検出器、増幅器及び指示計器からなっている。指示計器は、アナログもしくはデジタル表示のほかに、別に記録計がある。最近の装置の多くは、マイクロコンピュータにより、指示値のほかにその積分値や平均値をプリントアウトするという、種々のデータ処理機能を備えている。

（注5）　日局13よりバックグラウンドの補正が明文化されたため、採用した。

（注6）　普通、原子スペクトルでは紫外部から可視部にわたって各元素に固有な波長を持つ数本の輝線が観察される。これらの輝線のうち分析に使用する吸収を特に分析線という。このほか光源ランプからは数本の輝線が放射される。装置に規定の光源ランプを装てんし、一定の放電電流値を点灯後十分ウォーミングアップして光源などを安定させた後、光軸がずれていないことを確かめる。分光器の波長を規定されている分析線波長に合わせる。この際、装置の波長ダイヤル目盛りがずれていることがあるので、目盛りにとらわれずに必ず輝線スペクトルのピークを捉える必要がある。分析線波長が規定されていない場合には、最も感度がよく、かつ他の元素による影響を受けない波長を選定する。原子吸光光度法による検出感度は可燃性ガスと支燃性ガスの組み合わせ、その混合比及び流量などによって大きく影響されるので、両ガスの混合比及び流量を一定に保つことが肝要である。

（注7）　噴射に必要な液量は、3～5 mLで、測定は 0.5～2 mLを使用する。自動校正装置が付いていない装置で、測定が長時間に及ぶときには、ときどき標準溶液を噴霧し、測定値の変動を校正しなければならない。

（注8）　色素のうち、バリウム塩、カルシウム塩になっているものは、前処理法（1）の方法では、回収率が悪い。また、クロムを測定する際、前処理法（1）又は（2）では、データにばらつきが生じる。したがって前処理法（3）を用いる。

（注9）　一般的には、原子吸光光度法は、定量法として用いる場合が多いが、本省令では、純度試験として比較試験法を用いている。

【解　説】

原　理

原子吸光光度法 atomic absorption spectrometry は、原子が吸収又は放射する光のスペクトル、原子スペクトル atomic spectrum を利用した分析法である。原子スペクトルは輝線スペクトルと連続スペクトルからなる。前者は、核外電子のある準位から別の準位への遷移に基づく。この場合には、波長幅の狭い特定波長の光だけが吸収または放射される、いわゆる輝線スペクトル lien spectrum になる。後者は、原子が電子を放出してイオンになる過程及びその逆の過程に関係している。この過程では電子のエネルギーは任意の値をとりうるから、吸収または放射される光は連続スペクトル continuous spectrum になる。単に原子スペクトルといった場合には輝線スペクトルの部分を指す。太陽光線を分光器を通して見ると、連続スペクトルの中に、ところどころに暗線(Fraunhofer 線)が見られる。これは、連続的なスペクトル分布を持つ太陽光が、太陽大気または地球大気中に存在する気体原子によって共鳴的に吸収されることによって生じたものである。原子スペクトルは赤外線領域から X 線領域まで非常に広い領域にわたっているが、原子吸光光度法では紫外部から可視領域の吸収を利用している。

原子吸光光度法は、吸光度測定法と同一原理に基づいている。光の本質、光と物質との相互作用、ランベルト-ベールの法則、分光光度計などの基礎的事項についてはここでは省略し、原子吸光光度法が吸光度測定法と異なることをあげる。

吸光度測定法の基礎になっている紫外吸収スペクトルは分子内の電子状態の励起に基づいている。分子の電子的な励起は分子の回転、原子-原子結合の振動の 2 種類のエネルギー変化を伴うので、紫外吸収スペクトルにおける吸収ピーク（吸収帯 absorption band）はある幅を持っている。他方、原子スペクトルは先述したように輝線スペクトルである。吸光度測定法では、試料に紫外部または可視部全領域にわたる光を照射し、特定波長における吸収の強度を測定しているのに対して、原子吸光光度法では被検元素と同じ元素の原子スペクトル線を照射し、そのうちの分析線の吸収強度を測定している。吸光度測定法は、分子そのものの吸収を観察しているが、原子吸光光度法は試料を分解し、被検元素を原子状にして測定している。

装置と操作法

原子吸光光度法の装置は、被検元素の原子スペクトル線を放射する光源部、測定試料内に含まれている被検元素を原子状に還元する試料原子化部、原子化部を通過した光から分析線を取り出す分光部、その強度を測る測光部及び指示記録部から構成されている。

①測定試料の調製

原子吸光光度法により試験を行う場合、試料中の有機物を分解しなければならない場合がある。このため試料の前処理には、試料を電子炉などで加熱して、有機物を空気中の酸素で分解させる乾式灰化法、パイレックス又は石英製の容器の中で有機物を高周波で原子状に活性化した酸素で分解させる低温灰化法、硝酸、過塩素酸、過酸化水素などと硫酸を用いて低温度で有機物を分解させる湿式分解法がある。これらのうち、乾式灰化法では多くの金属元素がハロゲン化物、有機金属化合物などの形で揮散することがあるので注意しなければならない。低温灰化法や湿式分解法では金属元素が揮散するおそれはほとんどない。色素の試験には湿式分解法を用いている。測定試料調製の前処理法として溶媒抽出法がある。これは被検元素をキレート化合物に導いて有機溶媒で抽出する方法である。この方法は、微量金属の濃縮効果と、抽出に用いた有機溶媒を直接燃焼させるとミストの細粒化などの原因で検出感度の向上が期待できる。そのため、色素を濃硫酸・濃硝酸及び過塩素酸を用いて分解し、それぞれの金属の塩の溶液をつくり、さらにその溶液中より共存塩類の障害を除くため、N,N-ジエチルジチオカルバミド酸ナトリウム三水和物溶液のようなキレート剤を加え、4-メチル-2-ペンタノン層に移して測定するようにした。

硫化ナトリウムまたは硫化水素で酢酸酸性で呈色する金属は、ビスマス、銅、カドミウム、ニッケル、コバルト、鉛、亜鉛があり、マンガン、鉄はアルカリ性で呈色する。市場に流通している化粧品用色素を実測した結果、上記金属中、存在してなかったものを除き、製造時混入の可能性のある重金属（鉛は別）として重点的にクロム、マンガン、亜鉛、鉄を選定し、規格設定を行った。

②光源

紫外分光光度計や赤外分光光度計では、例えば重水素放電管のような連続スペクトル光源から放射される光を測定試料に照射し、各波長における吸収強度を測定する方法がとられている。原子スペクトルは、線幅の極めて狭い（2 pm（ピコメートル）程度）輝線スペクトルである。高分解能の回折格子を用い、スリットを可能なかぎり狭くしても、検出器に入る光の波長幅は 200 pm である。この場合、線幅 2 pm の光が完全に吸収されたとしても検出器に入る光量は 1％ 減少するに過ぎず、1％ の変化を正確に測定することは極めて困難である。すなわち、連続スペクトル光源では高い検出感度は期待できない。このような理由から、原子吸光光度法では、被検元素と同じ元素を発光体とする光源が用いられる。

③試料原子化部

原子吸光光度分析では、試料中に含まれている被検元素を原子状に還元しなければならない。その方法として、測定試料液を化学炎の中へ噴霧するフレーム方式、電気加熱炉を用いて還元する方式、水銀に対して適用される冷蒸気方式がある。化学フレームを作るには、可燃性ガスとしてプロパン、水素、アセチレンなどが、支燃性ガスとして空気、亜酸化窒素、酸素などが用いられている。これらのなかからいろいろな組み合わせが考えられるが、最もよく使われているのはアセチレンと空気の組み合わせで最高温度は 2300℃ に達する（この組み合わせでは原子化されにくい元素（Al、Ba、Ca など）には、より酸化力の強いアセチレンと亜酸化窒素の組み合わせが用いられ、この場合には 2955℃ に達する。）。フレーム方式による原子化で重要なことは、できるだけ粒子径の小さな霧を作ることと、原子化された被検元素の原子が化学炎内にできるだけ長い時間とどまるようにすることである。しかし、火炎速度が遅いとバックファイアーの危険も高くなる。フレーム方式では、測定試料内に仮想した 1 点が化学炎内に存在する時間はせいぜい数 ms と計算される。この時間内に原子化の過程を完全にするためには霧の粒子径をできるだけ小さくしなければならない。また粒子径が大きいと光散乱の影響も大きくなり望ましいことではない。

バーナーには予混合型 premix burner が汎用されている。予混合型バーナーは、測定試料を霧化するためのネブライザー、スプレイチャンバー及び化学フレームを形成させるための火口部からなっている。スプレイチャンバーは試料液をできるだけ粒子径の小さな霧を作るためのチャンバーである。ネブライザーノズルから噴出された流体は障害物、ディスパーサー（直径 7 mm 程度のガラス球）に当たってより有効に霧状になる。チャンバーにはドレイン抜きがあるこの方式によって噴霧された試料のうちの 5～15％ がフレームに到達する。火口は幅 0.4～0.5 mm（亜酸化窒素-アセチレン）または 100 mm（空気-アセチレン）のスリットになっている。なお、予混合型バーナーの火口がスリット状であるのは、原子蒸気層を長くして検出感度を向上させるためである。

電気加熱炉として最も一般的に用いられているのはグラファイト炉で、内径 2～5 mm、長さ

50 mm 程度の円筒状黒鉛に電流を通し、約 2800℃ まで加熱することができる。数～20 μL の測定試料を中央上部の可動窓から入れ、最初 100℃ で乾燥し、200～500℃ で有機物を灰化した後高温にし、熱解離と黒鉛の還元作用により原子化する。高温になった炭素管を空気に触れると燃焼してしまうので、これを防ぐため炭素管の周囲には不活性ガスを流す。また炭素管の熱が他の部分に伝わらないよう電極部は水冷されるようになっている。

実際の製品では、乾燥、灰化及び原子化のそれぞれについて温度と時間のプログラム装置を備えており、測定試料を注入してスタートボタンを押せば自動的に各段階が行われて吸収が記録されるようになっている。電気加熱炉法では、原子蒸気が限られた狭い場所で生成されるため、高い原子密度が得られ、試料量がフレーム方式に比べてはるかに少量で測定できるという利点がある。

④分光部

原子化部を通過した光の中からこの波長の光だけを取り出さなければならない。この役割を受け持っているのが分光部である。

原子吸光光度計の分光部には最初はプリズムが使われていたが、最近では回折格子または干渉フィルターが用いられている。干渉フィルターは分光器に比べて小型であるため装置がコンパクトになることや波長切替えが簡単であること、また光束全体を分光できるので光量が最大限に利用できるなどの利点がある。しかし、得られる単色光の幅が分光器に比べて広いため、妨害線が離れている元素に限られること、被検元素に応じてそれぞれの干渉フィルターを準備しなければならない、などの欠点もある。

原子吸光光度法の応用

原子吸光光度法は、その測定原理からわかるように定性分析には無力であるが、前処理装置が簡単で、その上、検出感度がすぐれているという大きな長所を有しており、希ガス元素、ハロゲン元素、H、C、N、O、P、S、Ra などを除く、ほとんどすべての元素の微量分析に用いられる。特に周期表 1 族及び 2 族元素はこの方法によって高感度で分析される。現在の機器では一元素ずつしか分析できず、したがって多数の元素を同時定量して総合的な結論をくだすことができないという短所もある。検出限界は、グラファイト炉方式では 1 回当たりの注入量（pg）で、フレーム方式では測定試料液の濃度（ppb）で、いずれも対数目盛りで与えられている。両者の検出限界を対比させるために、グラファイト炉では 20 μL が注入されると仮定して両目盛りの位置が合わせてある。

省令では、原子吸光光度法は、色素の純度試験に用いられている。規格値を次頁に記載した。

■参考文献

「第十四改正日本薬局方解説書」，廣川書店，2001.

原子吸光光度法採用色素と規格値

	亜鉛	クロム	マンガン	鉄	鉛
赤色３号	200 ppm 以下				
赤色104号の(1)	200 ppm 以下				
赤色105号の(1)	200 ppm 以下				
赤色106号	200 ppm 以下	50 ppm 以下	50 ppm 以下		
緑色３号		50 ppm 以下	50 ppm 以下		
青色１号		50 ppm 以下	50 ppm 以下		
青色２号				500 ppm 以下	
赤色213号	200 ppm 以下				
赤色214号	200 ppm 以下				
赤色215号	200 ppm 以下				
赤色218号	200 ppm 以下				
赤色223号	200 ppm 以下				
赤色226号				500 ppm 以下	
赤色230号の(1)	200 ppm 以下				
赤色230号の(2)	200 ppm 以下				
赤色231号	200 ppm 以下				
赤色232号	200 ppm 以下				
だいだい色201号	200 ppm 以下				
だいだい色206号	200 ppm 以下				
だいだい色207号	200 ppm 以下				
黄色201号	200 ppm 以下				
黄色202号の(1)	200 ppm 以下				
黄色202号の(2)	200 ppm 以下				
黄色203号	200 ppm 以下			500 ppm 以下	
黄色204号	200 ppm 以下			500 ppm 以下	
緑色201号				500 ppm 以下	
緑色202号				500 ppm 以下	
緑色205号		50 ppm 以下	50 ppm 以下		
青色201号				500 ppm 以下	
青色202号		50 ppm 以下	50 ppm 以下		
青色203号		50 ppm 以下	50 ppm 以下		
青色204号				500 ppm 以下	
青色205号		50 ppm 以下	50 ppm 以下		
紫色201号				500 ppm 以下	
赤色401号	200 ppm 以下				
緑色402号		50 ppm 以下	50 ppm 以下		
青色403号				500 ppm 以下	
青色404号					20 ppm 以下
紫色401号				500 ppm 以下	

8．質量法

質量法は、第1法、第2法又は第3法によって色素含量を定量する方法である。

操作法

（1）　第1法

試料約 0.5 g を精密に量り、水 50 mL を加えて溶かし、これを 500 mL のビーカーに移し、沸騰するまで加熱した後、薄めた塩酸（1 → 50）25 mL を加えて再び煮沸する。次いでビーカー内壁を少量の水で洗った後ビーカーの口を時計皿で覆い、水浴上で約5時間加熱する。室温になるまで冷却した後、沈殿物を質量既知のるつぼ形ガラスろ過器（1 G 4）でろ過し、薄めた塩酸（1 → 200）10 mL ずつで3回、水約 10 mL ずつで2回洗う。沈殿物をるつぼ形ガラスろ過器とともに 105℃ で3時間乾燥し、デシケーター（シリカゲル）中で放冷した後、精密に量り、次式により色素含量を求める。

$$\text{色素含量（\%）} = \frac{\text{沈殿物の量（g）} \times k}{\text{試料採取量（g）}} \times 100$$

k：規格において規定する係数

（2）　第2法

試料約 0.5 g を精密に量り、水酸化ナトリウム試液（希）50 mL を加えて溶かし、これを 500 mL のビーカーに移し、沸騰するまで加熱した後、薄めた塩酸（1 → 50）25 mL を加えて再び煮沸する。ビーカー内壁を少量の水で洗った後ビーカーの口を時計皿で覆い、水浴上で約5時間加熱する。室温になるまで冷却した後、沈殿物を質量既知のるつぼ形ガラスろ過器（1 G 4）でろ過し、薄めた塩酸（1 → 200）10 mL ずつで3回、水約 10 mL ずつで2回洗う。沈殿物をるつぼ形ガラスろ過器とともに 105℃ で3時間乾燥し、デシケーター（シリカゲル）中で放冷した後、精密に量り、第1法と同じ式により色素含量を求める。

（3）　第3法

試料約 0.1 g を 50 mL のビーカーに精密に量り、硫酸 5 mL を加えて水浴上で加温して溶かす。室温になるまで冷却した後、水約 100 mL を入れた 300 mL の広口三角フラスコに移す。ビーカー中の残留物は、水約 20 mL を加えて広口三角フラスコに洗い込む。ここに生じた沈殿物を質量既知のるつぼ形ガラスろ過器（1 G 4）でろ過し、水 15 mL ずつで 6 回洗う。沈殿物をるつぼ形ガラスろ過器とともに 85℃ で恒量になるまで乾燥し、デシケーター（シリカゲル）中で放冷した後、精密に量り、第 1 法と同じ式により色素含量を求める。

【解　説】

目　的

吸光度を測定するための適当な溶媒がないために、吸光度法が適用できない色素等については、質量法が採用された。

質量法は、試料を溶媒に溶解した後、色素を沈殿させ、沈殿をろ過、洗浄、乾燥して質量を測定することによって色素含量を定量するもので、第 1 法、第 2 法または第 3 法による。

原　理

第 1 法は、水溶性のキサンテン系色素（カルボン酸塩）に適用される。色素の水溶液に塩酸を加えて、色素を色酸として沈殿させ、沈殿した色酸の質量を秤量して、色素（カルボン酸塩）の含量を次の計算式から求める。

$$\text{含量（\%）} = \frac{\text{色酸の質量} \times \dfrac{\text{色素（カルボン酸塩）の分子量}}{\text{色酸の分子量}}}{\text{試料質量(g)}} \times 100$$

色素（カルボン酸塩）の分子量÷色酸の分子量が、第 1 法の係数である。

第 2 法は、色酸の形のキサンテン系色素に適用される。

第 3 法は、色素を硫酸に溶解した後、水を加えて再沈殿させる。

本省令で、質量法が適用される色素と係数及び含量の規格値を次に示す。

質量法採用色素と係数及び規格値

色　　素	方法	係数	規格値
赤色226号	第 3 法	1.000	90.0%以上
黄色201号	第 2 法	1.000	90.0%以上
黄色202号の(1)	第 1 法	1.133	75.0%以上
黄色202号の(2)	第 1 法	1.229	75.0%以上
青色201号	第 3 法	1.000	95.0%以上
青色204号	第 3 法	1.000	90.0%以上
青色404号	第 3 法	1.000	95.0%以上

旧省令では、赤色 3 号、赤色104号の(1)、赤色105号の(1)、赤色230号の(1)、赤色230号の(2)、赤色231号、赤色232号及びだいだい色207号に重量法（質量法）が採用されていたが、現省令では、これらの色素含量の定量にはすべて吸光度測定法が採用されている。

本改訂版では、黄色201号、黄色202号の(１)、黄色202号の(２)について、省令では質量法であるが、吸光度測定法も掲載した。

他の公定書との関連

食品添加物公定書第七版では、食用赤色３号、食用赤色104号及び食用赤色105号に重量法(質量法) を採用している。

■参考文献

「第七版食品添加物公定書解説書」，廣川書店，1999.

9．重金属試験法

重金属試験法は、試料中に混在する重金属（酸性で硫化ナトリウム試液によって呈色又は混濁若しくは沈殿を生ずる金属性混在物をいう。）(注1)の量の限度を試験する方法であり、その量は鉛（Pb）の量として質量百万分率（ppm）で表す（注2）。

試料溶液及び比較液の調製法（注3）

試料 1.0 g を、石英製又は磁製のるつぼに量り、緩くふたをし、弱く加熱して炭化する。室温になるまで冷却した後、硝酸 2 mL 及び硫酸5滴を加え、白煙が生じなくなるまで加熱した後、強熱して(注4)灰化する。室温になるまで冷却した後、塩酸 2 mL を加え、水浴上で加熱して乾固し、残留物を塩酸3滴で潤し（注5）、熱湯 10 mL を加えて2分間加熱する。これにフェノールフタレイン試液1滴を加え、アンモニア試液を液が微赤色になるまで滴加し（注6）、酢酸（希）2 mL を加え、必要に応じてろ紙を用いてろ過し、残留物を水 10 mL で洗い、ろ液及び洗液を比色管に入れ、水を加えて 50 mL とし、試料溶液とする。

別に硝酸 2 mL、硫酸5滴及び塩酸 2 mL を水浴上で蒸発し、砂浴上で加熱して乾固し、残留物を塩酸3滴で潤し、熱湯 10 mL を加えて2分間加熱する。これにフェノールフタレイン試液1滴を加え、アンモニア試液を液が微赤色となるまで滴加し、酢酸(希) 2 mL を加え、必要に応じてろ紙を用いてろ過し、残留物を水 10 mL で洗い、ろ液及び洗液を比色管に入れ、鉛標準液 2.0 mL 及び水を加えて 50 mL とし、比較液とする。

操 作 法（注7）

試料溶液及び比較液に硫化ナトリウム試液（注8）1滴ずつを加えて振り混ぜ、直射日光を避けて5分間放置した後、白色の背景を用い、比色管の上方又は側方から観察する。試料溶液の呈する色は、比較液の呈する色より濃くないことを確認する。この場合において、試料溶液中に混在する重金属の量は、鉛の量として 20 ppm 以下である。

〔注〕

(注1)　本法の重金属試験においては、pH3.0～3.5で黄色～褐黒色の不溶性硫化物を生成する Pb、Bi、Cu、Cd、Sb、Sn、Hg などの重金属を対象としている。これらの金属の希薄な溶液か

ら生じた硫化物の沈殿物は、しばらくはコロイド状に分散し暗系色に見え、その度合いは金属の濃度に比例する。

（注２）　各金属の硫化物の沈殿の色調及び度合は同じとはいえないが、硫化鉛を基準色として、その試料中の重金属の許容の上限を試験する。その限度は各条の「重金属」の試験の末尾に何 ppm に相当するものであるかを付記することにしてある。

（注３）　試料溶液の調製方法は化粧品原料基準の重金属試験法、比較液は試料溶液と同じ方法で調製する。

（注４）　加熱は、試料が燃えたり、ふくれ上がったりして、るつぼの外に出ないように比較的低い熱で時間をかけて炭化する。ガスバーナーで炭化するときは小火炎を用いる。その際、還元炎が生じないように空気を調節する。硫酸及び硝酸は電気炉をいためるので、ほとんど白煙が生じなくなるまで弱いバーナーの火炎又は砂浴で加熱したほうがよい。近年、温度調節のできるホットプレート砂浴がよく用いられる。灰化は炭化物が全く認められなくなるまで行う。

（注５）　蒸発乾固は十分に行う。塩酸は３滴を厳守し残留物をよく潤す。塩酸の過量使用は、次の中和に用いるアンモニア試液の量が多くなり、生成する塩化アンモニウムの緩衝性のために、酢酸（希）2 mL を加えた際、試料溶液の pH が 4 以上となって3.0～3.5にならないため好ましくない。比較液においても同様である。

（注６）　アンモニア試液を液が赤色になるまで加えると、次に酢酸（希）2 mL を加えても液が pH 約3.5にならないことがあり、重金属の正確な判定ができなくなるので注意を要する。もし、過量になった場合は、塩酸（希）で微赤色まで中和するとよい。

（注７）　試料溶液と比較液にそれぞれ硫化ナトリウム試液１滴ずつ加えて密栓し、比色管を数回倒して内溶液をよく混ぜる。呈色は時間と共に変化するから、両者の時差を少なくするように処理して比較する必要がある。

放置時間は５分間が最も適当である。約10分経時するとイオウの析出によって白く濁り始めるので、正確な観察ができなくなる。

比色管の上方から観察するときは、光源に向かって下方45°に傾けた白紙（または白色板）を背景にし、２本の比色管を垂直に並べて保ち、栓をとり、背景から液層を透過してくる光を受けて呈する色の濃さを見比べる。また側方から見る場合は、光源を背にする位置で白紙を垂直に立て、その手前に比色管を並べ、これらに直角の方向（正面）から観察する。いずれの場合でも色の濃淡が見分けにくいときは、比色管の位置を入れ替えて、再び観察し、位置による視覚の誤差を避けて判定を行うとよい。

比色に適した濃度は、上方から観察する場合は鉛 20～30 μg/50 mL、側方から観察するときは 30～50 μg/50 mL が見やすい。これらのことを考慮して、各条では通常、鉛標準液 2.0～5.0 mL をとるように試料の採取量に考慮がはらわれており、3 mL 以下の場合は上方から、3 mL 以上のときは側方から観察すると見やすい。肉眼による比色以外に吸光度にて測定する方法もある。

（注８）　硫化ナトリウム試液には、空気酸化を防ぐためグリセリンを安定剤として加えてあるが、

しだいに黄褐色の多硫化物や多チオン酸塩に変化して硫化物生成の能力が低下するため、調製後３ヵ月以内のものを用いる。冷所に保存するのがよい。呈色に疑義を感じたときは試薬を作り直して使用する。

【解　説】

目　的

昭和41年８月に公布された省令第30号によるその他重金属試験法では、銅、錫、亜鉛についてそれぞれ比色による限度試験であった。本試験法ではpH3.0～3.5で硫化ナトリウム試液で呈色する重金属を鉛を含めて試験することとした。本法にて捕捉できないクロム、マンガン及び白色沈殿にて判定しづらい亜鉛については、原料及び製造工程で混入のおそれのある色素にはそれぞれに原子吸光光度法を適用し、それ以外の色素については、鉛の試験を省き、重金属のみとした。

装置、器具

石英又は磁性のるつぼ

比色管

他の公定書との関連

Limit Tests, Heavy Metals USP, Limit Test for Heavy Metal BP, Genzprüfung auf Schwermetalle DAB, Limit Test for Heavy Metals EP IP, Metaux Lourds (Essai Limite des) FP、重金属試験法、食品添加物公定書。

① 検液調製

(1) 日局（13局）では第１法から第４法まであるが、本法では第２法とした。

(2) BP '88では、硫酸マグネシウムの 1 mol/L 硫酸溶液、または酸化マグネシウムと混和し、800℃ 以下で強熱している。

(3) USP XXII では硫酸及び硝酸による湿式灰化法がある。

日局第１、２法に類似の方法は各国薬局方にある。

② 比色法

(1) 日局では、以下の方法も述べられている。肉眼による判定においては、最適濃度においても 10% 以上の濃度差がないと識別が困難であるので、精密な比較を要するときは、吸光度（波長 400 nm が適当）で測定すると良い。

(2) BP '88、IP3Ed、DAB IX ではメンブランフィルター上にろ取した硫化物の色を比色している。

(3) Pb、Cu 及び Cd について試料溶液濃度 10～100 μg/50 mL における呈色強度を波長 400 nm における吸光度で測定すると、図１に示すように各金属の濃度と吸光度の間に直線性が認められる。またこれらの吸光度は金属によって異なるが、これは肉眼観察による呈色強度とほぼ一致する。

本試験を採用している色素と規格値を一覧表にまとめた。

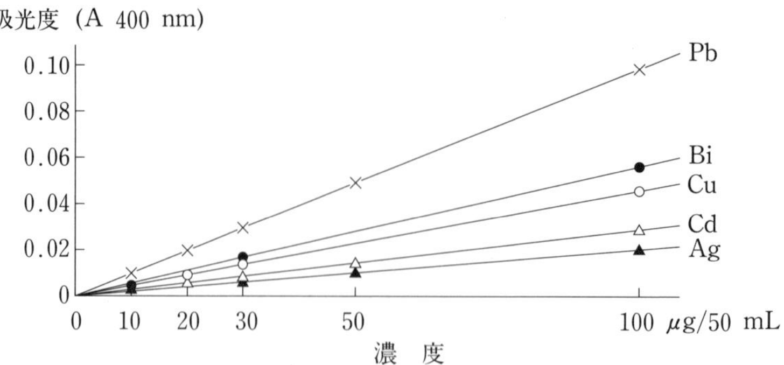

図１．Pb、Cu、Cd、その他の金属の硫化物の呈色強度の比例性

重金属試験法採用色素と規格値

	重金属 (Pbとして)	亜鉛	クロム	マンガン	鉄	備考
赤色２号	20ppm					
赤色３号	20ppm	200ppm				
赤色102号	20ppm					
赤色104号の(1)	20ppm	200ppm				
赤色105号の(1)	20ppm	200ppm				
赤色106号	20ppm	200ppm	50ppm	50ppm		
黄色４号	20ppm					
黄色５号	20ppm					
緑色３号	20ppm		50ppm	50ppm		
青色１号	20ppm		50ppm	50ppm		
青色２号	20ppm				500ppm	
赤色201号	20ppm					
赤色202号	20ppm					
赤色203号	20ppm					
赤色204号	20ppm					
赤色205号	20ppm					
赤色206号	20ppm					
赤色207号	20ppm					
赤色208号	20ppm					
赤色213号	20ppm	200ppm				
赤色214号	20ppm	200ppm				
赤色215号	20ppm	200ppm				
赤色218号	20ppm	200ppm				
赤色219号	20ppm					
赤色220号	20ppm					
赤色221号	20ppm					
赤色223号	20ppm	200ppm				
赤色225号	20ppm					
赤色226号	20ppm				500ppm	
赤色227号	20ppm					
赤色228号	20ppm					
赤色230号の(1)	20ppm	200ppm				
赤色230号の(2)	20ppm	200ppm				
赤色231号	20ppm	200ppm				
赤色232号	20ppm	200ppm				
だいだい色201号	20ppm	200ppm				
だいだい色203号	20ppm					
だいだい色204号	20ppm					

	重金属（Pbとして）	亜鉛	クロム	マンガン	鉄	備考
だいだい色205号	20ppm					
だいだい色206号	20ppm	200ppm				
だいだい色207号	20ppm	200ppm				
黄色201号	20ppm	200ppm				
黄色202号の(1)	20ppm	200ppm				
黄色202号の(2)	20ppm	200ppm				
黄色203号	20ppm	200ppm			500ppm	
黄色204号	20ppm	200ppm			500ppm	
黄色205号	20ppm					
緑色201号	20ppm				500ppm	
緑色202号	20ppm				500ppm	
緑色204号	20ppm					
緑色205号	20ppm		50ppm	50ppm		
青色201号	20ppm				500ppm	
青色202号	20ppm		50ppm	50ppm		
青色203号	20ppm		50ppm	50ppm		
青色204号	20ppm				500ppm	
青色205号	20ppm		50ppm	50ppm		
褐色201号	20ppm					
紫色201号	20ppm				500ppm	
赤色401号	20ppm	200ppm				
赤色404号	20ppm					
赤色405号	20ppm					
赤色501号	20ppm					
赤色502号	20ppm					
赤色503号	20ppm					
赤色504号	20ppm					
赤色505号	20ppm					
赤色506号	20ppm					
だいだい色401号	20ppm					
だいだい色402号	20ppm					
だいだい色403号	20ppm					
黄色401号	20ppm					
黄色402号	20ppm					
黄色403号の(1)	20ppm					
黄色404号	20ppm					
黄色405号	20ppm					
黄色406号	20ppm					
黄色407号	20ppm					

	重金属 (Pb として)	亜鉛	クロム	マンガン	鉄	備考
緑色401号	20ppm					
緑色402号	20ppm		50ppm	50ppm		
青色403号	20ppm				500ppm	
青色404号	鉛として20ppm(原子吸光光度法用)					銅　規格限度内
紫色401号	20ppm				500ppm	
黒色401号	20ppm					
別表第一部 アルミニウムレーキ	20ppm	500ppm			500ppm	赤色２号、赤色３号、赤色102号、赤色104号の(1)、赤色105号の(1)、赤色106号、黄色４号、黄色５号、緑色３号、青色１号、青色２号
別表第二部 アルミニウムレーキ	20ppm	500ppm			500ppm	赤色227号、赤色230号の(1)、赤色230号の(2)、赤色231号、赤色232号、だいだい色205号、だいだい色207号、黄色202号の(1)、黄色202号の(2)、黄色203号、緑色201号、緑色204号、緑色205号、青色205号、褐色201号
別表第二部 バリウムレーキ	20ppm	500ppm			500ppm	だいだい色205号、黄色203号、青色202号、赤色104号の(1)、黄色４号、黄色５号、青色１号
別表第二部 ジルコニウムレーキ	20ppm	500ppm			500ppm	だいだい色205号、黄色203号、緑色205号、黄色４号、黄色５号、青色１号
別表第三部 アルミニウムレーキ	20ppm	500ppm			500ppm	赤色401号、赤色502号、赤色503号、赤色504号、赤色506号、だいだい色402号、黄色402号、黄色403号の(1)、黄色406号、黄色407号、緑色402号、紫色401号、黒色401号
別表第三部 バリウムレーキ	20ppm	500ppm			500ppm	だいだい色402号、緑色402号

10．赤外吸収スペクトル測定法

赤外吸収スペクトル測定法は、物質の赤外吸収スペクトルがその物質の化学構造によって定まるという性質を利用し、種々の波数における赤外吸収スペクトルを測定することにより、物質を確認する方法である（注１）。

装置及び調整法

分散型赤外分光光度計又はフーリエ変換型赤外分光光度計を用いる（注２）。

（１）　透過率（％）の差

あらかじめ調整した分散型赤外分光光度計又はフーリエ変換型赤外分光光度計により、厚さ約 0.04 mm のポリスチレン膜の吸収スペクトルを測定するとき、吸収スペクトルの 2870 cm^{-1} 付近の極小と 2851 cm^{-1} 付近の極大における透過率(％)の差が 18％ 以上であること及び吸収スペクトルの 1589 cm^{-1} 付近の極小と 1583 cm^{-1} 付近の極大の透過率（％）の差は 12％ 以上であることを確認する（注３）。

（２）　波数目盛り

波数目盛りは、ポリスチレン膜の次の吸収帯のうち、いくつかを用いて補正する。なお、括弧内の数値はこれらの値が定められたときの測定精度を表す（注４）。

3027.1(±0.3)　2924　(±2)　2850.7(±0.3)　1944　(±1)
1871.0(±0.3)　1801.6(±0.3)　1601.4(±0.3)　1583.1(±0.3)
1181.4(±0.3)　1154.3(±0.3)　1069.1(±0.3)　1028.0(±0.3)
906.7(±0.3)　698.9(±0.5)

（３）　透過率及び波数の再現性

透過率の再現性はポリスチレン膜の 1000 cm^{-1} 以上 3000 cm^{-1} 以下における数点の吸収を２回繰り返し測定するとき、±0.5％ 以内とし、及び波数の再現性はポリスチレン膜の吸収波数 3000 cm^{-1} 付近で±５ cm^{-1} 以内とし、1000 cm^{-1} 付近で±１ cm^{-1} 以内とする。

試料の調製法及び測定

試料 1 mg 以上 2 mg 以下をめのう製乳鉢で粉末とし、これに臭化カリウム（赤外吸収スペクトル測定用）100 mg 以上 200 mg 以下を加え、湿気を吸わないよう注意しつつ、速やかによくすり混ぜ、これを錠剤成形器に入れ、0.67 kPa 以下の減圧下において錠剤の単位面積(cm^2)当たり 5 t以上 10 t以下の圧力を5分間から8分間加えて製錠した後、測定する(注5)。この場合において、試料は、主な吸収帯の透過率(%)が5%以上 80% 以下の範囲になるように調製しておくものとする。

確認方法

試料及び確認しようとする物質の同一性は、試料の吸収スペクトルと確認しようとする物質の参照スペクトルを比較して、これらのスペクトルが同一の波数に同一の強度の吸収を与えるかを測定することにより確認する。

参照スペクトル

試料の規格において赤外吸収スペクトル測定法による確認試験が規定されている各品目については、波数 600 cm^{-1} 以上 4000 cm^{-1} 以下における参照スペクトルが掲載されている。参照スペクトルにおいては、縦軸は透過率(%)、横軸は波数(cm^{-1})を表す。

〔注〕

(注1)　赤外吸収スペクトル測定法は、物質の分子構造に応じた赤外領域での電磁波スペクトルの吸収を利用した試験法である。その原理については解説で詳しく説明する。一般に、赤外吸収スペクトルは横軸に波数を、縦軸に透過率目盛り (%) をとったグラフで示される。

(注2)　赤外吸収スペクトルの測定には、従来用いられていた分散形の分光光度計に代わって、最近では干渉計で光の干渉波形を測定し、フーリエ変換してスペクトルを得る干渉形の分光光度計が主流となっている。

(注3)　赤外吸収スペクトルは紫外吸収スペクトルよりも吸収ピークがシャープなために、波長のずれや分離能の劣化が測定結果に大きな影響を与える。分解能はポリスチレンの決められた二つのピークの透過率差を測定し、定められた値以上であることを確認することにより試験される。ポリスチレン膜の測定は機器メーカー提供品を使用して行う。

(注4)　任意の波数の吸収帯を任意の数選んで補正する。フーリエ変換形赤外分光光度計における波形のずれは、コンピュータ部の計算に由来するので波数の一次関数となる。そこで、適当な二点を選んで波数のずれを確認し、他の波数のずれを比例計算で補正する。分散形赤外分光光度計における波数のずれは波数領域によって異なるので、測定領域ごとにポリスチレン膜を用いて補正する。

(注5)　臭化カリウムは 4000～400 cm^{-1} の赤外線を吸収せず、圧縮すると透明になるため、固体試料の測定助剤として最も一般的に用いられる。高波数側の赤外線は散乱を受けやすいため、測定試料をめのう製乳鉢で微細化し、さらに臭化カリウムと十分に混ぜ合わせておかないと、良質なスペクトルは得られない。臭化カリウムは吸湿性があるので取り扱いに注意し、デシケーター中に保管する。スペクトルの 3300 cm^{-1} 付近に幅の広い吸収が認められることがあるが、これは水分に由来する吸収である。

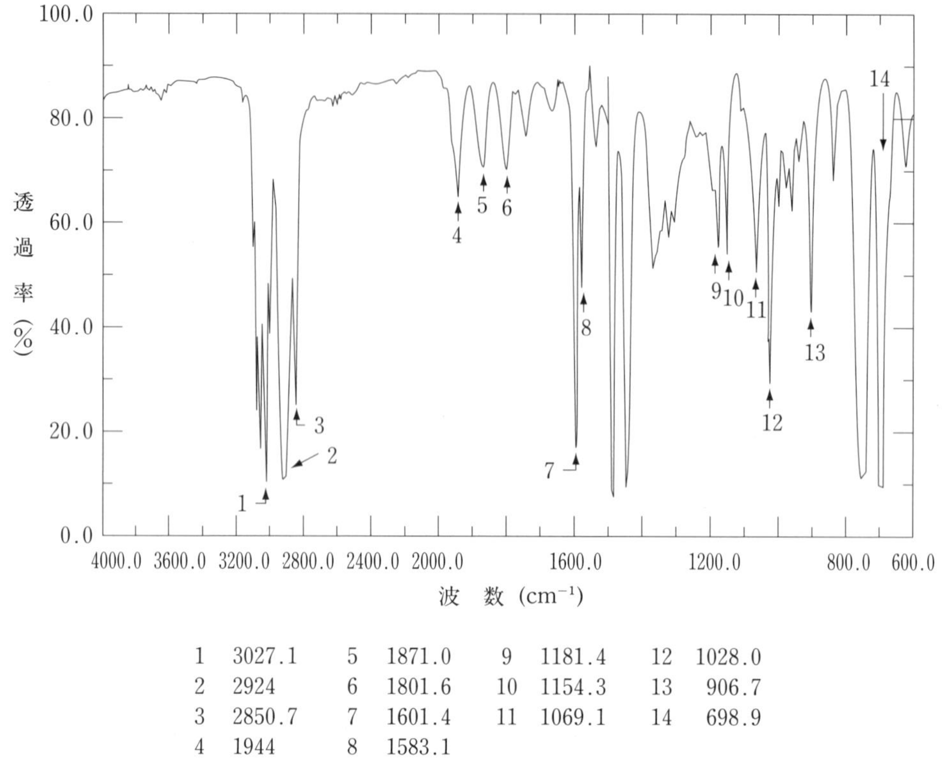

1	3027.1	5	1871.0	9	1181.4	12	1028.0
2	2924	6	1801.6	10	1154.3	13	906.7
3	2850.7	7	1601.4	11	1069.1	14	698.9
4	1944	8	1583.1				

ポリスチレン膜の赤外吸収スペクトル

【解　説】

目　的

本試験法は主として溶解する適当な溶媒がなく、このため吸光度測定法、薄層クロマトグラフ法で確認困難なタール色素の確認方法として当初設定した。しかし、省令収載の83品目すべてに付き検証を行ったところ、構造的に似通っているため吸光度測定法、薄層クロマトグラフ法で試験したときに、それぞれ似通った値を示し、判別がつきにくいタール色素が存在することが明らかになった。この点を補足して正確な確認を行うために、この方法を新たにいくつかの色素の確認方法として各条に追加した。

原　理

分子はそれぞれ固有の振動をしており、この大部分の振動エネルギーは、電磁波スペクトルの赤外領域のエネルギーに対応しているので、赤外線の波長を連続的に変化させて分子に照射して行くと、分子の固有振動と同じ周波数の赤外線が吸収され、分子の構造に応じたスペクトルが得られる。赤外吸収スペクトルからは官能基、多重結合、環の置換位置、水素結合などの主な構造情報がわかる。また、あらかじめ試料物質が予測できるときは、既知のスペクトルと比較して、同定確認ができる。

そこで、本試験法では、赤外吸収スペクトル測定法による確認試験が規定されている各品目について、あらかじめ赤外吸収スペクトルを測定しておき、参照赤外吸収スペクトルとして掲載することにした。そして、試料の吸収スペクトルと確認しようとする色素の参照スペクトルを比較し、両者のスペクトルが同一の波数のところに同様の強度の吸収を与えるとき、試料と確認しようとする色素の同一性が確認されるとした。

使用機器、装置

現在の赤外分光光度計は光学系で分類するとき、分散形と呼ばれるプリズムあるいは回折格子により分光するタイプのもの（図１）と、マイケルソン干渉計（図２）等を用いたフーリエ変換赤外分光光度計（FT-IR）と呼ばれる干渉形の２タイプに分かれる（図３）。

分散形は1930年代にKarl Zeiss社が岩塩プリズムを分散素子とする赤外分光光度計の市販を開始したときにその歴史が始まり、1960年代からは回折格子が分散素子の主流になり、かつ分光器部分が密閉されるようになってからは、簡易化されるとともに恒温恒湿の部屋に設置する等の環境面での制約がなくなって、汎用的な分析機器として最近まで普及していた。

干渉形の方は、分光法の原理は古くから知られていたがなかなか実用化せず、1965年から1970年代後半にかけて、コンピュータの発達に支えられて急速に発展し、分散形では実現しにくかった各種アクセサリーを用いた測定が可能であることと、昨今のエレクトロニクス産業の隆盛に乗った技術の進歩により、急速に普及して現在の主流となっている。

一般的な使用での両者の優劣は付けがたいが、干渉形は分散形に比べて次のような多くの長所を備えているため、急速に普及した。

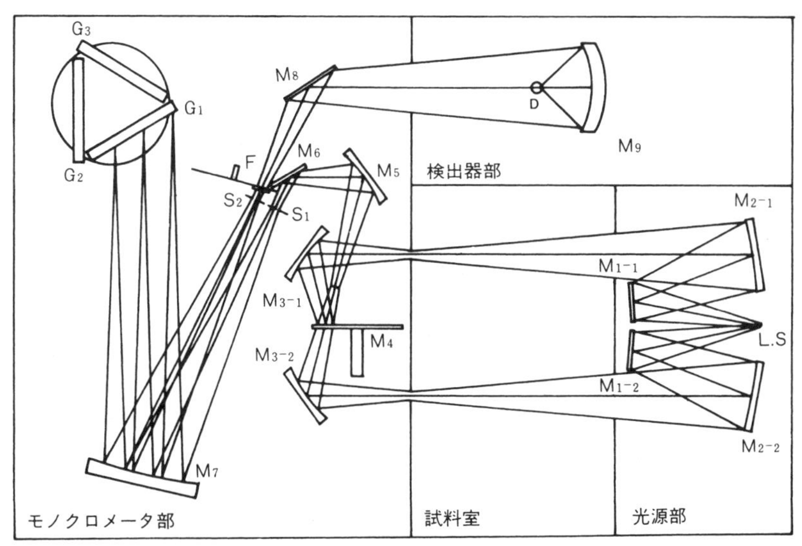

M_{1-1}, M_{1-2}, M_6, M_8：平面鏡　M_{2-1}, M_{2-2}, M_{3-1}, M_{3-2}, M_5：球面鏡　D：検知器
M_4：回転平面鏡（セクタ鏡）　M_9：楕円面鏡（集光鏡）　F：フィルタ　S_1：入射スリット
M_7：軸外し放物面鏡（コリメータ鏡）　G_1, G_2, G_3：回折格子　L.S：光源　S_2：出射スリット

図１．分散形赤外分光光度計の光学系列（IR-700日本分光製）

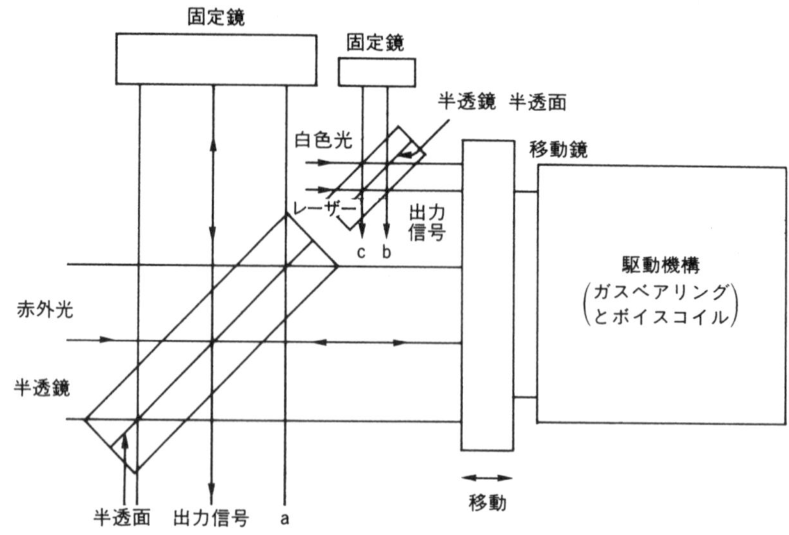

図2．マイケルソン型干渉計の原理図（参考文献[1]より引用）

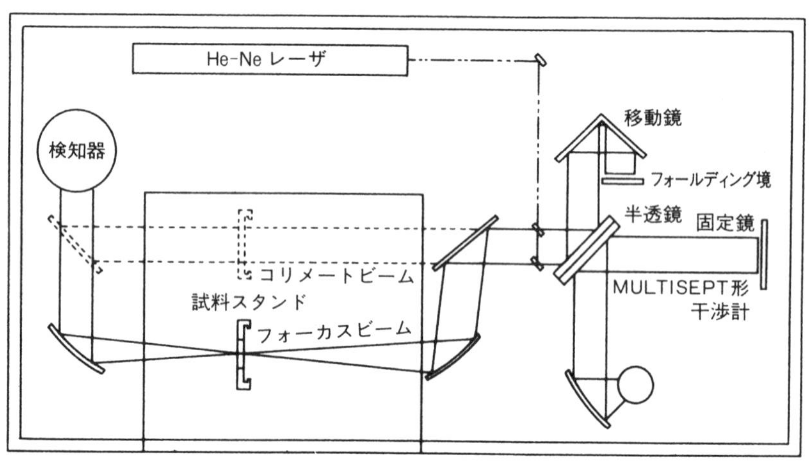

図3．フーリエ変換赤外分光光度計の光学系列（fx-6160：米国 Analect 製）

分散形のように細いスリットが必要でないために、入射開口部を大きくして検出器に照射される光エネルギーを大きくできるために、高感度である。また、分散形ではある時刻に全測定波数領域のうち特定波数の部分だけの光を観測しているのに対して、干渉形ではすべての波長の光を同時に観測しているために、1回の測定時間が数秒程度と短い。そのため、積算測定による S/N 比の向上が可能である。干渉形は He-Ne レーザー光の波長を基準にして測定を行っているので、波数精度は格段に高く、積算による S/N 比の向上やスペクトル間の演算などの各種データ処理なども容易に行えるようになった。この他に、分解能は可動鏡の移動距離に依存するので高分解能の装置を作りやすい、光学系が単純なので調整や測定波数範囲を拡張しやすい、などの利点がある。

他の公定書との関連

本試験法は基本的に14局[2)]の一般試験法　赤外吸収スペクトル法に準じ、本試験法で必要性の低い試料の調製法を割愛した。ただし、14局第一追補[4)]において、「装置及び調整法」の項の内容が一部改正されている。

■参考文献

1）田隅三生：「FT-IR の基礎と実際」，東京化学同人，1986.

2）「第十四改正日本薬局方解説書」，廣川書店，2001.

3）保母敏行監修：「高純度化技術体系　第1巻　分析技術」，フジ・テクノシステム，1996.

4）「第十四改正日本薬局方　第一追補」，じほう，2003.

確認試験に赤外吸収スペクトル測定法を用いている色素

No.	色素名	No.	色素名
1	赤色102号	10	だいだい色205号
2	黄色４号	11	青色201号
3	黄色５号	12	青色204号
4	赤色202号	13	赤色502号
5	赤色213号	14	黄色403号の(1)
6	赤色214号	15	緑色402号
7	赤色215号	16	青色404号
8	赤色220号	17	黒色401号
9	赤色226号		

11. 薄層クロマトグラフ法

薄層クロマトグラフ法は、シリカゲルで作られた薄層を用い、混合物のそれぞれの成分の物理的又は化学的性質の差を利用して、展開溶媒で展開させ、それぞれの成分に分離して確認する方法である。

装　置

シリカゲル薄層板（平滑な耐熱性ガラス板（縦 200 mm、横 50 mm 又は 200 mm、厚さ 3 mm）の上に、適当な装置を用いてシリカゲル（薄層クロマトグラフ用）を厚さ 250 μm 以上 300 μm 以下の薄層状に均一に塗布し、薄層を上にして水平に置き、室温で2時間から3時間放置し乾燥させ、105℃ で1時間加熱した後、乾燥剤を入れた気密容器内で冷却し作製したものに限る。）及び展開用容器（シリカゲル薄層板を内部に直立させ、密閉することができるガラス製のものに限る。）を用いる（注1）。

操作法

（1） 第1法

薄層板の下端から約 20 mm の高さの位置を原線とし、左右両側から少なくとも 10 mm 離した原線上に、約 10 mm の間隔でそれぞれの試料の規格において定める濃度の試料溶液及び標準溶液の規定量をマイクロピペット等を用いてスポットし（注2）、風乾する。あらかじめそれぞれの試料の規格において定める展開溶媒を約 10 mm の深さになるように入れて、その蒸気で飽和させておいた展開用容器に（注3）、この薄層板を器壁に触れないように入れ、容器を密閉し、常温で展開を行う。次いで展開溶媒の先端が原線から約 100 mm の距離まで上昇したとき、薄層板を取り出し、直ちに溶媒の先端の位置に印を付け、風乾し、試料溶液及び標準溶液から得た主たるスポットの位置、色等を比較観察する。この場合において、Rf 値は（注4）、次式により求める。

$$\mathrm{Rf}\,値 = \frac{原線からスポットの中心までの距離(\mathrm{mm})}{原線から溶媒先端までの距離(\mathrm{mm})}$$

（2） 第2法

第1法に準じて試験を行う。この場合において、Rs 値（注5）は、次式により求める。

$$\text{Rs 値} = \frac{\text{原線から試料溶液のスポットの中心までの距離(mm)}}{\text{原線から標準溶液のスポットの中心までの距離(mm)}}$$

〔注〕

(注1)　市販のプレートを使用してもよい。

(注2)　市販されているマイクロピペットやマイクロシリンジを用いる。スポットはできるだけ小さくまとめるようにするのが良い。

(注3)　展開用容器は、その容器内が溶媒の蒸気で飽和されるように気密にできることが必要である。展開用容器の内壁にろ紙をめぐらせ溶媒で潤し、展開溶媒の蒸気を飽和させておく。これにより周縁効果を防ぎ、Rf 値の再現性を高めることができる。

(注4)　薄層クロマトグラフ法では、ろ紙クロマトグラフ法と比較して、Rf 値が変動しやすいため、各条に記載されたとおり、標準物質と常に比較するようにした。薄層クロマトグラフ用標準品はすべて「別に厚生労働省令で定めるところにより厚生労働大臣の登録を受けた者が製造する標準品」(以下、厚生労働省指定標準品と略）とした。

(注5)　厚生労働省指定標準品が設定されていない色素については、別に標準品を設定した。各条に記載のパラニトロアニリン、だいだい色403号、フラビアン酸のいずれかを用い、各々のRf 値を比較したRs 値を規定した（表1)。

①　パラニトロアニリンを標準として用いる色素

赤色203号、黄色204号

②　だいだい色403号を標準として用いる色素

赤色225号、赤色228号、だいだい色204号、黄色205号、緑色202号、紫色201号、赤色404号、赤色501号、だいだい色401号、青色403号

③　フラビアン酸を標準として用いる色素

赤色205号、赤色206号、赤色207号、赤色208号、赤色219号、赤色220号、赤色227号、だいだい色201号、だいだい色206号、だいだい色207号、黄色202号の(1)、黄色202号の(2)、黄色203号、緑色201号、緑色204号、緑色205号、青色202号、青色203号、青色205号、褐色201号、赤色401号、赤色405号、黄色402号、黄色406号、黄色407号、緑色401号、紫色401号、黒色401号

【解　説】

原　理

薄層クロマトグラフ法は、ガラス板の上に吸着剤の薄い層を付け、これを固定層として溶媒で展開するクロマトグラフ法である。その原理は、ろ紙、カラム及びガスクロマトグラフ法と同じで、溶媒(移動相)が固定相の間隙を通って移動するとき、吸着分配に基づいて物質が分離される。物

質の移動率は、ろ紙クロマトグラフ法と同様に、Rf（＝原線からスポットの中心までの距離/原線から溶媒先端までの距離）値で表すことができる。

同様に、標準物質を同時に展開し、それぞれの移動距離を比較することによりRs（＝原線から検体のスポットの中心までの距離/原線から標準溶液のスポットの中心までの距離）値で表すこととした。Rs値は、検体と標準物質を同時に同様に展開することが重要である。

Rf値の設定に当たり、「標準品」として厚生労働省指定標準品を採用し、各条において「標準品と等しいRf値を示す。」とした。

また、厚生労働省指定標準品が存在しない品目については、別に「比較用標準品」を設定し、対照色素と「比較用標準品」を同時に展開し、各々のRf値を比較したRs値を規定した。その「比較用標準品」として、

油溶性色素：パラニトロアニリンまたは厚生労働省指定標準品だいだい色403号

水溶性色素：フラビアン酸

の3種類を品目毎に各条において設定した。色素の確認として有効な色調及びRf値、Rs値を規定し積極的に採用した。なお、適当な溶媒がない品目については、設定が困難であり、他の試験法（赤外吸収スペクトル法等）を採用した。

薄層クロマトグラフ法は、広く各分野の研究に利用され、物質の精製、分離固定に用いられている。また、操作が簡便で、展開時間が短く、しかも分離能がすぐれている。ろ紙クロマトグラフ法と同様に、物質の定性に各種の検出試薬を使用することができるばかりでなく、硫酸、硝酸、クロム酸硫酸など作用の激しい試薬による定色反応、さらに、これに加熱操作を加えることもできる。また、検出感度が高いから微量の物質を分析するのに最も適した方法である。この方法は、ろ紙クロマトグラフ法におけるろ紙の代わりに吸着剤の薄層を用いる方法であるから、その操作方法は、ろ紙クロマトグラフ法のそれとほとんど同じである。

使用器具、装置

ガラス板は、均等な厚さをもった平滑で耐熱性のものを用いる。普通 200×200 mm、あるいは 50×200 mmのものが用いられる。ガラス板は、洗剤などで洗浄後、蒸留水でよく洗っておくことが必要である。

薄層をガラス板状に一定の厚さに作るには、アプリケーター（スプレッダー）と呼ばれる装置を用いる。この装置には移動式（Desage型）と固定式（Camag型）とがある。移動式は、プラスチック製の架台に並べたガラス板上の上をスラリー（吸着剤と水とを混ぜた物）を入れたアプリケーターを一定の速度で滑らせていくと、アプリケーターの下部のスリットからスラリーが出て、ガラス板状に一定の厚さの薄層を作る。また固定式は、アプリケーターが支持台の上に固定されていて、あらかじめ、この中にスラリーを入れておき、その下を一定の速度でガラス板を通過させると、その下部にあるスリットからスラリーが流れ出て薄層が作られる。いずれも薄層は均一に作ることが必要である。

最も広く用いられている吸着剤はシリカゲルで、そのほか、アルミナ、ケイソウ土、セルロース粉末、ポリアミド、イオン交換樹脂、セファデックスなどがある。吸着剤それ自体でも使用される

が、少量の添加剤を加えて用いる場合が多い。薄層を均一に、しかも強力な組織を形成して粘着するように固着剤(バインダー)を加える。固着剤として多く用いられているのは硫酸カルシウム(焼セッコウ：$CaSO_4 \cdot 1/2H_2O$)で、吸着剤に対して 20% まで加えられる。そのほか、展開後紫外線を照射して、分離したはん点を見やすくするために、蛍光性物質を加えたり、また吸着剤の物理的及び化学的性質を変えたり、活性を低下させたり、あるいは展開時間を早めるために各種の試薬を添加することもある。シリカゲルは、そのまま、また多くは焼セッコウと混合して用いられる。

シリカゲルは、水分が 17% 以下では吸着現象を示すが、32% 以上になると分配現象を示すといわれ、吸着クロマトグラフィーでは固定相固体として、分配クロマトグラフィーでは移動相の担体として役立っている。

薄層の厚さは、250～300 μm が定性試験に適当である。また、物質を精製分離する目的で薄層の厚さを 1000～3000 μm 程度に厚くする方法もある。

ガラス板上に塗布されたスラリーは、通例、室温で 10～30分間放置して固化させる。固化したスラリーは、105～110℃ で 30～60分間加熱して活性化するが、加熱温度と加熱時間が吸着剤の活性度に影響を与え、分析する物質の移動率にも影響するから既定された乾燥条件を守らなければならない。活性化した薄層は、直ちに乾燥剤を入れた容器内に保存する。乾燥剤は普通シリカゲルが用いられる。

展開は薄層を展開用容器内に垂直に支え、試験溶液を付けた端を下にして、その端から約 10 mm のところまで溶媒中に浸して展開する上昇法で行う。展開用溶媒が、原点から 100 mm の距離まで浸透する時間は、溶媒の組成によって遅速はあるが、一般に60分以内に完了する。展開用溶媒は、ろ紙クロマトグラフ法の場合と同様に、一成分系の溶媒から多成分系の溶媒が用いられるが、溶媒は精製したものを使用する。

薄層クロマトグラフ法は、移動率（Rf）の再現性がないといわれているが、対象物質を用いて基準とすれば、その欠点を補うことができる。

薄層クロマトグラフ法用シリカゲルは、各種のものが市販されている。シリカゲルと水の混合比が、それぞれ異なっているから、スラリーを作る際は、容器に表示されている調製法に従うことが必要である。

現在では、市販のプレートを用いることが多く、調整されたプレートとしては、TLC プレートシリカゲル60 (Merck)、クラシカル・シリカゲルプレート K6 (Whatman)、Silicagel 70 Plate-Wako (和光純薬) などがある。さらに、試料をプレートにスポットする際には、市販されているマイクロピペット（Disposable micropipette、「microcaps」「drummond」等）やマイクロシリンジを用いる。スポットはできるだけ小さくまとめるようにするのが良い。

なお、昨今は高性能薄層クロマトグラフ(HPTLC)と呼ばれる、50×50 mm から 100×50 mm 程度の薄層板を用いることも多くなってきた。HPTLC には高速液体クロマトグラフ法用の充てん剤製造技術に基づく 5 ～ 7 μm 程度のシリカゲル、または化学修飾したシリカゲルが塗布されている。これらは分級精度も高く、粒径がそろっているため一般の薄層板よりも分離能が高く、展開距離も通常 30～70 mm で十分な分離能を得ることができる。このため展開時間も短く、従来品の 1 / 4 程度の展開時間で同等かそれ以上の性能を示す。また、展開中のスポットの拡散が少ないため、検出感度が大きく上がる点もこれらが普及する要因となっている。ただし、試料を負荷するとき、できるだけスポットが広がらないように操作しないとせっかくの高性能を十分に生かすことができないので注意する必要がある。このため、けいそう土等の濃縮ゾーンを TLC 板の下端に設け、スポッティングを簡便にした製品も市販されている。

■参考文献

1）「法定色素ハンドブック」，薬事日報社，1988.
2）「第十四改正日本薬局方解説書」，廣川書店，2001.
3）「第七版食品添加物公定書」，廣川書店，1999.

表１．薄層クロマトグラフ法採用色素における展開溶媒及び Rs 値一覧

色素名	展開溶媒	スポットの色	標準品	Rs 値
赤色２号	1-ブタノール/エタノール(95)/薄めた酢酸(100)（３→100)混液(６：２：３)	赤		
赤色３号	酢酸エチル/メタノール/アンモニア水(28)混液(５：２：１)	帯青赤		
赤色102号	1-ブタノール/エタノール(95)/薄めた酢酸(100)（３→100)混液(６：２：３)	赤		
赤色104号の(1)	1-ブタノール/エタノール(95)/アンモニア試液(希)混液(６：２：３)	帯青赤		
赤色105号の(1)	1-ブタノール/エタノール(95)/アンモニア試液(希)混液(６：２：３)	帯青赤		
赤色106号	3-メチル-1-ブタノール/アセトン/酢酸(100)/水混液(４：１：１：１)	帯青赤		
黄色４号	1-ブタノール/エタノール(95)/薄めた酢酸(100)（３→100)混液(６：２：３)	黄		
黄色５号	1-ブタノール/アセトン/水混液(３：１：１)	黄赤		
緑色３号	1-ブタノール/エタノール(95)/アンモニア試液(希)混液(６：２：３)	帯青緑		
青色１号	1-ブタノール/エタノール(95)/アンモニア試液(希)混液(６：２：３)	青		
青色２号	1-ブタノール/エタノール(95)/アンモニア試液(希)混液(６：２：３)	青		
赤色201号	3-メチル-1-ブタノール/アセトン/酢酸(100)/水混液(４：１：１：１)	帯黄赤	パラニトロアニリン	0.6
赤色202号	1-ブタノール/エタノール(95)/薄めた酢酸(100)（３→100)混液(６：２：３)	赤		
赤色203号	酢酸エチル/メタノール/アンモニア水(28)混液(５：２：１)	黄赤		
赤色204号	酢酸エチル/メタノール/アンモニア水(28)混液(５：２：１)	黄赤		
赤色205号	1-ブタノール/エタノール(95)/アンモニア試液(希)混液(６：２：３)	黄赤	フラビアン酸	1.6
赤色206号	1-ブタノール/エタノール(95)/アンモニア試液(希)混液(６：２：３)	黄赤	フラビアン酸	1.6
赤色207号	1-ブタノール/エタノール(95)/アンモニア試液(希)混液(６：２：３)	黄赤	フラビアン酸	1.6
赤色208号	1-ブタノール/エタノール(95)/アンモニア試液(希)混液(６：２：３)	黄赤	フラビアン酸	1.6
赤色218号	酢酸エチル/メタノール/アンモニア水(28)混液(５：２：１)	帯青赤		
赤色219号	1-ブタノール/エタノール(95)/アンモニア試液(希)混液(６：２：３)	黄赤	フラビアン酸	1.6
赤色220号	1-ブタノール/アセトン/水混液(３：１：１)	赤	フラビアン酸	1.1
赤色221号	クロロホルム/1-ブタノール混液(16：１)	帯黄赤		
赤色223号	酢酸エチル/メタノール/アンモニア水(28)混液(５：２：１)	赤		
赤色225号	クロロホルム/1,2-ジクロロエタン混液(２：１)	赤	だいだい色403号	0.9
赤色227号	1-ブタノール/エタノール(95)/アンモニア試液(希)混液(６：２：３)	赤	フラビアン酸	0.9
赤色228号	クロロホルム	黄赤	だいだい色403号	1.0
赤色230号の(1)	1-ブタノール/エタノール(95)/アンモニア試液(希)混液(６：２：３)	赤		
赤色230号の(2)	1-ブタノール/エタノール(95)/アンモニア試液(希)混液(６：２：３)	赤		
赤色231号	1-ブタノール/エタノール(95)/アンモニア試液(希)混液(６：２：３)	帯青赤		
赤色232号	1-ブタノール/エタノール(95)/アンモニア試液(希)混液(６：２：３)	帯青赤		
だいだい色201号	1-ブタノール/アセトン/水混液(３：１：１)	帯黄赤	フラビアン酸	1.7
だいだい色203号	クロロホルム/1-ブタノール混液(16：１)	黄赤		
だいだい色204号	クロロホルム	黄赤	だいだい色403号	0.9
だいだい色205号	1-ブタノール/アセトン/水混液(３：１：１)	黄赤		
だいだい色206号	1-ブタノール/エタノール(95)/アンモニア試液(希)混液(６：２：３)	帯黄赤	フラビアン酸	1.1
だいだい色207号	1-ブタノール/エタノール(95)/アンモニア試液(希)混液(６：２：３)	帯黄赤	フラビアン酸	1.1
黄色201号	1-ブタノール/エタノール(95)/アンモニア試液(希)混液(６：２：３)	黄		

色素名	展開溶媒	スポットの色	標準品	Rs値
黄色202号の(1)	1-ブタノール/エタノール(95)/アンモニア試液(希)混液(6：2：3)	黄	フラビアン酸	0.8
黄色202号の(2)	1-ブタノール/エタノール(95)/アンモニア試液(希)混液(6：2：3)	黄	フラビアン酸	0.8
黄色203号	1-ブタノール/エタノール(95)/アンモニア試液(希)混液(6：2：3)	黄	フラビアン酸	0.9及び1.3
黄色204号	3-メチル-1-ブタノール/アセトン/酢酸(100)/水混液(4：1：1：1)	黄	パラニトロアニリン	1.0
黄色205号	クロロホルム	黄	だいだい色403号	1.0
緑色201号	1-ブタノール/エタノール(95)/アンモニア試液(希)混液(6：2：3)	帯緑青	フラビアン酸	1.1
緑色202号	クロロホルム/1-ブタノール混液(16：1)	帯緑青	だいだい色403号	1.1
緑色204号	1-ブタノール/アセトン/水混液(3：1：1)	帯緑黄	フラビアン酸	0.8
緑色205号	1-ブタノール/アセトン/水混液(3：1：1)	帯青緑	フラビアン酸	0.8
青色202号	1-ブタノール/エタノール(95)/アンモニア試液(希)混液(6：2：3)	青	フラビアン酸	0.9
青色203号	1-ブタノール/エタノール(95)/アンモニア試液(希)混液(6：2：3)	青	フラビアン酸	0.9
青色205号	1-ブタノール/アセトン/水混液(3：1：1)	青	フラビアン酸	0.8
褐色201号	1-ブタノール/エタノール(95)/アンモニア試液(希)混液(6：2：3)	暗黄赤	フラビアン酸	1.4
紫色201号	クロロホルム/1-ブタノール混液(16：1)	帯赤青	だいだい色403号	1.1
赤色401号	1-ブタノール/エタノール(95)/アンモニア試液(希)混液(6：2：3)	帯青赤	フラビアン酸	1.3
赤色404号	クロロホルム/1-ブタノール混液(16：1)	黄赤	だいだい色403号	0.9
赤色405号	1-ブタノール/エタノール(95)/アンモニア試液(希)混液(6：2：3)	黄赤	フラビアン酸	0.9
赤色501号	クロロホルム/1,2-ジクロロエタン混液(2：1)	赤	だいだい色403号	1.0
赤色502号	1-ブタノール/エタノール(95)/薄めた酢酸(100)(3→100)混液(6：2：3)	赤		
赤色503号	1-ブタノール/エタノール(95)/薄めた酢酸(100)(3→100)混液(6：2：3)	赤		
赤色504号	1-ブタノール/エタノール(95)/薄めた酢酸(100)(3→100)混液(6：2：3)	赤		
赤色505号	クロロホルム/1-ブタノール混液(16：1)	赤		
赤色506号	1-ブタノール/エタノール(95)/薄めた酢酸(100)(3→100)混液(6：2：3)	赤		
だいだい色401号	クロロホルム	帯赤黄	だいだい色403号	0.8
だいだい色402号	1-ブタノール/エタノール(95)/薄めた酢酸(100)(3→100)混液(6：2：3)	黄赤		
だいだい色403号	クロロホルム/1,2-ジクロロエタン混液(2：1)	黄赤		
黄色401号	クロロホルム	黄		
黄色402号	1-ブタノール/エタノール(95)/アンモニア試液(希)混液(6：2：3)	黄	フラビアン酸	1.5
黄色403号の(1)	1-ブタノール/エタノール(95)/アンモニア試液(希)混液(6：2：3)	黄		
黄色404号	3-メチル-1-ブタノール/アセトン/酢酸(100)/水混液(4：1：1：1)	帯赤黄		
黄色405号	3-メチル-1-ブタノール/アセトン/酢酸(100)/水混液(4：1：1：1)	帯赤黄		
黄色406号	1-ブタノール/エタノール(95)/アンモニア試液(希)混液(6：2：3)	黄	フラビアン酸	1.4
黄色407号	1-ブタノール/エタノール(95)/アンモニア試液(希)混液(6：2：3)	黄	フラビアン酸	1.3
緑色401号	1-ブタノール/エタノール(95)/アンモニア試液(希)混液(6：2：3)	緑	フラビアン酸	0.8
緑色402号	1-ブタノール/アセトン/水混液(3：1：1)	緑		
青色403号	クロロホルム/1-ブタノール混液(16：1)	青	だいだい色403号	1.0
紫色401号	1-ブタノール/エタノール(95)/アンモニア試液(希)混液(6：2：3)	紫	フラビアン酸	1.6
黒色401号	1-ブタノール/エタノール(95)/アンモニア試液(希)混液(6：2：3)	暗青	フラビアン酸	0.9

(注)　標準品の項目が空欄の品目は第1法による。

12. pH 測定法

装　置

pH 計は、ガラス電極による pH 計であってガラス電極及び参照電極からなる検出部と、検出された起電力に対応する pH を指示する指示部からなり（注 1）、指示部には非対称電位調整用つまみがある。また、温度補償機能及び感度調整用機能を備えることができる。

pH 計は、次の操作法に従い、任意の一種類の pH 標準液の pH を 5 回繰り返し測定するとき、その再現性が±0.05以内のものを用いる（注 2）。このとき、毎回測定後には検出部を水でよく洗うものとする（注 3）。

操 作 法

ガラス電極は、あらかじめ水に数時間以上浸しておく。pH 計は電源を入れ、5 分間以上たってから使用する。検出部をよく水で洗い、付着した水はろ紙等で軽くふき取る。1 点調整する場合は、温度補償用つまみを pH 標準液の温度と一致させ、検出部を試料溶液の pH 値に近い pH 標準液中に浸し、2 分間以上たってから pH 計の指示が、その温度における pH 標準液の pH になるように非対称電位調整用つまみを調整する。2 点で調整する場合は、まず温度補償用つまみを液温に合わせ、リン酸塩 pH 標準液に浸し、非対称用電位調整用つまみを用いて pH を一致させ、次に試料溶液の pH 値に近い pH 標準液に浸し、感度調整用つまみ又は標準液の温度にかかわらず温度補償用つまみを用いて同様に操作する。

以上の調整が終われば検出部をよく水で洗い、付着した水はろ紙等で軽くふき取った後、試料溶液に浸し、測定値を読みとる。

pH 標準液

pH 標準液の調整に用いる水は、精製水を蒸留し、留液を15分間以上煮沸した後、二酸化炭素吸収管（ソーダ石灰）を付けて冷却する。pH 標準液は、硬質ガラス瓶又はポリエチレン瓶に密閉して保存する。

（1）　シュウ酸塩 pH 標準液　pH 測定用二シュウ酸三水素カリウム二水和物を粉末とし、デシケーター（シリカゲル）で乾燥させ、その 12.71 g（0.05 mol）を精密に量り、水に溶かして正確に 1000 mL とする。

（2）　フタル酸塩 pH 標準液　pH 測定用フタル酸水素カリウムを粉末とし、110℃ で恒量になるまで乾燥させ、その 10.21 g（0.05 mol）を精密に量り、水に溶かして正確に 1000 mL とする。

（3）　リン酸塩 pH 標準液　pH 測定用リン酸二水素カリウム及び pH 測定用リン酸水素二ナトリウムを粉末とし、110℃ で恒量になるまで乾燥し、リン酸二水素カリウム 3.40 g（0.025 mol）及びリン酸水素二ナトリウム 3.55 g（0.025 mol）を精密に量り、水に溶かして正確に 1000 mL とする。

（4）　ホウ酸塩 pH 標準液　pH 測定用四ホウ酸ナトリウム十水和物をデシケーター（臭化ナトリウム飽和溶液）中に放置し、恒量とした後、その 3.81 g（0.01 mol）を精密に量り、水に溶かして正確に 1000 mL とする。

（5）　炭酸塩 pH 標準液　pH 測定用炭酸水素ナトリウムをデシケーター（シリカゲル）で恒量になるまで乾燥させ、その 2.10 g（0.025 mol）を精密に量ったもの及び pH 測定用炭酸ナトリウムを 300℃ 以上 500℃ 以下で恒量になるまで乾燥させ、その 2.65 g（0.025 mol）を精密に量ったものを、水に溶かして正確に 1000 mL とする。

（6）　水酸化カルシウム pH 標準液　pH 測定用水酸化カルシウムを粉末とし、その 5 g をフラスコに量り、水 1000 mL を加え、よく振り混ぜ、23℃ 以上 27℃ 以下とし、十分に飽和した後、その温度で上澄み液をろ過し、澄明なろ液（約 0.02 mol/L）を用いる。

これらの pH 標準液の各温度における pH 値を次の表に示す。この表にない温度の pH 値は表の値から内挿法により求める。

6 種の pH 標準液による pH の温度依存性

	シュウ酸塩 pH 標準液	フタル酸塩 pH 標準液	リン酸塩 pH 標準液	ホウ酸塩 pH 標準液	炭酸塩 pH 標準液	水酸化カルシウム pH 標準液
0℃	1.67	4.01	6.98	9.46	10.32	13.43
5℃	1.67	4.01	6.95	9.39	10.25	13.21
10℃	1.67	4.00	6.92	9.33	10.18	13.00
15℃	1.67	4.00	6.90	9.27	10.12	12.81
20℃	1.68	4.00	6.88	9.22	10.07	12.63
25℃	1.68	4.01	6.86	9.18	10.02	12.45
30℃	1.69	4.01	6.85	9.14	9.97	12.30
35℃	1.69	4.02	6.84	9.10	9.93	12.14
40℃	1.70	4.03	6.84	9.07		11.99
50℃	1.71	4.06	6.83	9.01		11.70
60℃	1.73	4.10	6.84	8.96		11.45

〔注〕

（注１）　検出部（図１）はガラス電極と参照電極からなっている。最近では、ガラス電極と参照電極を一体化させた複合電極が一般化されている。いずれの場合も、ガラス電極内部は飽和又は3.3 mol/L 塩化カリウム溶液が満たされている。また、参照電極には飽和カロメル電極又は銀－塩化銀電極が用いられている。参照電極の内部液には液間電位差の生じにくい飽和又は3.3 mol/L 塩化カリウム溶液が用いられ、液絡部によって被検液と電気的導通をとっている。

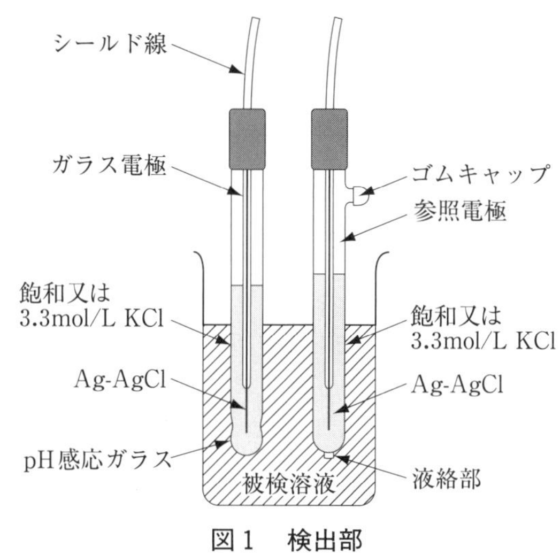

図１　検出部

（注２）　pH 計には、その性能によって形式０（標準液の pH を繰り返し測定したとき再現性±0.005以内）、形式Ⅰ（再現性±0.02以内）、形式Ⅱ（再現性±0.05以内）、形式Ⅲ（再現性±0.1以内）の４形式があるが、本法では形式Ⅱ以上の性能のものを使用するように規定している。

（注３）　この試験は通常、中性に近いリン酸緩衝液を用いて行う。

【解　説】

水素電極の場合では、その電位がすべての pH 範囲において pH 値に正比例する。したがって pH の基準を定めるときとか、高アルカリ液の pH 測定には有効な方法であるが、種々の取り扱い上の不便のため、現在、事実上の pH 測定にはガラス電極が専ら用いられている。

原　理

ガラス電極と飽和カロメル電極（参照電極）とを標準緩衝溶液または試料溶液中に浸し、これらが作る電池、ガラス電極｜標準緩衝液又は試料液‖飽和塩化カリウム溶液、Hg_2Cl_2、Hg の起電力を入力抵抗の高いミリボルトメーターではかり、これらを比較して pH を求める。

ガラス電極は、その先端が半球状ガラス薄膜となっており、内部に一定の pH をもった緩衝液が入っている。このガラス薄膜の内外に、内部緩衝液と標準緩衝液（または試料液）の pH の差に比例する電位差を生じる。この電位差は、ガラス電極内の内部緩衝液中に挿入した内部電極を経てリード線で外部の電圧計に導く。一方、薄膜の外側の電位は標準緩衝液(または試料液)を通って参照電極を経て、先の電圧計に導かれる。

ガラス薄膜内外に生じた電位をE、参照電極内の内部液と内部電極との間の単極電位をe1、ガラス電極薄膜内の内部液と内部電極との間に生じた単電極電位をe2とすると、電圧計に加わる電位差は、e1＋E－e2となる。ここで両電極内の内部液と内部電極とを同種のものにすると、両単電極内部に生じた単極電位は互いに等しく、かつ打ち消しあうはずであるから、電圧計にはガラス薄膜内外に生じたEのみが加えられることにより、これから直ちに標準緩衝液（または試料液）のpHとの関係を知ることができる。ただし、水素電極の場合、1 pH当たりの起電力は 2.3026 RT/F に一致するが、ガラス電極ではその値Eは、

$$E = \beta \times \frac{2.3026\ RT}{F} + Ea$$

となる。

β は勾配係数であり普通0.98～1.00の値を示す。Eaは見かけの不斉電位といい、両単極内部に生じた単極電位が正しく等しくないために生じるものである。ガラス電極の場合は不斉電位のため、pHの直線の勾配が水素電極と全く同じとはかぎらない(理論電位勾配を示さない)。したがって、二つのpH標準液で基準を定め、二つの標準液を用いて求めたpHと電位差の直線関係を用いて、試料溶液のEからpHを内挿（または外挿）して求める。

■参考文献

「第十四改正日本薬局方解説書」，廣川書店，2001.

13．ヒ素試験法

ヒ素試験法は、試料中に混在するヒ素の量の限度を試験する方法であり、その量の限度は三酸化二ヒ素（As_2O_3）の量として質量百万分率（ppm）で表す。

装　置

次の図のものを用いる。

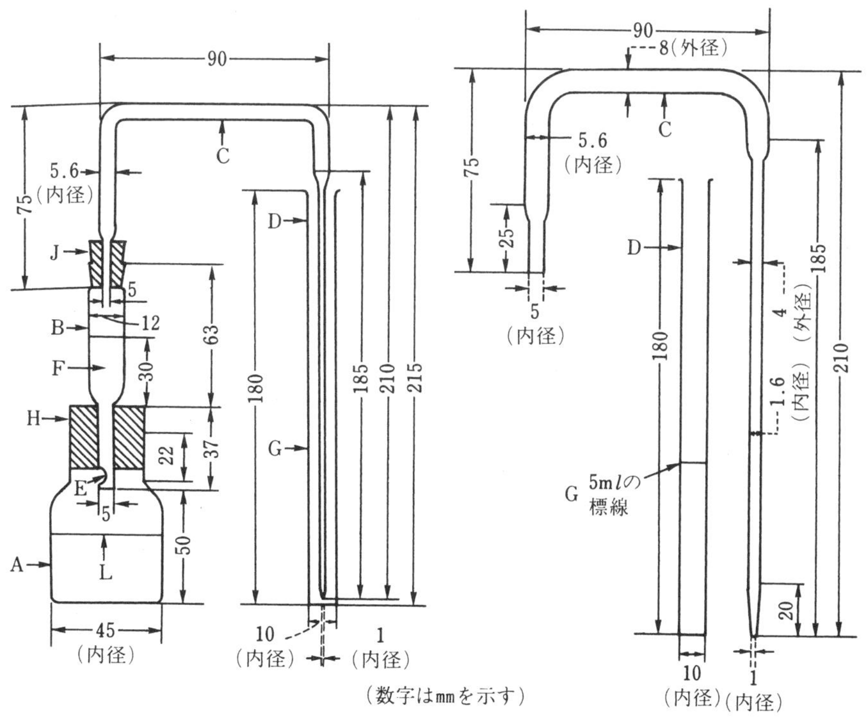

（数字はmmを示す）

A：発生瓶（容量約 70 mL であって、40 mL に標線を付されたものに限る。）

B：排気管

C：内径 5.6 mm のガラス管（吸収管に入れる部分は、先端を内径 1 mm に引き伸ばす。）（注1）

D：吸収管（内径 10 mm）

E：小孔

F：ガラスウール（約 0.2 g）

G：Dの 5 mL に付された標線

H及びＪ：ゴム栓

L：Aの 40 mL に付された標線

排気管Bにガラスウールを約 30 mm の高さに詰め、酢酸鉛試液/水混液（1 ： 1）で均等に潤し、管の下部から静かに吸引してガラスウール及び器壁から過量の液を除く。これをゴム栓Hの中心に垂直に差し込み、Bの下部の小孔Eが下にわずかに突き出るようにして発生瓶Aに付ける。Bの上端にはガラス管Cを垂直に固定したゴム栓Jを付ける。Cの排気管側の下端はゴム栓Jの下端と同一平面とする。

試料溶液調製法

試料 1.0 g を、白金製、石英製又は磁製のるつぼに量り、これに硝酸マグネシウム六水和物のエタノール(95)溶液（1 → 50）10 mL を加え、エタノール(95)に点火して燃焼させた後、徐々に加熱して強熱し、灰化する。なお炭化物が残るときは、少量の硝酸で潤し、再び強熱して灰化する。常温になるまで冷却後、残留物に塩酸 3 mL を加え、必要に応じて水約 10 mL を加え、水浴上で加温して溶かし、これを試料溶液とする。

操 作 法

以下の操作と標準色の調製は同時に行う。

発生瓶Aに試料溶液を量り、メチルオレンジ試液1滴（注2）を加え、アンモニア水(28)又はアンモニア試液を用いて中和した後、薄めた塩酸（1 → 2）5 mL 及びヨウ化カリウム試液 5 mL を加え、2分間から3分間放置した後、塩化スズ（II）試液（酸性）5 mL を加えて室温で10分間放置する。水を加えて 40 mL とし、亜鉛(ヒ素分析用) 2 g を加え、直ちに排気管B及びガラス管Cを連結したゴム栓Hを発生瓶Aに付ける。ガラス管Cの細管部の端は、あらかじめヒ化水素吸収液 5 mL を入れた吸収管Dの底に達するように入れておく。発生瓶Aを 25℃ の水中に肩まで浸し、1時間放置する。吸収管Dをはずし、必要に応じてピリジンを加えて 5 mL とし、吸収液の色を観察する。標準色より濃くないことが確認できた場合、混在するヒ素の量は、三酸化二ヒ素(As_2O_3)の量として 2 ppm 以下である。

標準色の調製法（注3）

発生瓶Aにヒ素標準液 2 mL を正確に量り、薄めた塩酸（1 → 2）5 mL 及びヨウ化カリウム試液 5 mL を加えて2分間から3分間放置した後、塩化スズ（II）試液（酸性）5 mL を加え、室温で10分間放置する。水を加えて 40 mL とし、亜鉛(ヒ素分析用) 2 g を加え、直ちに排気管B及びガラス管Cを連結したゴム栓Hを発生瓶Aに付ける。ガラス管Cの細管部の端は、あらかじめヒ化水素吸収液 5 mL を入れた吸収管Dの底に達するように入れておく。発生瓶Aを 25℃ の水中に肩まで浸し、1時間放置する。吸収管Dをはずし、必要に応じてピリジンを加えて 5 mL として得られた吸収液の呈す色を標準色とする。標準色は、三酸化二ヒ素（As_2O_3）2 μg に対応する。

操作上の注意

操作に用いる器具、試薬及び試液は、ヒ素を含まない又はほとんど含まないものを用い、必要に応じて空試験を行う。

〔注〕

（注1）　先端の内径は小さくし、小さい気泡を発生するようにしたほうがよいが、小さすぎると詰まることがあるので 1 mm とした。標準液用及び試験溶液用の内径が同じことが大切である。

（注2）　中和するとき、指示薬としてフェノールフタレインの代わりにメチルオレンジを用いたのは、液を中性～弱アルカリ性まで中和しすぎると、鉄塩、アルミニウム塩のような場合には水酸化物の沈殿が生成するため、再び塩酸酸性にする際に、酸性の強さが一定になりにくいことや、操作上やりにくいことがあるためである。pH を一定にする理由は、あとで亜鉛を加えた際の水素の発生が、液の酸性度の強弱によって左右され、呈色に影響するためである。

（注3）　ガス発生速度(温度、酸濃度の差による)、ガラス管 C の先端の径の差などによって、比較液と試料溶液の呈色に誤差を生じることがあるので注意する。

【解　説】

ヒ素は、人体に対し毒性を有し、経口的に 1 ～ 2 mg ずつ長期にわたり摂取すれば、一時的には空腹感、食欲亢進、活動力の増強などのよい面もあるが、体内に入ったヒ素は肝臓、脾臓、腎臓に特に大量沈着し、排出は徐々で蓄積作用を生じ、中毒症状を呈する。

ヒ素の微量分析は、現在では Gutzeit 改良法とジエチルジチオカルバミン酸銀法が一般的な方法であるが、臭化第二水銀紙を用いる Gutzeit 改良法は、公害防止の立場から好ましくないため、本法ではジエチルジチオカルバミン酸銀法を採用した。

原　理

本法によるヒ素試験法は、ヒ化水素（arsine、AsH_3）を発生するまでの反応と、ヒ化水素の検出（呈色）反応とに区別される。

（1）　還元：As^{5+}はAs^{3+}に比べて還元されにくいので、ヨウ化カリウム及び酸性塩化第一スズによってできるだけAsO_3に還元した後、亜鉛からの発生期の水素によりAsH_3にする。

ヨウ化カリウム……$AsO_4{}^{3-}+2I^-+2H^+ \rightarrow AsO_3{}^{3-}+I_2+H_2O$

酸性塩化第一スズ…$AsO_4{}^{3-}+Sn^{2+}+2H^+ \rightarrow AsO_3{}^{3-}+Sn^{4+}+H_2O$

亜鉛…………………$AsO_4{}^{3-}+3Zn+9H^+ \rightarrow AsH_3\uparrow+3Zn^{2+}+3H_2O$

（2）　呈色

$AsH_3+AgS_2CN(C_2H_5)_2 \rightarrow$ 遊離コロイド状銀（赤紫色）

判定は同時に操作して得た試料溶液側の呈色がヒ素標準液（As_2O_3、2 μg）側の呈色より濃くないことを肉眼で比較する。なお、溶液は赤紫色であり、極大波長約 535 nm で吸光度測定もできる。

他の公定書との関連

ヒ素微量分析法には、主としてGutzeit改良法とジエチルジチオカルバミン酸銀法があるが、有害試薬使用防止の面から現在ではジエチルジチオカルバミン酸銀法が多く採用され、第十四改正日本薬局方及び化粧品原料基準でもジエチルジチオカルバミン酸銀法が採用されている。第七版食品添加物公定書では両方法が収載されているが、各条ではジエチルジチオカルバミン酸銀法のみが採用されている。

■参考文献

1）「第十四改正日本薬局方解説書」，廣川書店，2001.
2）「化粧品原料基準第二版注解」，薬事日報社，1984.
3）「第七版食品添加物公定書解説書」，廣川書店，1999.

ヒ素試験法採用色素と規格値

No.	色　素　名	規格値
1	赤色２号	2 ppm 以下
2	赤色３号	2 ppm 以下
3	赤色102号	2 ppm 以下
4	赤色104号の(1)	2 ppm 以下
5	赤色105号の(1)	2 ppm 以下
6	赤色106号	2 ppm 以下
7	黄色４号	2 ppm 以下
8	黄色５号	2 ppm 以下
9	緑色３号	2 ppm 以下
10	青色１号	2 ppm 以下
11	青色２号	2 ppm 以下
12	１から11までに掲げるもののアルミニウムレーキ	2 ppm 以下
13	赤色201号	2 ppm 以下
14	赤色202号	2 ppm 以下
15	赤色203号	2 ppm 以下
16	赤色204号	2 ppm 以下
17	赤色205号	2 ppm 以下
18	赤色206号	2 ppm 以下
19	赤色207号	2 ppm 以下
20	赤色208号	2 ppm 以下
21	赤色213号	2 ppm 以下
22	赤色214号	2 ppm 以下
23	赤色215号	2 ppm 以下
24	赤色218号	2 ppm 以下
25	赤色219号	2 ppm 以下
26	赤色220号	2 ppm 以下
27	赤色221号	2 ppm 以下
28	赤色223号	2 ppm 以下
29	赤色225号	2 ppm 以下
30	赤色226号	2 ppm 以下
31	赤色227号	2 ppm 以下
32	赤色228号	2 ppm 以下
33	赤色230号の(1)	2 ppm 以下
34	赤色230号の(2)	2 ppm 以下
35	赤色231号	2 ppm 以下
36	赤色232号	2 ppm 以下
37	だいだい色201号	2 ppm 以下
38	だいだい色203号	2 ppm 以下
39	だいだい色204号	2 ppm 以下
40	だいだい色205号	2 ppm 以下
41	だいだい色206号	2 ppm 以下
42	だいだい色207号	2 ppm 以下
43	黄色201号	2 ppm 以下
44	黄色202号の(1)	2 ppm 以下
45	黄色202号の(2)	2 ppm 以下
46	黄色203号	2 ppm 以下
47	黄色204号	2 ppm 以下
48	黄色205号	2 ppm 以下
49	緑色201号	2 ppm 以下
50	緑色202号	2 ppm 以下
51	緑色204号	2 ppm 以下
52	緑色205号	2 ppm 以下
53	青色201号	2 ppm 以下
54	青色202号	2 ppm 以下
55	青色203号	2 ppm 以下
56	青色204号	2 ppm 以下
57	青色205号	2 ppm 以下
58	褐色201号	2 ppm 以下
59	紫色201号	2 ppm 以下
60	19、21から24まで、28、30、32から34まで、37、39、40、45及び46に掲げるもののアルミニウムレーキ	2 ppm 以下

No.	色　素　名	規格値
61	28、34及び42並びに第一部の品目の４、７、８及び10に掲げるもののバリウムレーキ	2 ppm 以下
62	28、34及び40並びに第一部の品目の７、８及び10に掲げるもののジルコニウムレーキ	2 ppm 以下
63	赤色401号	2 ppm 以下
64	赤色404号	2 ppm 以下
65	赤色405号	2 ppm 以下
66	赤色501号	2 ppm 以下
67	赤色502号	2 ppm 以下
68	赤色503号	2 ppm 以下
69	赤色504号	2 ppm 以下
70	赤色505号	2 ppm 以下
71	赤色506号	2 ppm 以下
72	だいだい色401号	2 ppm 以下
73	だいだい色402号	2 ppm 以下
74	だいだい色403号	2 ppm 以下
75	黄色401号	2 ppm 以下
76	黄色402号	2 ppm 以下
77	黄色403号の(1)	2 ppm 以下
78	黄色404号	2 ppm 以下
79	黄色405号	2 ppm 以下
80	黄色406号	2 ppm 以下
81	黄色407号	2 ppm 以下
82	緑色401号	2 ppm 以下
83	緑色402号	2 ppm 以下
84	青色403号	2 ppm 以下
85	青色404号	2 ppm 以下
86	紫色401号	2 ppm 以下
87	黒色401号	2 ppm 以下
88	１、５から７まで、９、11、14、15、18、19、21、24及び25に掲げるもののアルミニウムレーキ	2 ppm 以下
89	11及び21に掲げるもののバリウムレーキ	2 ppm 以下

14．不溶物試験法

不溶物試験法は、試料中に含まれる水又は有機溶媒に溶けない物質の量を試験する方法であり、その量の濃度は質量百分率（%）で表す。

操 作 法

（1） 第1法

別に規定するもののほか、試料約 2 g（注1）を精密に量り、熱湯（注2）200 mL を加えて、よく振り混ぜた後、室温に冷却する（注3）。質量既知のるつぼ型ガラスろ過器（1 G 4）でろ過し（注4）、残留物を水で、洗液が無色になるまで洗浄する（注5）。るつぼ型ガラスろ過器とともに 105℃ で3時間乾燥し、デシケーター（シリカゲル）中で放冷した後、質量を精密に量る。

（2） 第2法

試料約 0.2 g以上 0.5 g（注6）以下を精密に量り、規格において規定された有機溶媒（注7）100 mL を加えてよくかき混ぜ、冷却器を付けて20分間静かに煮沸する。

質量既知のるつぼ型ガラスろ過器（1 G 4）で熱時ろ過し、不溶物を温溶媒 10 mL ずつで洗液が無色になるまで洗浄する。次いでるつぼ型ガラスろ過器とともに 105℃ で3時間乾燥し、デシケーター（シリカゲル）中で放冷した後、質量を精密に量る。

〔注〕

（注1） 通常試料採取量は 2 gであるが、溶けにくいものは採取量を減らして試験する。紫色401号は試料採取量を 1 gとしている。

（注2） 色素によっては熱湯で溶けないものもあるので、熱湯の代わりに、次の溶液を用いる。赤色218号、赤色223号、だいだい色201号、だいだい色206号、黄色201号は水酸化ナトリウム溶液（1 → 100）又は薄めたアンモニア水（28）（1 → 15）を用いる。赤色401号、紫色401号はエタノール（希）を用いる。

（注3） 試料によっては、室温まで冷却すると、いったん溶けていたものが再び析出してくるものもある。したがって、このような場合は室温まで冷却せず、熱いままでろ過し、洗浄も熱湯で行うようにするとよい。

（注４）　必要ならば、ゆるく吸引してろ過してもよい。

（注５）　それぞれに規定された溶媒を用いて行う。ただし、水酸化ナトリウム溶液を用いた場合には、洗液が無色となるまで洗った後、水約 100 mL で洗う。これはガラスろ過器についた水酸化ナトリウムを洗い流すためである。

（注６）　0.2～0.5 g と幅があるのは、色素によりそれぞれ規定された溶媒でも溶けやすいものと溶け難いものがあるためであるが、試料の採取量を少なくとると誤差が大きくなり、時間がかかることとなる。したがって可能な限り採取量は多いほうがよいが適正さを欠くことのないよう、注意が必要である。

（注７）　有機溶媒としては、クロロホルムあるいはエタノールを使用するので、火気及び換気には注意する必要がある。

【解　説】

目　的

不溶物試験法とは、試料中に含まれる水または有機溶媒に溶けない物質の量を測定する方法である。

使用機器、装置

ガラスろ過器、ろ過装置、恒温乾燥器、デシケーター

操作法

規定量の試料に規定された溶媒を加えてよく振り混ぜた後、不溶物を重量既知のガラスろ過器（1 G 4）でろ過し、洗液が無色となるまで規定された溶媒で洗い、ガラスろ過器と共に 105℃ で３時間乾燥後、デシケーター中で放冷し秤量する。

操作上における注意

ガラスろ過器は目の細かいものを使用しないと、不溶物がろ過器を通ってしまうことがある。ここでは、1 G 4を使用した。また、ガラスろ過器は使用前に塩酸（1 → 4）に浸漬した後、酸が残らないように水洗する。これを 105℃ で乾燥し、デシケーターで冷却し、重量を量り、恒量とする。省令では、乾燥後の冷却を硫酸デシケーターにて行うことになっているが、硫酸の扱いに危険を伴うため、ここでは現在一般的になっているシリカゲルデシケーターを使用することにした。省令では有機溶媒としてトルエン、キシレン、アセトン、アルカリ性ジオキサン、テトラクロルエタン、四塩化炭素など多種の溶剤を使用しているが、安全性、有害性などを考慮して溶解性を試験しながら可能な限り種類を減らした。

例えば、旧省令では赤色226号の不溶物試験としてキシレン不溶性物質を規定しているが、追試したところ赤色226号はキシレンにはほとんど溶けず、したがって不溶物の測定は不可能であったため、赤色226号の規格から不溶物の項目は削除した。

他の公定書との関連

この試験法は独立した試験法としては他にあまり記載がなく、わずかに食品添加物公定書の

タール色素試験法及び AOAC に水不溶物の項目で記載がある。

本試験を採用している色素と規格値を一覧表にした。

不溶物試験法採用色素と規格値

No.	色　素　名	規　格　値
1	赤色２号	0.3%以下　第１法
2	赤色３号	0.3%以下　第１法
3	赤色102号	0.3%以下　第１法
4	赤色104号の(1)	0.3%以下　第１法
5	赤色105号の(1)	0.5%以下　第１法
6	赤色106号	0.3%以下　第１法
7	黄色４号	0.3%以下　第１法
8	黄色５号	0.3%以下　第１法
9	緑色３号	0.3%以下　第１法
10	青色１号	0.3%以下　第１法
11	青色２号	0.4%以下　第１法
12	赤色201号	−
13	赤色202号	−
14	赤色203号	−
15	赤色204号	−
16	赤色205号	−
17	赤色206号	−
18	赤色207号	−
19	赤色208号	−
20	赤色213号	１%以下　第１法
21	赤色214号	１%以下　第１法
22	赤色215号	0.5%以下　第２法 IPE
23	赤色218号	１%以下　第１法 水酸化ナトリウム溶液(１→100)*
24	赤色219号	−
25	赤色220号	−
26	赤色221号	−
27	赤色223号	１%以下　第１法 水酸化ナトリウム溶液(１→100)*
28	赤色225号	1.0%以下　第２法 クロロホルム
29	赤色226号	−
30	赤色227号	１%以下　第１法
31	赤色228号	−
32	赤色230号の(1)	0.5%以下　第１法
33	赤色230号の(2)	0.5%以下　第１法
34	赤色231号	0.5%以下　第１法
35	赤色232号	0.5%以下　第１法
36	だいだい色201号	１%以下　第１法 水酸化ナトリウム溶液(１→100)*
37	だいだい色203号	−
38	だいだい色204号	−
39	だいだい色205号	１%以下　第１法
40	だいだい色206号	１%以下　第１法 水酸化ナトリウム溶液(１→100)*
41	だいだい色207号	１%以下　第１法
42	黄色201号	0.5%以下　第１法 水酸化ナトリウム溶液(１→100)*
43	黄色202号の(1)	0.5%以下　第１法
44	黄色202号の(2)	0.5%以下　第１法
45	黄色203号	0.3%以下　第１法
46	黄色204号	0.5%以下　第２法 クロロホルム
47	黄色205号	−
48	緑色201号	0.4%以下　第１法
49	緑色202号	1.5%以下　第２法 クロロホルム
50	緑色204号	0.5%以下　第１法
51	緑色205号	0.5%以下　第１法
52	青色201号	−
53	青色202号	１%以下　第１法
54	青色203号	１%以下　第１法
55	青色204号	−
56	青色205号	0.5%以下　第１法
57	褐色201号	0.5%以下　第１法
58	紫色201号	1.5%以下　第２法 クロロホルム

No.	色　素　名	規　格　値
59	赤色401号	１％以下　第１法 エタノール（希）
60	赤色404号	－
61	赤色405号	－
62	赤色501号	－
63	赤色502号	0.5％以下　第１法
64	赤色503号	0.5％以下　第１法
65	赤色504号	0.5％以下　第１法
66	赤色505号	0.5％以下　第２法 クロロホルム
67	赤色506号	0.5％以下　第１法
68	だいだい色401号	－
69	だいだい色402号	0.5％以下　第１法
70	だいだい色403号	0.5％以下　第２法 クロロホルム
71	黄色401号	－
72	黄色402号	0.3％以下　第１法
73	黄色403号の(1)	0.2％以下　第１法
74	黄色404号	0.5％以下　第２法 クロロホルム
75	黄色405号	0.5％以下　第２法 クロロホルム
76	黄色406号	0.5％以下　第１法
77	黄色407号	0.5％以下　第１法
78	緑色401号	0.5％以下　第１法
79	緑色402号	0.3％以下　第１法
80	青色403号	0.5％以下　第２法 クロロホルム
81	青色404号	－
82	紫色401号	0.4％以下　第１法 エタノール（希）
83	黒色401号	１％以下　第１法

*薄めたアンモニア水（28）（１→15）を用いてもよい。

15．融点測定法

融点測定法は、約 100 kPa の下で次の方法によって、固体が融解する温度を測定するものである。

装　置

次の図のものを用いる。

A：加熱容器（硬質ガラス製）（注１）

B：浴液

C：ふた（テフロン製）

D：浸線付温度計

E：温度計固定ばね（注２）

F：浴液量加減用小孔（注３）

G：コイルスプリング（注４）

H：毛細管

J：ふた固定ばね（テフロン製）

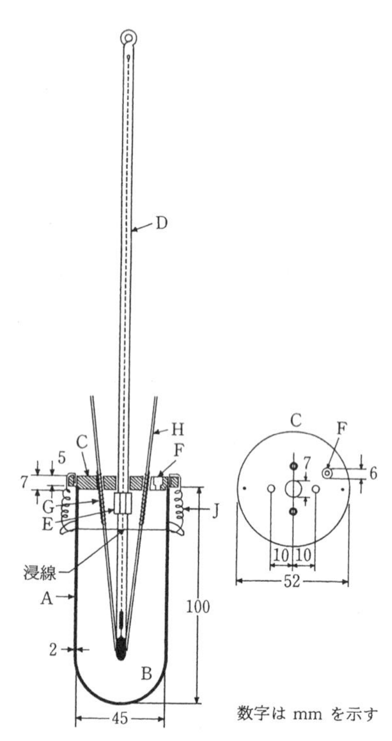

浴液：常温における動粘度 50 mm²/s 以上 100 mm²/s 以下の澄明なシリコーン油を用いる（注５）。

浸線付温度計：融点が 50℃ 未満のときは１号、50℃ 以上 100℃ 未満のときは２号、100℃ 以上 150℃ 未満のときは３号、150℃ 以上 200℃ 未満のときは４号、200℃ 以上 250℃ 未満のときは５号、250℃ 以上 320℃ 未満のときは６号を用いる（注６）。

毛細管：内径 0.8 mm 以上 1.2 mm 以下、長さ 120 mm 及び壁の厚さ 0.2 mm 以上 0.3 mm 以下かつ一端を閉じた硬質ガラス製のものを用いる（注７）。

操 作 法

試料を微細な粉末とし、デシケーター（シリカゲル）中で24時間乾燥する。また、乾燥後とあるときは、乾燥減量の項の条件に従い乾燥したものを用いる（注８）。

この試料を乾燥した毛細管Ｈに入れ、閉じた一端を下にしてガラス板又は陶板上に立てた長さ約 70 cm のガラス管の内部に落とし、弾ませて固く詰め、層が 3 mm 又はこれに近い厚さとなるようにする（注9）。

浴液Bを加熱して予想した融点の約 10℃ 下の温度まで徐々に上げ、浸線付温度計Dの浸線を浴液のメニスカスに合わせ、試料を入れた毛細管Hをコイルスプリング G に挿入し、試料を詰めた部分がDの水銀球の中央にくるようにする。1分間に約 3℃ 上昇するように加熱して温度を上げ、予想した融点より約 5℃ 低い温度から1分間に1℃ 上昇するように加熱を続ける（注10）。

試料がH内で液化して、固体を全く認めなくなったときのDの示度を読み取り、融点とする（注11）。

〔注〕

（注1） 一般硬質ガラスまたはパイレックス製を用い、簡単な金属製クランプで保持し、これをスタンドに固定して容器の下にミクロバーナーが置けるようにする。

（注2） ステンレス薄板製のばねで、温度計の抜き差しが自由で、かつ希望の位置に確実に保持できる強さに加減する。

（注3） シリコーン油はかなり体膨張係数が大きく、温度によって浴のメニスカスが変動する。融点付近でメニスカスが温度計の浸線付近にくるようピペットで液量を加減する。

（注4） 外径約 3 mm のステンレス製コイルスプリングで下方に曲がりぐせを付け、この中に毛細管を挿入してコイルスプリングのしなやかな力で毛細管を任意の位置に固定する。

（注5） 粘度の低いもののほうが流動性がよく、浴温は均一になりやすいが、一般に耐熱性が悪い。50 mm^2/s 以上 100 mm^2/s 以下のものは、常温では流動性は十分といえないが、少し温度を上昇すると著しく流動性が増す。また、300℃ 以下で使用すればかなり長期にわたり澄明を保つ。300℃ 以上ではわずかに煙を発し多少寿命が短くなる。

（注6） 温度計は本規格（→計量器・用器、温度計）の許容誤差範囲内のものが市販されているが、同時に製造元で基準器と比較検査をした試験成績表が添付されているので、温度計の読みとり値をこの表の数値で補正するとさらに正確な温度を知りうる。ただし、温度計はガラスのひずみによる経時変化、すなわち目盛りの狂いを生じ、特に急激に加熱、冷却を行うとこの現象は著しくなる。この理由で浴を高温にしたまま温度計を交換することは避けなければならない。

温度計の目盛りの検定は正式には（独）産業技術総合研究所に申請しなければならないが、実際的には（社）日本計量振興協会の検定を受けたものが推奨される。しかし融点測定の目的に限定すれば、融点標準品を用いてもよい。（財）日本公定書協会から提供されている融点標準品は次のとおりである。ここに示されている融解範囲は本規定とは異なり、融け始めの温度と融け終わりの温度を意味しているので注意しなければならない。

ワニリン	81～ 83℃
アセトアニリド	114～116℃
アセトフェネチジン	134～136℃

スルファニルアミド　164.5〜166.5℃

スルファピリジン　190〜193℃

カフェイン　235〜237℃

（注7）　硬質ガラス製試験管を洗浄し乾燥したものを、ガスの大きな無色炎中で回転しながら軟化し、炎からだして両手ですばやく引き伸ばす。規定の径の部分を選び出し、アンプルカッターで約 24 cm の長さに切りそろえる。この中央をミクロバーナーで焼き切りながら丸く閉じる。これをデシケーターに保存して用いる。軟質ガラスは試料の融点を下げることがあるので不適当である。

（注8）　メノウまたはガラス乳鉢、硬質の素焼板などの上で試料を粉末として融点を測定する。粗粒を用いると融点は多少高目にでる。

（注9）　試料の層の厚さは厳密を要しないが、薄すぎると融点が少し低めになり、厚すぎると反対に高めとなる。本規定では 3 mm を目標にして、実際には 2.5〜3.5 mm ぐらいを採取すればよい。

（注10）　風のない場所を選ぶか、またはつい立てを用いて風をさえぎり、ミクロバーナーで炎が直接容器に触れないよう底から加熱する。融点は試料を入れた毛細管の挿入時期や加熱速度に関係があり、再現性のよい結果を得るためには規定どおりの操作に習熟する必要がある。

（注11）　試料は融点付近において⑴湿潤点（beginning of melting）、⑵収縮点（sintering point）、⑶崩壊点（collapse point）、⑷液化点（meniscus point）、⑸融解終点（end of melting）の経過をたどって融解するが、本規格では⑸を融点と規定し、その採用状態において各条記載の温度範囲内に融点があればよい。すなわち、各条に記載されている融点範囲は、融け始めから融け終わりまでの温度幅ではなく、試料が決められた状態となる温度がその範囲内にあればよいという意味である。

【解　説】

目　的

物質固有の融点は、通常不純物が混入すると純品より低くなるので、融点の測定により色素の確認および純度の判定をすることを目的とする。

原　理

融点とは結晶性物質において融解が極めて徐々に行われ、固相と液相が平衡状態にあるとみなされるときの温度と定義されている。厳密には融点は圧力の関数であるが、変化係数が小さく、かつほとんど約 100 kPa で測定されるため、物質の固有値として同定に役立つ。また不純物が少量混在すると一般に融点が低くなり（まれに混晶を作る高融点の不純物が存在すると高くなることがある）、また融け始めから融け終わりまでの温度範囲が広くなる。この現象を利用して純物質との比較によって試料の純度の検定が可能である。

本規格で採用されている融点測定法は一般に毛細管法（または微量法）といわれ、最も広く利用されている方法であって、毛細管中に乾燥した粉末試料を入れ、これを浴中に入れ徐々に加熱して、試料が融けたときの浴の温度を融点とする間接的な方法である。したがって試料が純粋で一点の温度で融けるとしても、温度は徐々に上昇しているので、融け始めと終わりの幅があることになる。また浴温と毛細管中の試料の温度とは、わずかではあるが異なる。したがって本規格では測定装置や方法を規定し、その条件下において試料が決められた状態となる温度を融点としている。

■参考文献

1）「第十四改正日本薬局方解説書」，廣川書店，2001.

2）「第七版食品添加物公定書解説書」，廣川書店，1999.

融点測定法採用色素と規格値

色素名	規格
赤色221号	272℃以上
黄色204号	235℃以上240℃以下
緑色202号	212℃以上224℃以下
紫色201号	185℃以上192℃以下
赤色501号	183℃以上190℃以下
だいだい色401号	210℃以上217℃以下
だいだい色403号	128℃以上132℃以下
黄色401号	250℃以上
黄色404号	99℃以上104℃以下
黄色405号	120℃以上126℃以下

16. 硫酸塩試験法

硫酸塩試験法は試料中に混在する硫酸塩の量の限度を試験する方法であり、その量の限度は硫酸ナトリウム（Na_2SO_4）として質量百分率（%）で表す。

操 作 法

試料約 2 g を、500 mL 三角フラスコに精密に量り、水約 200 mL を加えて溶かし、活性炭 10 g を加えて振り混ぜた後、3 分間穏やかに煮沸し、放冷する。次いで薄めた硝酸（1 → 2）1 mL を加えてよく振り混ぜた後、吸引ろ過し、少量の水で洗浄し、ろ液に水を加えて正確に 250 mL とする（注 1）。この液をあらかじめ陽イオン交換樹脂処理（H 型）5 mL 以上 20 mL 以下を充填した内径 8 mm 以上 15 mm 以下のカラム管に 1 分間 2 mL 以上 5 mL 以下の流速で通し、初めの流出液 30 mL を捨て、次の流出液を試料溶液とする（注 2）。試料溶液 50 mL を正確に量り（注 3）、塩酸（希）1 滴又は 2 滴を加えて煮沸させながら 0.01 mol/L 塩化バリウム液 10 mL を正確に加えて数分間煮沸した後冷却し、これにアンモニア・塩化アンモニウム緩衝液（pH 10.7）5 mL、エチレンジアミン四酢酸マグネシウム二ナトリウム四水和物溶液（4.3 → 100）5 mL 及びエリオクロムブラック T 試液 4 滴又は 5 滴を加えて直ちに 0.01 mol/L エチレンジアミン四酢酸二水素二ナトリウム液で、溶液の色が青紫色になるまで滴定する（注 4）。別に同様の方法で空試験を行い、次式により硫酸塩の量を求める。

$$\text{硫酸塩の量(\%)} = \frac{(b-c)\times 1.420}{\text{試料採取量 (g)}\times 1000} \times \frac{250}{50} \times 100$$

b：空試験における 0.01 mol/L エチレンジアミン四酢酸二水素二ナトリウム液の消費量（mL）

c：0.01 mol/L エチレンジアミン四酢酸二水素二ナトリウム液の消費量（mL）

〔注〕

（注 1）　試料によっては水に溶けないものもあるが差しつかえない。また活性炭の品質が悪いときはろ液が無色とならない。この場合には活性炭をとり換えて行うか、さらに活性炭を追加して色素を完全に吸着させる。通常 2 g ずつ加えて脱色する状態を観察する。この場合、試料の脱色に用いたのと同量の活性炭について空試験を行う。

（注２）　イオン交換は１分間 2～5 mL の流速で陽イオン交換樹脂（H 型）5～20 mL を充塡した内径 8～15 mm のカラム管を通す。初めの流出液 30 mL を捨て、次の流出液 50 mL をとり、これを試料溶液とする。試料中にアルミニウムイオン（Al^{3+}）、第二鉄イオン（Fe^{3+}）、コバルトイオン（Co^{2+}）、銅イオン（Cu^{2+}）、マンガンイオン（Mn^{2+}）等が共存すると、エリオクロムブラック T と反応して着色し、滴定の終点が判別しにくくなる。

（注３）　試料中の硫酸塩の量が４％以上の場合は試料溶液適量をとり、水を加えて 50 mL とした後、同様の試験を行う。

（注４）　エリオクロムブラック T とバリウムイオンの等電点における変色は判然としない。一方、エリオクロムブラック T とマグネシウムイオンの等電点における変色は明瞭である。

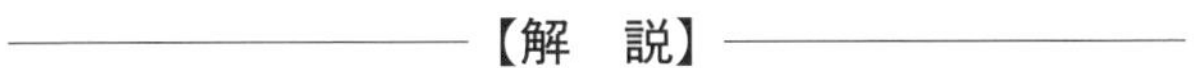

【解　説】

硫酸塩は、色素の製造にあたり、塩析、中和工程から混入する。

原　理

エチレンジアミン四酢酸二ナトリウムは次のような構造を持ち、各種の金属あるいは土類金属イオンと反応して、安定な溶性錯化合物をつくる。

```
NaOOCH2C                          CH2COONa
          \                      /
           N－CH2－CH2－N
          /                      \
 HOOCH2C                          CH2COOH
```

バリウムイオン（Ba^{2+}）とも反応して、

```
NaOOCH2C                         CH2COONa
        \                       /
         N－CH2－CH2－N
        /        \     /        \
   H2C             Ba             CH2
     \            /  \            /
      C―――――O    O―――――C
     //                           \\
    O                              O
```

のような形のキレートを形成する。したがって、硫酸根を含む試験溶液にまずバリウムイオン一定量を加え、硫酸バリウムを沈殿させ、過剰のバリウムイオンを 0.01 mol/L エチレンジアミン四酢酸二ナトリウム液で滴定することにより、硫酸根の量を得て、それを用いて硫酸塩の量を算出する。

他の公定書との関連

硫酸塩試験法は、日局、食添に記載されている。

日局、食添では塩酸酸性の溶液中に塩化バリウムを加えて、試料中に混有する硫酸根を硫酸バリウムとし、これによって生じる白濁の程度を、0.01 mol/L 硫酸の規定量を用いて作った対照液とし、規格限度内であるか否かを判定している。

その他参考となる事項

陽イオン交換樹脂の調製例

陽イオン交換樹脂をその約10倍量の 5 mol/L 塩酸に浸し、次にこれを水と共に図のようなガラス管に注ぎこみ、12 cm の樹脂層をつくる。このとき、樹脂層の上部には少量の水層を残す。流出液中にカルシウムイオンが検出される場合*1、交換樹脂の再生を行う。

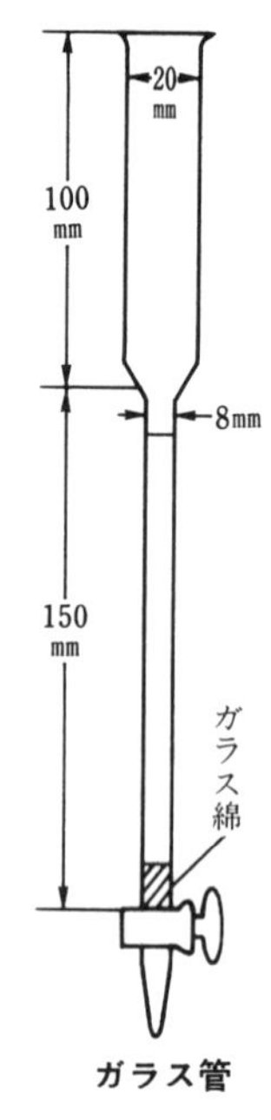

ガラス管

*1　カルシウムイオンの検出流出液 10 mL を試験管にとり、5 mol/L 水酸化ナトリウム溶液 1 滴及び NN 希釈粉末試薬*2を加え、赤色を呈すればカルシウムイオンが流出している。本試験法を採用している色素と規格値(塩化物と硫酸塩の合計量の限度) を別表に示す。

*2　NN 希釈粉末試薬

1-(2-ヒドロキシ-4-スルホ-1-ナフチルアゾ)-2-ヒドロキシ-3-ナフトエ酸 0.5 g と粉末状の硫酸カリウム 50 g を均一になるまでよくすりつぶす。

■参考文献

1）「第十四改正日本薬局方解説書」，廣川書店，2001.

2）日本薬学会編：「衛生試験法注解」，金原出版，1990.

3）「第七版食品添加物公定書解説書」，廣川書店，1999.

4）上野景平著：「キレート適定法」，第 8 版，南江堂，1961.

硫酸塩試験法採用色素と規格値

No.	色素名	規格（塩化物と硫酸塩の合計）	硫酸塩の塩基
1	赤色２号	5.0%以下	Na
2	赤色３号	2.0%以下	Na
3	赤色102号	8.0%以下	Na
4	赤色104号の(1)	5.0%以下	Na
5	赤色105号の(1)	5.0%以下	Na
6	赤色106号	5.0%以下	Na
7	黄色４号	6.0%以下	Na
8	黄色５号	5.0%以下	Na
9	緑色３号	5.0%以下	Na
10	青色１号	4.0%以下	Na
11	青色２号	5.0%以下	Na
12	赤色201号	6.0%以下	Na
13	赤色202号	7.0%以下	Ca
14	赤色203号	5.0%以下	Na
15	赤色204号	5.0%以下	Na
16	赤色205号	5.0%以下	Na
17	赤色206号	5.0%以下	Ca
18	赤色207号	5.0%以下	Na
19	赤色208号	5.0%以下	Na
20	赤色213号	3.0%以下	Na
21	赤色214号	5.0%以下	Na
22	赤色215号	5.0%以下	Na
23	赤色218号	5.0%以下	Na
24	赤色219号	5.0%以下	Ca
25	赤色220号	10.0%以下	Ca
26	赤色223号	3.0%以下	Na
27	赤色227号	10.0%以下	Na
28	赤色230号の(1)	5.0%以下	Na
29	赤色230号の(2)	5.0%以下	K
30	赤色231号	5.0%以下	K
31	赤色232号	5.0%以下	K

No.	色素名	規格（塩化物と硫酸塩の合計）	硫酸塩の塩基
32	だいだい色201号	5.0%以下	Na
33	だいだい色205号	5.0%以下	Na
34	だいだい色206号	3.0%以下	Na
35	だいだい色207号	3.0%以下	Na
36	黄色201号	5.0%以下	Na
37	黄色202号の(1)	10.0%以下	Na
38	黄色202号の(2)	10.0%以下	K
39	黄色203号	10.0%以下	Na
40	緑色201号	20.0%以下	Na
41	緑色204号	20.0%以下	Na
42	緑色205号	6.0%以下	Na
43	青色202号	10.0%以下	Na
44	青色203号	10.0%以下	Ca
45	青色205号	5.0%以下	Na
46	褐色201号	15.0%以下	Na
47	赤色401号	10.0%以下	Na
48	赤色405号	5.0%以下	Ca
49	赤色502号	6.0%以下	Na
50	赤色503号	6.0%以下	Na
51	赤色504号	5.0%以下	Na
52	赤色506号	5.0%以下	Na
53	だいだい色402号	4.0%以下	Na
54	黄色402号	5.0%以下	Na
55	黄色403号の(1)	5.0%以下	Na
56	黄色406号	7.0%以下	Na
57	黄色407号	6.0%以下	Ca
58	緑色401号	10.0%以下	Na
59	緑色402号	4.0%以下	Na
60	青色404号	5.0%以下	Na
61	紫色401号	15.0%以下	Na
62	黒色401号	15.0%以下	Na

17．レーキ試験法

レーキ試験法は、確認試験（色素原体の確認及び色素原体に結合又は吸着している金属塩又は金属の確認）、レーキの純度試験及び色素原体の定量法からなる。

確認試験

（1）　色素の確認　レーキに使用されている色素原体の確認（注1）

試料 0.1 g を量り、水酸化ナトリウム試液(希) 10 mL を加えてかき混ぜ、必要に応じて加温して色素原体を溶出する。不透明の場合は遠心分離し、溶液又は上澄み液 5 mL を量り、これに希釈液を加えて 50 mL とし、これを試料溶液とする。希釈液には試験を行う色素の確認試験の吸光度測定法で用いる試液又は溶媒を用いる。

（a）　試料溶液について、それぞれの色素原体に準じ、吸光度測定法により吸収極大波長を測定するとき、それぞれの色素原体の吸収極大波長と一致することを確認する。

（b）　試料溶液について、それぞれの色素原体に準じ、薄層クロマトグラフ法第1法又は第2法により試験を行うとき、試料溶液から得た主たるスポットは、それぞれの色素原体の各確認試験の項に記載された色を呈し、確認試験の項に記載された標準溶液から得た主たるスポットと等しい Rf 値を示すか、又は各確認試験の項に記載された Rs 値を示すことを確認する。

（2）　結合又は吸着している金属及び金属塩の確認

（a）　アルミニウムの確認（注2）

試料 0.5 g を 500℃ で強熱して得られる残留物に塩酸（希）20 mL を加え、加温する。遠心分離して得た上澄み液に、塩化アンモニウム試液及びアンモニア試液を加えるとき、白色のゲル状の沈殿を生じ、過量のアンモニア試液を追加しても、沈殿が溶けない場合は、この試料にはアルミニウムが含まれている。

（b）　バリウムの確認（注3）

試料 0.5 g を 500℃ で強熱して得られる残留物に炭酸ナトリウム（無水）2 g 及び炭酸カリウム 2 g を加えてよくかき混ぜ、加熱して融解する。常温になるまで冷却後、熱湯 10 mL を加え、かき混ぜてろ過する。ろ紙上の残留物を熱湯で洗い、この残留物を酢酸(100) 2 mL で溶かし、硫酸(希)を加えるとき、白色の沈殿を生じ、硝酸（希）を追加しても沈殿が溶けない場合は、この試料にはバリウムが含まれている。

（c） ジルコニウムの確認（注4）

① 試料 0.5 g を 500℃ で強熱して得られる残留物に硫酸 2 mL 及び硫酸アンモニウム 2 g を加え、加熱して溶かす。常温になるまで冷却後、温塩酸（希）5 mL を加えて試料溶液とする。

試料溶液 2 mL に β-ニトロソ-α-ナフトールのエタノール(95)溶液（1 → 50） 3 滴を加えて加温するとき、液は、橙赤色から橙褐色までの色を呈する場合は、この試料にはジルコニウムが含まれる。

② ①の試料溶液 2 mL に水 5 mL 及びマンデル酸溶液（4 → 25）2 mL を加えて振り混ぜるとき、白色の沈殿を生じる場合は、この試料にはジルコニウムが含まれる。

純度試験

（1） 塩酸及びアンモニア不溶物試験法（注5）

試料約 2 g を精密に量り、水 20 mL を加えて振り混ぜた後、塩酸 20 mL を加えてよくかき混ぜ、沸騰水 300 mL を加えてよく振り混ぜる。時計皿でおおい、水浴上で30分間加熱した後、これを室温になるまで放冷した後、遠心分離する。この上澄み液を質量既知のるつぼ形ガラスろ過器（1 G 4）でろ過し、水約 30 mL で不溶物をるつぼ形ガラスろ過器に移し、水 5 mL ずつで 2 回洗浄し、薄めたアンモニア水(28)（1 → 25）で洗液がほとんど無色となるまで洗った後、薄めた塩酸（1 → 30）10 mL で洗い、洗液が硝酸銀試液で変化しなくなるまで十分洗い、るつぼ形ガラスろ過器とともに 105℃ で 3 時間乾燥し、デシケーター(シリカゲル)中で室温になるまで冷却後、精密に量る。

（2） 水溶性塩化物及び水溶性硫酸塩

（a） 水溶性塩化物試験法（注6）

試料約 2 g を精密に量り、水 200 mL を正確に加えて約30分間時々振り混ぜた後、乾燥ろ紙でろ過する。ろ液が着色するときは、これに活性炭 2 g を加えて栓をしてよく振り混ぜた後、時々振り混ぜながら 1 時間放置し、ろ過する。ろ液がなお無色とならないときは、無色となるまで活性炭を用いて同様の操作を行う。このろ液を試料溶液とする。試料溶液 50 mL を正確に量り、薄めた硝酸（38 → 100）2 mL を加え、0.1 mol/L 硝酸銀液 10 mL（塩化物の量が多いときは、更に増量する。）を正確に加え、更にニトロベンゼン約 5 mL を加える。次いで、塩化銀が折出するまで振り混ぜ、硫酸アンモニウム鉄（III）試液 1 mL を加え、過剰の硝酸銀を 0.1 mol/L チオシアン酸アンモニウム液で滴定する。別に同様の方法で空試験を行い、次式により塩化物の量を求める。

$$\text{塩化物の量（\%）} = \frac{(a_0 - a) \times 0.00584}{\text{試料採取量（g）}} \times \frac{200}{50} \times 100$$

a ：0.1 mol/L チオシアン酸アンモニウム液の消費量（mL）

a_0：空試験における 0.1 mol/L チオシアン酸アンモニウム液の消費量(mL)

（b） 水溶性硫酸塩試験法（注７）

試料約 2 g を精密に量り、水約 200 mL を加えて溶かし、活性炭 10 g を加えて振り混ぜた後、3分間穏やかに煮沸し、放冷する。次いで薄めた硝酸（1 → 2）1 mL を加えてよく振り混ぜた後、吸引ろ過し、少量の水で洗浄し、ろ液に水を加えて正確に 250 mL とする。この液をあらかじめ陽イオン交換樹脂（H 型）5 mL 以上 20 mL 以下を充填した内径 8 mm 以上 15 mm 以下のカラム管に 1 分間 2 mL 以上 5 mL 以下の流速で通し、初めの流出液 30 mL を捨て、次の流出液を試料溶液とする。試料溶液 50 mL を正確に量り、塩酸（希）1 滴又は 2 滴を加えて煮沸させながら 0.01 mol/L 塩化バリウム液 10 mL を正確に加えて数分間煮沸した後冷却し、これにアンモニア・塩化アンモニウム緩衝液(pH 10.7) 5 mL、エチレンジアミン四酢酸マグネシウム二ナトリウム四水和物溶液（4.3 → 100）5 mL 及びエリオクロムブラック T 試液 4 滴又は 5 滴を加えて直ちに 0.01 mol/L エチレンジアミン四酢酸二水素二ナトリウム液で、溶液の色が青紫色になるまで滴定する。別に同様の方法で空試験を行い、次式により硫酸塩の量を求める。

$$\text{硫酸塩の量（\%）} = k \times \frac{(b - c) \times 250}{50} \times \frac{1}{\text{試料採取量（g）} \times 1000} \times 100$$

b ：空試験における 0.01 mol/L エチレンジアミン四酢酸二水素二ナトリウム液の消費量（mL）

c ：0.01 mol/L エチレンジアミン四酢酸二水素二ナトリウム液の消費量（mL）

k ：$Na_2SO_4 = 1.4204$、$CaSO_4 = 1.3614$、$K_2SO_4 = 1.7426$、$(NH_4)_2SO_4 = 1.3214$

（3） 水溶性バリウム試験法（注８）

試料 1.0 g を量り、水 20 mL を加えて振り混ぜ、30分間放置した後、ろ過する。ろ液 10 mL に酢酸・酢酸ナトリウム試液 0.5 mL 及びクロム酸カリウム試液 1 mL を加えて混和し、10分間放置するとき、混濁又は沈殿を生じない場合は、この試料には水溶性バリウムは含まれない。

（4） 水溶性ジルコニウム試験法（注９）

試料 1.0 g を量り、水 20 mL を加えて振り混ぜ、30分間放置した後、ろ過する。ろ液 10 mL に塩酸（希）1 mL とマンデル酸溶液（3 → 20）5 mL を加えて水浴上で加温するとき、混濁又は沈殿を生じない場合は、この試料には水溶性バリウムは含まれない。

（5） ヒ素試験法

それぞれの色素原体に準じ、ヒ素試験法により試験を行う。

(6) 重金属試験法

(a) 試料溶液調製法（注10）

試料 2.5 g を量り、硫酸少量を加えて潤し、徐々に加熱してほとんど灰化した後、室温になるまで放冷する。更に硫酸 1 mL を加えて徐々に加熱し、白煙が生じなくなった後、残留物がほとんど白色になるまで 450℃ 以上 500℃ 以下で強熱する。

これに塩酸 5 mL 及び硝酸 1 mL を加えて残留物を十分に砕き、水浴上で加熱して乾固する。更に塩酸 5 mL を加えて再び残留物を十分に砕き、水浴上で加熱して乾固する。残留物に薄めた塩酸(1 → 3) 10 mL を加え、加熱して溶かす。これを室温に冷却し、ろ紙(5種C)を用いてろ過する。ろ紙上の残留物を薄めた塩酸(1 → 3) 30 mL で洗い、洗液をろ液に合わせ、水浴上で加熱して乾固する。これに薄めた塩酸（希）(1 → 3) 10 mL を加え、加熱して溶かし、室温まで冷却した後、ろ過する。次いで容器及びろ紙を少量の水で洗った後、洗液をろ液に合わせる。この液に酢酸アンモニウム溶液(1 → 10)で pH を約 4 に調整した後、水を加えて 50 mL とし、これを試料原液とする。別に同様に操作して、空試験溶液を調製する。

(b) 操作法

① 亜鉛

試料原液 20 mL を比色管に量り、水を加えて 50 mL とし、試料溶液とする。空試験溶液 20 mL 及び亜鉛標準液 10 mL を量り、水を加えて 50 mL とし、これを比較液とする。試料溶液及び比較液にヘキサシアノ鉄（II）酸カリウム試液 0.5 mL ずつを加えてよく振り混ぜ、直射日光を避けて 5 分間放置した後、黒色の背景を用い、比色管の上方及び側方から観察する。試料溶液が青色を呈するときは、比較液に試料溶液と同様に呈色するまで、鉄標準液を加えて観察する。試料溶液の混濁は、比較液の混濁より濃くない場合は、試料溶液中に混在する亜鉛の量は、500 ppm 以下である。

② 鉄

試料原液 1 mL を比色管に量り、薄めた塩酸(1 → 3) 5 mL 及び水を加えて 25 mL とし、ペルオキソ二硫酸アンモニウム約 0.03 g を加えて溶かし、試料溶液とする。空試験溶液 1 mL 及び鉄標準液 2.5 mL を量り、薄めた塩酸（1 → 3) 5 mL 及び水を加えて 25 mL とし、ペルオキソ二硫酸アンモニウム約 0.03 g を加えて溶かし、これを比較液とする。試料溶液と比較液にチオシアン酸アンモニウム試液 2 mL ずつを加えてよく振り混ぜた後、白色の背景を用い、比色管の上方及び側方から観察する。試料溶液の色が、比較液の色より濃くない場合は、試料溶液中に混在する鉄の量は、500 ppm 以下である。

③ その他の重金属

試料原液 20 mL を比色管に量り、水を加えて 50 mL とし、試料溶液とする。空試験溶液 20 mL 及び鉛標準液 2 mL を量り、水を加えて 50 mL とし、これを比較液とする。試料溶液と比較液に硫化ナトリウム試液2滴ずつを加えてよく振り混ぜ、直射日光を避けて5分間放置した後、白色の背景を用い、比色管の上方及び側方から観察する。試料溶液の色は、比較液の色より濃くない場合は、試料溶液中に混在するその他重金属の量は、20 ppm以下である。

定量法

定量法は、レーキ試料中の色素含量を定量する方法である。その試験法は、第一部、第二部及び第三部の各レーキの条項に定量法として規定する（注11）。

〔注〕

（注1） レーキは通常基材に吸着または結合して水不溶物となっているため、アルカリ性にして色素原体を分離し、各条に従った試験により確認する。

（注2） 通常は、水酸化アルミニウムを母体として、これに吸着または結合した色素原体よりなっているため、有機物を灰化した後、塩酸(希)により溶解し、塩化アルミニウムとなり溶解する。

（注3） バリウムは、通常母体として硫酸バリウムが使用されているため、硫酸バリウムからのバリウムの確認を行う。

濃厚な炭酸ナトリウム溶液と煮沸すると、一部が炭酸塩となるが、ここでは硫酸バリウムの各4倍量の炭酸ナトリウム（無水）と炭酸カリウムをるつぼ（白金、ニッケルなど）の中で硫酸バリウムとともによく混合し、はじめ弱く、のち十分に強熱して、アルカリ融解すると、硫酸アルカリと炭酸バリウムになる。炭酸バリウムの解離圧は 1350℃ でようやく約 1 kPaで、極めて酸化物を生じ難いが、融解によって一部は酸化バリウムになっている。

$$2BaSO_4 + Na_2CO_3 + K_2CO_3 \rightarrow 2BaCO_3 + Na_2SO_4 + K_2SO_4$$

$$BaCO_3 \rightarrow BaO + CO_2$$

冷後、熱湯を加えてかき混ぜると、硫酸アルカリは水に溶け、炭酸バリウムは水に溶け難い(20℃ で水 100 g に 0.002 g溶ける)。これをろ別する。

熱湯不溶物中には、バリウムの酸化物あるいは炭酸塩が残留する。酢酸酸性で酢酸バリウムとして溶かし、バリウム塩の反応を行う。

（注4） 水酸化ジルコニウム、酸化ジルコニウム及びケイ酸ジルコニウム等が母体とされているため、有機物を灰化した後、酸化ジルコニウム中のジルコニウムの確認試験法を行う。

① Zr (IV) は塩酸酸性でβ-ニトロソ-α-ナフトールと反応して$ZrO(C_{10}H_6NO_2)_2$となり、橙赤色から橙褐色までの色を呈する。

② 塩酸酸性においてジルコニウムと作る反応で、定量に用いられる。

（注5） 色素レーキは、これに直接塩酸を加えたり、塩酸と加熱すると不溶化するものが多いため、まず水と混和する。通常の色素レーキは塩酸酸性の水に溶けるが、食用赤色3号アルミニウムレーキ及び食用青色2号アルミニウムレーキは不溶性の色素を残す。

しかし、このものはアンモニア水溶液（1 → 3.6）に溶ける。不溶物は、はじめにろ過器に移すと、ろ過しにくくなることがあるので注意する。

（注６）　食品添加物公定書の水溶性塩化物試験法に準じている。

（注７）　食品添加物公定書の水溶性硫酸塩試験法に準じている。

（注８）　水可溶のバリウムのみを測定する。

（注９）　水可溶のジルコニウムのみを測定する。

（注10）　試料に硫酸を加えて低温でほとんど灰化し、さらに、450～550℃ に加熱して灰化する。残留物は塩酸及び硝酸、次いで塩酸を加えて加熱する操作を繰り返し試料溶液を調製する。

（注11）　レーキ試験法の定量法がアルミニウムレーキ、バリウムレーキ、ジルコニウムレーキの各条にある定量法と操作条件が異なるため、各レーキの各条に合わせた。

【解　説】

目　的

水溶性の染料が、アルミニウム、バリウム及びジルコニウムの金属と結合、またはこれらの塩の化合物に吸着されてできているレーキを構成している染料の確認及び、ナトリウム塩換算量の測定と、アルミニウム、バリウム及びジルコニウムを確認し、また、その他基剤それぞれを確認する試験である。

原　理

レーキ類に水酸化ナトリウムを加えて、吸着剤と染料を分離または吸着剤そのものを溶解させ、これらの染料溶液より薄層クロマトグラフ法及び分光光度計により吸収極大波長を測定することにより、レーキ成分中の色素を確認し、また吸光度により濃度を測定する。

また、溶液あるは沈殿物より、アルミニウム、バリウム及びジルコニウムを化学的特性より確認する。米国及びEUでは、レーキの定義が日本より拡大されており、単に酸性染料のみでなく顔料類も母体に分散あるいは吸着したものもレーキとされており、これらの試験を行うには、母体より分離するためそれぞれの色素の各条で示されている溶剤を使用する必要がある。

使用機器、装置

1．吸光度測定法　装置一式

2．薄層クロマトグラフ法　装置一式

他の公定書との関連

アルミニウムレーキは昭和41年改正前の厚生省令第30号、バリウムレーキ及びジルコニウムレーキは昭和47年厚生省令第55号により、試験法及び規格が示されている。基本的には、これに準拠した。

アルミニウム、バリウム及びジルコニウムの確認については、化粧品原料基準のそれぞれの試験方法を参考にした。

食品添加物公定書（第七版）に、アルミニウムレーキの試験法及び規格が、各色素毎に定められている。

また食品添化物公定書(第七版)では、硫酸塩試験法は削除されている。また重金属類について、亜鉛及び鉄は原子吸光度測定法となり、バリウムは誘導結合プラズマ発光強度測定法となっている。

食添（第七版）以前では、レーキの各条において色素の抽出法が示されていたが、第七版では、他の色素レーキという項目で色素の抽出法が示されている。

■参考文献

1）「第四版食品添加物公定書」，廣川書店，1979.

2）「第七版食品添加物公定書」，廣川書店，1999.

3）昭和41年厚生省令第30号：医薬品等に使用することができるタール色素を定める省令

4）昭和47年厚生省令第55号：同上

試薬・試液、標準液及び容量分析用標準液

〔試薬・試液、標準液及び容量分析用標準液は次に掲げるものを用いる。日本工業規格に該当するものにあってはその規格番号、規格名称、用途等を、日本薬局方収載品にあっては日局医薬品各条と示した後、その日本薬局方名を記載した。また必要に応じて調製法、参考情報等を記載した。〕

1　亜鉛（標準試薬）

Zn［K8005、容量分析用標準物質］

2　亜鉛（ヒ素分析用）

Zn［K8012、ひ素分析用］粒径約 800 μm のもの。

3　亜鉛標準液

亜鉛標準原液 50 mL を正確に量り、水を加えて正確に 1000 mL としたもの。用時調製する。この液 1 mL は亜鉛（Zn）0.05 mg を含む。

4　亜鉛標準原液

亜鉛(標準試薬) 1.000 g を精密に量り、水 100 mL 及び塩酸 5 mL を加えて徐々に加熱して溶かし、常温になるまで冷却後、水を加えて正確に 1000 mL としたもの。

5　亜鉛標準原液（原子吸光光度法用）

亜鉛(標準試薬) 1.000 g を精密に量り、水 100 mL 及び塩酸 5 mL を加えて徐々に加熱して溶かし、常温になるまで冷却後、水を加えて正確に 1000 mL としたもの。

6　亜鉛粉末

Zn［K8013、ひ素分析用］

7　L-アスコルビン酸

$C_6H_8O_6$［K9502、L(+)-アスコルビン酸、特級］

8　アセトン

CH_3COCH_3［K8034、特級］

9　アンモニア・塩化アンモニウム緩衝液（pH10.7）

塩化アンモニウム 67.5 g を水に溶かし、アンモニア水(28) 570 mL を加え、水を加えて 1000 mL としたもの。

10　アンモニア試液

アンモニア水(28) 400 mL に水を加えて 1000 mL としたもの(含有率がおおむね 10%となるもの)。

11　アンモニア試液（希）

アンモニア水(28) 3 mL に水を加えて 100 mL としたもの。

12　アンモニア水(28)

NH_3[K8085、アンモニア水、特級、比重約 0.90、密度 0.908 g/mL、含量 28% から 30% まで]

13　イソプロピルエーテル

$(CH_3)_2CHOCH(CH_3)_2$　無色澄明の液で、特異なにおいがある。水と混和しない。屈折率 n_D^{20}：1.368 以上 1.369 以下、比重 d_4^{20}：0.723 以上 0.725 以下

14　イソプロピルエーテル（抽出用）

イソプロピルエーテル 1000 mL を水酸化ナトリウム溶液（2.15 → 100）100 mL で2回、水 100 mL で3回洗浄したもの。

15　エタノール（希）

エタノール(95) 1 容量に水 1 容量を加えたもの。C_2H_5OH を 47.45 vol% から 50.00 vol% を含む。

16　エタノール(95)

C_2H_5OH [K8102、特級]

17　エタノール（99.5）

C_2H_5OH [K8101、特級]

18　エタノール（酸性希）

薄めた塩酸（23.6 → 250）250 mL にエタノール（99.5）250 mL を加えたもの。

19　エチレングリコール

$HOCH_2CH_2OH$ [K8105、特級]

20　エチレンジアミン四酢酸二水素二ナトリウム二水和物

$C_{10}H_{14}N_2Na_2O_8 \cdot 2H_2O$ [K8107、特級]

21　エチレンジアミン四酢酸マグネシウム二ナトリウム四水和物

$C_{10}H_{12}N_2O_8MgNa_2 \cdot 4H_2O$　白色粉末であって本品 1 g に水を加えて超音波浴を用いて溶かしたものであって、全量を 100 mL とした溶液は無色澄明であり、かつ、pH は、8.0から9.5までであるもの。この溶液 5 mL に水 100 mL、アンモニア･塩化アンモニウム緩衝液（pH 10.7）2 mL 及びエリオクロムブラック T 試液を1滴又は2滴加えると青紫色に変色し、また、これに 0.01 mol/L エチレンジアミン四酢酸二水素二ナトリウム液 0.05 mL を加えると青色に変色するもの。

22　0.02 mol/L エチレンジアミン四酢酸二水素二ナトリウム液

1000 mL 中エチレンジアミン四酢酸二水素二ナトリウム二水和物 ($C_{10}H_{14}N_2Na_2O_8 \cdot 2H_2O$：372.24) 7.445g を含むものであって、次の規定によるもの。

（1）　調製

エチレンジアミン四酢酸二水素二ナトリウム二水和物 7.5 g を水に溶かし、1000 mL とし、標定を行う。

（2）　標定

亜鉛（標準試薬）を塩酸（希）で洗い、水洗し、アセトンで洗浄した後、110℃ で5分間乾燥した後、デシケーター（シリカゲル）中で放冷し、その約 0.3 g を精密に量り、塩酸(希) 5 mL 及び臭素試液 5 滴を加え、穏やかに加温して溶かし、煮沸して過量の臭素を追い出した後、水を加えて正確に 200 mL とする。この液 20 mL を正確に量り、水酸化ナトリウム溶液（1 → 50）を加えて中性とし、アンモニア・塩化アンモニウム緩衝液（pH10.7）5 mL 及びエリオクロムブラック T・塩化ナトリウム指示薬 0.04 g を加え、調製した 0.02 mol/L エチレンジアミン四酢酸二水素二ナトリウム液で、液の赤紫色が青紫色に変わるまで滴定し、係数を計算する。

0.02 mol/Lエチレンジアミン四酢酸二水素二ナトリウム液 1 mL＝1.3078 mg Zn

（3） 貯法

ポリエチレン瓶に保存する。

23　0.01 mol/L エチレンジアミン四酢酸二水素二ナトリウム液

1000 mL 中エチレンジアミン四酢酸二水素二ナトリウム二水和物 ($C_{10}H_{14}N_2Na_2O_8$・$2H_2O$：372.24)3.7224 g を含むものであって、用時、0.02 mol/L エチレンジアミン四酢酸二水素二ナトリウム液に水を加えて正確に 2 倍容量となるように調製したもの。

24　エリオクロムブラック T

$C_{20}H_{12}N_3O_7SNa$ [K8736、特級]

25　エリオクロムブラック T 試液

エリオクロムブラック T 0.3 g 及び塩化ヒドロキシルアンモニウム 2 g にメタノールを加えて溶かし、50 mL としたもの。遮光し保存し、調製後 1 週間以内に用いる。

26　エリオクロムブラック T・塩化ナトリウム指示薬

エリオクロムブラック T 0.1 g 及び塩化ナトリウム NaCl [K8150、特級] 10 g を混ぜ、均質になるまですりつぶしたもの。

27　塩化アンモニウム

NH_4Cl [K8116、特級]

28　塩化アンモニウム試液

塩化アンモニウム 10.5 g を水に溶かして 100 mL としたもの（2 mol/L)。

29　塩化スズ（II）試液（酸性）

塩化スズ(II)二水和物 8 g を塩酸 500 mL に溶かしたもの。共栓瓶に保存し、調製後 3 ヶ月以内に用いる。

30　塩化スズ（II）二水和物

$SnCl_2$・$2H_2O$ [K8136、特級]

31　塩化ナトリウム（標準試薬）

NaCl [K8005、容量分析用標準物質]

32　塩化バリウム二水和物

$BaCl_2$・$2H_2O$ [K8155、特級]

33　0.02 mol/L 塩化バリウム液

1000 mL 中塩化バリウム二水和物（$BaCl_2 \cdot 2H_2O$：244.26）4.885 g を含むものであって、次の規定によるもの。

（1）　調製

塩化バリウム二水和物 4.9 g を水に溶かし、1000 mL とし、次の標定を行う。

（2）　標定

調製した塩化バリウム液 100 mL を正確に量り、塩酸 3 mL を加えて加温する。あらかじめ加温した薄めた硫酸（1 → 130）40 mL を加え、水浴上で30分間加熱した後、一夜放置する。この液をろ過し、ろ紙上の残留物を、ろ液に硝酸銀試液を加えても混濁を認めなくなるまで水洗した後、ろ紙とともにるつぼに移し、強熱灰化する。常温になるまで冷却後、硫酸 2 滴を加え、再び約 700℃ で 2 時間強熱する。常温になるまで冷却後、残留物の質量を精密に量り、硫酸バリウム（$BaSO_4$）の量とし、モル濃度係数を計算すると、次のようになるもの。

0.02 mol/L 塩化バリウム液 1 mL＝4.668 mg $BaSO_4$

34　0.01 mol/L 塩化バリウム液

1000 mL 中塩化バリウム二水和物（$BaCl_2 \cdot 2H_2O$：244.26）2.4426 g を含むものであって、用時、0.02 mol/L 塩化バリウム液に水を加えて正確に 2 倍容量となるよう調製したもの。

35　塩化ヒドロキシルアンモニウム

$NH_2OH \cdot HCl$［K8201、特級］

36　塩酸

HCl［K8180、特級］

37　塩酸（希）

塩酸 23.6 mL に水を加えて 100 mL としたもの（10%）。

38　過塩素酸

$HClO_4$［K8223、特級、比重約 1.67、密度 1.67 g/mL、濃度 70.0% 以上 72.0% 以下］

39　活性炭

［日局医薬品各条、「薬用炭」］

40　過マンガン酸カリウム

$KMnO_4$［K8247、特級］

41　過マンガン酸カリウム試液

過マンガン酸カリウム 3.3 g を水に溶かし、1000 mL としたもの（0.02 mol/L）。

42　ガラスウール

［K8251、特級］

43　クエン酸水素二アンモニウム

$C_6H_{14}N_2O_7$［K8284、特級］

44　グリセリン

$C_3H_8O_3$［日局医薬品各条、「濃グリセリン」］

45　クロム酸カリウム

K_2CrO_4［K8312、特級］

46　クロム酸カリウム試液

クロム酸カリウム 10 g に水を加えて溶かし、100 mL としたもの。

47　クロム標準原液（原子吸光光度法用）

二クロム酸カリウム(標準試薬) 2.828 g を精密に量り、水に溶かし、正確に 1000 mL としたもの。

48　クロロホルム

$CHCl_3$［K8322、特級］

49　酢酸（100）

CH_3COOH［K8355、酢酸、特級］

50　酢酸（希）

酢酸（100）6 g に水を加えて 100 mL としたもの（1 mol/L）。

51　酢酸アンモニウム

CH_3COONH_4［K8359、特級］

52　酢酸アンモニウム試液

酢酸アンモニウム 1.54 g を水に溶かし、1000 mL としたもの(0.02 mol/L 相当)。

53　酢酸エチル

$CH_3COOC_2H_5$［K8361、特級］

54　酢酸・酢酸ナトリウム緩衝液

酢酸ナトリウム試液に酢酸（希）を加えて pH 6.0に調整したもの（1 mol/L 相当)。

55　酢酸・酢酸ナトリウム試液

水酸化ナトリウム試液 17 mL に酢酸(希) 40 mL 及び水を加えて 100 mL としたもの。

56　酢酸ナトリウム三水和物

$CH_3COONa \cdot 3H_2O$［K8371、特級］

57　酢酸ナトリウム試液

酢酸ナトリウム三水和物 13.6 g を水に溶かし、100 mL としたもの（1 mol/L)。

58　酢酸鉛（II）三水和物

$Pb(CH_3COO)_2 \cdot 3H_2O$［K8374、特級］

59　酢酸鉛試液

酢酸鉛（II）三水和物 9.5 g に新たに煮沸して冷却した水を加えて溶かし、100 mL としたもの（0.25 mol/L)。密栓して保存する。

60　三酸化二ヒ素（標準試薬）

As_2O_3［K8005、三酸化二ひ素、容量分析用標準物質］

61　シアン化カリウム

KCN［K8443、特級］

62　N,N-ジエチルジチオカルバミド酸銀

$C_5H_{10}AgNS_2$［K9512、特級］

63　N,N-ジエチルジチオカルバミド酸ナトリウム三水和物

$(C_2H_5)_2NCS_2Na \cdot 3H_2O$［K8454、特級］

64　1,2-ジクロロエタン

$ClCH_2CH_2Cl$［K8465、特級］

65　ジメチルスルホキシド

$(CH_3)_2SO$［K9702、特級］

66　臭化カリウム（赤外吸収スペクトル測定用）

臭化カリウム単結晶又は臭化カリウムを砕き200号（75 μm）ふるいを通過したものを集め、120℃ で10時間又は 500℃ で5時間乾燥したものであって、これを用いて錠剤を作り、赤外吸収スペクトル測定法により測定するとき、特異な吸収を認めないもの。

67　臭化ナトリウム

NaBr［K8514、特級］

68　シュウ酸アンモニウム一水和物

$(NH_4)_2C_2O_4 \cdot H_2O$［K8521、しゅう酸アンモニウム一水和物、特級］

69　臭素試液

臭素 Br［K8529、特級］を水に飽和させて調製したもの。栓にワセリンを塗った共栓瓶に臭素 2 mL から 3 mL を量り、冷水 100 mL を加えて密栓して振り混ぜて製する。遮光して冷所で保存する。

70　酒石酸ナトリウムカリウム四水和物

$KNaC_4H_4O_6 \cdot 4H_2O$［K8536、(+)-酒石酸ナトリウムカリウム四水和物、特級］

71　硝酸

HNO_3［K8541、硝酸（比重約 1.42）、特級］69% 以上 70% 以下を含むもの。

72　硝酸鉛（II）

$Pb(NO_3)_2$［K8563、特級］

73　硝酸（希）

硝酸 10.5 mL に水を加えて 100 mL としたもの（10%）。

74　硝酸銀

$AgNO_3$［K8550、特級］

75　硝酸銀試液

硝酸銀 17.5 g を水に溶かし、1000 mL としたもの（0.1 mol/L）。遮光して保存す

る。

76　0.1 mol/L 硝酸銀液

1000 mL 中硝酸銀（$AgNO_3$：169.87）16.987 g を含むものであって次の規定によるもの。

（1）　調製

硝酸銀 17.0 g を水に溶かし、1000 mL とし、次の標定を行う。

（2）　標定

塩化ナトリウム（標準試薬）を 500℃ 以上 650℃ 以下で40分から50分間乾燥した後、デシケーター（シリカゲル）中で放冷し、その約 0.15 g を精密に量り、水 50 mL に溶かし、フルオレセインナトリウム試液 3 滴を加え、強く振り混ぜながら、調製した硝酸銀液で液の黄緑色が黄色を経て黄橙色を呈するまで滴定し、係数を計算する。

0.1 mol/L 硝酸銀液 1 mL＝5.844 mg NaCl

（3）　貯法

遮光して保存する。

77　硝酸マグネシウム六水和物

$Mg(NO_3)_2 \cdot 6H_2O$ [K8567、特級]

78　シリカゲル

無定形の一部水加性のケイ酸で、不定形ガラス状顆粒であって、次の（1）及び（2）を満たすもの。水分吸着によって変色する指示薬を含ませ、高温で乾燥して水分吸着能が再生するものもある。

（1）　強熱減量

6％ 以下（2 g、950℃ ±50℃）

（2）　水分吸着能

本品約 10 g を精密に量り、比重 1.19 の硫酸で湿度を 80％ とした容器内に24時間放置した後、質量を量り、試料に対し増量を求めるとき、31％ 以上増える。

79　シリカゲル（薄層クロマトグラフ用）

シリカゲルで薄層クロマトグラフ用に製造されたもの。

80　シリコーン油

無色澄明な液でにおいはなく、動粘度 50 mm^2/s 以上 100 mm^2/s 以下であるもの。

81　水酸化ナトリウム

NaOH [K8576、特級]

82　水酸化ナトリウム試液

水酸化ナトリウム 4.3 g を水に溶かし、100 mL としたもの（1 mol/L）。ポリエチレン瓶に保存する。

83　水酸化ナトリウム試液（希）

水酸化ナトリウム 4.3 g に新たに煮沸して冷却した水を加えて溶かし、1000 mL としたもの（0.1 mol/L）。用時調製する。

84　石油エーテル

［K8593、特級］

85　ソーダ石灰

［K8603、二酸化炭素吸収用］

86　だいだい色403号標準溶液

薄層クロマトグラフ用標準品一覧表中のだいだい色403号 0.05 g をクロロホルムに溶かし、100 mL としたもの。

87　炭酸カリウム

K_2CO_3［K8615、特級］

88　炭酸水素ナトリウム

$NaHCO_3$［K8622、特級］

89　炭酸ナトリウム（無水）

Na_2CO_3［K8625、炭酸ナトリウム、特級］

90　炭酸ナトリウム（標準試薬）

Na_2CO_3［K8005、容量分析用標準物質］

91　チオシアン酸アンモニウム

NH_4SCN［K9000、特級］

92　チオシアン酸アンモニウム試液

チオシアン酸アンモニウム 8 g を水に溶かし、100 mL としたもの（1 mol/L）。

93　0.1 mol/L チオシアン酸アンモニウム液

1000 mL 中にチオシアン酸アンモニウム（NH_4SCN：76.12）7.612 g を含むものであって、次の規定によるもの。

（1）　調製

チオシアン酸アンモニウム 8 g を水に溶かし、1000 mL とし、次の標定を行う。

（2）　標定

0.1 mol/L 硝酸銀液 25 mL を正確に量り、水 50 mL、硝酸 2 mL 及び硫酸アンモニウム鉄（III）試液 2 mL を加え、振り動かしながら、調製したチオシアン酸アンモニウム液で持続する赤褐色を呈するまで滴定し、係数を計算する。

（3）　貯法

遮光して保存する。

94　鉄標準液

硫酸アンモニウム鉄（III）十二水和物 86.3 mg を精密に量り、水 100 mL に溶かし、塩酸（希）5 mL 及び水を加えて正確に 1000 mL としたもの。この液 1 mL は鉄（Fe）0.01 mg を含む。

95　鉄標準原液（原子吸光光度法用）

硫酸アンモニウム鉄（III）十二水和物 8.634 g を精密に量り、水 100 mL に溶かし、塩酸（希）5 mL 及び水を加えて正確に 1000 mL としたもの。

96 トルエン

$C_6H_5CH_3$［K8680、特級］

97 鉛標準液

鉛標準原液 10 mL を正確に量り、水を加えて正確に 100 mL としたもの。この液 1 mL は鉛（Pb）0.01 mg を含む。用時調製する。

98 鉛標準原液

硝酸鉛（II）159.8 mg を精密に量り、硝酸（希）10 mL に溶かし、水を加えて正確に 1000 mL としたもの。この液の調製及び保存には可溶性鉛塩を含まないガラス容器を用いる。

99 鉛標準原液（原子吸光光度法用）

硝酸鉛（II）1.598 g を精密に量り、硝酸（希）100 mL に溶かし、水を加えて正確に 1000 mL としたもの。この液の調製及び保存には可溶性鉛塩を含まないガラス容器を用いる。

100 二クロム酸カリウム

$K_2Cr_2O_7$［K8517、特級］

101 二クロム酸カリウム（標準試薬）

$K_2Cr_2O_7$［K8005、定量分析用標準物質］

102 2,2′,2″-ニトリロトリエタノール

$(CH_2CH_2OH)_3N$［K8663、特級］

103 β-ニトロソ-α-ナフトール

$C_{10}H_7NO_2$［2-ニトロソ-1-ナフトール］黄色の針状結晶。エタノール(95)、酢酸(100)及びアセトンによく溶け、エーテル、ベンゼン、クロロホルム及び石油エーテルには溶けにくい。融点は 162℃ 以上 164℃ 以下である。

104 ニトロベンゼン

$C_6H_5NO_2$［K8723、特級］

105 パラニトロアニリン

薄層クロマトグラフ用標準品に同じ。

106 パラニトロアニリン標準溶液

パラニトロアニリン 1.0 g をエタノール(95)に溶かし、100 mL としたもの。

107 pH 測定用水酸化カルシウム

$Ca(OH)_2$［K8575、特級］23℃ 以上 27℃ 以下で得た飽和溶液の 25℃ における pH が12.45のものを用いる。

108 pH 測定用炭酸水素ナトリウム

$NaHCO_3$［K8622、pH 標準液用］

109　pH 測定用炭酸ナトリウム

Na_2CO_3［K8625、pH 標準液用］

110　pH 測定用二シュウ酸三水素カリウム二水和物

$KH_3(C_2O_4)_2 \cdot 2H_2O$［K8474、二しゅう酸三水素カリウム二水和物、pH 測定用］

111　pH 測定用フタル酸水素カリウム

$C_6H_4(COOK)(COOH)$［K8809、pH 標準液用］

112　pH 測定用四ホウ酸ナトリウム十水和物

$Na_2B_4O_7 \cdot 10H_2O$［K8866、四ほう酸ナトリウム十水和物、pH 標準液用］

113　pH 測定用リン酸水素二ナトリウム

Na_2HPO_4［K9020、りん酸水素二ナトリウム、pH 標準液用］

114　pH 測定用リン酸二水素カリウム

KH_2PO_4［K9020、りん酸二水素カリウム、pH 標準液用］

115　ヒ化水素吸収液

N,N-ジエチルジチオカルバミド酸銀 0.50 g をピリジンに溶かし、100 mL としたもの。遮光した共栓瓶に入れ、冷所に保存する。

116　ヒ素標準液

ヒ素標準原液 10 mL を正確に量り、硫酸（希）10 mL を加え、新たに煮沸し冷却した水を加えて正確に 1000 mL としたものであって、1 mL あたり三酸化二ヒ素（As_2O_3）1 μg を含むもの。用時調製し、共栓瓶に保存する。

117　ヒ素標準原液

三酸化二ヒ素（標準試薬）を微細な粉末とし、105℃ で 4 時間乾燥し、その 0.100 g を精密に量り、水酸化ナトリウム溶液（1 → 5）5 mL に溶かし、硫酸（希）を加えて中性とし、硫酸（希）10 mL を追加し、新たに煮沸し冷却した水を加えて正確に 1000 mL としたもの。共栓瓶に保存する。

118　ピリジン

C_5H_5N［K8777、特級］

119　フェノールフタレイン

$C_{20}H_{14}O_4$［K8799、特級］

120　フェノールフタレイン試液

フェノールフタレイン 1 g をエタノール(95) 100 mL に溶かしたもの。

121　1-ブタノール

$CH_3(CH_2)_2CH_2OH$［K8810、特級］

122　フラビアン酸

$C_{10}H_6N_2O_8S$　薄層クロマトグラフ用標準品に同じ。

123　フラビアン酸標準溶液

フラビアン酸 0.01 g を水に溶かし、10 mL としたもの。

124　フルオレセインナトリウム

$C_{20}H_{10}Na_2O_5$［日局医薬品各条、「フルオレセインナトリウム」］

125　フルオレセインナトリウム試液

フルオレセインナトリウム 0.2 gを水に溶かし、100 mLとしたもの。

126　ブロモクレゾールグリーン

$C_{21}H_{14}Br_4O_5S$［K8840、特級］変色範囲はpH 3.8（黄色）から5.4（青色）までである。

127　ブロモクレゾールグリーン試液

ブロモクレゾールグリーン 0.05 gをエタノール(95) 100 mLに溶かし、必要に応じてろ過したもの。

128　ブロモチモールブルー

$C_{27}H_{28}Br_2O_5S$［K8842、特級］変色範囲pH 6.0（黄色）から7.6（青色）までである。

129　ブロモチモールブルー試液

ブロモチモールブルー 0.1 gをエタノール（希）100 mLに溶かし、必要に応じてろ過したもの。

130　ヘキサシアノ鉄（II）酸カリウム三水和物

$K_4Fe(CN)_6 \cdot 3H_2O$［K8802、特級］

131　ヘキサシアノ鉄（II）酸カリウム試液

ヘキサシアノ鉄（II）酸カリウム三水和物 1 gを水に溶かし、10 mLとしたもの(0.25 mol/L)。用時調製する。

132　ペルオキソ二硫酸アンモニウム

$(NH_4)_2S_2O_8$［K8252、特級］

133　ベンゼン

C_6H_6［K8858、特級］

134　飽和シュウ酸アンモニウム溶液

シュウ酸アンモニウム一水和物 5 gを量り、水 100 mLを加え、よく振り混ぜ、23℃以上 27℃ 以下とし、十分に飽和した後、その温度で上澄み液をろ過して得た澄明なろ液である。

135　飽和硫酸アンモニウム溶液

硫酸アンモニウム 50 gを量り、水 100 mLを加え、よく振り混ぜ、23℃ 以上 27℃以下とし、十分に飽和した後、その温度で上澄み液をろ過して得た澄明なろ液である。

136　マンガン標準原液（原子吸光光度法用）

［K0027、マンガン標準液（Mn1000）］

137　マンデル酸

$C_8H_8O_3$［α-オキシフェニル酢酸］無色の板状結晶である。融点は 133℃ である。

138　メタノール

CH_3OH［K8891、特級］

139　メチルオレンジ

$C_{14}H_{14}N_3NaO_3S$［K8893、特級］変色範囲はpH 3.1（赤色）から4.4（橙黄色）までである。

140　メチルオレンジ試液

メチルオレンジ 0.1 gを水 100 mLに溶かし、必要に応じてろ過したもの。

141　3-メチル-1-ブタノール

$C_5H_{12}O$［K8051、特級］

142　4-メチル-2-ペンタノン

$CH_3COCH_2CH(CH_3)_2$［K8903、特級］

143　メチルレッド

$C_{15}H_{15}N_3O_2$［K8896、特級］変色範囲はpH 4.2（赤）から6.2（黄）までである。

144　メチルレッド試液

メチルレッド 0.1 gをエタノール(95) 100 mLに溶かし、必要に応じてろ過したもの。

145　陽イオン交換樹脂

ポリスチレンスルホン酸のナトリウム塩で、その粉末度は、26号（600 μm）ふるいを通過し、36号（425 μm）ふるいをほとんど通過しないものであって、次により調製されるもの。淡黄色から黄褐色までの色を呈する。

本品約 50 gを量り、水に30分間浸した後、内径約 2.5 cmのクロマトグラフ用ガラス管に水と共に流し込んで樹脂柱をつくる。これに薄めた塩酸（1 → 4）250 mLを注ぎ、1分間約 4 mLの速さで流出させた後、洗液がブロモクレゾールグリーン試液で緑色から青色までの色を呈するまで水洗し、次のことを確認する。この樹脂 10 mLを量り、内径 1.5 cmのクロマトグラフ用ガラス管に水と共に流し込み、水酸化ナトリウム試液（希）80 mLを1分間約 2 mLの速さで流出させた液のpHが、5.0から6.5までであること。

146　溶解アセチレン

C_2H_2［K1902］

147　ヨウ化カリウム

KI［K8913、よう化カリウム、特級］

148　ヨウ化カリウム試液

ヨウ化カリウム 16.5 gを水に溶かし、100 mLとしたもの。遮光し保存する。用時調製する。

149　リトマス紙（青色）

［K9071、リトマス紙、青色リトマス紙］

150　リトマス紙（赤色）

［K9071、リトマス紙、赤色リトマス紙］

151 硫化ナトリウム九水和物

$Na_2S \cdot 9H_2O$［K8949、特級］

152 硫化ナトリウム試液

硫化ナトリウム九水和物 5 gを水 10 mL 及びグリセリン 30 mLの混液に溶かしたもの又は水酸化ナトリウム 5 gを水 30 mL 及びグリセリン 90 mLの混液に溶かし、その半容量に冷時硫化水素を飽和させ、それに残りの半容量を混和したもの。遮光した瓶にほとんど全満して保存する。調製後3カ月以内に用いる。

153 硫酸

H_2SO_4［K8951、特級］

154 硫酸（希）

硫酸 5.7 mLを水 10 mLに注意しながら加え、常温になるまで冷却後、水を加えて100 mLとしたもの。

155 0.05 mol/L 硫酸

1000 mL中硫酸（H_2SO_4：98.08）4.904 gを含むものであって次の規定によるもの。

（1） 調製

硫酸 3 mLを水 1000 mL中にかき混ぜながら徐々に加え、次の標定を行う。

（2） 標定

炭酸ナトリウム（標準試薬）を 500℃ 以上 650℃ 以下で40分から50分間加熱した後、デシケーター（シリカゲル）中で放冷し、その約 0.15 gを精密に量り、水 30 mLに溶かし、メチルレッド試液3滴を加え、調製した硫酸で滴定し、係数を計算する。ただし、滴定の終点は液を注意して煮沸し、ゆるく栓をし冷却するとき、持続する橙色から赤色までの間の一定の色を呈するときとする。

0.05 mol/L 硫酸 1 mL＝5.299 mg Na_2CO_3

156 0.005 mol/L 硫酸

1000 mL中硫酸（H_2SO_4：98.08）0.4904 gを含むもの。用時、0.05 mol/L 硫酸に水を加えて正確に10倍容量とする。

157 硫酸アンモニウム

$(NH_4)_2SO_4$［K8960、特級］

158 硫酸アンモニウム鉄（III）試液

硫酸アンモニウム鉄（III）十二水和物 14 gを水 100 mLに加え、よくかき混ぜながら溶かしてろ過し、硫酸 10 mLを加えたもの。

159 硫酸アンモニウム鉄（III）十二水和物

$FeNH_4(SO_4)_2 \cdot 12H_2O$［K8982、硫酸アンモニウム鉄（III）・12水、特級］

160 硫酸銅（II）五水和物

$CuSO_4 \cdot 5H_2O$［K8983、特級］

薄層クロマトグラフ用標準品

1　赤色２号標準品

アマランス「別に厚生労働省令で定めるところにより厚生労働大臣の登録を受けた者が製造する標準品」（以下、厚生労働省指定標準品と略）を用いる。

2　赤色３号標準品

エリスロシン厚生労働省指定標準品を用いる。

3　赤色102号標準品

ニューコクシン厚生労働省指定標準品を用いる。

4　赤色104号の（１）標準品

フロキシン厚生労働省指定標準品を用いる。

5　赤色105号の（１）標準品

ローズベンガル厚生労働省指定標準品を用いる。

6　赤色106号標準品

アシッドレッド厚生労働省指定標準品を用いる。

7　黄色４号標準品

タートラジン厚生労働省指定標準品を用いる。

8　黄色５号標準品

サンセットイエローFCF厚生労働省指定標準品を用いる。

9　緑色３号標準品

ファストグリーンFCF厚生労働省指定標準品を用いる。

10　青色１号標準品

ブリリアントブルーFCF厚生労働省指定標準品を用いる。

11　青色２号標準品

インジゴカルミン厚生労働省指定標準品を用いる。

12　赤色202号標準品

リソールルビンBCA厚生労働省指定標準品を用いる。

13　赤色203号標準品

レーキレッドＣ厚生労働省指定標準品を用いる。

14　赤色204号標準品
　レーキレッド CBA 厚生労働省指定標準品を用いる。
15　赤色218号標準品
　テトラクロロテトラブロモフルオレセイン厚生労働省指定標準品を用いる。
16　赤色221号標準品
　トルイジンレッド厚生労働省指定標準品を用いる。
17　赤色223号標準品
　テトラブロモフルオレセイン厚生労働省指定標準品を用いる。
18　赤色230号の(1)標準品
　エオシン厚生労働省指定標準品を用いる。
19　赤色230号の(2)標準品
　エオシン厚生労働省指定標準品を用いる。
20　赤色231号標準品
　フロキシン厚生労働省指定標準品を用いる。
21　赤色232号標準品
　ローズベンガル厚生労働省指定標準品を用いる。
22　だいだい色203号標準品
　パーマネントオレンジ厚生労働省指定標準品を用いる。
23　だいだい色205号標準品
　オレンジII厚生労働省指定標準品を用いる。
24　黄色201号標準品
　フルオレセイン厚生労働省指定標準品を用いる。
25　赤色502号標準品
　ポンソー3R 厚生労働省指定標準品を用いる。
26　赤色503号標準品
　ポンソーR 厚生労働省指定標準品を用いる。
27　赤色504号標準品
　ポンソーSX 厚生労働省指定標準品を用いる。
28　赤色505号標準品
　オイルレッド XO 厚生労働省指定標準品を用いる。
29　赤色506号標準品
　ファストレッド S 厚生労働省指定標準品を用いる。
30　だいだい色402号標準品
　オレンジ I 厚生労働省指定標準品を用いる。
31　だいだい色403号標準品
　オイルオレンジ SS 厚生労働省指定標準品を用いる。

32　黄色401号標準品

ハンサイエロー厚生労働省指定標準品を用いる。

33　黄色403号の(1)標準品

ナフトールイエローS厚生労働省指定標準品を用いる。

34　黄色404号標準品

オイルイエローAB厚生労働省指定標準品を用いる。

35　黄色405号標準品

オイルイエローOB厚生労働省指定標準品を用いる。

36　緑色402号標準品

ギネアグリーンB厚生労働省指定標準品を用いる。

37　パラニトロアニリン

$C_6H_6N_2O_2$ [K8708、*p*-ニトロアニリン、特級]　パラニトロアニリンを次の精製法により薄層クロマトグラフ用に精製したものであって、次の規格を満たすものを用いる。

精製法　パラニトロアニリン 10 g にエタノール(95) 100 mL を加え、加温して溶かした後、温時ろ過し、ろ液を室温に約5時間放置する。析出した結晶をろ取し、風乾した後、デシケーター（減圧、シリカゲル）で2時間乾燥する。

性状　黄色の針状結晶で、においはほとんどない。

融点　147℃ 以上 150℃ 以下

38　フラビアン酸

黄色403号の(1)標準品（ナフトールイエローS厚生労働省指定標準品）100 mg に水 2 mL を加え、溶かした後、塩酸 50 μL を加え、かくはん後約 5℃ にて約1時間放置する。析出した結晶をろ取し、これに水 0.5 mL を加え約 80℃ の水浴上で加温溶解し、放置して室温に戻した後、約 5℃ にて1時間放置し再結晶させる。析出した結晶をろ取し風乾した後、デシケーター（減圧、シリカゲル）で2時間乾燥したものであって黄色の針状結晶で、においはほとんどなく、かつ、次の純度試験に適合するもの。

純度試験　本品の水溶液（1 → 1000) 2 μL について、1-ブタノール/エタノール(95)/アンモニア試液（希）混液（6：2：3）を展開溶媒として薄層クロマトグラフ法第1法により試験を行うとき、Rf 値0.6付近の黄色の主たるスポット以外にスポットを認めない。

(注)

厚生労働省指定標準品名	この省令における別名
フロキシン	フロキシンB及びフロキシンBK
ローズベンガル	ローズベンガル及びローズベンガルK
エオシン	エオシンYS及びエオシンYSK
オイルオレンジSS	オレンジSS
オイルイエローAB	イエローAB

オイルイエローOB　　　　イエローOB

【解　説】

Rf 値の設定にあたり、「標準品」として厚生労働省指定標準品を採用し、各条において、「標準品と等しい Rf 値を示す。」とした。

「標準品」が存在しない品目については、「比較標準品」を設定し、対照色素と「比較標準品」を同時に展開し、各々の Rf 値を比較した Rs 値を規定することとした。

その「比較標準品」は「標準品」として、

油溶性色素には、パラニトロアニリンまたは厚生労働省指定標準品だいだい色403号を対照の「標準品」として、水溶性色素にはフラビアン酸を対照の「標準品」とした。

この 3 種類の「標準品」を用いて各条においては、色素の確認として有効な色調と Rf 値を規定し、設定可能な品目については採用することとした。なお、適当な溶媒がない品目については、設定が困難であり、他の試験法（赤外吸収スペクトル法、等）を採用した。

計量器・用器

1　温度計　浸線付き温度計（棒状）又は日本工業規格の全没式水銀温度計（棒状）の器差試験を行ったものを用いる。なお、融点測定法には浸線付き温度計（棒状）を用いること。

浸線付き温度計（棒状）は次に示すものとする。

	1　号	2　号	3　号	4　号	5　号	6　号
液　体	水　銀	水　銀	水　銀	水　銀	水　銀	水　銀
液上に満たす気体	窒　素	窒　素	窒　素	窒　素	窒　素	窒　素
温　度　範　囲	−17〜50℃	40〜100℃	90〜150℃	140〜200℃	190〜250℃	240〜320℃
最　小　目　盛　り	0.2℃	0.2℃	0.2℃	0.2℃	0.2℃	0.2℃
長　目　盛　り　線	1℃ごと	1℃ごと	1℃ごと	1℃ごと	1℃ごと	1℃ごと
目　盛　数　字	2℃ごと	2℃ごと	2℃ごと	2℃ごと	2℃ごと	2℃ごと
全　長(mm)	280〜300	280〜300	280〜300	280〜300	280〜300	280〜300
幹　の　直　径(mm)	6.1±0.1	6.1±0.1	6.1±0.1	6.1±0.1	6.1±0.1	6.1±0.1
水銀球の長さ(mm)	12〜15	12〜15	12〜15	12〜15	12〜15	12〜15
水銀球の下端から最低目盛線までの距離(mm)	75〜90	75〜90	75〜90	75〜90	75〜90	75〜90
温度計の上端から最高目盛線までの距離(mm)	35〜50	35〜50	35〜50	35〜50	35〜50	35〜50
水銀球の下端から浸線までの距離(mm)	60	60	60	60	60	60
頂　部　形　状	環　状	環　状	環　状	環　状	環　状	環　状
許　容　誤　差	0.2℃	0.2℃	0.2℃	0.2℃	0.2℃	0.4℃

2　化学用体積計

メスフラスコ、ピペット、ビュレット及びメスシリンダーは日本工業規格に適合したものを用いる。

3　比色管

無色、厚さ 1.0 mm 以上 1.5 mm 以下の硬質ガラス製、共せん付き円筒で、図に示すものを用いる。ただし、それぞれの管の 50 mL 目盛り線の高さの差が 2 mm 以下のものを使用する。

4　はかり及び分銅

（1）　化学はかり　0.1 mg まで読み取れるものを用いる。

（2）　セミミクロ化学はかり　0.01 mg まで読み取れるものを用いる。

（3）　ミクロ化学はかり　0.001 mg まで読み取れるものを用いる。

（4）　分銅　器差試験を行ったものを用いる。

5　ガラスろ過器

日本工業規格 R3503に該当するものを用いる。

6　ふるい

次表に示す日本工業規格 Z8801-1に該当するものを用いる。それぞれの名称は、ふるい番号又は呼び寸法（μm）とする。

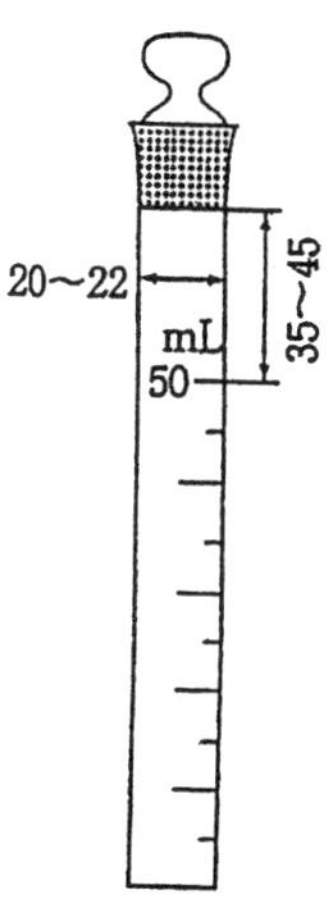

数字はmmを示す

ふるい番号	呼び寸法 (μm)	ふるいの規格				
		ふるい目の開き			針金 (mm)	
		寸法 (mm)	許容差 (mm) 平均	許容差 (mm) 最大	径	許容差
3.5	5600	5.60	±0.14	0.42	1.66	±0.040
4	4750	4.75	±0.118	0.41	1.60	±0.040
4.7	4000	4.00	±0.100	0.37	1.40	±0.040
5.5	3350	3.35	±0.100	0.32	1.27	±0.030
6.5	2800	2.80	±0.084	0.28	1.11	±0.030
7.5	2360	2.36	±0.070	0.24	1.03	±0.030
8.6	2000	2.00	±0.060	0.20	0.953	±0.030
10	1700	1.70	±0.051	0.17	0.840	±0.025
12	1400	1.40	±0.042	0.14	0.717	±0.025
14	1180	1.18	±0.035	0.14	0.634	±0.025
16	1000	1.00	±0.030	0.14	0.588	±0.025
18	850	0.850	±0.030	0.127	0.523	±0.025
22	710	0.710	±0.028	0.112	0.450	±0.025
26	600	0.600	±0.024	0.101	0.390	±0.020
30	500	0.500	±0.020	0.089	0.340	±0.020
36	425	0.425	±0.017	0.081	0.290	±0.020
42	355	0.355	±0.013	0.072	0.250	±0.020
50	300	0.300	±0.012	0.065	0.208	±0.015
60	250	0.250	±0.0099	0.058	0.173	±0.015
70	212	0.212	±0.0087	0.052	0.151	±0.015
83	180	0.180	±0.0076	0.047	0.126	±0.015

100	150	0.150	±0.0066	0.043	0.104	±0.015
119	125	0.125	±0.0058	0.038	0.088	±0.015
140	106	0.106	±0.0052	0.035	0.075	±0.010
166	90	0.090	±0.0046	0.032	0.063	±0.010
200	75	0.075	±0.0041	0.029	0.052	±0.010
235	63	0.063	±0.0037	0.026	0.045	±0.005
282	53	0.053	±0.0034	0.024	0.037	±0.005
330	45	0.045	±0.0034	0.022	0.032	±0.005
391	38	0.038	±0.0026	0.018	0.027	±0.005

7　ろ紙

次に示すものを用いる。なお、ろ紙と記載し、特にその種類を示さないものは、定性分析用ろ紙を示す。ガス等によって汚染されないように保存する。

（1）　定性分析用ろ紙

日本工業規格のろ紙（化学分析用）の定性分析用の規格に適合するものを用いる。

（2）　定量分析用ろ紙

日本工業規格のろ紙（化学分析用）の定量分析用の規格に適合するものを用いる。

【解　説】

[温度計]

① 浸線付き温度計は、浸線まで浴液に没して温度目盛りが付されているので、全浸没式水銀温度計のように補正する必要がないので簡便である。

② (独)産業技術総合研究所または(社)日本計量振興協会で比較検査を受けた温度計で、器差成績書の付いたものを使用する。

③ 温度計は穏やかに取り扱い、使用後は室温まで冷却し、横にして保管する。

④ 比較検査後3年を経過したものは、再び比較検査する（計量器検定検査令）。

⑤ 規定は、第十四改正日本薬局方及び第七版食品添加物公定書の計量器・用器の規定と同じである。

[比色管]

比色管は次の要件を満たすものを用いる。

① 比色管に用いるガラスは無色透明で、管底は平らで、むら及び着色を認めないこと。

② 管相互の 50 mL 目盛り線の高さの差が 2 mm 以下、容量差が±1.5% 以下であること。

③ すり合わせは気密性がよく、すり面が滑らかで薬液を容易に洗浄できること。

④ 栓の大きさは、上方からほとんど全液面がのぞけること。

⑤ 薬液の混和が容易であること。

[はかり及び分銅]

① 分銅は重さの基準となるもので、各分銅の表わす量に対する基準器公差が定められている。

② 定量法等で試料を精密に量るときに用いるはかりは、試料の量の 0.1% 以下の誤差で量りとれる機種を選択する。

[ガラスろ過器]

ガラスろ過器に用いるガラスフィルターには、ろ過板の細孔の大きさが4種ある。

ろ過板の細孔記号	細孔の大きさ（μm）
1	100～120
2	40～50
3	20～30
4	5～10(東洋ろ紙 No.5A 程度)

[ろ紙]

ろ紙は通常、漏斗にあてがって沈殿とその液とをこし分けるのに用いる。したがって沈殿の大きさ及び目的などを考慮して選択する。ろ紙の種類は次のとおりである。

定性分析用	定量分析用
1種　粗大なゼラチン状沈殿用	5種A　粗大なゼラチン状沈殿用
2種　中位の大きさの沈殿用	5種B　中位の大きさの沈殿用
3種　微細沈殿用	5種C　微細沈殿用
4種　微細沈殿用の硬質ろ紙	6種　微細沈殿用の薄いろ紙

円形ろ紙の寸法は、直径が 5.5～60.0 cm のものが15種類ある。そのうち定量用は、5.5～18.5 cm のものが7種類ある。

ろ紙の灰分は、5種類は cm^2当たり 0.0017 mg 以下、6種は 0.0014 mg 以下、1～4種は 0.2% 以下である。

■参考文献

「第十四改正日本薬局方解説書」，廣川書店，2001.

資料・参考

［資料１］

日本における色素規制の変遷

●昭和23年７月

「旧薬事法」公布。医薬品及び化粧品に使用するタール色素は、証明されたタール色素を使用することが規定された。

●昭和23年８月

（厚生省令第37号）「薬事法施行規則」第29条で食品衛生法にて許可されていたものから22品目が指定された。22品目以外の色素について証明を得る方法も規定された。

●昭和31年７月

（厚生省令第29号）「医薬品及び化粧品に使用するタール色素の証明に関する省令」で証明されたタール色素として57品目が新たに追加指定された。

①医薬品及び化粧品用タール色素、外用医薬品及び化粧品用タール色素、粘膜以外に使用する外用医薬品及び化粧品用タール色素に分類し、それぞれの使用部位を規定。

②規格及び試験法を制定。

③指定されたタール色素以外のタール色素について厚生大臣の証明を申請する方法を明確化。

●昭和34年９月

（厚生省令第28号）「医薬品及び化粧品に使用するタール色素の証明に関する省令の一部を改正する省令」で、タール色素の一部追加、規格の見直しが行われた。

●昭和35年８月

薬事法の全面改正による「薬事法」公布。厚生大臣の証明によるタール色素の使用が廃止され、厚生省令で定めるタール色素を使用することになった。（当面、昭和31年省令第29号のタール色素を使用）

●昭和39年４月

厚生大臣から中央薬事審議会に諮問があり、タール色素の安全性を見直すため広範囲に用いられている色素から優先的に３年間、経口、経皮慢性毒性試験が開始された。

●昭和40年６月

米国で許可されているが、日本で許可されていないタール色素14品目の許可を日本化粧品工業連合会より厚生省に要望した。

●昭和41年８月

（厚生省令第30号）「医薬品等に使用することができるタール色素を定める省令」公布。

①本省令では以下のグループに分類して規定されている。

Ⅰグループ：すべての医薬品、医薬部外品、化粧品に使用できるもの。

Ⅱグループ：外用医薬品、外用医薬部外品、化粧品に使用できるもの。

Ⅲグループ：粘膜に使用されることがない外用医薬品、外用医薬部外品、化粧品に使用できるもの。

②アルミニウム、バリウム、ジルコニウム各レーキの色素原体品目を規定して追加。

③規格及び試験法の改正。

●昭和42年１月

厚生省令第３号により省令第30号が改正された。

①黄色205号の化学名を変更。

②緑色１号をⅠグループから削除、緑色402号としてⅢグループへ移行。

③規格及び試験方法の一部改正。

●昭和47年12月

厚生省令第55号により改正。

①５品目をⅠグループからⅡグループへ移行。

②５品目を削除(紫色１号、赤色229号、だいだい色202号の(１)及び(２)、黄色403号の(２))

③バリウムレーキとジルコニウムレーキを追加。

④規格及び試験方法の一部改正。

●昭和61年３月

薬審２第100号通知により赤色219号、黄色204号は頭部または爪のみに使用が許可され、それ以外の化粧品への配合が禁止された。

●平成元年２月

米国における赤色203号、赤色204号、黄色204号、だいだい色203号の規制に対し、日本では中央薬事審議会において1983年（昭和58年）から経皮吸収実験データの検討と安全性評価がなされ、その結果、「今すぐ何らかの処置を講ずるほどのことはない。」という判断が下された。

●平成12年９月

厚生省告示第331号により化粧品基準が定められた。

化粧品に配合されるタール色素については、厚生省令第30号第３条の規定を準用する。ただし、赤色219号及び黄色204号については毛髪及び爪のみに使用される化粧品に限り、配合することができる。

●平成15年７月

(厚生労働省令第126号)「医薬品等に使用することができるタール色素を定める省令の一部を改正する省令」により、規格及び試験法が全面的に改正された。

●平成16年３月

(厚生労働省令第59号)「医薬品等に使用することができるタール色素を定める省令の一部を改正する省令」により、一般試験法の一部と薄層クロマトグラフ用標準品の項が改められた。

日本における許可色素の変遷

色素名	英名	昭和23 8/15	31 7/30	34 9/14	41 8/31	42 1/23	47年 12/13	現在
赤色1号	Ponceau 3R	■	■	■	→赤色502号			
赤色2号	Amaranth	■	■	■	■	■	■	
赤色3号	Erythrosine	■	■	■	■	■	■	
赤色4号	Ponceau SX	■	■	■	→赤色504号			
赤色5号	Oil Red XO	■	■	■	→赤色505号			
赤色101号	Ponceau R	■	■	■	→赤色503号			
赤色102号	New Coccine	■	■	■	■	■	■	
赤色103号の(1)	Eosine YS	■	■	■	■	■	→赤色230号の(1)	
赤色103号の(2)	Eosine YSK		■	■	■	■	→赤色230号の(2)	
赤色104号の(1)	Phloxine B	■	■	■	■	■	■	
赤色104号の(2)	Phloxine BK		■	■	■	■	→赤色231号	
赤色105号の(1)	Rose Bengal	■	■	■	■	■	■	
赤色105号の(2)	Rose Bengal K		■	■	■	■	→赤色232号	
赤色106号	Acid Red			■	■	■	■	
だいだい色1号	Orange I	■	■	■	→だいだい色402号			
だいだい色2号	Orange SS	■	■	■	→だいだい色403号			
黄色1号の(1)	Naphthol Yellow S	■	■	■	→黄色403号の(1)			
黄色1号の(2)	Naphthol Yellow SK		■	■	→黄色403号の(2)			
黄色2号	Yellow AB	■	■	■	→黄色404号			
黄色3号	Yellow OB	■	■	■	→黄色405号			
黄色4号	Tartrazine	■	■	■	■	■	■	
黄色5号	Sunset Yellow FCF	■	■	■	■	■	■	
緑色1号	Guinea Green B	■	■	■	■	→緑色402号		
緑色2号	Light Green SF Yellowish	■	■	■	■	■	→緑色205号	
緑色3号	Fast Green FCF	■	■	■	■	■	■	
青色1号	Brilliant Blue FCF	■	■	■	■	■	■	
青色2号	Indigo Carmine	■	■	■	■	■	■	
青色101号	Azure Blue VX		■	■				
紫色1号	Acid Violet 6B		■	■	■	■		
赤色201号	Lithol Rubine B		■	■	■	■	■	
赤色202号	Lithol Rubine BCA		■	■	■	■	■	
赤色203号	Lake Red C		■	■	■	■	■	
赤色204号	Lake Red CBA		■	■	■	■	■	
赤色205号	Lithol Red		■	■	■	■	■	
赤色206号	Lithol Red CA		■	■	■	■	■	
赤色207号	Lithol Red BA		■	■	■	■	■	

色素名	英名	昭和23 8/15	31 7/30	34 9/14	41 8/31	42 1/23	47年 12/13	現在
赤色208号	Lithol Red SR		■	■	■	■	■	
赤色209号	Lake Red D		■	■				
赤色210号	Lake Red DBA		■	■				
赤色211号	Lake Red DCA		■	■				
赤色212号	Oil Red OS		■	■				
赤色213号	Rhodamine B		■	■	■	■	■	
赤色214号	Rhodamine B Acetate		■	■	■	■	■	
赤色215号	Rhodamine B Stearate		■	■	■	■	■	
赤色216号	Tetrachlorofluorescein		■	■				
赤色217号の(1)	Tetrachloro-fluorescein Na		■	■				
赤色217号の(2)	Tetrachloro-fluorescein K		■	■				
赤色218号	Tetrachlorotetrabromo-fluorescein		■	■	■	■	■	
赤色219号	Brilliant Lake Red R		■	■	■	■	■	
赤色220号	Deep Maroon		■	■	■	■	■	
赤色221号	Toluidine Red		■	■	■	■	■	
赤色222号	Deep Red		■	■				
赤色223号	Tetrabromofluorescein			■	■	■	■	
赤色224号	Pyrazolone Red			■				
赤色225号	Sudan III				■	■	■	
赤色226号	Helindone Pink CN				■	■	■	
赤色227号	Fast Acid Magenta				■	■	■	
赤色228号	Permaton Red				■	■	■	
赤色229号	Alba Red				■	■		
赤色230号の(1)	Eosine YS				(赤色103号の(1))→		■	
赤色230号の(2)	Eosine YSK				(赤色103号の(2))→		■	
赤色231号	Phloxine BK				(赤色104号の(2))→		■	
赤色232号	Rose Bengal K				(赤色105号の(2))→		■	
だいだい色201号	Dibromofluorescein		■	■	■	■	■	
だいだい色202号の(1)	Dibromofluorescein NA		■	■	■	■		
だいだい色202号の(2)	Dibromofluorescein K		■	■	■	■		
だいだい色203号	Permanent Orange		■	■	■	■	■	
だいだい色204号	Benzidine Orange G			■	■	■	■	
だいだい色205号	Orange II				■	■	■	
だいだい色206号	Diiodofluorescein				■	■	■	
だいだい色207号	Erythrosine Yellowish NA				■	■	■	
黄色201号	Fluorescein		■	■	■	■	■	
黄色202号の(1)	Uranine		■	■	■	■	■	
黄色202号の(2)	Uranine K		■	■	■	■	■	

色素名	英名	昭和23 8/15～31 7/30	31 7/30～34 9/14	34 9/14～41 8/31	41 8/31～42 1/23	42 1/23～47年 12/13	47年 12/13～現在
黄色203号	Quinoline Yellow WS		■	■	■	■	■
黄色204号	Quinoline Yellow SS		■	■	■	■	■
黄色205号	Benzidine Yellow G			■	■	■	■
緑色201号	Alizarine Cyanine Green F		■	■	■	■	■
緑色202号	Quinizarine Green SS		■	■	■	■	■
緑色203号	Acid Fast Green		■	■			
緑色204号	Pyranine Conc				■	■	■
緑色205号	Light Green SF Yellowish					(緑色2号)→	■
青色201号	Indigo		■	■	■	■	■
青色202号	Patent Blue NA		■	■	■	■	■
青色203号	Patent Blue CA		■	■	■	■	■
青色204号	Carbanthrene Blue				■	■	■
青色205号	Alphazurine FG				■	■	■
褐色201号	Resorsin Brown		■	■	■	■	■
紫色201号	Alizurine Purple SS				■	■	■
黒色201号	Naphthol Blue Black		■	■	→黒色401号		
赤色401号	Violamine R		■	■	■	■	■
赤色402号	Bordeaux Red		■	■			
赤色403号	Azo Rubine extra		■	■			
赤色404号	Brilliant Fast Scarlet			■	■	■	■
赤色405号	Permanent Red F5R			■	■	■	■
赤色501号	Scarlet Red NF		■	■	■	■	■
赤色502号	Ponceau 3R			(赤色1号)→	■	■	■
赤色503号	Ponceau R			(赤色101号)→	■	■	■
赤色504号	Ponceau SX			(赤色4号)→	■	■	■
赤色505号	Oil Red XO			(赤色5号)→	■	■	■
赤色506号	Fast Red S				■	■	■
だいだい色401号	Hanza Orange		■	■	■	■	■
だいだい色402号	Orange I			(だいだい色1号)→	■	■	■
だいだい403号	Orange SS			(だいだい色2号)→	■	■	■
黄色401号	Hanza Yellow		■	■	■	■	■
黄色402号	Polar Yellow 5G			■	■	■	■
黄色403号の(1)	Naphthol Yellow S			(黄色1号の(1))→	■	■	■
黄色403号の(2)	Naphthol Yellow SK			(黄色1号の(2))→	■	■	
黄色404号	Yellow AB			(黄色2号)→	■	■	■
黄色405号	Yellow OB			(黄色3号)→	■	■	■

色素名	英名	昭和23 8/15	31 7/30	34 9/14	41 8/31	42 1/23	47年 12/13	現在
黄色406号	Metanil Yellow				■	■	■	
黄色407号	Fast Light Yellow 3G				■	■	■	
緑色401号	Naphthol Green B		■	■	■	■	■	
緑色402号	Guinea Green B				(緑色1号)→	■	■	
青色401号	Methylene Blue		■	■				
青色402号	Erioglaucine X		■	■				
青色403号	Sudan Blue B			■	■	■	■	
青色404号	Phthalocyanine Blue			■	■	■	■	
褐色401号	Indanthrene Brown R			■				
紫色401号	Alizurol Purple		■	■	■	■	■	
黒色401号	Naphthol Blue Black			(黒色201号)→	■	■	■	

［資料２］

米国における色素の取扱い

１．概要

米国連邦取締規則（Code of Federal Regulations：CFR）において色素は、「食品、医薬品、化粧品又は人体に添加・塗布した場合、着色するもの」と定義されている。米国では食品、医薬品、化粧品に使用することのできる色素添加物（有機色素・無機色素・天然色素等）が定められており、許可リスト制である。許可リストに収載されていない色素添加物を使用する場合は、構造、化学的性質、安全性データをFDAに提出して事前に許可を得なければならない。

許可リストは、永久許可リストと暫定許可リストからなっている。暫定許可リストに収載されている色素は、FDAの安全性データ等に基づき期日までに永久許可リストに移すか、暫定許可リストに収載する期日を延長するか、もしくはリストから除外して使用禁止とするか決定しなければならない。多くは経済的理由から試験をすることなしにリストから除外され、現在、暫定許可リストに色素はリストされていない。

また、４色素（D&C GREEN 5（緑色201号）、FD&C BLUE 1（青色１号）、FD&C YELLOW 5（黄色４号）、FD&C RED 40）以外有機色素を目の周りに使用する製品（アイライナー・マスカラ・アイシャドウ・アイブロウ）には使用できない。

なお、髪を染める目的に配合する色素添加物は、この限りではない。

また、1960年にデラニー条項が食品添加物と色素添加物に適用された。デラニー条項とはFDA Actに定められた規定で、「添加物についてそのものがどんな濃度においても、動物実験において発ガン性が判明した物質は使用を禁止する。」というもので、このような場合、食品添加物には許可しないこと、色素添加物にはリストに収載しないこと、となっている。しかし、1986年からDe minimis Concept（発ガン物質でも危険性が無視できるほど小さければ許可するという考え方）を採用して発ガン性を思慮された色素の許可を決定している。

その後、議会・消費者団体等がデラニー条項をもとに色素の許可を取り消す訴訟も起こっている。

また、米国内で販売・使用するためにはバッチ認可（Certification）*)のシステムがある。

＊）バッチ認可（Certification）

タール色素を販売使用する前に、その色素がCFRに定められた規格に合致しているかどうかFDAが確認を行っている。FDAは申請者から提出された色素のサンプルを分析し、規格に合致していると判断した場合、申請者にCertification番号を与える。Certificationは各バッチ毎に申請しなければならず、Certificationを受けていないバッチを米国内で販売使用することはできない。

2．米国における許可色素の変遷

1886年8月	食品への有機色素の使用が初めて法律で規制された。
1906年6月	連邦食品医薬品法成立
1938年6月	新しい連邦食品・化粧品法（FDA Act）が国会を通過 ・許可リスト制 ・バッチ認可規格及び試験方法の制定 ・目の周りに使用する製品への有機色素の使用禁止
1960年7月	色素添加物改正規則（The Color Additive Amendment）を公布 ・デラニー条項の追加 ・有機色素以外の色素にも事前許可制を導入 ・FDAに色素の許容量又は安全量を設定する権限及び安全性に疑問を生じた場合、裏付けデータを要求する権限を与えること
1960年10月	色素添加物改正規則に基づき暫定規則を公表。暫定許可リストに一部の色素が移された。暫定から永久許可リストに移行するための安全性試験に関する考え方を明確化
1970～74年	FD&C Red No. 2（赤色2号）に関する発ガン性、胎胚毒性が報告されたことをきっかけに、1973年、25種の有機色素について催奇形性及び多世代繁殖試験を要求
1976年9月	FDAは72品目の暫定許可色素のうち20品目を永久リストへ移す。
1981～1986年	残り52品目のうち、慢性毒性試験を要求された口紅等経口摂取される製品に使用される23品目の一部（D&C RED 8（赤色203号）、D&C RED 9（赤色204号）、D&C RED 19（赤色213号）、D&C ORANGE 17（だいだい色203号））について発ガン性が思慮されたが、De minimis Conceptにより永久許可した。
1988年	上記4色素についてデラニー条項に基づき消費者団体から主張を支持する判決がでて色素が禁止された。暫定許可リストに残る色素はFD&C RED 3（赤色3号）のみ。
1990年1月	データ不十分としてFD&C RED 3は化粧品への使用が禁止となり、すべての色素について結論がでた。
1994年	4色素（D&C GREEN 5（緑色201号）、FD&C BLUE 1（青色1号）、FD&C YELLOW 5（黄色4号）、FD&C RED 40）について目の周りに使用できることになった。

3．タール色素の許可状況

永久許可されている色素

<table>
<tr><td rowspan="11">内用・外用</td><td>D&C　RED 28（赤色104(1)号）</td><td>D&C　ORANGE 5　（だいだい色201号）</td></tr>
<tr><td>D&C　RED 6　（赤色201号）</td><td>FD&C　YELLOW 5（黄色4号）</td></tr>
<tr><td>D&C　RED 7　（赤色202号）</td><td>FD&C　YELLOW 6（黄色5号）</td></tr>
<tr><td>D&C　RED 27（赤色218号）</td><td>D&C　YELLOW 10　（黄色203号）</td></tr>
<tr><td>D&C　RED 21（赤色223号）</td><td>FD&C　GREEN 3　（緑色3号）</td></tr>
<tr><td>D&C　RED 30（赤色226号）</td><td>D&C　RED 27　（赤色218号）</td></tr>
<tr><td>D&C　RED 22（赤色230(1)号）</td><td>D&C　GREEN 5　（緑色201号）</td></tr>
<tr><td>FD&C　RED 40</td><td>FD&C　BLUE 1　（青色1号）</td></tr>
<tr><td>〔口紅には 3％ まで配合可能〕</td><td></td></tr>
<tr><td>D&C　RED 33（赤色227号）</td><td></td></tr>
<tr><td>D&C　RED 36（赤色228号）</td><td></td></tr>
<tr><td rowspan="2">内用</td><td>〔化粧品への使用は不可〕</td><td></td></tr>
<tr><td>FD&C　BLUE 2（青色2号）</td><td></td></tr>
<tr><td rowspan="9">外用</td><td>D&C　RED 31　（赤色219号）</td><td>D&C　YELLOW 11　（黄色204号）</td></tr>
<tr><td>D&C　RED 34　（赤色220号）</td><td>FD&C　YELLOW 7（黄色403(1)号）</td></tr>
<tr><td>D&C　RED 17　（赤色225号）</td><td>D&C　GREEN 8　（緑色204号）</td></tr>
<tr><td>FD&C　RED 4　（赤色504号）</td><td>D&C　BLUE 4　（青色205号）</td></tr>
<tr><td>D&C　ORANGE 4　（だいだい色205号）</td><td>D&C　VIOLET 2　（紫色201号）</td></tr>
<tr><td>D&C　ORANGE 10（だいだい色206号）</td><td>FD&C　VIOLET 2　（紫色401号）</td></tr>
<tr><td>D&C　ORANGE 11（だいだい色207号）</td><td>D&C　BROWN 1　（褐色201号）</td></tr>
<tr><td>D&C　YELLOW 7　（黄色201号）</td><td>D&C　GREEN 6　（緑色202号）</td></tr>
<tr><td>D&C　YELLOW 8　（黄色202(1)号）</td><td></td></tr>
</table>

4．米国におけるレーキの取扱い

(1)　定義

・レーキとは吸着、共沈、または単純な混合プロセスによる原料の結合を含まない化合的結合によって基剤（substratum）に引き伸ばされた色素（straight color）を意味する。

・基剤とはレーキ中の色素が引き伸ばされている物質を意味する。

(2)　各レーキの定義と規格のまとめ

	FD&C レーキ	D&C レーキ	Ext. D&C レーキ
色　素	バッチ認可を受けた水溶性の FD&C 色素	FD&C 色素又は D&C 色素	Ext. D&C 色素
塩	Al 又は Ca のラジカルと結合させることにより得られる塩	・色素が Na、K、Al、Ba、Ca、Sr、Zr 塩である場合はそのまま ・Na、K、Al、Ba、Ca、Sr、Zr のラジカルと結合させることによって得られる塩	・色素が Na、K、Ba、Ca 塩である場合はそのまま ・Na、K、Al、Ba、Ca、Sr、Zr のラジカルと結合させることによって得られる塩
基　剤	アルミナ	アルミナ、Blanc fixe、Gloss white、粘土、酸化チタン、酸化亜鉛、タルク、ロジン、安息香酸アルミニウム、炭酸カルシウム、又はそれらの結合物	アルミナ、Blanc fixe、Gloss white、タルク、ロジン、安息香酸アルミニウム、炭酸カルシウム、又はそれらの結合物
名　称	FD&C＋色素の名称＋ラジカルの名称＋レーキ	D&C＋色素の名称＋ラジカルの名称＋レーキ	Ext. D&C＋色素の名称＋ラジカルの名称＋レーキ
規　格			
・可溶性塩化物及び硫酸塩	2.0%以下 (Na 塩として)	3.0%以下 (Na 塩として)	3.0%以下 (Na 塩として)
・無機物、不溶性塩酸塩	0.5%以下		
・エーテル抽出物		0.5%以下	0.5%以下
・反応中間物		0.2%以下	0.2%以下
・鉛	0.001%以下	0.002%以下	0.002%以下
・ヒ素(As_2O_3として)	0.00014%以下	0.0002%以下	0.0002%以下
・重金属	検出されないこと	0.003%以下	0.003%以下
・可溶性バリウム		0.05%以下	0.05%以下

米国連邦取締規則（CFR : Code of Federal Regulations 1998）による。

［資料 3］

EU における色素規制の変遷

EU 指令により化粧品に使用することのできるタール色素が定められている。

永久許可リストと暫定許可リストからなり、各色素ごとに使用部位も定められており、4 つのカテゴリーに分かれる。一部の色素については純度試験等の規格も設定されている。許可リストに収載されているタール色素の数は、日米に比べ多い。

EU 化粧品指令は公表されてから計12回改訂されているが、タール色素に関する経緯は以下の通りである。

●1976年 9 月

EEC より化粧品に関する指令が公表され、化粧品に使用できるタール色素と化粧品に暫定的に使用できるタール色素が定められた。(暫定許可期間：3 年間)

●1979年 7 月

EEC 化粧品指令の第 2 回改正が公表され、暫定許可期限が延長された。(1980年12月31日まで)

●1982年 6 月

暫定許可色素の一部について結論が出たため、永久・暫定許可リストを改訂。

●1983年 4 月

一部の色素についてバリウム、ジルコニウム、ストロンチウムレーキの使用が認められた。

●1986年 5 月

永久・暫定許可リストが大幅に改訂され、その後現在に至るまで 2 回にわたる EEC 化粧品指令の改正で、一部の暫定色素が永久許可に移行又はリストから除外された。

●1997年10月

食品の生産において使用できる添加物に関する条例が定められた。該当色素には一般基準、純度基準が設定された。

●1995年 1 月

化粧品の成分構成管理に必要な分析方法について定められた条例において、レーキについて不溶性テストの基準が設定された。

EUにおいて化粧品に認可されている色素のリスト（毛髪染色色素を除く）

以下は化粧品に使用できる色素のリストである(*1)。各色素は次のように4つに分類されている。

1：すべての化粧品に認可されている色素

2：目の周辺に使用される化粧品（特に目のメイクやメイク落とし）以外の化粧品に認可されている色素

3：粘膜と接触がない化粧品にのみ認可されている色素

4：肌とほとんど接触のない化粧品にのみ認可されている色素

色素名	色	分類				その他の限度(*2)
		1	2	3	4	
C.I.10006	緑				○	
C.I.10020・緑色401号	緑			○		
C.I.10316(*3)・黄色403号の(1)	黄		○			
C.I.11680・黄色401号	黄			○		
C.I.11710	黄			○		
C.I.11725・だいだい色401号	橙				○	
C.I.11920	橙	○				
C.I.12010	赤			○		
C.I.12085(*3)・赤色228号	赤	○				完成商品の 3% までを限界とする。
C.I.12120・赤色221号	赤				○	
C.I.12150	赤	○				
C.I.12370	赤				○	
C.I.12420	赤				○	
C.I.12480	茶				○	
C.I.12490	赤	○				
C.I.12700	黄				○	
C.I.13015	黄	○				E105.
C.I.14270	橙	○				E103.
C.I.14700・赤色504号	赤	○				
C.I.14720	赤	○				E122.
C.I.14815	赤	○				E125.
C.I.15510(*3)・だいだい色205号	赤		○			

色素名	色	分類				その他の限度(*2)
		1	2	3	4	
C.I.15525	赤	○				
C.I.15580	赤	○				
C.I.15620・赤色506号	赤				○	
C.I.15630(*3)・赤色205号	赤	○				完成商品の 3％ までを限度とする。
C.I.15800	赤			○		
C.I.15850(*3)・赤色201号	赤	○				
C.I.15865(*3)・赤色405号	赤	○				
C.I.15880・赤色219号	赤	○				
C.I.15980	橙	○				E111.
C.I.15985(*3)・黄色５号	黄	○				E110.
C.I.16035	赤	○				
C.I.16185	赤	○				E123.
C.I.16230	橙			○		
C.I.16255(*3)・赤色102号	赤	○				E124.
C.I.16290	赤	○				E126.
C.I.17200(*3)・赤色227号	赤	○				
C.I.18050	赤			○		
C.I.18130	赤				○	
C.I.18690	黄				○	
C.I.18736	赤				○	
C.I.18820・黄色407号	黄				○	
C.I.18965	黄	○				
C.I.19140(*3)・黄色４号	黄	○				E102.
C.I.20040	黄				○	色素内の3,3'-chlorobenzidine の中の最大含有量は 5 ppm
C.I.20170・褐色201号	橙			○		
C.I.20470・黒色401号	黒				○	
C.I.21100・だいだい色204号	黄				○	色素内の3,3'-chlorobenzidine の中の最大含有量は 5 ppm

色素名	色	分類				その他の限度(*2)
		1	2	3	4	
C.I.21108	黄				○	C.I.21100と同じ
C.I.21230	黄			○		
C.I.24790	赤				○	
C.I.26100・赤色225号	赤			○		純枠度の基準： aniline &le leq；0,2%； 2-naphtol &le leq；0,2%； 4-aminoazobenzène &le leq；0,1%； 1-(phénylazo)-2-naphtol &le leq； 3 %； 1-[[2-(phénylazo)phényl]azol]-2naph- talénol &le leq； 2 %.
C.I.27290(*3)	赤				○	
C.I.27755	黒	○				E152.
C.I.28440	黒	○				E151.
C.I.40215	橙				○	
C.I.40800	橙	○				
C.I.40820	橙	○				E160e.
C.I.40825	橙	○				E160f.
C.I.40850	橙	○				E161g.
C.I.42045	青			○		
C.I.42051(*3)	青	○				E131.
C.I.42053・緑色 3 号	緑	○				
C.I.42080	青				○	
C.I.42090・青色 1 号/青色205号	青	○				
C.I.42100	緑				○	
C.I.42170	緑				○	
C.I.42510	紫			○		
C.I.42520	紫				○	完成商品の 3 % までを限度とする。
C.I.42735	青			○		
C.I.44045	青			○		
C.I.44090	緑	○				E142.

色素名	色	分類				その他の限度(*2)
		1	2	3	4	
C.I.45100・赤色106号	赤				○	
C.I.45190・赤色401号	紫				○	
C.I.45220	赤				○	
C.I.45350・黄色202号の(1)/(2)	黄	○				完成商品の 6% までを限度とする。(*3)
C.I.45370(*3)・だいだい色201号	橙	○				フルオレセイン内の最大含有量は 1%、一臭化フルオレセイン内の最大含有量は 2%
C.I.45380(*3)・赤色230号の(1)/(2)	赤	○				C.I.45370と同じ
C.I.45396	橙	○				口紅に使用する場合には、最大濃度 1%の自由酸の形でのみ認可されている。
C.I.45405	赤		○			フルオレセイン内の最大含有量は 1%、一臭化フルオレセイン内の最大含有量は 2%
C.I.45410(*3)・赤色104号の(1)/赤色231号	赤	○				C.I.45405と同じ
C.I.45425・だいだい色207号	赤	○				フルオレセイン内の最大含有量は 1%、一臭化フルオレセイン内の最大含有量は 3%
C.I.45430(*3)・赤色3号	赤	○				E127、C.I.45425と同じ
C.I.47000・黄色204号	赤			○		
C.I.47005・黄色203号	黄	○				E104.
C.I.50325	紫				○	
C.I.50420	黒			○		
C.I.51319	紫				○	
C.I.58000	赤	○				
C.I.59040・緑色204号	緑			○		
C.I.60724	紫				○	
C.I.60725・紫色201号	紫	○				
C.I.60730・紫色401号	紫			○		
C.I.61565・緑色202号	緑	○				
C.I.61570・緑色201号	緑	○				

色素名	色	分類				その他の限度(*2)
		1	2	3	4	
C.I.61585	青				○	
C.I.62045	青				○	
C.I.69800	青	○				E130.
C.I.69825・青色204号	青	○				
C.I.71105	橙			○		
C.I.73000・青色201号	青	○				
C.I.73015・青色2号	青	○				E132.
C.I.73360・赤色226号	赤	○				
C.I.73385	紫	○				
C.I.73900	紫				○	
C.I.73915	赤				○	
C.I.74100	青				○	
C.I.74160・青色404号	青	○				
C.I.74180	青				○	
C.I.74260	緑		○			
C.I.75100	黄	○				
C.I.75120	橙	○				E160b.
C.I.75125	黄	○				E160d.
C.I.75130	橙	○				E160a.
C.I.75135	黄	○				E161d.
C.I.75170	白	○				
C.I.75300	黄	○				E100.
C.I.75470	赤	○				E120.
C.I.75810	緑	○				E140とE141
C.I.77000	白	○				E173
C.I.77002	白	○				
C.I.77004	白	○				
C.I.77007	青	○				
C.I.77015	赤	○				

色素名	色	分類				その他の限度(*2)
		1	2	3	4	
C.I.77120	白	○				
C.I.77163	白	○				
C.I.77220	白	○				E170.
C.I.77231	白	○				
C.I.77266	黒	○				
C.I.77267	黒	○				
C.I.77268：1	黒	○				E153.
C.I.77288	緑	○				クロム酸イオン以外
C.I.77289	緑	○				クロム酸イオン以外
C.I.77346	緑	○				
C.I.77400	茶	○				
C.I.77480	茶	○				E175.
C.I.77489	橙	○				E172.
C.I.77491	赤	○				E172.
C.I.77492	黄	○				E172.
C.I.77499	黒	○				E172.
C.I.77510	青	○				シアン化イオン以外
C.I.77713	白	○				
C.I.77742	紫	○				
C.I.77745	赤	○				
C.I.77820	白	○				E174.
C.I.77891	白	○				E171.
C.I.77947	白	○				
ラクトフラビン	黄	○				E101.
カラメル	茶	○				E150.
Capsantéine, capsorubine	橙	○				E160c.
テンサイの赤	赤	○				E162.
アントシアン	赤	○				E163.
Al、Zn、Mg、Ca のステアリン塩酸	白	○				

色素名	色	分類				その他の限度(*2)
		1	2	3	4	
Bromothymol の青	青				○	
bromocrésol の緑	緑				○	
Acid Red 195	赤			○		

(2001年2月6日の条例、Annexe、JO 23 févr.、p.2961より掲載)

備考

(＊1)　ここでは、化粧品の中には入れられない、または現在の条例の適用範囲からは除外されていない成分を示した条例では使用が禁止されていないものを含む。これらの色素のラッカーや塩も認可している。

(＊2)　アルファベットのEが付いている番号の色素は、人間の食物の生産において使用できる添加物に関する条例(1997年10月2日施行)に定められている純度の基準を満たしていなければならない。またEが削除された場合にも、これらの色素はこの1997年の条例の一般基準を満たし続けていなければならない。

(＊3)　これらの色素のレーキ、バリウムの色素や塩、ストロンチウムとジルコニウム、不溶物質も同様に認可されている。これらは、化粧品の成分構成管理に必要な分析方法について定められた、1995年1月12日の条例に提示してある不溶性テストの基準を満たしていなければならない。

[資料 4]

法定色素の諸外国での使用可能な範囲

法定色素83品目が日本、米国、EU 加盟国をはじめとした諸外国において、どのような適用範囲の化粧品に配合できるかを下記分類に従って一覧表*)にまとめた。

＜分類＞

I：全ての化粧品に用いることができる。

II：下記の部位に接触しない化粧品に用いることができる。

　a：眼の周辺

　b：粘膜

　c：眼の周辺と粘膜

III：短時間皮膚接触の化粧品にのみ用いることができる。

IV：爪・毛髪用の化粧品にのみ用いることができる。

*) この表は法定色素の各国における使用可能な範囲を大別したものであり、国によってはより細かな適用制限、配合上限が設けてあったり、規制が変更になる場合がある。そのため、色素を配合使用するにあたっては、最新の情報を確認することが必要である。

色素名	日本	米国	EU	中国	台湾	韓国	インドネシア	シンガポール	マレーシア	タイ	オーストラリア
赤色2号	I		I	I		I	I	I	I		I
赤色3号	I		I	I	I	I	I	I	I		I
赤色102号	I		I	I	I	I	I	I	I	I	I
赤色104号(1)	I	IIa	I	I	I	I	I	I	I	I	I
赤色105号(1)	I				I	I		I			

色素名	日本	米国	EU	中国	台湾	韓国	インドネシア	シンガポール	マレーシア	タイ	オーストラリア
赤色106号	I		III	III	I	IIb	III	III	III	III	III
黄色４号	I	I	I	I	I	I	I	I	I	I	I
黄色５号	I	IIa	I	I	I	I	I	I	I	I	I
緑色３号	I	IIa	I	I	I	I	I	I	I	I	I
青色１号	I	I	I	I	I	I	I	I	I	I	I
青色２号	I		I	I	I	I	I	I	I	I	I
赤色201号	I	IIa	I	I	I	I	I	I	I	I	I
赤色202号	I	IIa	I	I	I	I	I	I	I	I	I
赤色203号	I				I	IIb	IIa	I			
赤色204号	I				I	IIb		I			
赤色205号	I		I	I	I	IIb	I	I	I		I
赤色206号	I		I	I	I	IIb	I	I	I		I
赤色207号	I		I	I	I	IIb	I	I	I		I
赤色208号	I		I	I	I	IIb	I	I	I		I
赤色213号	I					IIb					
赤色214号	I					IIb					
赤色215号	I				I	IIb					
赤色218号	I	IIa	I	I	I	I	I	I	I	I	I
赤色219号	IV	IIc	IIb	IIb	IV	I	IIc	IIb	IIb	IIb	IIb
赤色220号	I	IIc	I	I	I	I	I	I	I	I	I

色素名	日本	米国	EU	中国	台湾	韓国	インドネシア	シンガポール	マレーシア	タイ	オーストラリア
赤色221号	I		III	III	I	IIb	III	III	III		III
赤色223号	I	IIa	I	I	I	I	I	I	I	I	I
赤色225号	I	IIc	IIb	IIb	I	I	IIc	I	IIb	IIb	IIb
赤色226号	I	IIa	I	I	I	I	I	I	I	I	I
赤色227号	I	IIa	I	I	I	I	IIa	I	I	I	I
赤色228号	I	IIa	I	I	I	I	I	I	I	I	I
赤色230号(1)	I	IIa	I	I	I	I	I	I	I	I	I
赤色230号(2)	I		I	I	I	I	I	I	I	I	I
赤色231号	I		I	I	I		I	I	I	I	I
赤色232号	I				I			I			
だいだい色201号	I	IIa	I	I	I	I	I	I	I	I	I
だいだい色203号	I				I	IIb					
だいだい色204号	I				I	I		I			
だいだい色205号	I	IIc	IIa	IIa	IIa	I	IIa	I	IIa	IIa	IIa
だいだい色206号	I	IIc	I	I	I	I	I	I	I	I	I
だいだい色207号	I	IIc	I	I	I	I	I	I	I	I	I
黄色201号	I	IIc	I	I	I	I	I	I	I	I	I
黄色202号(1)	I	IIc	I	I	I	IIb	I	I	I	I	I
黄色202号(2)	I		I	I	I	IIb	I	I	I	I	I
黄色203号	I	IIa	I	I	I	I	I	I	I	I	I

色素名	日本	米国	EU	中国	台湾	韓国	インドネシア	シンガポール	マレーシア	タイ	オーストラリア
黄色204号	IV	IIc	IIb	IIb	IIc	I	IIc	IIc	IIb	IIb	IIb
黄色205号	I				I	I		I			
緑色201号	I	I	I	I	I	I	I	I	I	IIa	I
緑色202号	I	IIc	I	I	I	I	I	I	I	I	I
緑色204号	I	IIc	IIb	IIb	I	I	IIc	IIb	IIb	I	IIb
緑色205号	I				I			I			
青色201号	I		I	I	I	I	I	I	I		I
青色202号	I				I	IIb		I			
青色203号	I				I	IIb		I			
青色204号	I		I	I	I	I	I	I	I	I	I
青色205号	I	IIc	I	I	I	I	I	I	I	I	I
かっ色201号	I	IIc	IIb	IIb	I	I	IIc	IIb	IIb	IIb	IIb
紫色201号	I	IIc	I	I	I	I	I	I	I	I	I
赤色401号	IIb		III	III	IIc	IIb	III	IIb	III		III
赤色404号	IIb				IIc	IIb		I			
赤色405号	IIb		I	I	IIc	IIb	I	I	I	I	I
赤色501号	IIb				IIc	IIb		I			
赤色502号	IIb				IIc			IIb			
赤色503号	IIb				IIc	IIb		IIb			
赤色504号	IIb	IIc	I	I	IIc	IIb	I	IIb	I	I	I

色素名	日本	米国	EU	中国	台湾	韓国	インドネシア	シンガポール	マレーシア	タイ	オーストラリア
赤色505号	IIb				IIc			I			
赤色506号	IIb		III	III	IIc	IIb	III	IIb	III		III
だいだい色401号	IIb		III	III	IIc		III	IIb	III		III
だいだい色402号	IIb				IIc	IIb		IIb			
だいだい色403号	IIb				IIc			I			
黄色401号	IIb		IIb	IIb	IIc	IIb	IIc	IIb	IIb		IIb
黄色402号	IIb				IIc			I			
黄色403号(1)	IIb	IIc	IIa	IIa	IIc	IIb	IIa	IIc	IIa	IIa	IIa
黄色404号	IIb				IIc						
黄色405号	IIb				IIc			I			
黄色406号	IIb				IIc	IIb					
黄色407号	IIb		III	III	IIc	IIb	III	IIb	III		III
緑色401号	IIb		IIb	IIb	IIc	IIb	IIc	IIc	IIb		IIb
緑色402号	IIb				IIc	IIb		I			
青色403号	IIb				IIc	IIb		I			
青色404号	IIb		I	I	IIc	IIb	I	I	I	I	I
紫色401号	IIb	IIc	IIb	IIb	IIc	IIb	IIc	IIb	IIb	IIb	IIb
黒色401号	IIb		III	III	IIc	IIb	III	IIb	III		III

［資料5］

法定色素別名一覧表

別表第一部

色素名	日本名別名	FDA名	食品添加物名	既存化学物質番号	CAS No.	C.I. No.
赤色2号	アマランス		食用赤色2号	5-1497	915-67-3	16185
赤色3号	エリスロシン	FD&C Red No. 3	食用赤色3号	5-1503	16423-68-0	45430
赤色102号	ニューコクシン		食用赤色102号	5-1495	2611-82-7	16255
赤色104号の(1)	フロキシンB	D&C Red No. 28	食用赤色104号	5-1514	18472-87-2	45410
赤色105号の(1)	ローズベンガル		食用赤色105号	5-4298	632-69-9	45440
赤色106号	アシッドレッド		食用赤色106号	5-1504	3520-42-1	45100
黄色4号	タートラジン	FD&C Yellow No. 5	食用黄色4号	5-1402	1934-21-0	19140
黄色5号	サンセットイエローFCF	FD&C Yellow No. 6	食用黄色5号	5-1451	2783-94-0	15985
緑色3号	ファストグリーンFCF	FD&C Green No. 3	食用緑色3号	5-5228	2353-45-9	42053
青色1号	ブリリアントブルーFCF	FD&C Blue No. 1	食用青色1号	5-1632	3844-45-9	42090
青色2号	インジゴカルミン	(FD&C Blue No. 2*)	食用青色2号	5-1650	860-22-0	73015

* 食品、内用医薬品のみ使用可

別表第二部

色素名	日本名別名	FDA名	食品添加物名	既存化学物質番号	CAS No.	C.I. No.
赤色201号	リソールルビンB	D&C Red No. 6		5-3244	5858-81-1	15850
赤色202号	リソールルビンBCA	D&C Red No. 7		5-3244	5281-04-9	15850:1
赤色203号	レーキレッドC			5-3243	2092-56-0	15585
赤色204号	レーキレッドCBA			5-3242	5160-02-1	15585:1

色素名	日本名別名	FDA名	食品添加物名	既存化学物質番号	CAS No.	C.I. No.
赤色205号	リソールレッド			5-3235	1248-18-6	15630
赤色206号	リソールレッドCA			5-5182	1103-39-5	15630:2
赤色207号	リソールレッドBA			5-3236	1103-38-4	15630:1
赤色208号	リソールレッドSR			5-3236	6371-67-1	15630:3
赤色213号	ローダミンB			5-1973	81-88-9	45170
赤色214号	ローダミンBアセテート			5-1973		45170
赤色215号	ローダミンBステアレート			5-3090	6373-07-5	45170
赤色218号	テトラクロロテトラブロモフルオレセイン	D&C Red No. 27		5-5063	13473-26-2	45410:1
赤色219号	ブリリアントレーキレッドR	D&C Red No. 31		5-3250	6371-76-2	15800:1
赤色220号	ディープマルーン	D&C Red No. 34		5-3249	6417-83-0	15880:1
赤色221号	トルイジンレッド			5-3209	2425-85-6	12120
赤色223号	テトラブロモフルオレセイン	D&C Red No. 21		5-663	15086-94-9	45380:2
赤色225号	スダンIII	D&C Red No. 17		5-3087	85-86-9	26100
赤色226号	ヘリンドンピンクCN	D&C Red No. 30		5-2207	2379-74-0	73360
赤色227号	ファストアシッドマゲンタ	D&C Red No. 33		5-4296	3567-66-6	17200
赤色228号	パーマトンレッド	D&C Red No. 36		5-3210	2814-77-9	12085
赤色230号の(1)	エオシンYS	D&C Red No. 22		5-1511	17372-87-1	45380
赤色230号の(2)	エオシンYSK			5-1511		45380
赤色231号	フロキシンBK			5-1514	75888-73-2	45410
赤色232号	ローズベンガルK			5-4298	632-68-8	45440
だいだい色201号	ジブロモフルオレセイン	D&C Orange No. 5		5-4271	596-03-2	45370:1
だいだい色203号	パーマネントオレンジ			5-3192	3468-63-1	12075
だいだい色204号	ベンチジンオレンジG			5-3193	3520-72-7	21110
だいだい色205号	オレンジII	D&C Orange No. 4		5-1455	633-96-5	15510
だいだい色206号	ジヨードフルオレセイン	D&C Orange No. 10		9-2393	38577-97-8	45425:1
だいだい色207号	エリスロシン黄NA	D&C Orange No. 11		5-1480	33239-19-9	45425
黄色201号	フルオレセイン	D&C Yellow No. 7		5-1416	2321-07-5	45350:1

色素名	日本名別名	FDA 名	食品添加物名	既存化学物質番号	CAS No.	C.I. No.
黄色202号の(1)	ウラニン	D&C Yellow No. 8		5-1416	518-47-8	45350
黄色202号の(2)	ウラニンK			5-1416	6417-85-2	45350
黄色 203 号	キノリンイエローWS	D&C Yellow No. 10		5-1393	8004-92-0	47005
黄色 204 号	キノリンイエローSS	D&C Yellow No. 11		5-3048	8003-22-3	47000
黄色 205 号	ベンチジンイエローG			5-3156	6358-85-6	21090
緑色 201 号	アリザリンシアニングリーンF	D&C Green No. 5		5-1741	4403-90-1	61570
緑色 202 号	キニザリングリーンSS	D&C Green No. 6		5-3131	128-80-3	61565
緑色 204 号	ピラニンコンク	D&C Green No. 8		9-2392	6358-69-6	59040
緑色 205 号	ライトグリーンSF黄			5-4374	5141-20-8	42095
青色 201 号	インジゴ			5-2223	482-89-3	73000
青色 202 号	パテントブルーNA			5-4337	6417-61-4	42052
青色 203 号	パテントブルーCA			5-4337	3374-30-9	42052
青色 204 号	カルバンスレンブルー			5-2230	130-20-1	69825
青色 205 号	アルファズリンFG	D&C Blue No. 4		5-1632	2650-18-2	42090
褐色 201 号	レゾルシンブラウン	D&C Brown No. 1		5-1460	1320-07-6	20170
紫色 201 号	アリズリンパープルSS	D&C Violet No. 2		5-3110	81-48-1	60725

別表第三部

色素名	日本名別名	FDA 名	食品添加物名	既存化学物質番号	CAS No.	C.I. No.
赤色 401 号	ビオラミンR			5-4328	6252-76-2	45190
赤色 404 号	ブリリアントファストスカーレット			5-3224	6448-95-9	12315
赤色 405 号	パーマネントレッドF5R			5-3234	7023-61-2	15865
赤色 501 号	スカーレットレッドNF			5-3088	85-83-6	26105
赤色 502 号	ポンソー3R			9-2395	3564-09-8	16155
赤色 503 号	ポンソーR			5-1496	3761-53-3	16150

色素名	日本名別名	FDA名	食品添加物名	既存化学物質番号	CAS No.	C.I. No.
赤色504号	ポンソーSX	FD&C Red No. 4		5-5227	4548-53-2	14700
赤色505号	オイルレッドXO			5-3068	3118-97-6	12140
赤色506号	ファストレッドS			5-1512	1658-56-6	15620
だいだい色401号	ハンサオレンジ			5-3190	6371-96-6	11725
だいだい色402号	オレンジI			5-4274	523-44-4	14600
だいだい色403号	オレンジSS			5-3065	2646-17-5	12100
黄色401号	ハンサイエロー			5-3149	2512-29-0	11680
黄色402号	ポーライエロー5G			5-1407	6372-96-9	18950
黄色403号の(1)	ナフトールイエローS	Ext. D&C Yellow No. 7		5-1392	846-70-8	10316
黄色404号	イエローAB			9-2390	85-84-7	11380
黄色405号	イエローOB			9-2391	131-79-3	11390
黄色406号	メタニルイエロー			5-1405	587-98-4	13065
黄色407号	ファストライトイエロー3G			5-1397	6359-82-6	18820
緑色401号	ナフトールグリーンB			5-4373	19381-50-1	10020
緑色402号	ギネアグリーンB			5-1734	4680-78-8	42085
青色403号	スダンブルーB			5-3125	6408-50-0	61520
青色404号	フタロシアニンブルー			5-3299	147-14-8	74160
紫色401号	アリズロールパープル	Ext. D&C Violet No. 2		5-1608	4430-18-6	60730
黒色401号	ナフトールブルーブラック			5-1875	1064-48-8	20470

注）CAS No.で文献検索する場合、複数の番号がつく色素もあるので、レジストリーファイルにより確認し、すべてのNo.で検索する必要がある。

［資料6］

法定色素規格一覧表

● 別表第一部

色素名	規格										レーキ
	吸収極大波長(nm)	色素純度(%) 吸光係数	不溶物(%以下)	可溶物(%以下)	塩化物及び硫酸塩(%以下)	重金属(ppm以下)(Pbとして)	その他の特定金属(ppm以下)	ヒ素(ppm以下)	乾燥減量(%以下)	その他(%以下)	
赤色2号	518～524	85.0%～101.0% 0.0422	0.3%	1.0%	5.0%	20 ppm	−	2 ppm	10.0%	−	Al
赤色3号	524～528	85.0%～101.0% 0.111	0.3%	0.5%	2.0%	20 ppm	亜鉛：200 ppm	2 ppm	12.0%	−	Al
赤色102号	506～510	85.0%～101.0% 0.0401	0.3%	0.5%	8.0%	20 ppm	−	2 ppm	10.0%	−	Al
赤色104号の(1)	536～540	85.0%～101.0% 0.130	0.3%	1.0%	5.0%	20 ppm	亜鉛：200 ppm	2 ppm	10.0%	−	Al、Ba
赤色105号の(1)	547～551	85.0%～101.0% 0.106	0.5%	1.0%	5.0%	20 ppm	亜鉛：200 ppm	2 ppm	10.0%	−	Al

色素名	規格										レーキ
	吸収極大波長(nm)	色素純度(%) 吸光係数	不溶物(%以下)	可溶物(%以下)	塩化物及び硫酸塩(%以下)	重金属(ppm 以下)(Pb として)	その他の特定金属(ppm 以下)	ヒ素(ppm 以下)	乾燥減量(%以下)	その他(%以下)	
赤色106号	564～568	85.0%～101.0% 0.207	0.3%	0.5%	5.0%	20 ppm	亜鉛：200 ppm クロム：50 ppm マンガン：50 ppm	2 ppm	10.0%	—	Al
黄色４号	426～430	85.0%～101.0% 0.0528	0.3%	0.5%	6.0%	20 ppm	—	2 ppm	10.0%	—	Al、Ba、Zr
黄色５号	480～484	85.0%～101.0% 0.0547	0.3%	1.0%	5.0%	20 ppm	—	2 ppm	10.0%	—	Al、Ba、Zr
緑色３号	622～626	85.0%～101.0% 0.173	0.3%	1.0%	5.0%	20 ppm	クロム：50 ppm マンガン：50 ppm	2 ppm	10.0%	—	Al
青色１号	628～632	85.0%～101.0% 0.175	0.3%	0.5%	4.0%	20 ppm	クロム：50 ppm マンガン：50 ppm	2 ppm	10.0%	—	Al、Ba、Zr
青色２号	608～612	85.0%～101.0% 0.0468	0.4%	0.5%	5.0%	20 ppm	鉄：500 ppm	2 ppm	10.0%	—	Al
上記のアルミニウムレーキ		90.0%～110.0%				—	亜鉛：500 ppm 鉄：500 ppm その他：20 ppm	2 ppm	—	塩酸及びアンモニア不溶物：0.5%	

色素名	規格										レーキ
	吸収極大波長 (nm)	色素純度 (%) 吸光係数	不溶物 (%以下)	可溶物 (%以下)	塩化物及び硫酸塩 (%以下)	重金属 (ppm 以下) (Pb として)	その他の特定金属 (ppm 以下)	ヒ素 (ppm 以下)	乾燥減量 (%以下)	その他 (%以下)	
										水溶性塩化物及び水溶性硫酸塩：2.0%	
上記のバリウムレーキ		90.0%～110.0%				－	亜鉛：500 ppm 鉄：500 ppm その他：20 ppm	2 ppm	－	水溶性塩化物及び水溶性硫酸塩：2.0%	ただし、別表第二部の色素と同じ範囲での使用のみ認められる
上記のジルコニウムレーキ		90.0%～110.0%				－	亜鉛：500 ppm 鉄：500 ppm その他：20 ppm	2 ppm	－	水溶性塩化物及び水溶性硫酸塩：2.0%	ただし、別表第二部の色素と同じ範囲での使用のみ認められる

●別表第二部

色素名	規格										レーキ
	吸収極大波長 (nm)	色素純度 (%) 吸光係数	不溶物 (%以下)	可溶物 (%以下)	塩化物及び硫酸塩 (%以下)	重金属 (ppm以下) (Pbとして)	その他の特定金属 (ppm以下)	ヒ素 (ppm以下)	乾燥減量 (%以下)	その他 (%以下)	
赤色201号	519～523	85.0%～101.0% 0.0604	―	0.5%	6.0%	20 ppm	―	2 ppm	10.0%	―	
赤色202号	519～523	85.0%～101.0% 0.0612	―	1.0%	7.0%	20 ppm	―	2 ppm	8.0%	―	
赤色203号	483～489	85.0%～101.0% 0.0583	―	0.5%	5.0%	20 ppm	―	2 ppm	10.0%	―	
赤色204号	482～486	87.0%～101.0% 0.0414	―	0.5%	5.0%	20 ppm	―	2 ppm	8.0%	―	
赤色205号	491～497	90.0%～101.0% 0.0685	―	0.5%	5.0%	20 ppm	―	2 ppm	5.0%	―	
赤色206号	491～497	90.0%～101.0% 0.0708	―	0.5%	5.0%	20 ppm	―	2 ppm	5.0%	―	
赤色207号	491～497	90.0%～101.0% 0.0574	―	0.5%	5.0%	20 ppm	―	2 ppm	8.0%	―	

色素名	規格										レーキ
	吸収極大波長(nm)	色素純度(%)吸光係数	不溶物(%以下)	可溶物(%以下)	塩化物及び硫酸塩(%以下)	重金属(ppm以下)(Pbとして)	その他の特定金属(ppm以下)	ヒ素(ppm以下)	乾燥減量(%以下)	その他(%以下)	
赤色208号	491～497	90.0%～101.0% 0.0661	—	0.5%	5.0%	20 ppm	—	2 ppm	5.0%	—	
赤色213号	552～556	95.0%～101.0% 0.244	1.0%	1.0%	3.0%	20 ppm	亜鉛：200 ppm	2 ppm	5.0%	—	
赤色214号	543～547	92.0%～101.0% 0.247	1.0%	0.5%	5.0%	20 ppm	亜鉛：200 ppm	2 ppm	5.0%	—	
赤色215号	543～547	90.0%～101.0% 0.163	0.5%		5.0%	20 ppm	亜鉛：200 ppm	2 ppm	5.0%	—	
赤色218号	536～540	90.0%～101.0% 0.138	1.0%	0.5%	5.0%	20 ppm	亜鉛：200 ppm	2 ppm	5.0%	—	
赤色219号	407～411	90.0%～101.0% 0.0336	—	1.0%	5.0%	20 ppm	—	2 ppm	5.0%	—	
赤色220号	524～530	85.0%～101.0% 0.0641	—	0.5%	10.0%	20 ppm	—	2 ppm	8.0%	—	

色素名	規格										レーキ
	吸収極大波長(nm)	色素純度(%) 吸光係数	不溶物(%以下)	可溶物(%以下)	塩化物及び硫酸塩(%以下)	重金属(ppm以下)(Pbとして)	その他の特定金属(ppm以下)	ヒ素(ppm以下)	乾燥減量(%以下)	その他(%以下)	
赤色221号	511～515	95.0%～101.0% 0.0784	―	1.0%	―	20 ppm	―	2 ppm	2.0%	強熱残分：1.5% 融点：272℃ 以上	
赤色223号	515～519	90.0%～101.0% 0.157	1.0%	0.5%	3.0%	20 ppm	亜鉛：200 ppm	2 ppm	7.0%	―	
赤色225号	511～515	95.0%～101.0% 0.0966	1.0%	0.5%	―	20 ppm	―	2 ppm	5.0%	強熱残分：1.0%	
赤色226号	― 質量法	90.0%～101.0%	―	3.0%	―	20 ppm	鉄：500 ppm	2 ppm	5.0%	強熱残分：5.0%	
赤色227号	529～533	85.0%～101.0% 0.0723	1.0%	0.5%	10.0%	20 ppm	―	2 ppm	6.0%	―	Al
赤色228号	484～488	90.0%～101.0% 0.0853	―	1.0%	―	20 ppm	―	2 ppm	5.0%	強熱残分：1.0%	
赤色230号の(1)	515～519	85.0%～101.0% 0.144	0.5%	0.5%	5.0%	20 ppm	亜鉛：200 ppm	2 ppm	10.0%	―	Al

色素名	規格										レーキ
	吸収極大波長(nm)	色素純度(%) 吸光係数	不溶物(%以下)	可溶物(%以下)	塩化物及び硫酸塩(%以下)	重金属(ppm以下)(Pbとして)	その他の特定金属(ppm以下)	ヒ素(ppm以下)	乾燥減量(%以下)	その他(%以下)	
赤色230号の(2)	515～519	85.0%～101.0% 0.136	0.5%	1.0%	5.0%	20 ppm	亜鉛：200 ppm	2 ppm	10.0%	—	Al
赤色231号	536～540	85.0%～101.0% 0.122	0.5%	1.0%	5.0%	20 ppm	亜鉛：200 ppm	2 ppm	10.0%	—	Al
赤色232号	547～551	85.0%～101.0% 0.101	0.5%	1.0%	5.0%	20 ppm	亜鉛：200 ppm	2 ppm	10.0%	—	Al
だいだい色201号	502～506	90.0%～101.0% 0.167	1.0%	0.5%	5.0%	20 ppm	亜鉛：200 ppm	2 ppm	5.0%	—	
だいだい色203号	478～482	90.0%～101.0% 0.0778	—	3.0%	—	20 ppm	—	2 ppm	5.0%	強熱残分：1.0%	
だいだい色204号	445～449	90.0%～101.0% 0.104	—	0.3%	—	20 ppm	—	2 ppm	5.0%	強熱残分：1.0%	
だいだい色205号	482～486	85.0%～101.0% 0.0670	1.0%	0.5%	5.0%	20 ppm	—	2 ppm	10.0%	—	Al、Ba、Zr

色素名	規格										レーキ
	吸収極大波長(nm)	色素純度(%) 吸光係数	不溶物(%以下)	可溶物(%以下)	塩化物及び硫酸塩(%以下)	重金属(ppm 以下)(Pb として)	その他の特定金属(ppm 以下)	ヒ素(ppm 以下)	乾燥減量(%以下)	その他(%以下)	
だいだい色206号	506～510	90.0%～101.0% 0.120	1.0%	0.5%	3.0%	20 ppm	亜鉛：200 ppm	2 ppm	5.0%	—	
だいだい色207号	507～511	85.0%～101.0% 0.110	1.0%	0.5%	3.0%	20 ppm	亜鉛：200 ppm	2 ppm	10.0%	—	Al
黄色201号	488～492 質量法	90.0%～101.0%	0.5%	0.5%	5.0%	20 ppm	亜鉛：200 ppm	2 ppm	5.0%	—	
黄色202号の(1)	487～491 質量法	75.0%～101.0%	0.5%	0.5%	10.0%	20 ppm	亜鉛：200 ppm	2 ppm	15.0%	—	Al
黄色202号の(2)	487～491 質量法	75.0%～101.0%	0.5%	0.5%	10.0%	20 ppm	亜鉛：200 ppm	2 ppm	15.0%	—	Al
黄色203号	414～418 及び 435～439	85.0%～101.0% 0.0721	0.3%	1.0%	10.0%	20 ppm	亜鉛：200 ppm 鉄：500 ppm	2 ppm	10.0%	—	Al、Ba、Zr
黄色204号	417～421 及び 442～446	95.0%～101.0% 0.136	0.5%	1.0%	—	20 ppm	亜鉛：200 ppm 鉄：500 ppm	2 ppm	5.0%	強熱残分：0.3% 融点：235－240℃	

色素名	規格									レーキ
	吸収極大波長(nm)	色素純度(%) 吸光係数	不溶物(%以下)	可溶物(%以下)	塩化物及び硫酸塩(%以下)	重金属(ppm以下)(Pbとして)	その他の特定金属(ppm以下)	ヒ素(ppm以下)	乾燥減量(%以下)	その他(%以下)	
黄色205号	422～426	90.0%～101.0% 0.120	－	0.3%	－	20 ppm	－	2 ppm	5.0%	強熱残分：1.0%	
緑色201号	605～609及び640～644	70.0%～101.0% 0.0228	0.4%	0.5%	20.0%	20 ppm	鉄：500 ppm	2 ppm	10.0%	－	Al
緑色202号	606～610及び645～649	96.0%～101.0% 0.0407	1.5%	1.0%	－	20 ppm	鉄：500 ppm	2 ppm	10.0%	強熱残分：1.0% 融点：212－224℃	
緑色204号	367～371及び402～406	65.0%～101.0% 0.0500	0.5%	0.5%	20.0%	20 ppm	－	2 ppm	15.0%	－	Al
緑色205号	629～633	85.0%～101.0% 0.0812	0.5%	0.5%	6.0%	20 ppm	クロム：50 ppm マンガン：50 ppm	2 ppm	10.0%	－	Al、Zr
青色201号	－	95.0%～101.0% 質量法	－	1.0%	－	20 ppm	鉄：500 ppm	2 ppm	5.0%	強熱残分：2.0%	
青色202号	633～637	80.0%～101.0% 0.138	1.0%	1.0%	10.0%	20 ppm	クロム：50 ppm マンガン：50 ppm	2 ppm	10.0%	－	Ba

色素名	規格										レーキ
	吸収極大波長(nm)	色素純度(%)吸光係数	不溶物(%以下)	可溶物(%以下)	塩化物及び硫酸塩(%以下)	重金属(ppm以下)(Pbとして)	その他の特定金属(ppm以下)	ヒ素(ppm以下)	乾燥減量(%以下)	その他(%以下)	
青色203号	633～637	80.0%～101.0% 0.130	1.0%	1.0%	10.0%	20 ppm	クロム：50 ppm マンガン：50 ppm	2 ppm	10.0%	－	
青色204号	－ 質量法	90.0%～101.0%	－	1.0%	－	20 ppm	鉄：500 ppm	2 ppm	10.0%	強熱残分：1.0%	
青色205号	627～631	85.0%～101.0% 0.151	0.5%	0.5%	5.0%	20 ppm	クロム：50 ppm マンガン：50 ppm	2 ppm	10.0%	－	Al
褐色201号	424～430	75.0%～101.0% 0.0972	0.5%	1.0%	15.0%	20 ppm	－	2 ppm	10.0%	－	Al
紫色201号	584～590	96.0%～101.0% 0.0369	1.5%	0.5%	－	20 ppm	鉄：500 ppm	2 ppm	2.0%	強熱残分：1.0% 融点：185－192℃	
上記のアルミニウムレーキ		90.0%～110.0%				－	亜鉛：500 ppm 鉄：500 ppm その他：20 ppm	2 ppm	－	塩酸及びアンモニア不溶物：0.5% 水溶性塩化物及び水溶性硫酸塩：2.0%	
上記のバリウムレーキ		90.0%～110.0%				－	亜鉛：500 ppm 鉄：500 ppm その他：20 ppm	2 ppm	－	水溶性塩化物及び水溶性硫酸塩：2.0%	

色素名	規格									レーキ
	吸収極大波長(nm)	色素純度(%)吸光係数	不溶物(%以下)	可溶物(%以下)	塩化物及び硫酸塩(%以下)	重金属(ppm以下)(Pbとして)	その他の特定金属(ppm以下)	ヒ素(ppm以下)	乾燥減量(%以下)	その他(%以下)	
上記のジルコニウムレーキ		90.0%～110.0%				—	亜鉛：500 ppm 鉄：500 ppm その他：20 ppm	2 ppm	—	水溶性塩化物及び水溶性硫酸塩：2.0%	

●別表第三部

色素名	規格									レーキ
	吸収極大波長(nm)	色素純度(%)吸光係数	不溶物(%以下)	可溶物(%以下)	塩化物及び硫酸塩(%以下)	重金属(ppm以下)(Pbとして)	その他の特定金属(ppm以下)	ヒ素(ppm以下)	乾燥減量(%以下)	その他(%以下)	
赤色401号	527～531	85.0%～101.0% 0.0929	1.0%	1.0%	10.0%	20 ppm	亜鉛：200 ppm	2 ppm	10.0%	—	Al
赤色404号	493～497 516～520	90.0%～101.0% 0.0553	—	3.0%及び0.3%	—	20 ppm	—	2 ppm	5.0%	強熱残分：1.0%	
赤色405号	512～516	85.0%～101.0% 0.0430	—	1.0%及び1.5%	5.0%	20 ppm	—	2 ppm	5.0%	—	

色素名	規格									レーキ
	吸収極大波長 (nm)	色素純度 (%) 吸光係数	不溶物 (%以下)	可溶物 (%以下)	塩化物及び硫酸塩 (%以下)	重金属 (ppm以下) (Pbとして)	その他の特定金属 (ppm以下)	ヒ素 (ppm以下)	乾燥減量 (%以下)	その他 (%以下)	
赤色501号	520～526	95.0%～101.0% 0.0872	−	0.5%	−	20 ppm	−	2 ppm	2.5%	強熱残分：1.0% 融点：183−190℃	
赤色502号	507～511	85.0%～101.0% 0.0508	0.5%	0.5%	6.0%	20 ppm	−	2 ppm	10.0%	−	Al
赤色503号	503～507	85.0%～101.0% 0.0491	0.5%	0.5%	6.0%	20 ppm	−	2 ppm	10.0%	−	Al
赤色504号	500～504	85.0%～101.0% 0.0534	0.5%	0.5%	5.0%	20 ppm	−	2 ppm	10.0%	−	Al
赤色505号	496～500	97.0%～101.0% 0.0670	0.5%	0.5%	−	20 ppm	−	2 ppm	0.5%	強熱残分：0.3%	
赤色506号	511～515	90.0%～101.0% 0.0555	0.5%	0.5%	5.0%	20 ppm	−	2 ppm	5.0%	−	Al

色素名	規格										レーキ
	吸収極大波長(nm)	色素純度(%) 吸光係数	不溶物(%以下)	可溶物(%以下)	塩化物及び硫酸塩(%以下)	重金属(ppm以下)(Pbとして)	その他の特定金属(ppm以下)	ヒ素(ppm以下)	乾燥減量(%以下)	その他(%以下)	
だいだい色401号	360～364 430～434	85.0%～101.0% 0.0495	－	1.0%	－	20 ppm	－	2 ppm	10.0%	強熱残分：1.0% 融点：210－217℃	
だいだい色402号	474～478	85.0%～101.0% 0.0921	0.5%	1.0%	4.0%	20 ppm	－	2 ppm	10.0%	－	Al、Ba
だいだい色403号	488～494	98.0%～101.0% 0.0711	0.5%	1.0%	－	20 ppm	－	2 ppm	0.5%	強熱残分：0.3% 融点：128－132℃	
黄色401号	410～414	96.0%～101.0% 0.0650	－	1.0%	－	20 ppm	－	2 ppm	4.0%	強熱残分：1.0% 融点：250℃ 以上	
黄色402号	402～408	85.0%～101.0% 0.0330	0.3%	1.0%	5.0%	20 ppm	－	2 ppm	10.0%	－	Al
黄色403号の(1)	390～394 426～430	85.0%～101.0% 0.0496	0.2%	0.5%	5.0%	20 ppm	－	2 ppm	10.0%	－	Al

色素名	規格									レーキ
	吸収極大波長 (nm)	色素純度 (%) 吸光係数	不溶物 (%以下)	可溶物 (%以下)	塩化物及び硫酸塩 (%以下)	重金属 (ppm 以下) (Pb として)	その他の特定金属 (ppm 以下)	ヒ素 (ppm 以下)	乾燥減量 (%以下)	その他 (%以下)	
黄色404号	434～438	99.0%～101.0% 0.0539	0.5%	0.3%	−	20 ppm	−	2 ppm	0.2%	強熱残分：1.0% 融点：99−104℃	
黄色405号	436～440	99.0%～101.0% 0.0546	0.5%	0.3%	−	20 ppm	−	2 ppm	0.2%	強熱残分：1.0% 融点：120−126℃	
黄色406号	433～439	85.0%～101.0% 0.0625	0.5%	1.0%	7.0%	20 ppm	−	2 ppm	10.0%	−	Al
黄色407号	391～395	85.0%～101.0% 0.0581	0.5%	0.5%	6.0%	20 ppm	−	2 ppm	10.0%	−	Al
緑色401号	711～717	85.0%～101.0% 0.0227	0.5%	0.5%	10.0%	20 ppm	−	2 ppm	10.0%	−	
緑色402号	617～621	85.0%～101.0% 0.121	0.3%	0.5%	4.0	20 ppm	クロム：50 ppm マンガン：50 ppm	2 ppm	10.0%	−	Al、Ba

色素名	規格										レーキ
	吸収極大波長 (nm)	色素純度 (%) 吸光係数	不溶物 (%以下)	可溶物 (%以下)	塩化物及び硫酸塩 (%以下)	重金属 (ppm 以下) (Pb として)	その他の特定金属 (ppm 以下)	ヒ素 (ppm 以下)	乾燥減量 (%以下)	その他 (%以下)	
青色403号	600～606 及び 644～650	95.0%～101.0% 0.0482	0.5%	0.3%	—	20 ppm	鉄：500 ppm	2 ppm	1.0%	強熱残分：0.3%	
青色404号	質量法	95.0%～101.0%	—	0.3%	5.0%	20 ppm	—	2 ppm	5.0%	—	
紫色401号	567～573	80.0%～101.0% 0.0273	0.4%	1.0%	15.0%	20 ppm	鉄：500 ppm	2 ppm	10.0%	—	Al
黒色401号	616～620	75.0%～101.0% 0.0916	1.0%	1.0%	15.0%	20 ppm	—	2 ppm	10.0%	—	Al
上記のアルミニウムレーキ		90.0%～110.0%				—	亜鉛：500 ppm 鉄：500 ppm その他：20 ppm	2 ppm	—	塩酸及びアンモニア不溶物：0.5% 水溶性塩化物及び水溶性硫酸塩：2.0%	
上記のバリウムレーキ		90.0%～110.0%				—	亜鉛：500 ppm 鉄：500 ppm その他：20 ppm	2 ppm	—	水溶性塩化物及び水溶性硫酸塩：2.0%	

[資料7]

公定書色素規格（省令・食品添加物・CFR）比較一覧表

―タール色素省令第126号（2003年）・食品添加物公定書（第7版、1999年）・CFR（Code of Federal Regulations 1998年）―

（ただし、食品添加物公定書、CFRともにタール色素省令に該当する品目がないものは省略した。）

タール色素省令			食品添加物			CFR	
赤色2号			食用赤色2号			Citrus Red No. 2	
性　状	赤褐色から暗赤褐色までの色の粒又は粉末である。		性　状	赤褐～暗赤褐色の粉又は粒で、においがない。			
確　認	色　調（水）	帯青赤色	確　認	色　調（水）	帯紫赤色		
				（硫酸溶液）	紫色		
	吸光度	518－524 nm		吸光度	518－522 nm		
	薄層クロマト	Rf					
	リトマス						
	赤外吸収スペクトル						
	炎色反応						
純　度	溶　状（水）	澄明	純　度				
	不溶物（水）	0.3% 以下		不溶物（水）	0.20% 以下	Water soluble matter	0.3% 以下
	可溶物	1.0% 以下				Matter insoluble in CCl_4	0.5% 以下
	塩化物及び硫酸塩	5.0% 以下		塩化物及び硫酸塩	5.0% 以下	Uncombined intermediates	0.05% 以下
				ろ紙クロマトグラフィー		Subsidiary dyes	2.0% 以下
	ヒ　素	2 ppm 以下		ヒ　素	4.0 μg/g 以下	Arsenic	1 ppm 以下
	重金属	20 ppm 以下		重金属	20 μg/g 以下	Lead (as Pb)	10 ppm 以下
乾燥減量		10.0% 以下	乾燥減量		10.0% 以下	Volatile matter (at 100℃)	0.5% 以下
定量法		85.0% 以上 101.0% 以下	定量法		85.0% 以上	Total color	98% 以上

タール色素省令			食品添加物			CFR	
赤色3号			食用赤色3号			FD&C Red No. 3	
性状	赤色から褐色までの色の粒又は粉末である。		性状	赤～褐色の粉又は粒で、においがない。			
確認	色調（水）	帯青赤色	確認	色調（水）	帯青赤色		
				（硫酸溶液）	褐黄色		
	吸光度	524－528 nm		吸光度	524－528 nm		
	薄層クロマト	Rf					
	リトマス						
	赤外吸収スペクトル						
	炎色反応						
純度	溶状（水）	澄明	純度	溶性	pH6.5－10.0	Water insoluble matter	0.2% 以下
	不溶物（水）	0.3% 以下		不溶物（水）	0.20% 以下	Unhalogenated intermediates	0.1% 以下
	可溶物	0.5% 以下				Sodium Iodide	0.4% 以下
	塩化物及び硫酸塩	2.0% 以下		塩化物及び硫酸塩	2.0% 以下	Triiodoresorcinol	0.2% 以下
				ヨウ化物	0.4% 以下	2(2',4'-dihydorxy-3',5'-diiodobenzoyl) benzoic acid	0.2% 以下
						Monoiodofluoresceins	1.0% 以下
						Other lower iodinated fluoresceins	9.0% 以下
	ヒ素	2 ppm 以下		ヒ素	4.0 μg/g 以下	Arsenic	3 ppm 以下
	重金属	20 ppm 以下		重金属	20 μg/g 以下	Lead (as Pb)	10 ppm 以下
	亜鉛	200 ppm 以下		亜鉛	200 μg/g 以下		
乾燥減量		12.0% 以下	乾燥減量		12.0% 以下	Volatile matter (at 135℃) and chlorides and sulfates (as Na-salts)	13% 以下
定量法		85.0% 以上 101.0% 以下	定量法		85.0% 以上	Total color	87% 以上

タール色素省令	食品添加物	C F R
赤色102号	**食用赤色102号**	**該当色素なし**
性　状　赤色から暗赤色までの色の粒又は粉末である。	性　状　赤～暗赤色の粉末又は粒で、においがない。	
確　認　色　調（水）　赤色 吸光度　506－510 nm 薄層クロマト　Rf リトマス 赤外吸収スペクトル　同一スペクトル 炎色反応	確　認　色　調（水）　赤色 （硫酸溶液）　紫赤色 吸光度　506－510 nm	
純　度　溶　状（水）　澄明 不溶物（水）　0.3% 以下 可溶物　0.5% 以下 塩化物及び硫酸塩　8.0% 以下 ヒ　素　2 ppm 以下 重金属　20 ppm 以下	純　度 不溶物（水）　0.20% 以下 塩化物及び硫酸塩　8.0% 以下 ヒ　素　4.0 μg/g 以下 重金属　20 μg/g 以下 未反応原料及び反応中間体　0.5% 以下 非スルホン化芳香第一級アミン （アニリンとして）　0.01% 以下 （α-ナフチルアミンとして）　1.0 μg/g 以下	
乾燥減量　10.0% 以下	乾燥減量　10.0% 以下	
定 量 法　85.0% 以上 101.0% 以下	定 量 法　85.0% 以上	

タール色素省令			食品添加物			CFR	
赤色104号の(1)			食用赤色104号			D&C Red No. 28	
性　状	赤色から赤褐色までの色の粒又は粉末である。		性　状	赤～暗赤褐色の粉又は粒で、においがない。			
確　認	色　調（水）	帯青赤色を呈し暗緑色の蛍光を発する。	確　認	色　調（水）	だいだい赤色を呈し緑黄色の蛍光を発する。		
				（硫酸溶液）	帯褐黄色を呈し蛍光を発せず。		
	吸光度	536－540 nm		吸光度	536－540 nm		
	薄層クロマト	Rf					
	リトマス						
	赤外吸収スペクトル						
	炎色反応	黄色					
純　度	溶　状（水）	澄明	純　度	溶　性	pH6.5－10.0		
	不溶物（水）	0.3% 以下		不溶物（水）	0.20% 以下	Insoluble matter (alkaline soln.)	0.5% 以下
	可溶物	1.0% 以下				Tetrachlorophthalic acid	1.2% 以下
	塩化物及び硫酸塩	5.0% 以下		塩化物及び硫酸塩	5.0% 以下	Brominated resorcinol	0.4% 以下
				臭化物	1.0% 以下	2,3,4,5-Tetrachloro-6-(3,5-dibromo-2,4-dihydroxybenzoyl) benzoic acid	0.7% 以下
						Tetrabromo-4,5,6,7-tetrachlorofluorescein erthyl ester	2.0% 以下
						Lower halogenated subsidiary colors	4 % 以下
	ヒ　素	2 ppm 以下		ヒ　素	4.0 μg/g 以下	Arsenic	3 ppm 以下
	重金属	20 ppm 以下		重金属	20 μg/g 以下	Lead (as Pb)	20 ppm 以下
	亜　鉛	200 ppm 以下		亜　鉛	200 μg/g 以下	Mercury (as Hg)	1 ppm 以下
乾燥減量		10.0% 以下	乾燥減量		10.0% 以下	Volatile matter (at 135℃) and halides, sulfates (as Na-salts)	15% 以下
定量法		85.0% 以上 101.0% 以下	定量法		85.0% 以上	Total color	85% 以上

タール色素省令			食品添加物			C F R
赤色105号の(1)			食用赤色105号			該当色素なし
性　状	帯青赤色から赤褐色までの色の粒又は粉末である。		性　状	帯紫赤～赤褐色の粉末又は粒で、においがない。		
確　認	色　調（水）	帯青赤色	確　認	色　調（水）	帯青赤色	
				（硫酸溶液）	褐黄色	
	吸光度	547－551 nm		吸光度	546－550 nm	
	薄層クロマト	Rf				
	リトマス					
	赤外吸収スペクトル					
	炎色反応	黄色				
純　度	溶　状（水）	澄明	純　度	溶　性	pH6.5－10.0	
	不溶物（水）	0.5% 以下		不溶物（水）	0.20% 以下	
	可溶物	1.0% 以下				
	塩化物及び硫酸塩	5.0% 以下		塩化物及び硫酸塩	5.0% 以下	
				ヨウ化物	0.4% 以下	
	ヒ　素	2 ppm 以下		ヒ　素	4.0 μg/g 以下	
	重金属	20 ppm 以下		重金属	20 μg/g 以下	
	亜　鉛	200 ppm 以下		亜　鉛	200 μg/g 以下	
乾燥減量		10.0% 以下	乾燥減量		10.0% 以下	
定 量 法		85.0% 以上 101.0% 以下	定 量 法		85.0% 以上	

タール色素省令			食品添加物			CFR
赤色106号			食用赤色106号			該当色素なし
性　状	紫褐色の粒又は粉である。		性　状	紫褐色の粉又は粒で、においがない。		
確　認	色　調（水）	帯青赤色を呈し黄色の蛍光を発する。	確　認	色　調（水）	帯青赤色を呈し淡黄色の蛍光を発する。	
				（硫酸溶液）	だいだい黄色を呈し緑黄色の蛍光を発する。	
	吸光度	564－568 nm		吸光度	564－568 nm	
	薄層クロマト	Rf				
	リトマス					
	赤外吸収スペクトル					
	炎色反応					
純　度	溶　状（水）	澄明	純　度	溶　性	pH6.5－10.0	
	不溶物（水）	0.3% 以下		不溶物（水）	0.20% 以下	
	可溶物	0.5% 以下				
	塩化物及び硫酸塩	5.0% 以下		塩化物及び硫酸塩	5.0% 以下	
	ヒ　素	2 ppm 以下		ヒ　素	4.0 μg/g 以下	
	重金属	20 ppm 以下		重金属	20 μg/g 以下	
	亜　鉛	200 ppm 以下				
	クロム	50 ppm 以下		クロム	25 μg/g 以下	
	マンガン	50 ppm 以下		マンガン	50 μg/g 以下	
乾燥減量		10.0% 以下	乾燥減量		10.0% 以下	
定量法		85.0% 以上 101.0% 以下	定量法		85.0% 以上	

タール色素省令			食品添加物			C F R	
黄色４号			食用黄色４号			FD&C Yellow No. 5	
性　状	黄赤色の粒又は粉末である。		性　状	だいだい黄～だいだい色の粉末又は粒で、においがない。		4,4'-{4,5-Dihydro-5-oxo-4-[(4-sulfophenyl) hydrazono]-1H-pyrazol-1,3-diyl}bis [benzenesulfonic acid]3Na-salts	1.0% 以下
確　認	色　調（水）	黄色	確　認	色　調（水）	黄色	4-{(4',5-Disulfo[1,1'-biphenyl]-2-yl)hydrazono} -4,5-dihydro-5-oxo-1-(4-sulfophenyl)-1H-pyrazole-3-carboxylic acid 4Na-salts	1.0% 以下
				（硫酸溶液）	黄色	Ethyl or methyl 4,5-dihydro-5-oxo-1-(4-sulfophenyl) -4-[(4-sulfophenyl)hydrazone]-1H-pyrazole-3-carboxylate 2Na-salts	1.0% 以下
	吸光度	426－430 nm		吸光度	426－430 nm	4,5-Dihydro-5-oxo-1-phenyl-4-[(4-sulfophenyl)azo] -1H-pyrazole-3-carboxylic acid 2Na-salts and 4,5-dihydro-5-oxo-4-(phenylazo)-1-(4-sulfophenyl) -1H-pyrazole-3-carboxylic acid 2Na-salts	0.5% 以下
	薄層クロマト	Rf				4-Aminobenzenesulfonic acid Na-salt	0.2% 以下
	リトマス					4,5-Dihydro-5-oxo-1-(4-sulfophenyl)-1H-pyrazole-3-carboxylic acid 2Na-salts	0.2% 以下
	赤外吸収スペクトル	同一スペクトル				Ethyl or methyl 4,5-dihydro-5-oxo-1-(4-sulfophenyl) -1H-pyrazole-3-carboxylate Na-salts	0.1% 以下
	炎色反応					4',4-[1-Triazene-1,3-diyl]bis[benzenesulfonic acid] 2Na-salts	0.05% 以下
純　度	溶　状（水）	澄明	純　度			4-Aminoazobenezene	75 ppm 以下
	不溶物（水）	0.3% 以下		不溶物（水）	0.20% 以下	4-Aminobiphenyl	5 ppm 以下
	可溶物	0.5% 以下				Aniline	100 ppm 以下
	塩化物及び硫酸塩	6.0% 以下		塩化物及び硫酸塩	6.0% 以下	Azobenzene	40 ppm 以下
	ヒ　素	2 ppm 以下		ヒ　素	4.0 μg/g 以下	Benzideine	1 ppm 以下
	重金属	20 ppm 以下		重金属	20 μg/g 以下	1,3-diphenyltriazone	40 ppm 以下
				未反応原料及び反応中間体	0.5% 以下	Arsenic	3 ppm 以下
				非スルホン化芳香第一級アミン（アニリンとして）	0.01% 以下	Lead	10 ppm 以下
						Mercury	1 ppm 以下
乾燥減量		10.0% 以下	乾燥減量		10.0% 以下	Volatile matter at (135℃) chlorides and sulfates Na-salt	13% 以下
定 量 法		85.0% 以上 101.0% 以下	定 量 法		85.0% 以上	Total color	87% 以上

タール色素省令			食品添加物			CFR	
黄色5号			食用黄色5号			FD&C Yellow No. 6	
性状	帯黄赤色の粒又は粉末である。		性状	だいだい赤色の粉末又は粒で、においがない。		4-Aminobenzenesulfonic acid Na-salt	0.2% 以下
						6-Hydroxy-2-naphthalenesulfonic acid Na-salt	0.3% 以下
確認	色調（水）	黄赤色	確認	色調（水）	だいだい色		
				（硫酸溶液）	だいだい赤色	6,6'-oxybis[2-naphthalenesulfonic acid 2Na-salts	1% 以下
	吸光度	480－484 nm		吸光度	480－484 nm		
	薄層クロマト	Rf				4,4'-(1-triazene-1,3-diyl)bis[benzenesulfonic acid]2Na-salts	0.1% 以下
	リトマス						
	赤外吸収スペクトル	同一スペクトル				6-Hydroxy-5-(phenylazo)-2-naphthalenesulfonic acid Na-salt and 4-[(2-hydroxy-1-naphthalenyl)azo]benzenesulfonic acid Na-salt	1% 以下
	炎色反応						
純度	溶状（水）	澄明	純度			3-Hydorxy-4-[(4-sulfophenyl)azo]-2,7-naphthalene disulfonic acid 3Na-salts and other higher sulfonated subsidiaries	5% 以下
	不溶物（水）	0.3% 以下		不溶物（水）	0.20% 以下		
	可溶物	1.0% 以下					
	塩化物及び硫酸塩	5.0% 以下		塩化物及び硫酸塩	5.0% 以下	4-Aminoazobenezene	50 ppm 以下
						4-Aminobiphenyl	15 ppm 以下
						Aniline	250 ppm 以下
						Azobenzene	200 ppm 以下
						Benzideine	1 ppm 以下
						1,3-diphenyltriazone	40 ppm 以下
	ヒ素	2 ppm 以下		ヒ素	4.0 μg/g 以下	Water insoluble matter	0.2% 以下
	重金属	20 ppm 以下		重金属	20 μg/g 以下	1-(phenylazo)-2-naphthalenol	10 ppm 以下
				副成色素	5.0% 以下	Arsenic	3 ppm 以下
				未反応原料及び反応中間体	0.5% 以下	Lead	10 ppm 以下
						Mercury	1 ppm 以下
				非スルホン化芳香第一級アミン（アニリンとして）	0.01% 以下		
乾燥減量		10.0% 以下	乾燥減量		10.0% 以下	Volatile matter at (135℃) chlorides and sulfates Na-salt	13% 以下
定量法		85.0% 以上 101.0% 以下	定量法		85.0% 以上	Total color	87% 以上

タール色素省令			食品添加物			CFR	
緑色３号			**食用緑色３号**			**FD&C Green No. 3**	
性　状	金属性の光沢を有する暗緑色の粒又は粉末である。		性　状	金属光沢が有り暗緑色の粒又は粉末で、においがない。			
確　認	色　調（水）	帯青緑色	確　認	色　調（水）	青緑色		
				（硫酸溶液）	だいだい色		
	吸光度	622－626 nm		吸光度	622－626 nm		
	薄層クロマト	Rf					
	リトマス						
	赤外吸収スペクトル						
	炎色反応						
純　度	溶　状（水）	澄明	純　度			Water insoluble matter	0.2% 以下
	不溶物（水）	0.3% 以下		不溶物（水）	0.20% 以下	Leuco base	5.0% 以下
	可溶物	1.0% 以下				2,3,4-formylbenzenesulfonic acid Na-salts	
	塩化物及び硫酸塩	5.0% 以下		塩化物及び硫酸塩	5.0% 以下		0.5% 以下
						3-and 4-{[ethyl(4-sulfophenyl)amino]methyl} benzenesulfonic acid 2Na-salts	0.3% 以下
						2-Formyl-5-hydrobenzenesulfonic acid Na-salts	0.5% 以下
						Subsidlary color	6.0% 以下
	ヒ　素	2 ppm 以下		ヒ　素	4.0 μg/g 以下	Arsenic	3 ppm 以下
	重金属	20 ppm 以下		重金属	20 μg/g 以下	Lead (as Pb)	10 ppm 以下
	クロム	50 ppm 以下		クロム	50 μg/g 以下	Mercury	1 ppm 以下
	マンガン	50 ppm 以下		マンガン	50 μg/g 以下	Chromium	50 ppm 以下
乾燥減量		10.0% 以下	乾燥減量		10.0% 以下	Volatile matter (at 135℃) and chlorides and sulfates (as Na-salts)	15% 以下
定 量 法		85.0% 以上 101.0% 以下	定 量 法		85.0% 以上	Total color	85% 以上

タール色素省令			食品添加物			CFR	
青色１号			食用青色１号			FD&C Blue No. 1	
性　状	金属性の光沢を有する赤紫色の粒又は粉末である。		性　状	金属光沢が有り帯赤紫色の粒又は粉末で、においがない。			
確　認	色　調（水）	青色	確　認	色　調（水）	青色		
				（硫酸溶液）	暗だいだい色		
	吸光度	628－632 nm		吸光度	628－632 nm		
	薄層クロマト	Rf					
	リトマス						
	赤外吸収スペクトル						
	炎色反応	黄色					
純　度	溶　状（水）	澄明	純　度			Water insoluble matter	0.2% 以下
	不溶物（水）	0.3% 以下		不溶物（水）	0.20% 以下	Leuco base	5.0% 以下
	可溶物	0.5% 以下		塩化物及び硫酸塩	4.0% 以下	σ-, m-and p-sulfobenzaldehydes	1.5% 以下
	塩化物及び硫酸塩	4.0% 以下				N-Ethyl-N-(m-sulfobenzyl) sulfanic acid	0.3% 以下
						Subsidiary color	6.0% 以下
	ヒ　素	2 ppm 以下		ヒ　素	4.0 μg/g 以下	Arsenic	3 ppm 以下
	重金属	20 ppm 以下		重金属	20 μg/g 以下	Lead (as Pb)	10 ppm 以下
	クロム	50 ppm 以下		クロム	50 μg/g 以下	Chromium	50 ppm 以下
	マンガン	50 ppm 以下		マンガン	50 μg/g 以下	Manganese	100 ppm 以下
乾燥減量		10.0% 以下	乾燥減量		10.0% 以下	Volatile matter (at 135℃) and chlorides and sulfates (as Na-salts)	15% 以下
定量法		85.0% 以上 101.0% 以下	定量法		85.0% 以上	Total color	85% 以上

タール色素省令			食品添加物			CFR	
青色２号			食用青色２号			FD&C Blue No. 2	
性　状	帯紫暗青色の粒又は粉末である。		性　状	暗紫青～暗紫褐色の粒又は粉末で、においがない。			
確　認	色　調（水）	暗青色	確　認	色　調（水）	紫青色		
				（硫酸溶液）	濃紫色		
	吸光度	608－612 nm		吸光度	610－614 nm		
	薄層クロマト	Rf					
	リトマス						
	赤外吸収スペクトル						
	炎色反応						
純　度	溶　状（水）	澄明	純　度			Water insoluble matter	0.4% 以下
	不溶物（水）	0.4% 以下		不溶物（水）	0.20% 以下	Isatin-5-sulfonic acid	0.4% 以下
	可溶物	0.5% 以下				5-sulfoanthranilic acid	0.2% 以下
	塩化物及び硫酸塩	5.0% 以下		塩化物及び硫酸塩	7.0% 以下	2-(1,3-dihydro-3-oxo-7-sulfo-2H-indol-2-ylidene)-2,3-dihydro-3-oxo-1H-indole-5-sulfonic acid 2Na-salts	18% 以下
						2-(1,3-dihydro-3-oxo-2H-indol-2-ylidene)-2,3-dihydro-3-oxo-1H-indole-5-sulfonic acid Na-salt	2% 以下
	ヒ　素	2 ppm 以下		ヒ　素	4.0 μg/g 以下	Arsenic	3 ppm 以下
	重金属	20 ppm 以下		重金属	20 μg/g 以下	Lead (as Pb)	10 ppm 以下
	鉄	500 ppm 以下		鉄	500 μg/g 以下	Mercury	1 ppm 以下
乾燥減量		10.0% 以下	乾燥減量		10.0% 以下	Volatile matter (at 135℃) and chlorides and sulfates (as Na-salts)	15% 以下
定 量 法		85.0% 以上 101.0% 以下	定 量 法		85.0% 以上	Total color	85% 以上

タール色素省令	食品添加物	CFR
赤色201号	該当色素なし	D&C Red No. 6
性　状　黄赤色の粉末である。		
確　認　色　調（エタノール(酸性希)）　赤色 吸光度　519－523 nm 薄層クロマト　Rs（約0.6） リトマス 赤外吸収スペクトル 炎色反応　黄色		Ether soluble matter passes test entitled "The Procedure for Determining ether soluble Material in D&C Red Nos. 6 and 7" which is an Appendix A to pert 74.
純　度　溶　状（エタノール(酸性希)）　澄明 可溶物　0.5% 以下 塩化物及び硫酸塩　6.0% 以下		2-Amino-5-methylbenzenesulfonic acid Na-salt　0.2% 以下 3-Hydroxy-2-naphthalenecarboxylic acid Na-salt　0.4% 以下 3-Hydroxy-4-{(4-methylphenyl)azo}-2-naphthalenecarboxylic acid Na-salt　0.5% 以下 p-Toluidine　15 ppm 以下 Arsenic　3 ppm 以下
ヒ　素　2 ppm 以下 重金属　20 ppm 以下		Lead (as Pb)　20 ppm 以下 Mercury　1 ppm 以下
乾燥減量　10.0% 以下		Volatile matter (at 135℃) and chlorides and sulfates (as Na-salts)　10% 以下
定量法　85.0% 以上 101.0% 以下		Total color　90% 以上

タール色素省令	食品添加物	CFR
赤色202号	該当色素なし	D&C Red No. 7
性　状　帯青赤色の粉末である。		
確　認　色　調（エタノール(酸性希)）　赤色 吸光度　519－523 nm 薄層クロマト　Rf リトマス 赤外吸収スペクトル　同一スペクトル 炎色反応		Ether soluble matter passes test entitled “The Procedure for Determining ether soluble Material in D&C Red Nos. 6 and 7” which is an Appendix A to pert 74.
純　度　溶　状（エタノール(酸性希)）　澄明 可溶物　1.0% 以下 塩化物及び硫酸塩　7.0% 以下 ヒ　素　2 ppm 以下 重金属　20 ppm 以下		2-Amino-5-methylbenzenesulfonic acid Ca-salt　0.2% 以下 3-Hydroxy-2-naphthalenecarboxylic acid Ca-salt　0.4% 以下 3-Hydroxy-4-{(4-methylphenyl)azo}-2-naphthalenecarboxylic acid Ca-salt　0.5% 以下 p-Toluidine　15 ppm 以下 Arsenic　3 ppm 以下 Lead (as Pb)　20 ppm 以下 Mercury　1 ppm 以下
乾燥減量　8.0% 以下		Volatile matter (at 135℃) and chlorides and sulfates (as Na-salts)　10% 以下
定量法　85.0% 以上 101.0% 以下		Total color　90% 以上

タール色素省令		食品添加物	CFR
赤色218号		該当色素なし	D&C Red No. 27
性　　状	薄い帯赤白色の粒又は粉末である。		
確　　認	色　調（エタノール(95)） 帯青赤色を呈し黄色の蛍光を発する。		
	吸光度　536－540 nm		
	薄層クロマト　Rf		
	リトマス		
	赤外吸収スペクトル		
	炎色反応		
純　　度	溶　状（エタノール(95)）　澄明		Insoluble matter (alkaline soln.)　0.5% 以下
	不溶物　1.0% 以下		Tetrachlorophthalic acid　1.2% 以下
	可溶物　0.5% 以下		Brominated resorcinol　0.4% 以下
	塩化物及び硫酸塩　5.0% 以下		2,3,4,5-Tetrachloro-6-(3,5-dibromo-2,4-dihydroxy benzoyl)benzoic acid　0.7% 以下
			2,4,5,7-Tetrabromo-4,5,6,7-tetrachloroflorescein ethyl ester　2% 以下
			Lower halogenated subsidiary colors　4% 以下
	ヒ　素　2 ppm 以下		Arsenic　3 ppm 以下
	重金属　20 ppm 以下		Lead　20 ppm 以下
	亜　鉛　200 ppm 以下		Mercury　1 ppm 以下
乾燥減量	5.0% 以下		Volatile matter (at 135℃) halides and sulfates
			Na-salt　10% 以下
定 量 法	90.0% 以上 101.0% 以下		Total color　90% 以上

タール色素省令	食品添加物	CFR
赤色219号	**該当色素なし**	**D&C Red No. 31**
性　状　赤色の粉末である。		
確　認　色　調（ジメチルスルホキシド/エタノール(99.5)）　黄赤色		
吸光度　407－411 nm		
薄層クロマト　Rs（約1.6）		
リトマス		
赤外吸収スペクトル		
炎色反応		
純　度　溶　状（ジメチルスルホキシド/エタノール(99.5)）　澄明		Aniline　0.2% 以下
		3-Hydroxy-2-naphthoiv acid Ca-salt　0.4% 以下
可溶物　1.0% 以下		Subsidiary color　1.0% 以下
塩化物及び硫酸塩　5.0% 以下		
ヒ　素　2 ppm 以下		Arsenic　3 ppm 以下
重金属　20 ppm 以下		Lead　20 ppm 以下
		Mercury　1 ppm 以下
乾燥減量　5.0% 以下		Volatile matter (at 135℃) halides and sulfates
		Na-salt　10% 以下
定量法　90.0% 以上 101.0% 以下		Total color　90% 以上

タール色素省令	食品添加物	CFR
赤色220号	該当色素なし	D&C Red No. 34
性　状　帯青暗赤色の粉末である。		
確　認　色　調（エタノール(酸性希)）　赤色		
吸光度　524－530 nm		
薄層クロマト　Rs（約1.1）		
リトマス		
赤外吸収スペクトル　同一スペクトル		
炎色反応　黄赤色		
純　度　溶　状（エタノール(酸性希)）　澄明		2-Amino-1-naphthalenesulfonic acid Ca-salt　0.2% 以下
可溶物　0.5% 以下		3-Hydroxy-2-naphthoic acid　0.4% 以下
塩化物及び硫酸塩　10.0% 以下		Subsidiary color　4.0% 以下
		Arsenic　3 ppm 以下
ヒ　素　2 ppm 以下		Lead　20 ppm 以下
重金属　20 ppm 以下		Mercury　1 ppm 以下
乾燥減量　8.0% 以下		Volatile matter (at 135℃) halides and sulfates
		Na-salt　15% 以下
定量法　85.0% 以上 101.0% 以下		Total color　85% 以上

タール色素省令	食品添加物	CFR
赤色223号	該当色素なし	D&C Red No. 21
性　状　黄赤色の粒又は粉末である。		
確　認　色　調（エタノール(95)） 黄赤色を呈し蛍光を発する。		Phthalic acid　1.0% 以下 2-(3,5-Dibromo-2,4-dihydroxybenzol)
吸光度　515－519 nm		benzoic acid　0.5% 以下
薄層クロマト　Rf		2',4',5',7'-Tetrabromofluoresein ethyl ester
リトマス		1.0% 以下
赤外吸収スペクトル		Brominated resorcinol　0.4% 以下
炎色反応		Fluorescein　0.2% 以下
		Mono- and di-bromofluoresceins　2.0% 以下
		Tribromofluoresceins　11.0% 以下
		2',4',5',7'-Tetrabromofluorescein　87% 以下
純　度　溶　状（エタノール(95)）　澄明		Insoluble matter (alkaline soln.)　0.5% 以下
不溶物（水）　1.0% 以下		
可溶物　0.5% 以下		
塩化物及び硫酸塩　3.0% 以下		
ヒ　素　2 ppm 以下		Arsenic　3 ppm 以下
重金属　20 ppm 以下		Lead (as Pb)　20 ppm 以下
亜　鉛　200 ppm 以下		Mercury (as Hg)　1 ppm 以下
乾燥減量　7.0% 以下		Volatile matter (at 135℃) and halides, sulfates (as Na-salts)　10% 以下
定量法　90.0% 以上 101.0% 以下		Total color　90% 以上

タール色素省令	食品添加物	CFR
赤色225号	該当色素なし	D&C Red No. 17
性　　状　赤褐色の粒又は粉末である。 確　　認　色　調（クロロホルム）　赤色 　吸光度　511－515 nm 　薄層クロマト　Rs（約0.9） 純　　度　溶　状（クロロホルム）　澄明 　不溶物　1.0% 以下 　可溶物　0.5% 以下 　ヒ　素　2 ppm 以下 　重金属　20 ppm 以下 乾燥減量　5.0% 以下 強熱残分　1.0% 以下 定 量 法　95.0% 以上 101.0% 以下		Matter insoluble in both toluene and water　0.5% 以下 Chlorides and sulfates　3 % 以下 Aniline　0.2% 以下 4-Aminoazobenzene　0.1% 以下 2-Naphthol　0.2% 以下 1-(Phenylazo)-2-naphthol　3 % 以下 1-【[2-(phenylazo)phenyl]azo】-2-naphthalenol　2 % 以下 Mercury (as Hg)　1 ppm 以下 Arsenic (as As)　3 ppm 以下 Lead (as Pb)　20 ppm 以下 Volatile matter (at 135℃)　5.0% 以下 Total color　90% 以上

省タール色素省令	食品添加物	CFR
赤色226号	該当色素なし	D&C Red No. 30
性　状　赤色の粉末		
確　認　色　調（硫酸）　暗緑色		
（硫酸＋水）　赤色沈殿		
赤外吸収スペクトル　同一スペクトル		
純　度　可溶物　3.0% 以下		Matter soluble in acetone　5 % 以下
		Matter insoluble in both toluene and water　0.5% 以下
		Chlorides and sulufates (caluculated as sodium salts)　3 % 以下
ヒ　素　2 ppm 以下		Mercury (as Hg)　1 ppm 以下
鉄　500 ppm 以下		Arsenic (as As)　3 ppm 以下
重金属　20 ppm 以下		Lead (as Pb)　20 ppm 以下
乾燥減量　5.0% 以下		Volatile matter (at 135℃)　5 % 以下
強熱残分　5.0% 以下		
定 量 法　90.0% 以上 101.0% 以下		Total color　90% 以上

タール色素省令	食品添加物	CFR
赤色227号	該当色素なし	D&C Red No. 33
性　状　褐色の粒又は粉末である。		
確　認　色　調（水）　赤色		
吸光度　529－533 nm		
薄層クロマト　Rs（約0.9）		
純　度　溶　状（水）　澄明		Water-insoluble matter　0.3% 以下
不溶物　1.0% 以下		4-Amino-5-hydroxy-2,7-naphthalenedisulfonic acid, disodium salt　0.3% 以下
可溶物　0.5% 以下		4,5-Dihydroxy-3-(phenylazo)-2,7-naphthalenedisulfonic acid, disodium salt　3.0% 以下
塩化物及び硫酸塩　10.0% 以下		Aniline　25 ppm 以下
		4-Aminoazobenzene　100 ppb 以下
		1,3-Diphenyltriazene　125 ppb 以下
		4-Aminobiphenyl　275 ppb 以下
		Azobenzene　1 ppm 以下
		Benzidine　20 ppb 以下
		Mercury (as Hg)　1 ppm 以下
ヒ　素　2 ppm 以下		Arsenic (as As)　3 ppm 以下
重金属　20 ppm 以下		Lead (as Pb)　20 ppm 以下
乾燥減量　6.0% 以下		Sum of volatile matter at 135℃, chlorides, sulfates　18% 以下
定 量 法　85.0% 以上 101.0% 以下		Total color　82% 以上

タール色素省令			食品添加物	CFR	
赤色228号			該当色素なし	D&C Red No. 36	
性　　状	赤色の粉末である。				
確　　認	色調（クロロホルム）	黄赤色			
	吸光度	484－488 nm			
	薄層クロマト	Rs（約1.0）			
純　　度	溶状（クロロホルム）	澄明		Matter insoluble in toluene	1.5% 以下
	可溶物	1.0% 以下		2-Chloro-4-nitrobenzenamine	0.3% 以下
				2-Naphthalenol	1% 以下
				2,4-Dinitrobenzenamine	0.02% 以下
				1-[(2,4-Dinitrophenyl)azo]-2-naphthalenol	0.5% 以下
				4-[(2-Chloro-4-nitrophenyl)azo]-1-naphthalenol	0.5% 以下
				1-[(4-Nitrophenyl)azo]-2-naphthalenol	0.3% 以下
				1-[(4-Chioro-2-nitrophenyl)azo]-2-naphthalenol	0.3% 以下
				Mercury (as Hg)	1 ppm 以下
	ヒ素	2 ppm 以下		Arsenic (as As)	3 ppm 以下
	重金属	20 ppm 以下		Lead (as Pb)	20 ppm 以下
乾燥減量		5.0% 以下		Volatile matter at 135℃	1.5% 以下
強熱残分		1.0% 以下			
定 量 法		90.0% 以上 101.0% 以下		Total color	95% 以上

タール色素省令	食品添加物	C F R
赤色230号の(1)	該当色素なし	D&C Red No. 22
性　状　黄褐色から赤褐色までの色の粒又は粉末である。		
確　認　色　調（水） 赤色を呈し黄緑色の蛍光を発する。		
吸光度　515−519 nm		
薄層クロマト　Rf		
炎色反応　黄色		
純　度　溶　状（水）　澄明		Water -insoluble matter　0.5% 以下
不溶物　0.5% 以下		Disodium salt of phthalic acid　1% 以下
可溶物　0.5% 以下		Sodium salt of 2-(3,5-Dibromo-2,4-dihydroxybenzoyl)benzoic acid　0.5% 以下
塩化物及び硫酸塩　5.0% 以下		2’,4’,5’,7’-Tetrabromofluorescein, ethyl eater　1% 以下
		Brominated resorcinol　0.4% 以下
		Sum of disodium salts of mono- and dibromofluoresceins　2% 以下
		Sum of disodium salts of tribromofluoresceins　25% 以下
		Disodium salt of 2’,4’,5’,7’-Tetrabromofluorescein　72% 以上
		Mercury (as Hg)　1 ppm 以下
ヒ　素　2 ppm 以下		Arsenic (as As)　3 ppm 以下
亜　鉛　200 ppm 以下		
重金属　20 ppm 以下		Lead (as Pb)　20 ppm 以下
乾燥減量　10.0% 以下		Sum of volatile matter (at 135℃)　10% 以下
定 量 法　85.0% 以上 101.0% 以下		Total color　90% 以上

タール色素省令	食品添加物	CFR
だいだい色201号	**該当色素なし**	**D&C Orang No. 5**
性　状　黄赤色の粒又は粉末である。		
確　認　色　調（エタノール(95)） 黄赤色を呈し黄緑色の蛍光を発する。		
吸光度　502－506 nm		
薄層クロマト　Rs（約1.7）		
純　度　溶　状（エタノール(95)）　澄明		Insoluble matter (alkaline solution)　0.3% 以下
不溶物　1.0% 以下		4',5'-dibromofluorescein　50%～60%
可溶物　0.5% 以下		2',4',5'-Tribromofluorescein　30%～40%
塩化物及び硫酸塩　5.0% 以下		2',4',5',7'-Tetrabromofluorescein　10% 以下
		Sum of 2',4'-dibromofluorescein and 2',5'-dibromofluorescein　2 % 以下
		4'-Bromofluorescein　2 % 以下
		Fluorescein　1 % 以下
		Phthalic acid　1 % 以下
		2-(3,5-Dibromo-2,4-dihydroxybenzoyl) benzoic acid　0.5% 以下
		Brominated resorcinol　0.4% 以下
		Mercury (as Hg)　1 ppm 以下
ヒ　素　2 ppm 以下		Arsenic (as As)　3 ppm 以下
亜　鉛　200 ppm 以下		
重金属　20 ppm 以下		Lead (as Pb)　20 ppm 以下
乾燥減量　5.0% 以下		Sum of volatile matter (at 135℃), halides, sulfates (as sodium salt)　10% 以下
定 量 法　90.0% 以上 101.0% 以下		Total color　90% 以上

タール色素省令	食品添加物	CFR
だいだい色205号	該当色素なし	D&C Orang No. 4
性　状　黄赤色の粒又は粉末である。		
確　認　色　調（水）　黄赤色		
吸光度　482－486 nm		
薄層クロマト　Rf		
赤外吸収スペクトル　同一スペクトル		
純　度　溶　状（酢酸アンモニウム）澄明		Water-insoluble matter　0.2% 以下
不溶物　1.0% 以下		Sulfanilic acid, sodium sait　0.2% 以下
可溶物　0.5% 以下		2-Naphthol　0.4% 以下
塩化物及び硫酸塩　5.0% 以下		Subsidialy colors　3% 以下
		4,4'-(Diazoamino)-dibenzensulfonic acid　0.1% 以下
		Mercury (as Hg)　1 ppm 以下
ヒ　素　2 ppm 以下		Arsenic (as As)　3 ppm 以下
重金属　20 ppm 以下		Lead (as Pb)　20 ppm 以下
乾燥減量　10.0% 以下		Sum of volatile matter (at 135℃), chlorides, sulfates　13% 以下
定量法　85.0% 以上 101.0% 以下		Total color　87% 以上

タール色素省令	食品添加物	C F R
だいだい色206号	**該当色素なし**	**D&C Orang No. 10**
性　状　黄赤色から褐色までの色の粒又は粉末である。		
確　認　色　調（エタノール(95)） 黄赤色を呈し蛍光を発する。 吸光度　506－510 nm 薄層クロマト　Rs（約1.1）		
純　度　溶　状（エタノール(95)）　澄明		Insoluble matter (alkaline solution)　0.5% 以下
不溶物　1.0% 以下		Phthalic acid　0.5% 以下
可溶物　0.5% 以下		2-(3',5'-Diiodo-2',4'-dihydroxybenzoyl)
塩化物及び硫酸塩　3.0% 以下		benzoic acid　0.5% 以下
		Fluorescein　1 % 以下
		4'-Iodofluorescein　3 % 以下
		2',4'-Diiodofluorescein and 2',5'-diiodofluorescein　2 % 以下
		2',4',5'-Triiodofluorescein　35% 以下
		2',4',5',7'-Tetraiodofluorescein　10% 以下
		4',5'-Diiodofluorescein　60%～95%
		Mercury (as Hg)　1 ppm 以下
ヒ　素　2 ppm 以下		Arsenic (as As)　3 ppm 以下
亜　鉛　200 ppm 以下		
重金属　20 ppm 以下		Lead (as Pb)　20 ppm 以下
乾燥減量　5.0% 以下		Sum of volatile matter (at 135℃), halides, sulfates　8 % 以下
定 量 法　90.0% 以上 101.0% 以下		Total color　92% 以上

タール色素省令			食品添加物	CFR	
だいだい色207号			該当色素なし	D&C Orang No. 11	
性　　状	黄赤色から褐色までの色の粒又は粉末である。				
確　　認	色　調（水）	帯黄赤色			
	吸光度	507－511 nm			
	薄層クロマト	Rs（約1.1）			
	炎色反応	黄色			
純　　度	溶　状（水）	澄明		Water-insoluble matter	0.5% 以下
	不溶物	1.0% 以下		Phthalic acid	0.5% 以下
	可溶物	0.5% 以下		2-(3',5'-Diiodo-2',4'-dihydroxybenzoyl) benzoic acid, sodium salt	0.5% 以下
	塩化物及び硫酸塩	3.0% 以下		Fluorescein, disodium salt	1 % 以下
				4'-Iodofluorescein, disodium salt	3 % 以下
				2',4'-Diiodofluorescein and 2',5'-diiodofluorescein	2 % 以下
				2',4',5'-Triiodofluorescein	35% 以下
				2',4',5',7'-Tetraiodofluorescein, disodium salt	10% 以下
				4',5'-Diiodofluorescein, disodium salt	60%～95%
				Mercury (as Hg)	1 ppm 以下
	ヒ　素	2 ppm 以下		Arsenic (as As)	3 ppm 以下
	亜　鉛	200 ppm 以下			
	重金属	20 ppm 以下		Lead (as Pb)	20 ppm 以下
乾燥減量		10.0% 以下		Sum of volatile matter (at 135℃), halides, sulfates	8 % 以下
定 量 法		85.0% 以上 101.0% 以下		Total color	92% 以上

タール色素省令			食品添加物	CFR	
黄色201号			**該当色素なし**	**D&C Yellow No. 7**	
性　状	黄褐色から赤褐色までの色の粒又は粉末である。				
確　認	色調（エタノール(95)）				
	黄色を呈し緑色の蛍光を発する。				
	吸光度	488－492 nm			
	薄層クロマト	Rf			
純　度	溶状（エタノール(95)）	澄明		Matter insoluble in alkalin water	0.5% 以下
	不溶物	0.5% 以下		Sum of water and chlorides and sulfates	6％ 以下
	可溶物	0.5% 以下		Resorcinol	0.5% 以下
	塩化物及び硫酸塩	5.0% 以下		Phthalic acid	0.5% 以下
				2-2,4-(Dihydroxybenzoyl) benzoic acid	0.5% 以下
				Mercury (as Hg)	1 ppm 以下
	ヒ　素	2 ppm 以下		Arsenic (as As)	3 ppm 以下
	亜　鉛	200 ppm 以下			
	重金属	20 ppm 以下		Lead (as Pb)	20 ppm 以下
乾燥減量		5.0% 以下			
定量法		90.0% 以上 101.0% 以下		Total color	94% 以上

タール色素省令	食品添加物	CFR
黄色203号	該当色素なし	D&C Yellow No. 10
性　状　黄色から黄褐色まで色の粒又は粉末である。		
確　認　色　調（水）　黄色		
吸光度　414－418 nm、435－439 nm		
薄層クロマト　Rs（約0.9、約1.3）		
純　度　溶　状（水）　澄明		Matter insoluble in both water and chloroform　0.2% 以下
不溶物　0.3% 以下		Total sulfonated quinaldines, sodium salt　0.2% 以下
可溶物　1.0% 以下		Total sulfonated phthalic acid, sodium salt　0.2% 以下
塩化物及び硫酸塩　10.0% 以下		2-(2-Quinolinyl)-1H-indene-1,3(2H)-dione　4 ppm 以下
		Sum of sodium salts of the monosulfonates of 2-(2-Quinolinyl)-1H-indene-1,3(2H)-dione　75% 以上
		Sum of sodium salts of the disulfonates of 2-(2-Quinolinyl)-1H-indene-1,3(2H)-dione　15% 以下
		2-(2,3-Dihydo-1,3-dioxo-1H-indene-2-yl)-6,8-quinolinedisulfonic acid　3% 以下
		Diethyl ether soluble matter other than that specified　2 ppm 以下
		Mercury (as Hg)　1 ppm 以下
ヒ　素　2 ppm 以下		Arsenic (as As)　3 ppm 以下
亜　鉛　200 ppm 以下		
鉄　500 ppm 以下		
重金属　20 ppm 以下		Lead (as Pb)　20 ppm 以下
乾燥減量　10.0% 以下		Sum of volatile matter at 135℃, chlorides and sulfates　15% 以下
定量法　85.0% 以上 101.0% 以下		Total color　85% 以上

タール色素省令			食品添加物	CFR	
黄色204号			該当色素なし	D&C Yellow No. 11	
性　状	黄色の粒又は粉末である。				
確　認	色　調（クロロホルム）	黄色			
	吸光度	417－421 nm、442－446 nm			
	薄層クロマト	Rs（約1.0）			
融　点		235－240℃			
純　度	溶　状（クロロホルム）	澄明		Ethyl alcohol-insoluble matter	0.4% 以下
	不溶物	0.5% 以下		Phthalic acid	0.3% 以下
	可溶物	1.0% 以下		Quinaldine	0.2% 以下
				Subsidiary colors	5 % 以下
				Mercury (as Hg)	1 ppm 以下
				Arsenic (as As)	3 ppm 以下
	ヒ　素	2 ppm 以下			
	亜　鉛	200 ppm 以下		Lead (as Pb)	20 ppm 以下
	鉄	500 ppm 以下		Sum of volatile matter, chlorides and sulfates	15% 以下
	重金属	20 ppm 以下			
乾燥減量		5.0% 以下			
強熱残分		0.3% 以下		Volatile matter (at 135℃)	1 % 以下
定量法		95.0% 以上 101.0% 以下		Total color	96% 以上

タール色素省令			食品添加物	C F R	
緑色201号			該当色素なし	D&C Green No. 5	
性　状	青緑色の粒又は粉末である。				
確　認	色　調（水）	帯緑青色			
	吸光度	605－609 nm、640－644 nm			
	薄層クロマト	Rs（約1.1）			
純　度	溶　状（水）	澄明		Water insoluble matter	0.2% 以下
	不溶物	0.4% 以下		1,4-Dihydroxyanthraquinone	0.2% 以下
	可溶物	0.5% 以下		Sulfonated toluidines	0.2% 以下
	塩化物及び硫酸塩	20.0% 以下		p-Toluidine	0.0015% 以下
				Sum of monosulfonated D&C Green No. 6 and Ext. D&C Violet No. 2	3% 以下
				Mercury (as Hg)	1 ppm 以下
	ヒ　素	2 ppm 以下		Arsenic (as As)	3 ppm 以下
	鉄	500 ppm 以下			
	重金属	20 ppm 以下		Lead (as Pb)	20 ppm 以下
乾燥減量		10.0% 以下		Sum of volatile matter (at 135℃), chlorides and sulfates	20% 以下
定量法		70.0% 以上 101.0% 以下		Total color	80% 以上

タール色素省令			食品添加物	CFR	
緑色202号			該当色素なし	D&C Green No. 6	
性　状	青緑色から暗緑色までの色の粒又は粉末である。				
確　認	色　調（クロロホルム）	帯緑青色			
	吸光度	606－610 nm、645－649 nm			
	薄層クロマト	Rs（約1.1）			
融　点		212－224℃			
純　度	溶　状（クロロホルム）	澄明		Matter insoluble in carbon tetrachloride	1.5% 以下
	不溶物	1.5% 以下			
	可溶物	1.0% 以下		Water-soluble matter	0.3% 以下
				p-Toluidine	0.1% 以下
				1,4-Dihydroxyanthraquinone	0.2% 以下
				1-Hydroxy-4-[(4-methylphenyl)amino]-9,10-anthracenedione	5.0% 以下
				Mercury (as Hg)	1 ppm 以下
	ヒ　素	2 ppm 以下		Arsenic (as As)	3 ppm 以下
	鉄	500 ppm 以下			
	重金属	20 ppm 以下		Lead (as Pb)	20 ppm 以下
乾燥減量		10.0% 以下			
強熱残分		1.0% 以下		Volatile matter (at 135℃)	2.0% 以下
定量法		96.0% 以上 101.0% 以下		Total color	96.0% 以上

タール色素省令			食品添加物	CFR	
青色205号			該当色素なし	D&C Blue No. 4	
性　状	帯緑青色の粒又は粉末である。				
確　認	色　調（水）	青色			
	吸光度	627－631 nm			
	薄層クロマト	Rs（約0.8）			
	リトマス	青変			
純　度	溶　状（水）	澄明		Water-insoluble matter	0.2% 以下
	不溶物（水）	0.5% 以下		Leuco base	5 % 以下
	可溶物	0.5% 以下		o-, m-, and p-sulfobenzaldehydes, ammonium salt	1.5% 以下
	塩化物及び硫酸塩	5.0% 以下			
				N-ethyl, N-(m-sulfobenzyl) sulfanilic acid, ammmonium salt	0.3% 以下
				Subsidiary colors	6 % 以下
	ヒ　素	2 ppm 以下		Arsenic (as As)	3 ppm 以下
	クロム	50 ppm 以下		Chromium (as Cr)	50 ppm 以下
	マンガン	50 ppm 以下			
	重金属	20 ppm 以下		Lead (as Pb)	20 ppm 以下
				Mercury (as Hg)	1 ppm 以下
乾燥減量		10.0% 以下		Volatile matter, chlorides, sulfates	15% 以下
定 量 法		85.0% 以上 101.0% 以下		Total color	85% 以上

タール色素省令			食品添加物	CFR	
褐色201号			該当色素なし	D&C Brown No. 1	
性　　状	褐色の粒又は粉末である。				
確　　認	色　調（水）	暗黄赤色			
	吸光度	424－430 nm			
	薄層クロマト	Rs（約1.4）		Water-insoluble matter	0.2% 以下
純　　度	溶　状（水）	澄明		Sulfanilic acid, sodium salt	0.2% 以下
	不溶物（水）	0.5% 以下		Resorcinol	0.2% 以下
	可溶物	1.0% 以下		Xylidines	0.2% 以下
	塩化物及び硫酸塩	15.0% 以下		Disodium salt of 4[[5-[(4-sulfophenyl)-azo]-2,4-dihydroxyphenyl]azo]benzenesulfonic acid	3% 以下
				Monosodium salt of 4[[5-[(2,4-dimethylphenyl)azo]-2,4-dihydroxyphenyl]azo]benzenesulfonic acid	29%～39%
				Monosodium salt of 4[[5-[(2,5-dimethylphenyl)azo]-2,4-dihydroxyphenyl]azo]benzenesulfonic acid	12%～17%
				Monosodium salt of 4[[5-[(2,3-dimethylphenyl)azo]-2,4-dihydroxyphenyl]azo]benzenesulfonic acid	6%～13%
				Monosodium salt of 4[[5-[(2-ethylphenyl)azo]-2,4-dihydroxyphenyl]azo]benzenesulfonic acid	5%～12%
				Monosodium salt of 4[[5-[(3,4-dimethylphenyl)azo]-2,4-dihydroxyphenyl]azo]benzenesulfonic acid	3%～9%
				Monosodium salt of 4[[5-[(2,6-dimethylphenyl)azo]-2,4-dihydroxyphenyl]azo]benzenesulfonic acid	3%～8%
				Monosodium salt of 4[[5-[(4-ethylphenyl)azo]-2,4-dihydroxyphenyl]azo]benzenesulfonic acid	2%～8%
	ヒ　素	2 ppm 以下		Arsenic (as As)	3 ppm 以下
	重金属	20 ppm 以下		Lead (as Pb)	20 ppm 以下
				Mercury (as Hg)	1 ppm 以下
乾燥減量		10.0% 以下		Volatile matter, chlorides, sulfates	16% 以下
定量法		75.0% 以上 101.0% 以下		Total color	84% 以上

タール色素省令	食品添加物	CFR
紫色201号	該当色素なし	D&C Violet No. 2
性　状　帯青暗紫色の粒又は粉末である。		
確　認　色　調（クロロホルム）帯赤青色		
吸光度　584－590 nm		
薄層クロマト　Rs（約1.1）		
融　点　185～192℃		
純　度　溶　状（クロロホルム）　澄明		Matter insoluble in both carbon tetrachloride
不溶物（クロロホルム）		and water　0.5% 以下
1.5% 以下		p-Toluidine　0.2% 以下
可溶物　0.5% 以下		1-Hydroxy-9,10-anthracenedione　0.5% 以下
		1,4-Dihydroxy-9,10-anthracenedione　0.5% 以下
		Subsidiary colors　1.0% 以下
ヒ　素　2 ppm 以下		Arsenic (as As)　3 ppm 以下
鉄　500 ppm 以下		
重金属　20 ppm 以下		Lead (as Pb)　20 ppm 以下
乾燥減量　2.0% 以下		Volatile matter, chlorides, sulfates　2.0% 以下
強熱残分　1.0% 以下		
定量法　96.0% 以上 101.0% 以下		Total color　96.0% 以上

タール色素省令			食品添加物	CFR	
赤色504号			該当色素なし	FD&C Red No. 4	
性　状	赤色の粒又は粉末である。				
確　認	色　調（水）	赤色			
	吸光度	500－504 nm			
	薄層クロマト	Rf			
純　度	溶　状（水）	澄明		Water-insoluble matter	0.2% 以下
	不溶物（水）	0.5% 以下		5-Amino-2,4-dimethyl-1-benzenesulfonic acid,	
	可溶物	0.5% 以下		sodium salt	0.2% 以下
	塩化物及び硫酸塩	5.0% 以下		4-Hydroxy-1-naphthalenesulfonic acid,	
				sodium salt	0.2% 以下
				Subsidiary colors	2 % 以下
	ヒ　素	2 ppm 以下		Arsenic (as As)	3 ppm 以下
	重金属	20 ppm 以下		Lead (as Pb)	10 ppm 以下
				Mercury (as Hg)	1 ppm 以下
乾燥減量		10.0% 以下		Volatile matter, chlorides, sulfates	13% 以下
定 量 法		85.0% 以上 101.0% 以下		Total color	87% 以上 101.0% 以下

タール色素省令			食品添加物	CFR	
黄色403号の(1)			該当色素なし	D&C Yellow No. 7	
性　状	黄色から帯赤黄色までの色の粒又は粉末である。				
確　認	色　調（水）	黄色			
	吸光度	390－394 nm 426－430 nm			
	薄層クロマト	Rf			
	赤外吸収スペクトル	同一スペクトル			
	炎色反応	黄色			
純　度	溶　状（水）	澄明		Water-insoluble matter	0.2% 以下
	不溶物（水）	0.2% 以下		1-Naphthol	0.2% 以下
	可溶物	0.5% 以下		2,4-Dinitro-1-naphthol	0.03% 以下
	塩化物及び硫酸塩	5.0% 以下			
	ヒ　素	2 ppm 以下		Arsenic (as As)	3 ppm 以下
	重金属	20 ppm 以下		Lead (as Pb)	20 ppm 以下
				Mercury (as Hg)	1 ppm 以下
乾燥減量		10.0% 以下		Volatile matter, chlorides, sulfates	15% 以下
定量法		85.0% 以上 101.0% 以下		Total color	85% 以上

タール色素省令			食品添加物	C F R	
紫色401号			該当色素なし	D&C Violet No. 2	
性　状	帯青暗紫色の粒又粉末である。				
確　認	色　調	紫色			
	吸光度	567－573 nm			
	薄層クロマト	Rs（約1.6）			
純　度	溶　状（水）	澄明		Water-insoluble matter	0.4% 以下
	不溶物（エタノール（希））			1-Hydroxy-9,10-anthracedione	0.2% 以下
		0.4% 以下		1,4-DiHydroxy-9,10-anthracedione	0.2% 以下
	可溶物	1.0% 以下		p-Toluidine	0.1% 以下
	塩化物及び硫酸塩	15.0% 以下		p-Toluidine sulfonic acids, sodium salts	0.2% 以下
				Subsidiary colors	1 % 以下
	ヒ　素	2 ppm 以下		Arsenic (as As)	3 ppm 以下
	鉄	500 ppm 以下			
	重金属	20 ppm 以下		Lead (as Pb)	20 ppm 以下
				Mercury (as Hg)	1 ppm 以下
乾燥減量		10.0% 以下		Volatile matter, chlorides, sulfates	18% 以下
定 量 法		80.0% 以上 101.0% 以下		Total color	80% 以上

［参考1］

β-ナフチルアミン試験法

β-ナフチルアミン試験法とは、β-ナフチルアミンの混在の可能性があるタール色素中に混在するβ-ナフチルアミン量の限度を、分光蛍光光度計を検出器とした高速液体クロマトグラフ法により試験する方法である（注1）。

装置・器具

高速液体クロマトグラフ、分光蛍光光度計（フローセル付き、セル容量：70 μL）、クデルナダニッシュ濃縮器（図1を参照。濃縮管容量：10 mL、濃縮フラスコ容量：250～500 mL）、カラム：内径 4.6 mm、長さ 25 cmのステンレス管に 10 μmのアミノプロピル化シリカゲルを充てんしたもの（注2）。

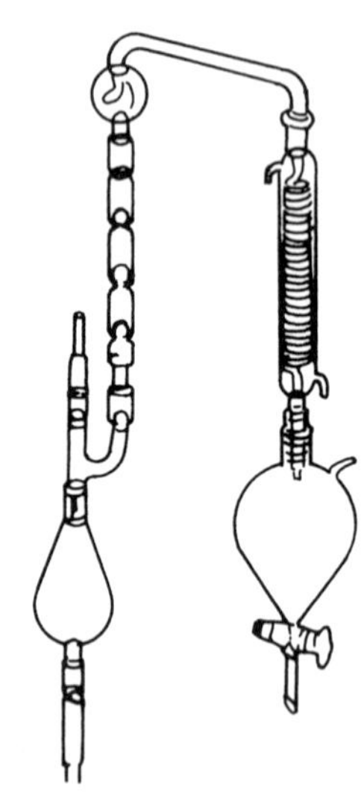

図1　クデルナダニッシュ濃縮器

操　作　法

試料 2.00 gを 50 mLガラス製遠心分離管にとり、エチルエーテル 20 mLを加え、超音波発生浴に浸しながらガラス棒で10分間かき混ぜた後、遠心分離（毎分3000回転、5分間）を行い上澄液をピペットで採取する。沈殿にエチルエーテル 20 mLを加え同様の操作を更に2回繰り返す。上澄液を合わせ分液漏斗に移し、0.1 mol/L 塩酸 20 mLずつで3回抽出する（上下振とう器を用い各5分間振り混ぜる）。0.1 mol/L 塩酸層を合わせ分液漏斗に移し、炭酸ナトリウム溶液（1 → 10）15 mLを加えアルカリ性（リトマス紙、赤色を用いる）とした後、塩化ナトリウム 15 gを加え、ジクロロメタン 20 mLずつで3回抽出する（上下振とう器を用い各5分間振り混ぜる）。ジクロロメタン層を合わせ無水硫酸ナトリウム充てんカラム（注3）に通し脱水する。n-ノナン及びジクロロメタン混液（1：49）10 mLを加え、クデルナダニッシュ濃縮器を用い、水浴温度 40℃ で 0.3～0.5 mLまで濃縮し（注4）、次いで濃縮管を付けたまま少量のヘキサンでキャピラリー及び濃縮フラスコの内壁の付着物を濃縮管中に洗い込み、更にヘキサンを濃縮管の 10 mLの標線まで加え定容量とする。次いで無水硫酸ナトリウム 1 gを加えて再び脱水し、その上澄液を試験溶液とする。試験溶液 10 μLをとり、次の条件の高速液体クロマトグラフ法により試験を行う。

高速液体クロマトグラフ測定条件

カラム：内径 4.6 mm、長さ 25 cmのステンレス管に 10 μmのアミノプロピル化シリカゲルを充てんしたもの

カラム温度：40℃

移動相溶媒：エタノール及びヘキサン混液（2：98、3：97 又は 4：96）（注5）

流速：1.5 mL/min

検出器：分光蛍光光度計

表1　励起及び蛍光測定波長（注6）

	α、β-ナフチルアミン	エチルベンゼン
励起波長（Ex）	340 nm	280 nm
蛍光波長（Em）	400 nm	320 nm

β-ナフチルアミンの確認方法

エチルベンゼン標準溶液及びα-ナフチルアミン標準溶液 10 μL を注入し各々の保持時間を測定する。用いた移動相溶媒中のエタノール濃度にもとづき、α-ナフチルアミンに対するβ-ナフチルアミンの分離係数（注7）を表2から選び、次式によりβ-ナフチルアミンの保持時間を求め、試験溶液における該当ピークの有無を確認する。

表2　エタノール濃度と分離係数の関係

移動相溶媒中のエタノール濃度	2％	3％	4％
分　離　係　数	1.263	1.255	1.243

β-ナフチルアミンの保持時間＝分離係数×（α-ナフチルアミンの保持時間－エチルベンゼンの保持時間）＋エチルベンゼンの保持時間

試 験 方 法

α-ナフチルアミン標準溶液 10 μL を注入し、α-ナフチルアミンのピーク面積を求め、次に試験溶液 10 μL を注入し、β-ナフチルアミンの保持時間に相当するピーク面積を求めるとき、そのピーク面積は、標準溶液で得たα-ナフチルアミンのピーク面積より大きくない（注8）。

〔注　解〕

本試験法は改訂前の法定色素ハンドブックに収載されていたが、参考のためにそのまま転載した。

タール色素中のβ-ナフチルアミンを含めるα-ナフチルアミン、α-ナフトール、β-ナフトール等の有機性不純物の分析法としては、1960年から1962年にかけて薄層クロマトグラフ法及びガスクロマトグラフ法が開発された。これにより色素中約 1～2 ppm のβ-ナフチルアミンを定量することが可能となった。さらに、より高感度の分析法が検討されている一方で1967年4月以降、労働安全衛生法の適用を受ける一般従業員は実験試薬として、β-ナフチルアミンを使用することが非常に難しくなるという状況に至り、（1）より高感度の分析法の開発、（2）β-ナフチルアミンを標準品として使用しない分析法の開発、を目的として検討した結果、色素中 5 ppb のβ-ナフチルアミンをα-ナフチルアミンの代用標準として定量する本試験法を確立した。

なお本試験法は、現在日本化粧品工業連合会の「化粧品用タール色素中の有機性不純物基準」として運用されている。

（注1）　日本化粧品工業連合会は、赤色205号、赤色206号、赤色207号、赤色208号及び赤色220号については、本試験により試験を行うとき、適合する色素であることを確認し、購入すること

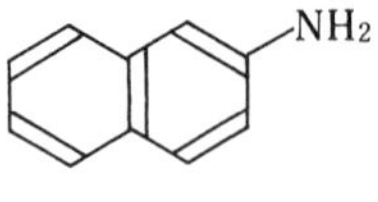

NH_2

β-ナフチルアミン

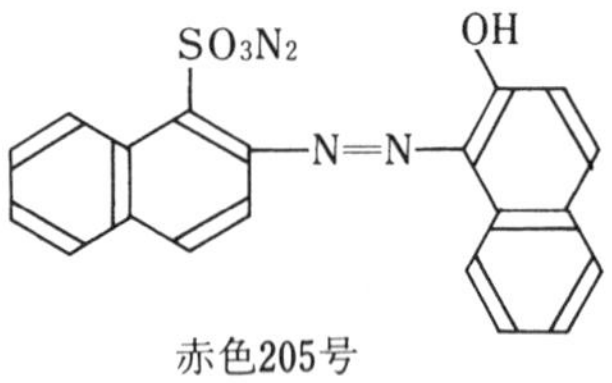

SO_3N_2 OH

赤色205号

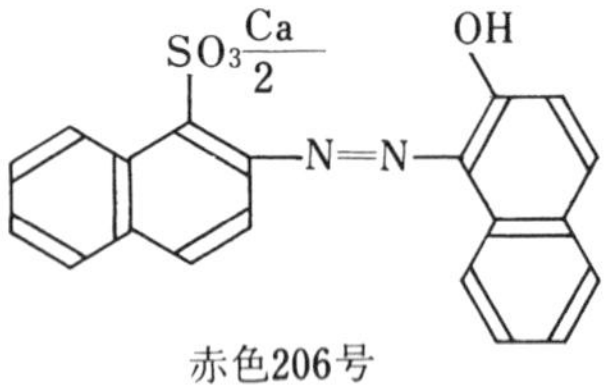

$SO_3\frac{Ca}{2}$ OH

赤色206号

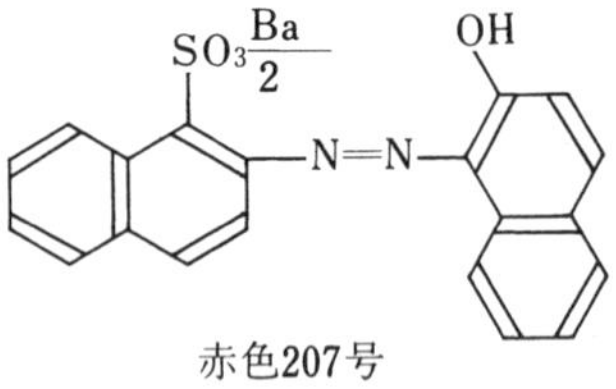

$SO_3\frac{Ba}{2}$ OH

赤色207号

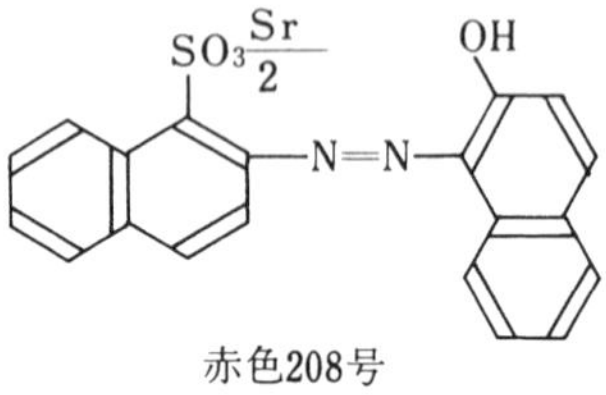

$SO_3\frac{Sr}{2}$ OH

赤色208号

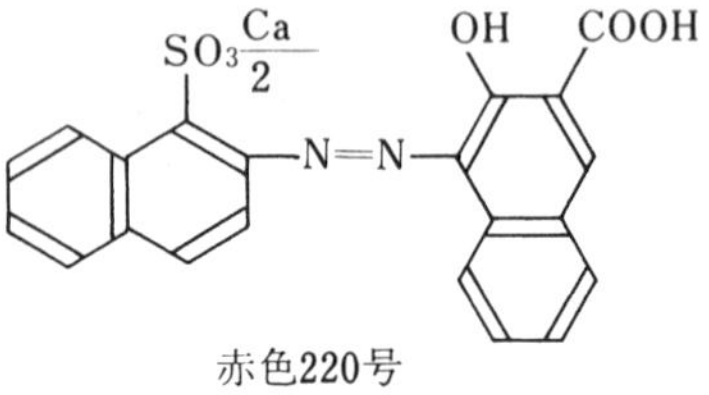

$SO_3\frac{Ca}{2}$ OH COOH

赤色220号

NH_2

黄色404号

CH_3 NH_2

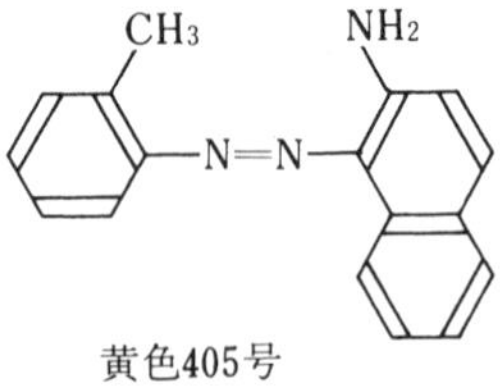

黄色405号

を昭和55年10月30日に自主基準として定めている。

原　　理

色素から有機性不純物をエチルエーテルを用いる固液抽出により抽出し、エチルエーテル層からさらに塩酸溶液で β-ナフチルアミンを再抽出し、中和した後、ジクロロメタンでさらに抽出し、抽出液を濃縮する。濃縮液を蛍光検出器を用いた高速液体クロマトグラフで測定し、α-ナフチルアミン及びエチルベンゼンの保持時間とあらかじめ測定したこれらの分離係数の関係から β-ナフチルアミンの確認を行い、また α-ナフチルアミンとのピーク面積の比較から β-ナフチルアミン含量を規制する方法である。

装置・器具

（注2）　充てん剤には Lichrosorb・NH_2(10μ)：メルク社製を用い、カラムの作製は粘度分散法によりスラリー充てん法にて行う。充てん剤をグリセリン：メタノール混液（35：65）に分散させ、水を加圧溶媒として 250～500 kg/cm²にて充てんする。

操 作 法

（注3）　無水硫酸ナトリウムを充てんし、あらかじめ 30～50 mL のジクロロメタンで洗浄したカラムに、ジクロロメタン抽出液を通過させ脱水を行い、さらに 30 mL のジクロロメタンで洗

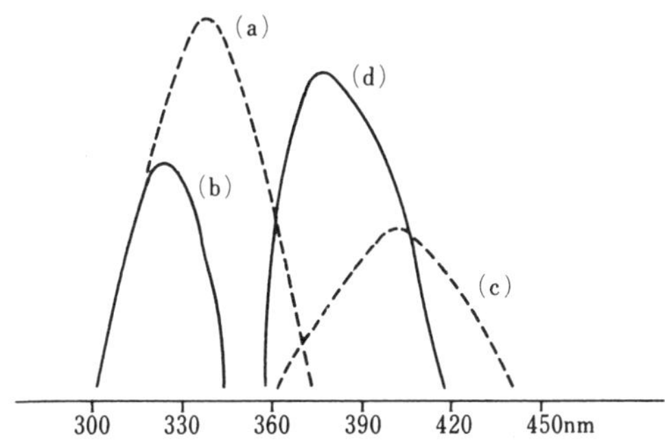

図2　エタノール-ヘキサン混液（1：19）での励起スペクトル及び蛍光スペクトル

浄する。

(注4)　β-ナフチルアミンは、昇華性があるためn-ノナンを添加し、揮散を防止する。しかしジクロロメタン留去後はn-ノナンも徐々に揮散し、n-ノナンが完全になくなった時点からβ-ナフチルアミンの揮散が急速に起こるため、0.3～0.5 mLで濃縮をやめる。

(注5)　α-ナフチルアミンの保持時間が約4分の条件が分析に適当であるが、カラムの充てん状態などにより保持時間が異なるため、エタノール濃度は 2、3 及び 4% のいずれかを選び、α-ナフチルアミンが約4分で溶出するようにする。

(注6)　α-、β-ナフチルアミンのエタノール及びヘキサンの混液(1：19)中での励起スペクトル及び蛍光スペクトルを図2に示した。

(注7)　エタノール濃度に応じて値が異なるため、測定時のエタノール濃度に応じて表2の値をもとに確認する。

(注8)　測定条件におけるβ-ナフチルアミン/α-ナフチルアミンの相対感度は、0.75 であった。したがって、α-ナフチルアミン標準溶液 10 μLの示すα-ナフチルアミンのピーク面積は、1 ppmのβ-ナフチルアミンを含む色素を試料として、試験を行うとき、試験溶液 10 μLの示すβ-ナフチルアミンのピーク面積と等しくなる。

β-ナフチルアミン試験法採用色素と規格値

色素名	規格値
赤色 205 号	限度以下
赤色 206 号	限度以下
赤色 207 号	限度以下
赤色 208 号	限度以下
赤色 220 号	限度以下
黄色 404 号	限度以下
黄色 405 号	限度以下

■参考文献

1）矢作，高橋：JSCCJ，12(1)，13，1978.
2）大津，大西，矢崎，石渡，狩野：JSCCJ，14(1)，13，1980.

(※試薬・試液，標準溶液に関しては，改訂前の法定色素ハンドブックを参照)

［参考２］

1-フェニルアゾ-2-ナフトール試験法

1-フェニルアゾ-2-ナフトール試験法とは、1-フェニルアゾ-2-ナフトールの混在の可能性があるタール色素中に混在する1-フェニルアゾ-2-ナフトール含量を、高速液体クロマトグラフ法により試験する方法である（注１）。

装置・器具

高速液体クロマトグラフ

カラム：内径 4～6 mm、長さ 10～30 cm のステンレス管に 5～10 μm のオクタデシルシリル化シリカゲル又はオクタデシルシリコーン被覆シリカゲルを充てんしたもの（注２）、前処理用カートリッジ（注３）

操　作　法

第１法（水溶性色素-１）

試料約 0.1 g を精密に量り、水 20 mL を用いて分液漏斗に移す。これにクロロホルム 25 mL を加えて５分間振り混ぜる。静置後、クロロホルム層を分取する。水層にクロロホルム 20 mL ずつを加え、同様に操作を２回繰り返す。クロロホルム層を合わせロータリーエバポレーター（40℃）で減圧乾固する。残留物にメタノール 2.0 mL を正確に加えて溶かし、これを試験溶液とする。

第２法（水溶性色素-２）

試料約 0.1 g を精密に量り、水 20 mL を用いて分液漏斗に移す。これに四塩化炭素 25 mL を加えて５分間振り混ぜる。静置後、四塩化炭素層を分取する。水層に四塩化炭素 10 mL ずつを加え、同様な操作を２回繰り返す。四塩化炭素層を合わせロータリーエバポレーター（40℃）で減圧乾固する。残留物にメタノール 2.0 mL を正確に加えて溶かし、これを試験溶液とする。

第３法（顔料）

試料約 0.1 g を精密に量り、硫酸及びジメチルホルムアミドの混液（１：99）（注４）20 mL を加えて十分かき混ぜた後、水 100 mL を加えて静置し、沈殿を析出させる。これを遠心分離（毎分3000回転、10分間）し、上澄液をろ過（No. 5C）する。沈殿に硫酸及びジメチルホルムアミドの混液（１：99）5 mL 及び水 25 mL を加えてかき混ぜ、再び遠心分離（毎分3000回転、10分間）し、同様に操作を繰り返す。ろ液を先のろ液に合わせ、前処理用カートリッジ（流速：10～20 mL/min）に通した後、水 25 mL を通し洗浄する。次いでアセトン 15 mL を流し、アセトン溶出液をロータリーエバポレーター（40℃）で減圧乾固する。残留物にメタノール 2.0 mL を正確に加えて溶かし、これを試験溶液とする。

第４法（油溶性色素-１）

試料約 0.1 g を精密に量り、クロロホルム 5 mL を加え加温して溶かす。次いでメタノール 45 mL を加え10～20分間放置し（注５）、不溶物を析出させ、これを遠心分離（毎分3000回転、10分間）する。上澄液を別に移し、沈殿にメタノール 20 mL を加えてかき混ぜた後、再び遠心分離（毎分3000回転、10分間）する。上澄液を先の上澄液に合わせロータリーエバポレーター（40℃）で減圧乾固する。残留物にメタノールを加えて溶かし正確に 50 mL とし試験溶液とする。ただし、不溶物がある場合、これをろ過する。

第5法（油溶性色素-2）

試料約 0.1 g を精密に量り、クロロホルム 1 mL を加えて溶かし、更にメタノールを加えて正確に 50 mL として試験溶液とする。

試 験 方 法

試験溶液 20 μL につき、次の条件の液体クロマトグラフ法により試験を行う。1-フェニルアゾ-2-ナフトールのピーク高さ又はピーク面積を測定し、別に作成した検量線から試験溶液中の1-フェニルアゾ-2-ナフトール濃度を求めた後、試料中の1-フェニルアゾ-2-ナフトール含量を算出する。

高速液体クロマトグラフ測定条件

カラム：内径 4～6 mm、長さ 10～30 cm のステンレス管に 5～10 μm のオクタデシルシリル化シリカゲル又はオクタデシルシリコーン被覆シリカゲルを充てんしたもの

カラム温度：室温又は 40℃

移動相：メタノール及び水の混液（80：20 又は 85：15）

流速：1.0 mL/min（注6）

検出器：可視吸光光度計（測定波長、480 nm）又は紫外吸光光度計（測定波長、230 nm）

検量線の作成法

検量線用1-フェニルアゾ-2-ナフトール標準溶液各々 20 μL を試験溶液と同様の液体クロマトグラフ条件で測定し、横軸に1-フェニルアゾ-2-ナフトールの濃度を、縦軸にピーク高さ又はピーク面積をとり、検量線を作成する。

〔注　解〕

本試験法は改訂前の法定色素ハンドブックに収載されていたが、参考のためにそのまま転載した。

1-フェニルアゾ-2-ナフトールは一般に Sudan I と呼ばれ、小塚ら及び小林らにより、黒皮症の発生に関与する可能性が高いことが報告されている。1-フェニルアゾ-2-ナフトールは図1のような構造を持ち、アニリンと β-ナフトールを出発原料とするタール色素の反応工程で往々に生じる副生成物である。このため、化粧品の安全性を確保するために、この種の反応系を用いる色素については1-フェニルアゾ-2-ナフトールの試験法とともに、参考限度値を設定した。

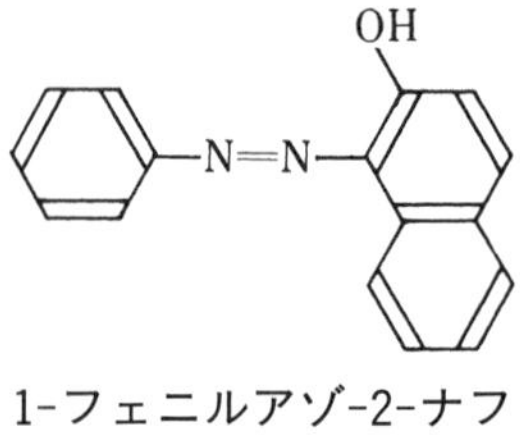

OH
N=N

図1　1-フェニルアゾ-2-ナフトール

1-フェニルアゾ-2-ナフトールの定量法には吸収スペクトル法、高速液体クロマトグラフ法、ガスクロマトグラフ法、ガスクロマトグラフ－質量スペクトル法等が報告されている。FDA のタール色素中の1-フェニルアゾ-2-ナフトールの試験法には吸収スペクトル法が採用されている。本法

では1-フェニルアゾ-2-ナフトールに対して、より選択性があると考えられる高速液体クロマトグラフ法を採用した。また、参考限度値は、1-フェニルアゾ-2-ナフトールによるアレルギー性接触皮膚炎に関する小塚らの報文及び、表１に示すアメリカにおけるFDAの規格値をもとに、構造式からみて1-フェニルアゾ-2-ナフトールの混在する可能性がある色素類に対して、通常、それらが化粧品に配合される量から試算した値に、現在化粧品用として市販されている色素の分析結果を加味して、水溶性、油溶性及び顔料に区分し、それぞれに定めたものである。

表１　FDAの1-フェニルアゾ-2-ナフトールの規格値

タール色素	規　格　値
黄色 5 号	10 ppm 以下
赤色225号	3％ 以下
赤色203号	50 ppm 以下
赤色204号	50 ppm 以下

試験法中の、前処理法の第１法は水溶性色素のうち、黄色５号、赤色502号および赤色503号を対象に適用する方法である。

第２法は水溶性色素のうち、だいだい色205号に適用する方法である。だいだい色205号は、第１法では抽出溶媒のクロロホルムと色素水溶液が乳化し二層に分離せず測定が難しくなるため、クロロホルムに比べ極性の小さい四塩化炭素を抽出溶媒に用いる。

第３法は顔料に硫酸・ジメチルホルムアミド混液を加え顔料を構成する色素部分を溶解する。これを前処理カートリッジに通し1-フェニルアゾ-2-ナフトールを前処理カートリッジに保持させる。水洗後、アセトンで1-フェニルアゾ-2-ナフトールを溶出させ、ロータリーエバポレーターでアセトンを留去した後、メタノールを加えて溶かし試験溶液とする。

第４法は油溶性色素にクロロホルムを加えて完全に溶解した後、メタノールを加えて色素本体を析出させる。これを遠心分離した後、上澄液を分取して、ロータリーエバポレーターで溶媒を留去した後、メタノールを加えて溶かし試験溶液とする。

第５法は、油溶性色素にクロロホルムを加えて完全に溶解した後、さらに溶離液の極性に近づけるためにメタノールを加えて試験溶液とする。

以上のように調製した試験溶液につき逆相分配カラムを用いた高速液体クロマトグラフにより1-フェニルアゾ-2-ナフトールのピーク面積を測定し、標準溶液で得た1-フェニルアゾ-2-ナフトールのピーク面積から検量線を作成し、色素中の1-フェニルアゾ-2-ナフトール含量を試験する。

1-フェニルアゾ-2-ナフトールは図２のような可視・紫外部での吸収スペクトルを持つ。このため、クロマトグラム上での選択性の面から 480 nm が検出波長として最も好ましいが、可視部領域で使用可能な検出器が必ずしも普及していないため紫外部での測定波長(230 nm)を併記した。検出波長 230 nm は感度は高いが、共存する他の成分も吸収を示す場合が多い波長域であるため、保持時間の近接する他の成分の妨害に留意する必要がある。

試験法の運用にあたって紫外部の検出器を用いて測定したとき、1-フェニルアゾ-2-ナフトールが基準値を超えるようであれば、可視部検出器付きの高速液体クロマトグラフで再測定を行うか、

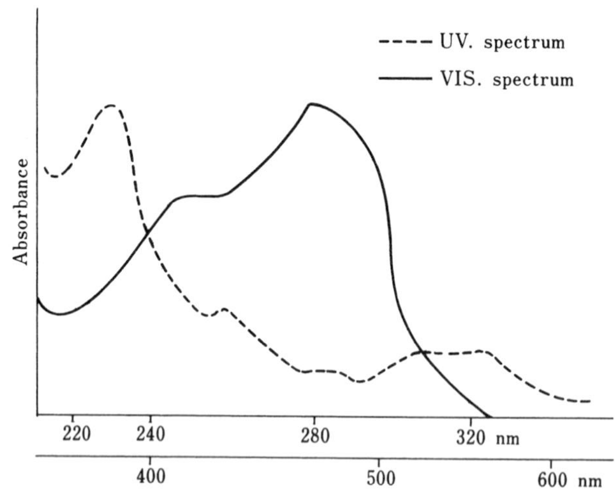

図2　1-フェニルアゾ-2-ナフトールのスペクトル（メタノール溶液）

ガスクロマトグラフ法等の他の分析手法で確認することが望ましい。

高速液体クロマトグラフ法の分離管にはシリカゲル表面をオクタデシルシラン（ODS）処理した通称ODS系充てん剤と呼ばれるものを用いている。このODS充てん剤は、多くのメーカーから色々の商品名で売られている。これらは、基剤シリカの性状を含め、ODS化に用いるシラン化剤の種類、量、反応条件等が微妙に異なり、さらにODS化後に残るシラノール基の処理の有無、処理試薬の種類、処理条件等も異なり、微妙な分離を追求する場合その再現性上大きな問題となっている。本試験法では、この点を考慮し、当該色素のすべての不純物が同定されているわけではないため、最低限の条件として、同じような性質を持つ省令収載タール色素と完全に分離する分離条件を設定している。このため、設定に先立ち、省令収載タール色素のうち油溶性の色素すべてについて逆相系薄層クロマトグラフを用い、メタノールでの展開の可否を検討した。そしてその結果、展開可能な色素について本試験法に記述した条件でこれらが完全に分離することを確認した。これらの色素と1-フェニルアゾ-2-ナフトールの本条件下での分離例を図3に示す。したがって、分析に先立ち使用するカラムを、本試験法の高速液体クロマトグラフ条件のもとで1-フェニルアゾ-2-ナフトールとこれに一番近接するだいだい色401号とを用いて、その両者の分離をチェックし十分に分離することを確認してから用いることが望ましい。なお、分離の判定の目安として、対象色素の1-フェニルアゾ-2-ナフトール検量線作成用標準液とほぼ同じ濃度に調製した1-フェニルアゾ-2-ナフトールとだいだい色401号の混合液を 20 μL 注入したとき、クロマトグラム上のそれぞれのピークの理論段数は 5000 以上、また、その分離度は絶対値で 1.1 以上あることが望ましい。なお、理論段数、分離度は図4、図5のように作図して求めるのが原則であるが、昨今のインテグレーターの普及を前提に考えるとき、以下の式により求めることも作図の個人差を避けるためには有効である。

理論段数　$N=(141.2\times Tr\times Hi\div Ar)^2$

Tr：リテンションタイム（min）

Hi：ピーク高さ（μV）

Ar：ピーク面積（μV・sec）

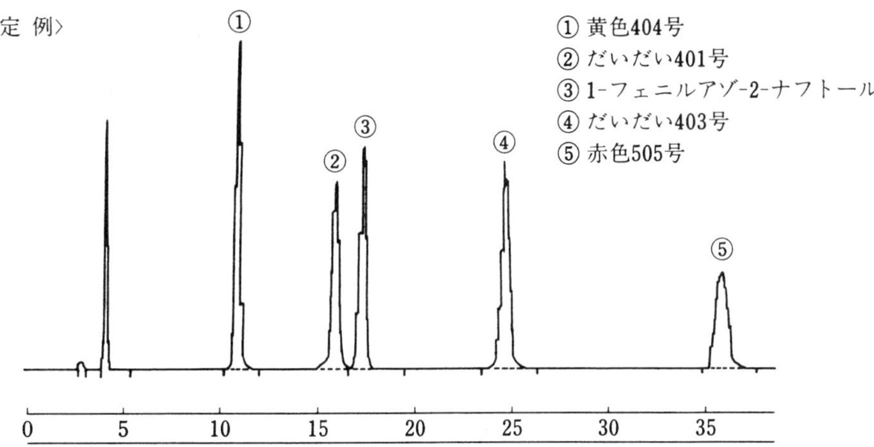

HPLC条件

装　　置：島津 LC-6A　　　溶離液：80% MeOH 1mL/min(197kg/cm^2)

Column：Nucleosil 5C18　　　検　出：UV 230nm

4.6×250mm　　　試料注入量：20μL/(SIL-6A使用)

カラム温度：40℃　　　データ処理：島津 C-R3A

図3　油溶性タール色素と 1-フェニルアゾ-2-ナフトールのクロマトグラム

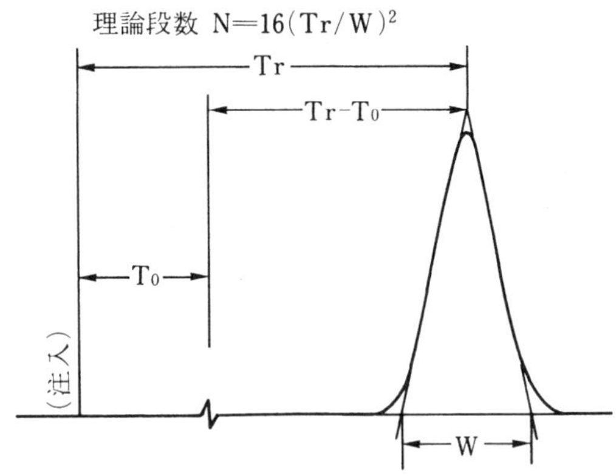

図4　理論段数

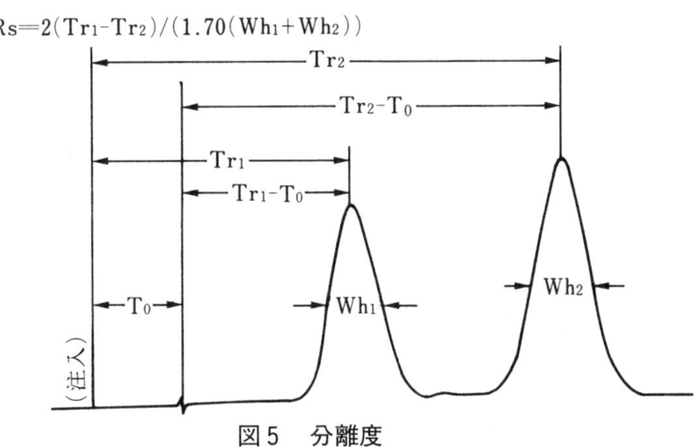

図5　分離度

分 離 度　$Rs=120(Tr_1-Tr_2)/(1.70(Ar_1/Hi_1+Ar_2/Hi_2))$

Tr_1、Tr_2：リテンションタイム（min）

Hi_1、Hi_2：ピーク面積

Ar_1、Ar_2：ピーク面積

（注１）　日本化粧品工業連合会では、技術資料 No. 85（昭和63年11月29日）において、本試験法を紹介している。さらに、本書の初版においては、下記のとおり本試験法を18の色素に適用するとともに、それぞれの色素における参考限度値を示していた。

装置・器具

（注２）　例えば、TSK gel ODS-120T（4.6 mmID×250 mm）、TSK gel ODS-80TM（4.6 mmID×150 mm）：東ソー(株)製、CAPCELL PAK C_{18}（4.6 mmID×250 mm）：(株)資生堂製等がある。

（注３）　例えば、セップパック C_{18}：ウォーターズ社製、またはボンドエルート C_{18}：アナリティケム社製等がある。

操　作　法

（注４）　顔料を硫酸酸性溶液で解離させ色素本体を溶解させるとともに、カルシウム等の無機対イオンを硫酸塩として析出させる。

（注５）　不溶物の析出が完結するまで放置する。色素によりその時間は異なる。

（注６）　1-フェニルアゾ-2-ナフトールの保持時間が10～15分になるように、流速調整する。

本試験法を採用している色素と参考限度値を以下に示す。なお、参考限度値についてはFDA規格値、化粧品への配合量、使用頻度等を勘案した。

表２　1-フェニルアゾ-2-ナフトール試験法採用色素と参考限度値

色　素　名	参考限度値	試　験　法
黄　色　5　号	10 ppm	第　1　法
赤　色　502　号	10 ppm	第　1　法
赤　色　503　号	10 ppm	第　1　法
だいだい色205号	10 ppm	第　2　法
だいだい色402号	10 ppm	第　2　法
赤　色　201　号	5 ppm	第　3　法
赤　色　202　号	5 ppm	第　3　法
赤　色　203　号	5 ppm	第　3　法
赤　色　204　号	5 ppm	第　3　法
赤　色　205　号	5 ppm	第　3　法
赤　色　219　号	5 ppm	第　3　法
赤　色　221　号	5 ppm	第　3　法
赤　色　228　号	5 ppm	第　3　法

赤　色　405　号	5 ppm	第　3　法
赤　色　225　号	0.3%	第　4　法
赤　色　501　号	0.3%	第　4　法
赤　色　505　号	0.3%	第　4　法
だいだい色403号	0.3%	第　5　法

■参考文献

1）伊藤弘一，江波戸舉秀，原田裕文：東京衛生年報，**30**-1，109，1979.
2）小塚民雄，田代　実，奥村雄司ら：皮膚，**19**，191，1977.
3）小林美恵，滋野　広，福田金寿ら：皮膚，**20**，245，1978.
4）MARIE SABO, JOHN GROSS & IRA E. ROSENGBERG: Journal of Society of Cosmetic Chemist., **35**, 273, 1984.
5）日本化粧品技術者会誌，**17**(1)，27，1983.

(※試薬・試液，標準溶液に関しては，改訂前の法定色素ハンドブックを参照)

［参考３］

三塩化チタン法

三塩化チタン法とは、三塩化チタンを用いて試料中の純色素を定量する方法である（注１）。

操　作　法

乾燥した試料約 0.4 g を 50 mL のビーカーに精密に量り、発煙硫酸 20% 20 mL をビーカーの壁に沿って注加し、ガラス棒でよくかき混ぜた後、水浴上で30分間加熱し、氷 100 g を入れた 500 mL の広口三角フラスコ中に注入する。ビーカー中の残留物は氷水数 mL を加えて、先の広口三角フラスコ中に洗い込む。更に、エタノール 50 mL 及び酒石酸ナトリウム 20 g を加えて加熱した後、0.1 mol/L 三塩化チタン液で滴定し（注２）、次式により試料中の純色素の量を求める。

$$\text{純色素（\%）}=\frac{A\times f\times 0.01967}{\text{試料採取量（g）}}\times 100$$

A：0.1 mol/L 三塩化チタン液の滴定量（mL）

f：0.1 mol/L 三塩化チタン液の規定度係数

〔注　解〕

本試験法は改訂前の法定色素ハンドブックに収載されていたが、参考のためにそのまま転載した。

当初、赤色226号中の純色素を吸光度法で定量するための適当な溶媒が見あたらず、やむを得ず三塩化チタン法を採用することにした。しかし、その後 1-クロロナフタレンによる吸光度法によることに変更したので、本規格において三塩化チタン法を採用している色素はない。

（注１）　本試験は、昭和41年８月31日付の厚生省令第30号において、多くの色素の定量法として規定されていた方法である。

原　　　理

本法は、酒石酸ナトリウムを緩衝剤として、熱時、三塩化チタン液で色素を還元し、定量する方法である。

操作法及び他の公定書との関連

昭和41年８月31日厚生省令第30号では、法定色素のほとんどを三塩化チタン法により定量することを定めている。しかし、この方法は操作法が簡便でない上、精度の点からも必ずしもよい方法とはいえない。

（注２）　滴定の終点は試料の固有の色が消え、別の色調になったときとする。

省令では、三塩化チタン法を第１法から第６法まで定めており、それぞれの色素によって何法を使うか指定している。赤色226号は第６法と指定されているので、本試験法では、その第６法をそのままスライドした。

操作上における注意

三塩化チタンは、空気中で４価に酸化される。湿気の存在でこの酸化は促進されるので、デシケーター中に保存する。空気中に放置すると発火することがあるので注意を要する。

三塩化チタンの 20% あるいは 25% 水溶液が市販されているので、このものを適宜希釈して 0.1 mol/L 規定液として使ってもよいが、この溶液は非常に不安定で、空気中の酸素を吸収して沈殿物を析出するので、使用前に標定する必要がある。

また、0.1 mol/L 三塩化チタン液で滴定する場合、空気中の酸素の影響を避けるため、炭酸ガスを通じながら撹拌し、加熱しながら滴定する。

滴 定 装 置

滴定装置の一例を図に示す。ビュレットの上部の活栓は三方活栓である。

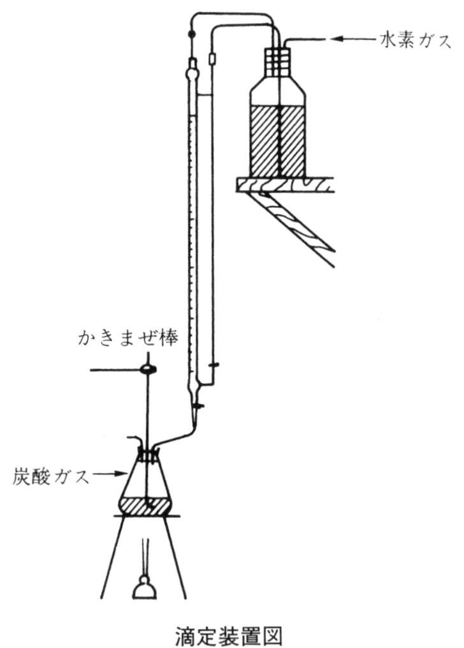

滴定装置図

■参考文献

1）「第一版食品添加物公定書注解」，金原出版，1961.
2）「第五版食品添加物公定書解説書」，廣川書店，1987.
3）南城　実著：「化粧品用タール色素の分析法」，(有)鈴木忍総本社出版部，1960.
4）「化学大辞典」，共立出版，1960.

(※試薬・試液，標準溶液に関しては，改訂前の法定色素ハンドブックを参照)

［参考４］

法定色素関連の省令、規格、試験法等検討経過のまとめ

昭和23年７月	「旧薬事法」公布
昭和23年８月	厚生省令第37号「薬事法施行規則」22品目指定
昭和31年７月	省令第29号　57品目追加
昭和34年９月	厚生省令第29号　規格見直し
昭和35年５月	(「化粧品用タール色素の分析法」監修市川先生、著者南条先生、鈴木忍総本社出版)
昭和35年８月	「薬事法」公布
昭和41年８月	省令第30号「医薬品等に使用することができるタール色素を定める省令」公布
昭和42年１月	省令一部改正
昭和47年12月	省令一部改正
昭和55年１月	厚生省より日本化粧品工業連合会に色素の規格試験法等整備要請
昭和56年６月	厚生省より日本化粧品工業連合会に食品公定書を参考にした色素の規格試験法作成を要請
昭和57年度	厚生行政科学研究事業施行 「医薬品等に使用することができるタール色素の規格試験法に関する研究」 原田先生（都立衛生研究所)、木嶋先生（国立衛生試験所)、色素部会長
昭和58年～	色素部会：省令の規格試験法検討開始、以後毎年技術情報交流会議にて発表報告
昭和63年11月	「法定色素ハンドブック」発行
昭和63年度	厚生行政科学研究事業施行 「化粧品等に使用する色素の規格整備に関する研究」 武田先生・木嶋先生（国立衛生試験所)、渡辺先生・伊藤先生（都立衛生研究所)、色素部会長
昭和64年度	厚生行政科学研究事業施行 「化粧品等に使用する色素の規格整備に関する研究」 武田先生・木嶋先生（国立衛生試験所)、渡辺先生・伊藤先生（都立衛生研究所)、色素部会長
平成２年度	厚生行政科学研究事業施行 「省令タール色素中のレーキ色素の規格整備に関する研究」 武田先生・木嶋先生（国立衛生試験所)、伊藤先生（都立衛生研究所)、色素専門委員長

平成６年６月	「医薬品等に使用することができるタール色素を定める省令について」として規格、試験法の改訂案を省内関係者及び関係団体(東薬工、大薬協、EBC、ACCJ、ヘアカラー工業会、歯磨工業会、欧州ビジネス協会)に配布、意見聴取取込
平成６年11月29日	タール色素規格、試験法改正(案)を化粧品技術情報交流会議にて配布、意見聴取取込
平成７年12月13日	化粧品及び医薬部外品品質調査会開催（第１回） ……平成８年２月２日　調査会各指摘に修正及び実験結果回答
平成８年２月19日	化粧品及び医薬部外品品質調査会開催（第２回） ……平成８年４月３日　調査会各指摘に修正及び実験結果回答
平成８年３月21日	化粧品及び医薬部外品品質調査会開催（第３回） ……平成８年５月30日　調査会各指摘に修正及び実験結果回答
平成８年９月18日	色素規格試験法最終修正資料及び調査会質疑回答報告書を厚生省に提出
平成11年10月27日	厚生省に省令改正案再提出及び経過報告　質疑及び指示に回答
平成11年11月18日	医薬品添加物調査会開催：課題及び質疑に修正・回答（12/18）
平成12年３月27日	中央薬事審議会特別部会開催：修正回答
平成12年４月～	厚生省ホームページ　パブリックコメント　公募
平成12年６月26日	中央薬事審議会化粧品医薬部外品特別部会開催：修正回答
平成12年９月	厚生省ホームページ　パブリックコメント　取りまとめ公表
平成13年５月	省令改正案を法令用文言に次々修正、法令審査開始(医薬食品局総務担当)
平成13年５～７月	厚生労働省よりの確認、見直し、指導事項等に回答、担当官異動に伴う報告
平成13年７月～	第一次から第四次まで、各質疑に修正回答
平成15年６月～	公布目標７月で法令審査は官房総務に移管、これに伴う課題に修正・回答
平成15年７月29日	厚生労働省令第126号「医薬品等に使用することができるタール色素を定める省令（昭和41年省令第30号）の一部を改正公布する省令」－但し全面的な改正－
平成15年９月17日	省令第126号に対し、改正・訂正意見、追記要望提出
平成15年12月25日	省令第126号に色素レーキ追記要望（化粧品輸入協会も同時要望）
平成16年３月30日	厚生労働省令第59号「医薬品等に使用することができるタール色素を定める省令の一部を改正する省令」公布（標準品の取扱い変更・他改正）
平成16年７月12日	要請により色素レーキ分析データ提出
平成16年９月	**「法定色素ハンドブック　改訂版」**発行

索　　引

省令名

省令名別名

食品添加物公定書名

英　　名

F D A 名

C.I. 名

C.I. No.

CAS No.

法定色素ハンドブック　改訂版

2004年9月21日　第1刷発行

編　集　日本化粧品工業連合会
東京都港区虎ノ門5－1－5
虎ノ門MT45ビル
電話（03）5472－2530(代)

発　行　株式会社　薬事日報社
（URL http://www.yakuji.co.jp/）
東京都千代田区神田和泉町1
電話（03）3862-2141(代)

印刷・製本　昭和情報プロセス㈱

ISBN4-8408-0796-5

タール色素

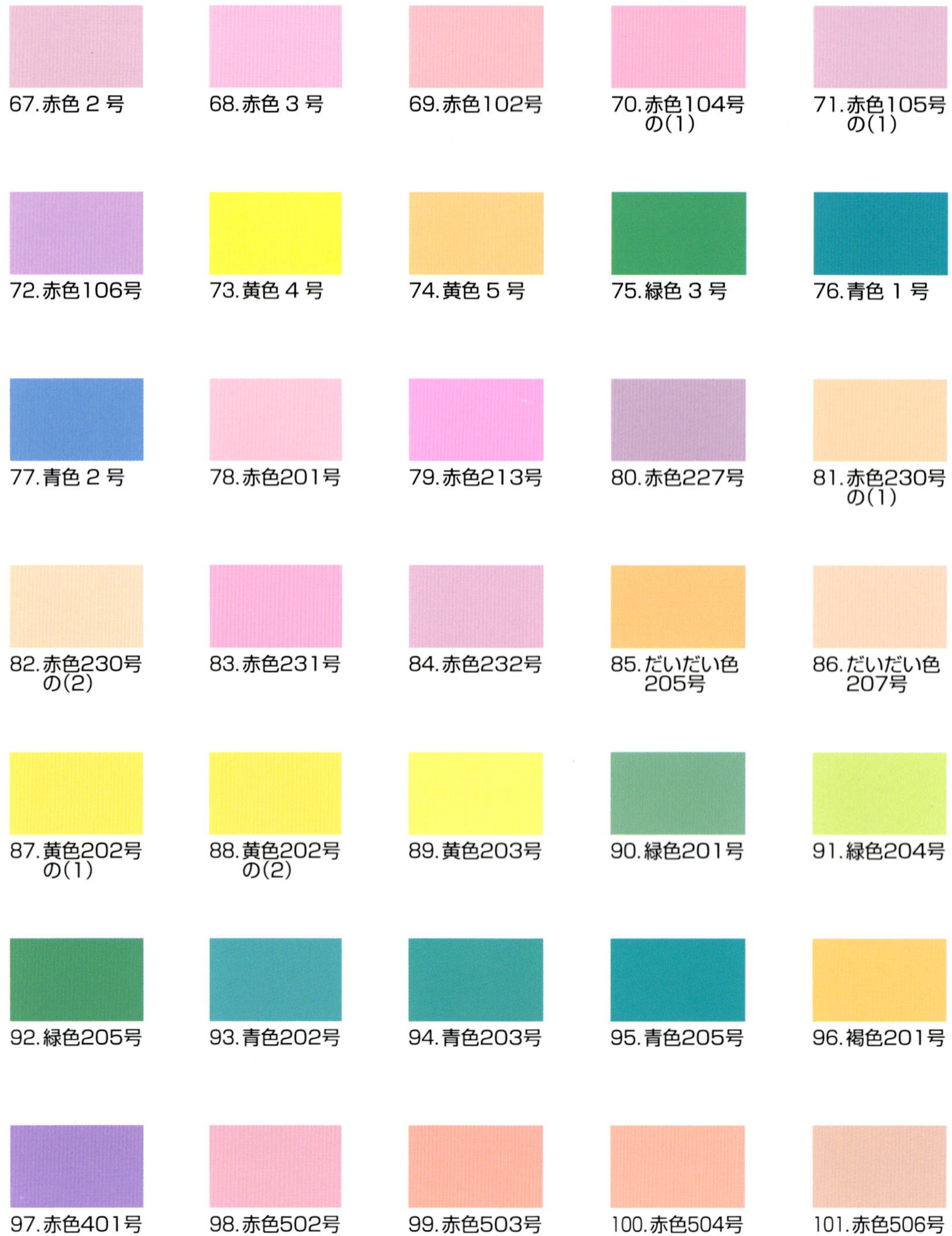

1）このチャートは，水溶性染料，油脂性染料およびキサンテン系の色酸である．

2）色素No.67から110までは，各色素の0.1%溶液をろ紙（東洋ろ紙No.50）にしみこませた後，乾燥して作成した．

3）色素No.111および112は，それぞれの0.1%エタノール溶液を，パラフィン10%溶液（石油エーテル：ベンゾール　1：1）をしみこませたろ紙を乾燥したものにしみこませた後，乾燥して作成したものである．